启航书课包　云图 YUN TU

高等数学18讲

主编　张　宇

北京理工大学出版社
BEIJING INSTITUTE OF TECHNOLOGY PRESS

图书在版编目（CIP）数据

高等数学18讲 / 张宇主编. -- 北京 : 北京理工大学出版社, 2025. 4.

ISBN 978-7-5763-5223-8

Ⅰ. O13

中国国家版本馆CIP数据核字第2025149MF9号

责任编辑： 多海鹏　　**文案编辑：** 多海鹏
责任校对： 周瑞红　　**责任印制：** 李志强

出版发行 / 北京理工大学出版社有限责任公司
社　　址 / 北京市丰台区四合庄路 6 号
邮　　编 / 100070
电　　话 / （010）68944451（大众售后服务热线）
（010）68912824（大众售后服务热线）
网　　址 / http：//www. bitpress. com. cn

版 印 次 / 2025 年 4 月第 1 版第 1 次印刷
印　　刷 / 天津市蓟县宏图印务有限公司
开　　本 / 787 mm × 1092 mm　1/16
印　　张 / 18.25
字　　数 / 456 千字
定　　价 / 159. 80 元

前言

一、总的任务

考研数学的复习，首先要有一个全面、系统、深刻的知识储备，这一般是在传统的基础和强化阶段要完成的，但在考研命题日益灵活的背景下，仅做好以上工作并不能带来考生数学成绩的实质性提高，所谓“听得懂课，但不会做题”，就是这一问题的真实写照.

事实上，要有一个环节：在做完知识储备工作之后，让考生从“做题角度”出发，系统学习并深刻理解数学题的构成方式、命制手法，并重新梳理知识，让知识在解题中活起来、用得上.这便可以在一个集中的时间段内，提高考生的解题能力和数学成绩，同时，这个环节的训练可以让考生建立科学的思考方式，形成独立研究问题的能力.

针对如何解题，本书提出了大学数学的“三向解题法”，将其贯彻在“高等数学”“线性代数”“概率论与数理统计”三门大学基础数学课程中，首要目的是，在学习者已经掌握了基本数学知识的前提下，专门研究如何解题，从而助其在高水平数学考试中取得好成绩.

二、三向解题法(OPD)

1.三向解题法体系与记号

三向解题法简记为 OPD，其中：

目标(任务)——Objects，记为 O；

思路(程序)——Procedures，记为 P；

细节——Details，记为 D.

故该解题方法就是“以目标、思路与细节为三个导向的解题方法”，其体系如下：

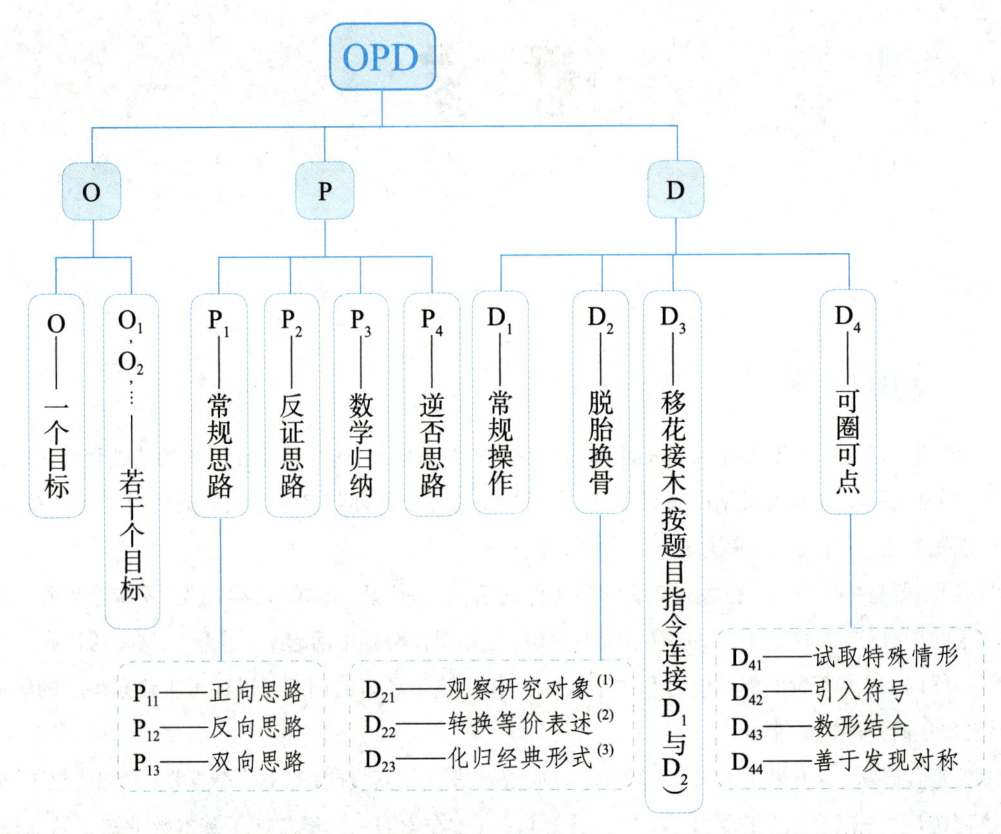

注：(1)要建立隐含条件体系块；(2)要建立等价表述体系块；(3)要建立形式化归体系块.(1)~(3)的具体解释见下文.

2.三向解题法法则

法则一：盯住目标(O)

对于一个问题，无论它是如何表述的，首先要做的是寻找目标、锁定目标、盯住目标！理解题目要做什么，这至关重要！把你的注意力集中于目标，尤其是表述冗长的问题，一定要先去掉细节表述，节省你的精力，只看目标！同时确定是一个目标(O)，还是若干个目标(O_1,O_2, …).

值得注意的是，要在一个完整的问题表述中寻找并锁定目标，即选择题要将题干和选项一起看；填空题要将题干和所填内容一起看；设置多问的解答题要将题干和每一个问题一起看.

以下是高等数学目标汇总：

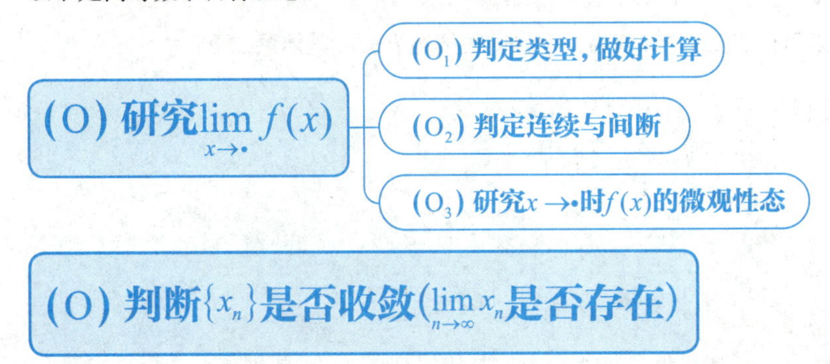

(O) 研究一元函数微分学的概念

(O) 计算高阶导数

(O) 计算图形的相关几何量(性态)

(O) 用微分中值定理作证明

(O) 讨论 $f(x)=0$ 的根的个数

(O) 证明不等式

(O) 求解含参等式或不等式问题

(O) 一元函数微分学中求解物理应用题(仅数学一、数学二)

(O) 一元函数微分学中求解经济应用题(仅数学三)

(O) 求连和 $\sum_{k=1}^{n} a_k$ 的极限、求连积 $\prod_{k=1}^{n} a_k$ 的极限

(O) 判断具体型反常积分的敛散性

(O) 求一元函数的积分

(O) 计算图形的相关几何量(测度)

(O) 定积分等式问题

(O) 定积分不等式问题

(O) 一元函数积分学中求解物理应用题(仅数学一、数学二)

(O) 一元函数积分学中求解经济应用题(仅数学三)

(O) 计算二元函数的极限

(O) 研究二元函数的性质

(O) 计算偏导数、全微分

(O) 化简、求解偏微分方程

(O) 求多元函数的极值、最值

(O) 计算二重积分

(O) 求解微分方程并研究解的性质

(O) 建立微分方程并求解

(O) 判别 $\sum_{n=1}^{\infty} u_n$ 的敛散性

(O) 求幂级数的和函数

(O) 函数展开成幂级数

(O) 傅里叶级数 (仅数学一)

(O) 继续研究多元函数在一点的性质 (仅数学一)

(O) 计算三重积分 (仅数学一)

(O) 计算第一型曲线积分 (仅数学一)

(O) 计算第一型曲面积分 (仅数学一)

(O) 计算第二型线面积分 (仅数学一)

- (O_1) 第二型曲线积分
- (O_2) 第二型曲面积分

法则二:检索思路(P)

(1)常规思路(P_1).

①正向思路(P_{11}).

从已知条件出发,按照所学过的基本方法、典范思路进行下去,最终得到结果或结论.

②反向思路(P_{12}).

从结论出发,反向思考:如果要得到此结果或结论A,按照所学过的基本方法、典范思路,只要B成立即可,那么为了得到B成立,继续推理,只要C成立即可,依次类推,直到推理至已知条件,因已知条件成立,则A成立,从而思路完成.

③双向思路(P_{13}).

结合①,②,即从已知条件出发,尽量往下走;再从欲得结果或结论出发,尽量往上走.若推导过程衔接成立,则思路完成.

(2)反证思路(P_2).

当结论呼之欲出或者显然成立时,一般可假设其对立结论成立,推导出与已知成立的某条件矛盾,则思路完成.

(3)数学归纳(P_3).

涉及自然数n的命题A,包括数列的等式与不等式问题,n阶行列式的计算问题等,在试算n较小时的特殊情形后,增加$n=k$时A成立(第一数学归纳法)或者$n<k+1$时A成立(第二数学归纳法)这个强有力的条件,推导$n=k+1$时A成立.

(4)逆否思路(P_4).

给出命题T:"若A成立,则B成立."其逆否命题为S:"若$\overline{B}$成立,则$\overline{A}$成立."T与S等价,选择T或者S中更易进入思考程序的命题.

当然,若A成立$\Leftrightarrow B$成立,则$\overline{A}$成立$\Leftrightarrow \overline{B}$成立,这也给解题提供了重要思路.

法则三:细节处理(D)

题目中的每一个文字、符号或图形可能都蕴含细节,要一个细节一个细节地处理!要强调的是,不要同时处理多个细节!

(1)常规操作(D_1).

准确再现条件所表达的数学细节(定义、公式、定理等)即可.

(2)脱胎换骨(D_2).

①观察研究对象(D_{21}).

有一种细节,是把信息隐含在研究对象中的.它是奇、偶函数吗?它是对称矩阵吗?它是定义式、关系式还是约束式?你不能指望它(们)在那里大喊:“看看我,我是偶函数!”“看看我,我是极限定义!”做一个细致的观察者,看清楚你要面对的到底是谁,它(们)有什么性质、特点,写出来,用起来.D_{21}是解题者易忽略的,这就要在解题中不断积累这些隐含条件,并形成隐含条件体系块.

②转换等价表述(D_{22}).

有一种细节,是把信息隐藏在专业术语中的.为了隐藏数学对象的真正联系,题目往往用专业术语或者换一个等价说法来表述.这种陌生感会令人困惑,但是不要慌乱,试着翻译这个专业术语(直译),也可以试着使用另一个更直白的表述(意译),如果实在无法转换说法,干脆回到定义的说法上去!记住,一个数学知识,无论如何表述,均是表达同一个考点!而且要坚定信念:这个考点一定在考纲内且是典范的!D_{22}是解题者较陌生的,这就要在解题中不断积累这些等价表述,并形成等价表述体系块.

③化归经典形式(D_{23}).

有一种细节,是把信息隐藏在一个被动过手脚的式子中的.显然,它如果盖了一层被子,那就把被子掀开;如果盖了两层被子,那就一层一层地掀开;如果盖了三层被子,那就把卷子给撕了.这是玩笑.一般说来,对于一个陌生的式子,往往只需要做一步至两步的逆运算,就能看到一个熟悉的式子了.这个熟悉的意思是,它一定是经典的形式!比如,它成为一个经典公式、经典定理、经典结论的一部分甚至全部.D_{23}是解题者使用最为广泛的,这就要在解题中不断积累常见的经典形式,并形成形式化归体系块.

(3)移花接木(D_3).

经过(2)中①,②,③的细节处理,将(2)中①,②,③的成果按照题目的指令或逻辑联系起来,则豁然开朗,柳暗花明.

(4)可圈可点(D_4).

数学中有特殊与一般,数字与图形,对称与反对称等特点,从这些客观规律入手,便又是一个又一个可圈可点的好方法.

①试取特殊情形(D_{41}).

有一种细节,是复杂的,是很难看懂的.这时候,试着取一个简单的例子,比如取个常数,或者把高阶数降为2阶、3阶,使其不那么复杂,又或者试着引入新元,换掉旧元,使其变得更简洁.

②引入符号,数形结合(D_{42},D_{43}).

有一种细节,是分析性的,即使它具有简洁美,依然让人感到抽象.这时候,试着画一画图,引入一个符号.注意,图形、符号是另一种数学信息的表达,它们不是几何题的专属,对任何一开始似乎跟几何没什么关系的题目,图形、符号都可能是重要的帮手.

③善于发现对称(D_{44}).

有一种细节,是对称性的.发现它,用上它,对称的问题尽量用对称的手段去处理,如果是隐含对称性的,那么,还原对称性.

当然,这里可能还有④,⑤,…,期待学习者在研究过程中,写出自己可圈可点的细节处理.

在一个题目解答完毕后,可以再问自己一个问题:在这个解题过程中,到底是什么阻碍了我,又是什么最后帮到了我?并把它们记录下来.

三、几点说明

第一点,本书全面贯彻前述“三向解题法”,此方法是科学的、具有仪式感的、可操作的方法,但是一定要勤加练习,熟之,才能悟之.书中用三向解题法的记号标注了部分内容的思考要点,供参考.

第二点,学方法和学知识是不一样的,二者对书的读法不一样,对书的讲法也不一样.在研究本书的过程中,教,主要在于点拨,要教出可行的路子;学,主要在于落实,要学会独立行走.同时,需要指出的是,作为《考研数学基础30讲》的后续教材,本书注重集训强化功能,篇幅适中,利于考生短时间内完成任务,提高解题能力.

第三点,从学习解题,到学会解题,再到喜欢解题,任重而道远.我希望和学习者一起努力,探索科学的解题方法,提高解题能力,更重要的是建立科学的思考方式、形成研究客观规律的能力.

第四点,若读者学有余力或想更进一步研究考研数学命题与解题,可参考本人编著的《大学数学解题指南》与《大学数学题源大全》.

由于时间紧张,加之本人能力有限,且本书是有别于教科书和习题集的专门研究解题的拙著,难免有疏忽或者谬误,请读者指正,也诚挚欢迎对解题方法有兴趣或有研究的师生,不吝赐教.

张宇

2025年4月于北京

目录

第1讲 函数极限与连续

三向解题法

研究$\lim\limits_{x \to \bullet} f(x)$
(O(盯住目标))

- 1.判定类型，做好计算（O_1(盯住目标1)）
- 2.判定连续与间断（O_2(盯住目标2)）
- 3.研究$x \to \bullet$时$f(x)$的微观性态（O_3(盯住目标3)）

1.判定类型，做好计算
（O_1(盯住目标1)）

- 未定式整体判定 D_1(常规操作)+D_{23}(化归经典形式))
- 未定式局部判定 (D_1(常规操作)+D_{23}(化归经典形式))
- 常用的无穷小量阶的比较 (D_1(常规操作))
- 常用的无穷大量阶的比较 (D_1(常规操作))
- 涉及∞的计算问题 (D_1(常规操作)+D_{23}(化归经典形式))

2.判定连续与间断
（O_2(盯住目标2)）

P_1(常规思路)

常见备选点判定(D_1(常规操作)) → 计算：①$\lim\limits_{x \to x_0^+} f(x)$；②$\lim\limits_{x \to x_0^-} f(x)$；③$f(x_0)$ (D_1(常规操作)) → 按定义作出结论：①跳跃间断点；②可去间断点；③无穷间断点；④振荡间断点 (D_{22}(转换等价表述))

3.研究 $x\to\bullet$ 时 $f(x)$ 的微观性态
(O_3(盯住目标3))

- 定义法 (D_{22}(转换等价表述))
- 局部保号性 (D_{22}(转换等价表述))
- 夹逼准则 (D_1(常规操作)+D_{22}(转换等价表述)+D_{23}(化归经典形式))
- 单调有界准则 (D_1(常规操作)+D_{23}(化归经典形式))

一、判定类型，做好计算(O_1(盯住目标1))

1.未定式整体判定(D_1(常规操作)+D_{23}(化归经典形式))

一般地，见到 $\frac{?}{0},\frac{0}{?},\frac{\infty}{?},\frac{?}{\infty},?\bullet\infty,\ \infty\bullet?,\ \infty-?,\ \infty^?,0^?,?^\infty$ 的计算题，考生易判断出其分别为 $\frac{0}{0},\frac{0}{0},\frac{\infty}{\infty},\frac{\infty}{\infty},0\bullet\infty,\ \infty\bullet0,\ \infty-\infty,\ \infty^0,\ 0^0,\ 1^\infty$，而不必再去判断"？"是什么．究其原因，主要是计算题的未定式就这7种．若题设不是此7种，那自然就不是求未定式计算了．

【注】关于 u^v 的未定式整体判定，有以下两点需注意：

（$u\to1$，且有 u^v 型，必然提示凑成 1^∞，凑出 v，且 $v\to\infty$.）

①牢记规则．$\lim\limits_{x\to\bullet}f(x)=a>0$，$\lim\limits_{x\to\bullet}g(x)=b\Rightarrow\lim\limits_{x\to\bullet}[f(x)]^{g(x)}=a^b$．

（D_{23}(化归经典形式)）

②学会变形．如：$\lim\limits_{n\to\infty}\left(\frac{n+1}{n}\right)^{(-1)^n}=\lim\limits_{n\to\infty}\left[\left(\frac{n+1}{n}\right)^n\right]^{\frac{(-1)^n}{n}}=e^0=1$．

（D_{23}(化归经典形式)，要消去 $(-1)^n$ 的影响，即消去"有界但不唯一"这种特点的式子，比如 $\sin x$ 等，关键是用"无穷小量×有界变量=无穷小量"寻找或制造"无穷小量"，本题就是"$\frac{1}{n}$"．）

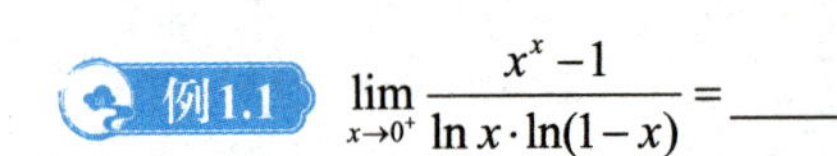

例1.1 $\lim\limits_{x\to0^+}\frac{x^x-1}{\ln x\cdot\ln(1-x)}=$________.

【解】应填 -1.

$$原式=\lim_{x\to0^+}\frac{e^{x\ln x}-1}{-x\ln x}=\lim_{x\to0^+}\frac{x\ln x}{-x\ln x}=-1．$$

例1.2 计算 $\lim\limits_{x\to0}\left[\frac{1+\int_0^x\frac{\sin t}{t}dt}{x}-\frac{1}{\ln(1+x)}\right]$.

【解】由于
$$\lim_{x\to0}\frac{\int_0^x\frac{\sin t}{t}dt}{x}=\lim_{x\to0}\frac{\sin x}{x}=1，$$

故

$$原式 = 1+\lim_{x\to 0}\left[\frac{1}{x}-\frac{1}{\ln(1+x)}\right]=1+\lim_{x\to 0}\frac{\ln(1+x)-x}{x\ln(1+x)}=1-\frac{1}{2}=\frac{1}{2}.$$

【注】要考虑先化简，再计算．

2. 未定式局部判定（D_1（常规操作）$+D_{23}$（化归经典形式））

如：

$$\lim_{n\to\infty}\frac{1+x}{1+nx^{2n}}=\begin{cases}0, & x=\pm 1,\\ 1+x, & |x|<1,\\ 0, & |x|>1.\end{cases}$$

这里的关键是对 nx^{2n} 这局部表达式的未定式判定．常见的局部表达式及其极限值总结如下：

① $\lim\limits_{n\to\infty}|x|^n=\begin{cases}\infty, & |x|>1,\\ 1, & |x|=1,\\ 0, & |x|<1.\end{cases}$

② $\lim\limits_{x\to 0^+}x^a=\begin{cases}0, & a>0,\\ 1, & a=0,\\ +\infty, & a<0.\end{cases}$

③ $\lim\limits_{n\to\infty}nx^{2n}=\begin{cases}+\infty, & |x|>1,\\ +\infty, & |x|=1,\\ 0, & |x|<1.\end{cases}$

【注】当 $0<|x|<1$ 时，有

$$\lim_{n\to\infty}n\left(\frac{1}{x^{-2}}\right)^n \to \lim_{t\to+\infty}t\cdot\frac{1}{a^t}=\lim_{t\to+\infty}\frac{t}{a^t}=\lim_{t\to+\infty}\frac{1}{a^t\ln a}=0(a>1).$$

（其中 $a=\frac{1}{x^2}>1$）

④ $\lim\limits_{n\to\infty}e^{nx}=\begin{cases}+\infty, & x>0,\\ 1, & x=0,\\ 0, & x<0.\end{cases}$

⑤ $\lim\limits_{n\to\infty}n^x=\begin{cases}+\infty, & x>0,\\ 1, & x=0,\\ 0, & x<0.\end{cases}$

抓住这些关键点，即可解决形如 $\lim\limits_{n\to\infty}f(n,\ x)$ 的问题．值得一提的是，有时 $n\to\infty$ 写成 $t\to+\infty$，有时 x 写成 t，要能够识别这些形式上的改变．

例1.3 $f(x)=\begin{cases}\lim\limits_{t\to x}\left(\dfrac{x-1}{t-1}\right)^{\frac{t}{x-t}}, & x\neq 1,\\ 0, & x=1\end{cases}$ 的第二类间断点的个数为（　　）．

(A)0　　(B)1　　(C)3　　(D) ∞

【解】应选(B).

当 $x\neq 1$ 时，

$$\lim_{t\to x}\left(\frac{x-1}{t-1}\right)^{\frac{t}{x-t}}=e^{\lim\limits_{t\to x}\frac{t}{x-t}\left(\frac{x-1}{t-1}-1\right)}=e^{\lim\limits_{t\to x}\frac{t}{t-1}}=e^{\frac{x}{x-1}}.$$

于是，

$$f(x)=\begin{cases} e^{\frac{x}{x-1}}, & x\neq 1, \\ 0, & x=1. \end{cases}$$

而 $\lim\limits_{x\to 1^+} e^{\frac{x}{x-1}}=+\infty$，故 $x=1$ 为第二类（无穷）间断点，选(B).

3. 常用的无穷小量阶的比较（D_1（常规操作））

(1)～(6) 隐含条件体系块

(1) 普通函数型.

当 $x\to 0$ 时，

$$\sin x\sim x,\ \tan x\sim x,\ \arcsin x\sim x,\ \arctan x\sim x,\ e^x-1\sim x,\ \ln(1+x)\sim x,$$

$$\ln(x+\sqrt{1+x^2})\sim x,\ a^x-1=e^{x\ln a}-1\sim x\ln a(a>0\text{ 且 }a\neq 1),\ 1-\cos x\sim \frac{1}{2}x^2,$$

$$1-\cos^\alpha x\sim \frac{\alpha}{2}x^2(\alpha\neq 0),\ (1+x)^\alpha-1\sim \alpha x(\alpha\neq 0),\ (1+x)^x-1=e^{x\ln(1+x)}-1\sim x^2.$$

(2) 类型不同的差函数型.

当 $x\to 0$ 时，

$$x-\sin x\sim \frac{1}{6}x^3,\ x-\arcsin x\sim -\frac{1}{6}x^3,\ x-\tan x\sim -\frac{1}{3}x^3,\ x-\arctan x\sim \frac{1}{3}x^3,$$

$$x-\ln(1+x)\sim \frac{1}{2}x^2,\ e^x-1-x\sim \frac{1}{2}x^2.$$

亦可广义化：$x\to$ 狗.

注意可用恒等变形创造出差函数：

① $x-\ln(1+\tan x)=x-\tan x+\tan x-\ln(1+\tan x)$.

② $\sin x+\ln(1-\sin x)=-[-\sin x-\ln(1-\sin x)]$.

③ $f(x)-\tan x=f(x)-x+x-\tan x$.

(3) 复合函数型.

当 $x\to 0$ 时，$f(x)\sim ax^m$，$g(x)\sim bx^n$，$ab\neq 0$，m,n 为正整数，则 $f[g(x)]\sim ab^m x^{mn}$.

【注】对于命题（3），若 m，n 为正实数，则要求 $x\to 0^+$，此时，该命题亦成立.

事实上，（3）是为后面的（5）服务的.

例1.4 当 $x\to 0$ 时，$\cos\left(e^{\frac{x^2}{2}}-1\right)-1\sim cx^k$，则 $ck=$________.

【解】应填 $-\frac{1}{2}$.

当$x\to 0$时，

$$f(x)=\cos x-1\sim -\frac{1}{2}x^2,\ g(x)=\mathrm{e}^{\frac{x^2}{2}}-1\sim\frac{1}{2}x^2,$$

故$f[g(x)]\sim\left(-\frac{1}{2}\right)\cdot\left(\frac{1}{2}\right)^2\cdot x^{2\cdot 2}=-\frac{1}{8}x^4$，于是$c=-\frac{1}{8}$，$k=4$，则$ck=-\frac{1}{2}$.

(4)变上限积分型.

①变上限积分一型($f\to 0$).

当$x\to 0$时，$f(x)\sim ax^m$，$a\neq 0$，m为正整数，则$\int_0^x f(t)\,\mathrm{d}t\sim\int_0^x at^m\,\mathrm{d}t$.

【注】(1)如：当$x\to 0$时，$\int_0^x(\mathrm{e}^{t^3}-1)\,\mathrm{d}t\sim\int_0^x t^3\,\mathrm{d}t=\frac{1}{4}t^4\Big|_0^x=\frac{1}{4}x^4$.

(2)对于命题(4)①，若m为正实数，则要求$x\to 0^+$，此时，该命题亦成立.

如：当$x\to 0^+$时，$\int_0^x\ln(1+\sqrt{t^3})\,\mathrm{d}t\sim\int_0^x t^{\frac{3}{2}}\,\mathrm{d}t=\frac{2}{5}t^{\frac{5}{2}}\Big|_0^x=\frac{2}{5}x^{\frac{5}{2}}$.

②变上限积分二型($f\nrightarrow 0$).

若$\lim\limits_{x\to 0}f(x)=A\neq 0$，$\lim\limits_{x\to 0}h(x)=0$，且在$x\to 0$时，$h(x)\neq 0$，则当$x\to 0$时，

$$\int_0^{h(x)}f(t)\,\mathrm{d}t\sim Ah(x).$$

【注】如：$F(x)=\int_0^{5x}\frac{\sin t}{t}\,\mathrm{d}t$，$G(x)=\int_0^{\sin x}(1+t)^{\frac{1}{t}}\,\mathrm{d}t$，则当$x\to 0$时，

$$F(x)\sim\int_0^{5x}1\,\mathrm{d}t=5x,\quad G(x)\sim\int_0^{\sin x}\mathrm{e}\,\mathrm{d}t=\mathrm{e}\sin x\sim\mathrm{e}x,$$

它们是同阶非等价无穷小.

(5)复合函数与变上限积分型.

当$x\to 0$时，$f(x)\sim ax^m$，$g(x)\sim bx^n$，$ab\neq 0$，m,n为正整数，则$\int_0^{g(x)}f(t)\,\mathrm{d}t\sim\int_0^{bx^n}at^m\,\mathrm{d}t$.

【注】(1)如：当$x\to 0$时，$\int_0^{2-2\cos x}(\mathrm{e}^{t^2}-1)\,\mathrm{d}t\sim\int_0^{x^2}t^2\,\mathrm{d}t=\frac{1}{3}t^3\Big|_0^{x^2}=\frac{1}{3}x^6$，$\int_0^{x^2}(\mathrm{e}^{t^3}-1)\,\mathrm{d}t\sim\int_0^{x^2}t^3\,\mathrm{d}t=\frac{1}{4}t^4\Big|_0^{x^2}=\frac{1}{4}x^8$（此例中$g(x)=x^2$，属于(5)的特殊情形）.

（2）对于命题（5），若 m，n 为正实数，则要求 $x\to0^+$，此时，该命题亦成立．

如：当 $x\to0^+$ 时，$\int_0^{1-\cos x}\sqrt{\sin t^3}\,\mathrm{d}t\sim\int_0^{\frac{1}{2}x^2}t^{\frac{3}{2}}\,\mathrm{d}t=\frac{2}{5}t^{\frac{5}{2}}\Big|_0^{\frac{1}{2}x^2}=\frac{2}{5}\left(\frac{1}{2}\right)^{\frac{5}{2}}x^5=\frac{\sqrt{2}}{20}x^5$．

(6)带头大哥型.

涉及 $\alpha+\beta$，若 α，β 都是同一自变量变化过程 $x\to\bullet$ 下的非零无穷小量，且 $\alpha=o(\beta)(x\to\bullet)$，则①$\alpha+\beta\sim\beta(x\to\bullet)$（带头大哥）；②$\alpha+\beta$ 与 β 在 $x\to\bullet$ 时同号；③$\alpha\bullet\beta=o(\beta)\bullet\beta=o(\beta^2)(x\to\bullet)$．

例1.5 设函数 $f(x)$，$g(x)$ 在 $x=0$ 的某去心邻域内有定义且恒不为0，若当 $x\to0$ 时，$f(x)$ 是 $g(x)$ 的高阶无穷小，则当 $x\to0$ 时，有（　　）．

(A) $f(x)+g(x)=o(g(x))$　　(B) $f(x)g(x)=o(f^2(x))$

(C) $f(x)=o(\mathrm{e}^{g(x)}-1)$　　(D) $f(x)=o(g^2(x))$

【解】应选(C).

当 $x\to0$ 时，$f(x)$ 是 $g(x)$ 的高阶无穷小，$g(x)$ 是带头大哥，由上述①，当 $x\to0$ 时，$f(x)+g(x)\sim g(x)$，(A)不成立；由上述③，$f(x)\bullet g(x)=o(g^2(x))$，(B)不成立；由于 $f(x)=o(g(x))$，(D)不成立；又 $\mathrm{e}^{g(x)}-1\sim g(x)$，故(C)成立.

4.常用的无穷大量阶的比较（D_1（常规操作））

由于 $\begin{cases}\text{当}x\to+\infty\text{时},\ \ln^p x\ll x^q\ll a^x\ll x^x,\\ \text{当}n\to\infty\text{时},\ \ln^p n\ll n^q\ll a^n\ll n!\ll n^n\end{cases}(p,\ q>0,\ a>1)$，则

$$\lim_{n\to\infty}\frac{\ln^p n}{n^q}=0,\ \lim_{n\to\infty}\frac{n^q}{a^n}=0,$$

$$\lim_{n\to\infty}\frac{a^n}{n!}=0,\ \lim_{n\to\infty}\frac{n!}{n^n}=0.$$

例1.6 已知函数 $f(x)=\dfrac{\int_0^x\ln(1+t^2)\mathrm{d}t}{x^\alpha}$ 在 $(0,+\infty)$ 上有界，则 α 的取值范围是（　　）．

(A) $-1<\alpha<3$　　(B) $1<\alpha\leqslant3$

(C) $0<\alpha\leqslant3$　　(D) $\alpha>3$

【解】应选(B).

因为

$$\lim_{x\to+\infty}f(x)=\lim_{x\to+\infty}\frac{\int_0^x\ln(1+t^2)\mathrm{d}t}{x^\alpha},$$

且已知函数$f(x)$在$(0,+\infty)$上有界，则有$\lim\limits_{x\to+\infty}f(x)$存在.因为$\lim\limits_{x\to+\infty}\int_0^{+\infty}\ln(1+t^2)\mathrm{d}t=+\infty$，故当$x\to+\infty$时，$x^\alpha\to+\infty$，即$\alpha>0$，于是

$$\lim_{x\to+\infty}\frac{\int_0^x\ln(1+t^2)\mathrm{d}t}{x^\alpha}=\lim_{x\to+\infty}\frac{\ln(1+x^2)}{\alpha x^{\alpha-1}}.$$

要使上述极限存在，则有$\alpha>1$.又因为

$$\lim_{x\to0^+}f(x)=\lim_{x\to0^+}\frac{\int_0^x\ln(1+t^2)\mathrm{d}t}{x^\alpha}=\lim_{x\to0^+}\frac{\int_0^x t^2\mathrm{d}t}{x^\alpha}$$

$$=\lim_{x\to0^+}\frac{\frac{1}{3}x^3}{x^\alpha}=\frac{1}{3}\lim_{x\to0^+}x^{3-\alpha},$$

且已知函数$f(x)$在$(0,+\infty)$上有界，得$\alpha\leqslant3$.

综上所述，$1<\alpha\leqslant3$.

5.涉及∞的计算问题（D_1（常规操作）+D_{23}（化归经典形式））

关于$\infty-\infty$，亦有如下4点要注意：D_{23}（化归经典形式），总的方向是将“和差形式”化成“积的形式”.

①设函数$f(x)$在$|x|$充分大时有定义，则极限$\lim\limits_{x\to\infty}f(x)$存在的充分必要条件是极限$\lim\limits_{x\to+\infty}f(x)$和极限$\lim\limits_{x\to-\infty}f(x)$均存在且相等，即$\lim\limits_{x\to\infty}f(x)=a\Leftrightarrow\lim\limits_{x\to+\infty}f(x)=\lim\limits_{x\to-\infty}f(x)=a.$

②在lim局部中，见到$f-f$函数，如三角函数、反三角函数、对数函数之差，考虑用拉格朗日中值定理处理后再计算.

例1.7 $\lim\limits_{n\to\infty}n^2(\sqrt[n]{2}-\sqrt[n+1]{2})=$________.

【解】应填$\ln2$.

对函数2^x在区间$\left[\frac{1}{n+1},\frac{1}{n}\right]$上应用拉格朗日中值定理，有

$$\sqrt[n]{2}-\sqrt[n+1]{2}=2^\xi\cdot\ln2\cdot\left(\frac{1}{n}-\frac{1}{n+1}\right),\ \xi\in\left(\frac{1}{n+1},\frac{1}{n}\right),$$

故

D_{23}（化归经典形式）

$$原式=\lim_{n\to\infty}\left(2^\xi\cdot\ln2\cdot\frac{n}{n+1}\right)=\ln2\cdot\lim_{\xi\to0^+}2^\xi=\ln2.$$

【注】遇到类型相同的差函数，如$\arctan(x+1)-\arctan x$，$\sin\sqrt{x+1}-\sin\sqrt{x}$，$\cos(\sin x)-\cos(\tan x)$，均可考虑用拉格朗日中值定理处理.

③在lim局部中，见到函数的差$[f_1(x)]^{g(x)}-[f_2(x)]^{g(x)}$或$[f(x)]^{g_1(x)}-[f(x)]^{g_2(x)}$，考虑如下解法：

a. $[f_1(x)]^{g(x)}-[f_2(x)]^{g(x)} \xlongequal{\text{提公因式}} [f_2(x)]^{g(x)}\left\{\left[\frac{f_1(x)}{f_2(x)}\right]^{g(x)}-1\right\}$. → D_{23}（化归经典形式）

b. $[f(x)]^{g_1(x)}-[f(x)]^{g_2(x)}=[f(x)]^{g_2(x)}\left\{[f(x)]^{g_1(x)-g_2(x)}-1\right\}$. → D_{23}（化归经典形式）

如

$$(3+x)^{\tan x}-3^{\tan x}=3^{\tan x}\left[\left(1+\frac{x}{3}\right)^{\tan x}-1\right];$$

$$e^{\sin x}-e^{\tan x}=e^{\tan x}(e^{\sin x-\tan x}-1);$$

$$e-\left(1+\frac{1}{x}\right)^x=e-e^{x\ln\left(1+\frac{1}{x}\right)}=e\left[1-e^{x\ln\left(1+\frac{1}{x}\right)-1}\right].$$

例1.8 $\lim\limits_{x\to+\infty}x^2\left(3^{\frac{1}{x}}-3^{\frac{1}{x+1}}\right)=$________.

【解】应填 $\ln 3$.

$$\lim_{x\to+\infty}x^2\left(3^{\frac{1}{x}}-3^{\frac{1}{x+1}}\right)=\lim_{x\to+\infty}x^2\cdot 3^{\frac{1}{x+1}}\left(3^{\frac{1}{x}-\frac{1}{x+1}}-1\right)$$

→ D_{23}（化归经典形式）

$$=\lim_{x\to+\infty}x^2\cdot 3^{\frac{1}{x+1}}\left[e^{\frac{1}{x(x+1)}\ln 3}-1\right]$$

$$=\lim_{x\to+\infty}x^2\cdot 3^{\frac{1}{x+1}}\cdot\frac{1}{x(x+1)}\ln 3=\ln 3.$$

④见到计算 $\lim\limits_{x\to\infty}[f(x)-ax]$，多是将 $f(x)$ 与 ax 通过恒等变形“合在一起”，成为乘除的形式.

例1.9 $\lim\limits_{x\to\infty}\left[x\ln\left(e+\frac{1}{x-1}\right)-x\right]=$________.

【解】应填 $\frac{1}{e}$.

$$\lim_{x\to\infty}\left[x\ln\left(e+\frac{1}{x-1}\right)-x\right]$$

$$=\lim_{x\to\infty}x\left[\ln\left(e+\frac{1}{x-1}\right)-1\right]=\lim_{x\to\infty}x\left[\ln\left(e+\frac{1}{x-1}\right)-\ln e\right]$$

→ D_{23}（化归经典形式）

$$=\lim_{x\to\infty}x\ln\left[1+\frac{1}{e(x-1)}\right]=\lim_{x\to\infty}\frac{x}{e(x-1)}=\frac{1}{e}.$$

例1.10 $\lim\limits_{x\to+\infty}\left[\frac{x^{1+x}}{(1+x)^x}-\frac{x}{e}\right]=$________.

【解】应填 $\frac{1}{2e}$.

$\nearrow$ D_{23}（化归经典形式）

$$\text{原式}=\lim_{x\to+\infty}\frac{x}{e}\left[e\left(\frac{x}{1+x}\right)^{x}-1\right]=\lim_{x\to+\infty}\frac{x}{e}\left(e^{x\ln\frac{x}{1+x}+1}-1\right)$$

$$=\lim_{x\to+\infty}\frac{x}{e}\left(x\ln\frac{x}{x+1}+1\right)\xlongequal{t=\frac{1}{x}}\lim_{t\to0^{+}}\frac{1}{e}\cdot\frac{-\ln(1+t)+t}{t^{2}}=\lim_{t\to0^{+}}\frac{1}{e}\cdot\frac{\frac{1}{2}t^{2}}{t^{2}}=\frac{1}{2e}.$$

二、判定连续与间断（O_2（盯住目标2））

1. 常见备选点判定（D_1（常规操作））

D_{21}（观察研究对象），盯住无定义点与分段点（尤其是分母表达式的零点）.

① $e^{\frac{1}{x}}\Rightarrow x=0$ 为无定义点.

② $\dfrac{1}{\int_{1}^{x}t|\sin t|\,dt}\Rightarrow x=\pm1$ 为无定义点.

③ $\dfrac{1}{\sin x}\Rightarrow x=k\pi(k=0,\pm1,\cdots)$ 为无定义点.

④ $\dfrac{1}{\arctan x}\Rightarrow x=0$ 为无定义点.

⑤ $\dfrac{1}{\tan\left(x-\frac{\pi}{4}\right)},0<x<2\pi\Rightarrow x=\dfrac{\pi}{4},\dfrac{3\pi}{4},\dfrac{5\pi}{4},\dfrac{7\pi}{4}$ 为无定义点.

⑥ $\dfrac{1}{|x|(x^{2}-1)}\Rightarrow x=0,\pm1$ 为无定义点.

⑦ $[x]\Rightarrow x=n\ (n=0,\pm1,\pm2,\cdots)$ 为分段点.

【注】$\lim\limits_{x\to n^{+}}[x]=n,\lim\limits_{x\to n^{-}}[x]=n-1.$

⑧ $|x|^{\frac{1}{(1-x)(x-2)}}\Rightarrow x=0,1,2$ 为无定义点.

2. 计算（D_1（常规操作））

① $\lim\limits_{x\to x_0^{+}}f(x)$；② $\lim\limits_{x\to x_0^{-}}f(x)$；③ $f(x_0)$.

3. 按定义作出结论（D_{22}（转换等价表述））

①跳跃间断点；→ $\lim\limits_{x\to x_0^{+}}f(x)=a,\lim\limits_{x\to x_0^{-}}f(x)=b$，且 $a\neq b$.

②可去间断点；→ $\lim\limits_{x\to x_0^{+}}f(x)=\lim\limits_{x\to x_0^{-}}f(x)=a\neq f(x_0)$.

③无穷间断点；→ $\lim\limits_{x\to x_0^{+}}f(x)=\infty$ 或 $\lim\limits_{x\to x_0^{-}}f(x)=\infty$.

④振荡间断点. → $\lim\limits_{x\to x_0^{+}}f(x)=\lim\limits_{x\to x_0}f(x)$ 振荡不存在.

例1.11 函数 $f(x)=|x|^{\frac{1}{(1-x)(x-2)}}$ 的第一类间断点的个数是(　　).

(A)3　　(B)2　　(C)1　　(D)0

【解】应选(C).

无定义点(间断点)为 $x=0,\ x=1,\ x=2$.

对于 $x=0$，$\lim\limits_{x\to0}|x|^{\frac{1}{(1-x)(x-2)}}=e^{\lim\limits_{x\to0}\frac{\ln|x|}{(1-x)(x-2)}}=e^{+\infty}=+\infty$，故 $x=0$ 是第二类间断点.

对于 $x=1$，$\lim\limits_{x\to1}|x|^{\frac{1}{(1-x)(x-2)}}=e^{\lim\limits_{x\to1}\frac{\ln|x|}{(1-x)(x-2)}}=e^{\lim\limits_{x\to1}\frac{x-1}{(1-x)(x-2)}}=e$，故 $x=1$ 是第一类(可去)间断点.

对于 $x=2$，$\lim\limits_{x\to2^-}|x|^{\frac{1}{(1-x)(x-2)}}=e^{\lim\limits_{x\to2^-}\frac{\ln|x|}{(1-x)(x-2)}}=e^{+\infty}=+\infty$，故 $x=2$ 是第二类间断点.

综上，第一类间断点的个数是1，选(C).

等价表述体系块

三、研究 $x\to\bullet$ 时 $f(x)$ 的微观性态（O_3（盯住目标3））

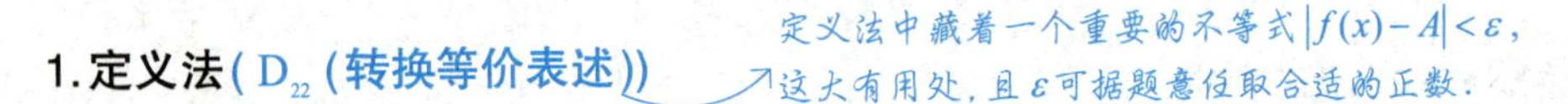

$\lim\limits_{x\to x_0}f(x)=A\Leftrightarrow\forall\varepsilon>0,\ \exists\delta>0$，当 $0<|x-x_0|<\delta$ 时，有 $|f(x)-A|<\varepsilon$.

例1.12 设 $f(x)$ 具有一阶连续导数，且 $\lim\limits_{x\to+\infty}[x-f(x)]=0$，$f(1)<1$，证明：

(1)存在 $\xi>1$，使得 $|\xi-f(\xi)|<1-f(1)$；

(2)存在 $\eta>1$，使得 $f'(\eta)>1$.

【证】(1)由 $\lim\limits_{x\to+\infty}[x-f(x)]=0$，得对于任意的 $\varepsilon>0$，存在 $X>1$，当 $\xi>X>1$ 时，有 $|\xi-f(\xi)|<\varepsilon$，取 $\varepsilon=1-f(1)>0$，得证.

(2)由 $|\xi-f(\xi)|\geqslant\xi-f(\xi)$，结合(1)，有 $\xi-f(\xi)\leqslant|\xi-f(\xi)|<1-f(1)$，移项得 $\xi-1<f(\xi)-f(1)$.

由拉格朗日中值定理，存在 $\eta\in(1,\xi)$，使 $f'(\eta)=\dfrac{f(\xi)-f(1)}{\xi-1}>1$，得证.

2.局部保号性（D_{22}（转换等价表述））

极为重要的性质，必考点

$\lim f>0\Rightarrow f>0$
$\lim f<0\Rightarrow f<0$
(脱帽严格不等)
$f\geqslant0\Rightarrow\lim f\geqslant0$
$f\leqslant0\Rightarrow\lim f\leqslant0$
(戴帽非严格不等)

(1)如果 $f(x)\to A(x\to x_0)$ 且 $A>0$(或 $A<0$)，那么存在常数 $\delta>0$，使得当 $0<|x-x_0|<\delta$ 时，有 $f(x)>0$(或 $f(x)<0$).

(2)如果在 x_0 的某去心邻域内 $f(x)\geqslant0$(或 $f(x)\leqslant0$)且 $\lim\limits_{x\to x_0}f(x)=A$，则 $A\geqslant0$(或 $A\leqslant0$).

【注】证 (1) $\lim\limits_{x\to x_0} f(x)=A\ (A>0) \Leftrightarrow$ 对任意的 $\varepsilon>0$，存在 $\delta>0$，使得当 $0<|x-x_0|<\delta$ 时，有 $|f(x)-A|<\varepsilon$.

取 $\varepsilon=\dfrac{A}{2}>0$，即有 $|f(x)-A|<\dfrac{A}{2}$，所以 $f(x)>\dfrac{A}{2}>0$，证毕.

(2) 反证法(此处只证 $A\geqslant 0$ 的情况). → P_2(反证思路)

假设 $A<0$，则由 (1) 可知，在 x_0 的某去心邻域中有 $f(x)<0$，与 (2) 中条件“$f(x)\geqslant 0$”矛盾. 故可得 $A\geqslant 0$，证毕.

例1.13 设 $f(x)$ 单调减少，$\lim\limits_{x\to+\infty} f(x)=0$，证明 $f(x)\geqslant 0$.

【证】 由 $f(x)$ 单调减少，知对任意 $t>0$，有 $f(x)\geqslant f(x+t)$，则

$$f(x)=\lim_{t\to+\infty} f(x)\geqslant \lim_{t\to+\infty} f(x+t)\xlongequal{u=x+t}\lim_{u\to+\infty} f(u)=0.$$

【注】同理，设 $\{x_n\}$ 单调减少，$\lim\limits_{n\to\infty} x_n=0$，则 $x_n\geqslant 0$.

证 由 $\{x_n\}$ 单调减少，知对任意整数 $m>0$，有 $x_n\geqslant x_{n+m}$，则

$$x_n=\lim_{m\to\infty} x_n\geqslant \lim_{m\to\infty} x_{n+m}\xlongequal{k=n+m}\lim_{k\to\infty} x_k=0.$$

3. 夹逼准则(D_1(常规操作)+ D_{22}(转换等价表述)+ D_{23}(化归经典形式))

如果函数 $f(x)$，$g(x)$ 及 $h(x)$ 满足下列条件：

(1) $h(x)\leqslant f(x)\leqslant g(x)$；

(2) $\lim g(x)=A$，$\lim h(x)=A$.

则 $\lim f(x)$ 存在，且 $\lim f(x)=A$.

例1.14 设 $x\geqslant 0$，记 x 到 $2k$ 的最小距离为 $f(x)$，$k=0,1,2,\cdots$.

(1) 证明 $f(x)$ 以 2 为周期，写出其在 $[0,2]$ 上的表达式并画出 $f(x)$ 的图像；

(2) 求 $\lim\limits_{x\to+\infty}\dfrac{\int_0^x f(t)\mathrm{d}t}{x}$.

D_{22}(转换等价表述)，将题目中的文字表述翻译成数学表述. ①名词准确翻译. ②取个特例看看. ③画个图像看看(数形结合). 很多考生畏惧这一“难关”，事实上，只要冷静做好上述 D_{22}，多做几个训练，此关可过.

(1)【证】 首先要理解题意，$f(x)=\min\{|x-2k|\}(k=0,1,2,\cdots)$，这是指 $f(x)$ 是 $x(\geqslant 0)$ 到 $0,2,4,\cdots$ 这些数的最小距离，比如在区间 $[0,2]$ 上，若 $0\leqslant x<1$，则 x 距离 0 更近，$f(x)=x$；若 $1\leqslant x\leqslant 2$，则 x 距离 2 更近，$f(x)=2-x$.

当 $x\geqslant 0$ 时，

$$f(x+2)=\min\{|(x+2)-2k|\}=\min\{|x-2(k-1)|\}=f(x)(k=1,2,\cdots),$$

故$f(x)$是以2为周期的函数，其在$[0,2]$上的表达式为

$$f(x)=\min\{|x-2k|\}=\begin{cases}x, & 0\leqslant x<1,\\ 2-x, & 1\leqslant x\leqslant 2,\end{cases}$$

故$f(x)$的图像如图所示.

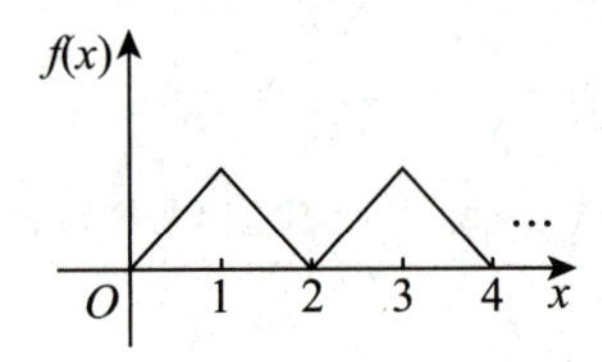

(2)【解】 当$2n\leqslant x<2n+2$时，

$$n=\int_0^{2n}f(t)\mathrm{d}t\leqslant\int_0^x f(t)\mathrm{d}t<\int_0^{2n+2}f(t)\mathrm{d}t=n+1,$$

故
$$\frac{n}{2n+2}=\frac{1}{2n+2}\int_0^{2n}f(t)\mathrm{d}t<\frac{1}{x}\int_0^x f(t)\mathrm{d}t<\frac{1}{2n}\int_0^{2n+2}f(t)\mathrm{d}t=\frac{n+1}{2n},$$

当$x\to+\infty$时，$n\to\infty$，由夹逼准则，有$\lim\limits_{x\to+\infty}\frac{1}{x}\int_0^x f(t)\mathrm{d}t=\frac{1}{2}$.

4. 单调有界准则（D_1（常规操作）+ D_{23}（化归经典形式））

如果存在正数δ，使得函数$f(x)$在$(x_0,\ x_0+\delta)$内单调有界，那么极限$\lim\limits_{x\to x_0^+}f(x)$存在；如果存在正数$\delta$，使得函数$f(x)$在$(x_0-\delta,\ x_0)$内单调有界，那么极限$\lim\limits_{x\to x_0^-}f(x)$存在.

至于$x\to-\infty$，$x\to+\infty$的情况，考生不难得出结论.

例1.15 已知函数$f(x)$的定义域是$[0,\ +\infty)$，且满足$f(0)=1$，$f'(x)=\frac{1}{f^2(x)+x^2}$，求证：$\lim\limits_{x\to+\infty}f(x)$存在，且$\lim\limits_{x\to+\infty}f(x)\leqslant 1+\frac{\pi}{2}$.

【证】 显然$f'(x)>0$，从而$f(x)$单调递增，由$f(0)=1$得$f(x)\geqslant 1$，再由$f'(x)=\frac{1}{f^2(x)+x^2}\leqslant\frac{1}{1+x^2}$得

D_{23}（化归经典形式）

$$f(x)=f(0)+\int_0^x f'(t)\mathrm{d}t\leqslant 1+\int_0^{+\infty}\frac{1}{1+x^2}\mathrm{d}x=1+\frac{\pi}{2},$$

从而$f(x)$有上界，故$\lim\limits_{x\to+\infty}f(x)$存在. 由$f(x)\leqslant 1+\frac{\pi}{2}$得$\lim\limits_{x\to+\infty}f(x)\leqslant 1+\frac{\pi}{2}$，得证.

第2讲 数列极限

三向解题法

判断$\{x_n\}$是否收敛($\lim\limits_{n\to\infty} x_n$是否存在)
(O(盯住目标))

- 见到$f(x_n,x_{n+1})$，且其是含x_n，x_{n+1}的等式关系
  (D₁(常规操作)+D₂₃(化归经典形式))
- 见到$f(x_n,x_{n+1})$，且其是含x_n，x_{n+1}的不等式关系
  (D₁(常规操作))
- 初值x_1对$x_{n+1}=f(x_n)$的敛散性的影响
  (D₁(常规操作))
- 双通项a_n，b_n问题
  (D₁(常规操作)+D₂₁(观察研究对象)+D₂₃(化归经典形式))
- 复合函数的极限
  (D₁(常规操作)+D₂₁(观察研究对象))

一、见到$f(x_n,x_{n+1})$，且其是含x_n,x_{n+1}的等式关系

(D₁(常规操作)+D₂₃(化归经典形式))

(1)若$x_{n+1}=f(x_n)$，$f(x)$易于求导，且求导得$f'(x)$满足$|f'(x)|\leqslant k<1$，则由压缩映射原理，可知数列$\{x_n\}$收敛.(D₁(常规操作))

【注】①压缩映射原理如下.

原理一 对数列 $\{x_n\}$，若存在常数 $k(0<k<1)$，使得 $|x_{n+1}-a|\leqslant k|x_n-a|$，$n=1,2,\cdots$，则 $\{x_n\}$ 收敛于 a.

证 $0\leqslant|x_{n+1}-a|\leqslant k|x_n-a|\leqslant k^2|x_{n-1}-a|\leqslant\cdots\leqslant k^n|x_1-a|$，由于 $\lim\limits_{n\to\infty}k^n=0$，根据夹逼准则，有 $\lim\limits_{n\to\infty}|x_{n+1}-a|=0$，即 $\{x_n\}$ 收敛于 a.

原理二 对数列 $\{x_n\}$，若 $x_{n+1}=f(x_n)$，$n=1,2,\cdots$，$f(x)$ 可导，a 是 $f(x)=x$ 的唯一解，且对任意 $x\in\mathbf{R}$，有 $|f'(x)|\leqslant k<1$，则 $\{x_n\}$ 收敛于 a.

证 $|x_{n+1}-a|=|f(x_n)-f(a)|\xlongequal{\text{拉格朗日中值定理}}|f'(\xi)||x_n-a|\leqslant k|x_n-a|$，其中 ξ 介于 a 与 x_n 之间，由原理一，有 $\{x_n\}$ 收敛于 a.

以上原理一、二是特殊的压缩映射过程，考生在使用它们时，要写出证明过程.

②重要不等式，见附录的不等式变形.

隐含条件体系块

例2.1 若 $x_1=1$，$x_{n+1}=\sqrt{4+3x_n}$，$n=1,2,\cdots$，证明数列 $\{x_n\}$ 收敛，并求 $\lim\limits_{n\to\infty}x_n$.

【解】 令 $f(x)=\sqrt{4+3x}\ (x>0)$，则 $f(4)=4$，且

D_{23}（化归经典形式）

$$|f'(x)|=\frac{3}{2\sqrt{4+3x}}\leqslant\frac{3}{2\sqrt{4}}=\frac{3}{4}<1,$$

又有

$$|x_{n+1}-4|=|f(x_n)-f(4)|=|f'(\xi)||x_n-4|\leqslant\frac{3}{4}|x_n-4|,$$

其中 ξ 介于 x_n 与4之间，从而有

$$0<|x_{n+1}-4|\leqslant\frac{3}{4}|x_n-4|\leqslant\left(\frac{3}{4}\right)^2|x_{n-1}-4|\leqslant\cdots\leqslant\left(\frac{3}{4}\right)^n|x_1-4|,$$

而当 $n\to\infty$ 时，$\left(\frac{3}{4}\right)^n\to 0$，故数列 $\{x_n\}$ 收敛，且 $\lim\limits_{n\to\infty}x_n=4$.

例2.2 若 $x_{n+1}=\frac{\pi}{2}+\frac{1}{2}\cos x_n\ (n=1,2,\cdots)$，$x_1=\pi$，证明数列 $\{x_n\}$ 收敛，并求 $\lim\limits_{n\to\infty}x_n$.

D_{23}（化归经典形式）

【解】 令 $f(x)=\frac{\pi}{2}+\frac{1}{2}\cos x$，则 $f\left(\frac{\pi}{2}\right)=\frac{\pi}{2}$，$|f'(x)|=\left|-\frac{1}{2}\sin x\right|\leqslant\frac{1}{2}<1$，则有

$$\left|x_{n+1}-\frac{\pi}{2}\right|=\left|f(x_n)-f\left(\frac{\pi}{2}\right)\right|\leqslant\frac{1}{2}\left|x_n-\frac{\pi}{2}\right|,$$

从而有

$$\left|x_{n+1}-\frac{\pi}{2}\right|\leqslant\frac{1}{2}\left|x_n-\frac{\pi}{2}\right|\leqslant\cdots\leqslant\left(\frac{1}{2}\right)^n\left|x_1-\frac{\pi}{2}\right|,$$

又当$n\to\infty$时，$\left(\frac{1}{2}\right)^n\to 0^+$，故数列$\{x_n\}$收敛，且$\lim\limits_{n\to\infty}x_n=\frac{\pi}{2}$.

(2)若$x_{n+1}=f(x_n)$，$f(x)$不易求导或$f'(x)$不满足$|f'(x)|\leqslant k<1$.(D[1] (常规操作))

①直接比较x_{n+1}与x_n大小，定单调.

例2.3 若$0<x_n<1$，$x_{n+1}=1-\sqrt{1-x_n}$ ($n=1,2,\cdots$)，求：

(1) $\lim\limits_{n\to\infty}x_n$；

(2) $\lim\limits_{n\to\infty}\frac{x_{n+1}}{x_n}$.

【解】(1)由$x_{n+1}=1-\sqrt{1-x_n}=\frac{x_n}{1+\sqrt{1-x_n}}<x_n$，$0<x_n<1$，知数列$\{x_n\}$单调减少且有下界，故数列$\{x_n\}$收敛.

设$\lim\limits_{n\to\infty}x_n=a$，则有$a=1-\sqrt{1-a}$，解得$a=0$ ($a=1$舍去)，故$\lim\limits_{n\to\infty}x_n=0$.

(2)由(1)可知，$\lim\limits_{n\to\infty}\frac{x_{n+1}}{x_n}=\lim\limits_{n\to\infty}\frac{1-\sqrt{1-x_n}}{x_n}=\lim\limits_{n\to\infty}\frac{1}{1+\sqrt{1-x_n}}=\frac{1}{2}$.

②作差$x_{n+1}-x_n$，根据正负定单调.

例2.4 设$x_{n+1}=\frac{x_n^2}{2(x_n-1)}$ ($n=1,2,\cdots$)，$x_1>1$，证明数列$\{x_n\}$收敛，并求$\lim\limits_{n\to\infty}x_n$.

【解】

$$x_{n+1}=\frac{1}{2}\left(x_n-1+\frac{1}{x_n-1}\right)+1\geqslant 2,\quad x_{n+1}-x_n=\frac{x_n(2-x_n)}{2(x_n-1)}\leqslant 0,$$

故由单调有界准则知，数列$\{x_n\}$收敛.

设$\lim\limits_{n\to\infty}x_n=A$，则有$A=\frac{A^2}{2(A-1)}$，解得$A=2$或$A=0$(舍去)，故$\lim\limits_{n\to\infty}x_n=2$.

③作商$\frac{x_{n+1}}{x_n}$ (x_{n+1}与x_n同号)，根据与1的大小关系定单调.

例2.5 设$x_{n+1}=\sqrt{x_n(2-x_n)}$ ($n=1,2,\cdots$)，$0<x_1<2$，证明数列$\{x_n\}$的极限存在，并求此极限.

【解】首先证明数列$\{x_n\}$有界.因为$0<x_1<2$，所以x_1，$2-x_1$均为正数，从而

$$0<x_2=\sqrt{x_1(2-x_1)}\leqslant\frac{x_1+2-x_1}{2}=1.$$

P[3] (数学归纳)

设$0<x_k\leqslant 1(k>1)$，则$0<x_{k+1}=\sqrt{x_k(2-x_k)}\leqslant\frac{1}{2}(x_k+2-x_k)=1$，由数学归纳法知，对任意正整数$n>1$，都有$0<x_n\leqslant 1$，即数列$\{x_n\}$有界.

再证明数列$\{x_n\}$单调.当$n>1$时,

$$\frac{x_{n+1}}{x_n}=\sqrt{\frac{2}{x_n}-1}\geqslant 1,$$

即$x_{n+1}\geqslant x_n(n>1)$,所以数列$\{x_n\}(n>1)$单调增加.

根据单调有界准则知$\lim\limits_{n\to\infty}x_n$存在,设其为$a$,则

$$a=\lim_{n\to\infty}x_n=\lim_{n\to\infty}\sqrt{x_{n-1}(2-x_{n-1})}=\sqrt{a(2-a)},$$

解得$a=1$或$a=0$(舍去).故$\lim\limits_{n\to\infty}x_n=1$.

④根据题设提示(往往是第(1)问),判有界或单调.

例2.6 (1)证明对任意正整数n,都有$\frac{1}{n+1}<\ln\left(1+\frac{1}{n}\right)<\frac{1}{n}$成立;

(2)设$a_n=1+\frac{1}{2}+\cdots+\frac{1}{n}-\ln n$($n=1,2,\cdots$),证明数列$\{a_n\}$收敛.

【证】(1)令$f(x)=\ln x$($x>0$).对任意正整数n,对$f(x)$在$[n,n+1]$上使用拉格朗日中值定理,得

$$\ln\left(1+\frac{1}{n}\right)=\ln(1+n)-\ln n=\frac{1}{\xi},$$

其中$n<\xi<n+1$,所以$\frac{1}{n+1}<\ln\left(1+\frac{1}{n}\right)<\frac{1}{n}$.

(2)由(1)知,当$n\geqslant 1$时,有

$$a_{n+1}-a_n=\frac{1}{n+1}-\ln\left(1+\frac{1}{n}\right)<0,$$

$$\begin{aligned}a_n&=1+\frac{1}{2}+\cdots+\frac{1}{n}-\ln n>\ln(1+1)+\ln\left(1+\frac{1}{2}\right)+\cdots+\ln\left(1+\frac{1}{n}\right)-\ln n\\&=\ln(1+n)-\ln n>0,\end{aligned}$$

故数列$\{a_n\}$单调减少且有下界,所以数列$\{a_n\}$收敛.

二、见到$f(x_n,x_{n+1})$,且其是含x_n,x_{n+1}的不等式关系

(D_1(常规操作))

比较x_n,x_{n+1}的大小,定x_n的上、下界.

例2.7 若$(1-x_{n+1})x_n>\frac{1}{4}$($n=1,2,\cdots$),$0<x_n<1$,证明数列$\{x_n\}$收敛,并求$\lim\limits_{n\to\infty}x_n$.

【解】由题设可知，$\frac{1}{2}<\sqrt{(1-x_{n+1})x_n}\leqslant\frac{1-x_{n+1}+x_n}{2}$，故$x_n\geqslant x_{n+1}$．又$0<x_n<1$，因此由单调有界准则知，数列$\{x_n\}$收敛．

设$\lim\limits_{n\to\infty}x_n=a$，则有$(1-a)a\geqslant\frac{1}{4}$，又$(1-a)a\leqslant\frac{1}{4}$，故$(1-a)a=\frac{1}{4}$，解得$a=\frac{1}{2}$，即$\lim\limits_{n\to\infty}x_n=\frac{1}{2}$．

三、初值x_1对$x_{n+1}=f(x_n)$的敛散性的影响（D_1（常规操作））

对于$x_{n+1}=f(x_n)$，若初值x_1仅给定取值范围，可能需要分情况讨论．

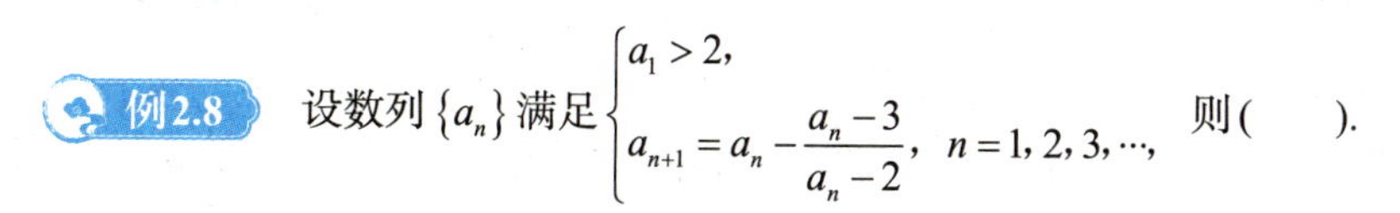

例2.8　设数列$\{a_n\}$满足$\begin{cases}a_1>2,\\ a_{n+1}=a_n-\dfrac{a_n-3}{a_n-2}, & n=1,2,3,\cdots,\end{cases}$则（　　）．

(A) $\{a_n\}$收敛于大于3的数　　(B) $\{a_n\}$收敛于3

(C) $\{a_n\}$发散　　(D) $\{a_n\}$的敛散性与a_1有关

【解】应选(B)．

令
$$f(x)=x-\frac{x-3}{x-2},\ x>2,$$
则
$$f'(x)=1-\frac{1}{(x-2)^2}\overset{令}{=\!=}0,$$
解得$x=3$，又$f''(x)=\frac{2}{(x-2)^3}>0$，则$x=3$为$f(x)$在$(2,+\infty)$上的最小值点，即
$$[f(x)]_{\min}=f(3)=3,$$
于是
$$a_{n+1}=f(a_n)\geqslant3.$$

找（或证）$\{a_n\}$有界，若$a_n=f(n)$，f可导，那么求$f(x)$在$x\in I$上的最值，便是一个好方法．

若$a_1>3$，则
$$a_2=a_1-\frac{a_1-3}{a_1-2}<a_1,$$
$$a_2=f(a_1)>f(3)=3,$$
由归纳法，$3<a_{n+1}<a_n$，故数列$\{a_n\}$收敛．

若$2<a_1<3$，则
$$a_2=a_1-\frac{a_1-3}{a_1-2}=f(a_1)>f(3)=3,$$
故
$$a_3=a_2-\frac{a_2-3}{a_2-2}<a_2,$$

由归纳法，$3 < a_{n+1} < a_n (n \geqslant 2)$，故数列$\{a_n\}$收敛.

设$a_1 > 2$且$a_1 \neq 3$，记$\lim\limits_{n\to\infty} a_n = A$，则$A = A - \dfrac{A-3}{A-2}$，解得$A = 3$.

显然当$a_1 = 3$时，$a_n = 3, n = 2,3,4,\cdots$.

综上，$\{a_n\}$收敛于3.

形式化归体系块

四、双通项a_n,b_n问题

(D_1（常规操作）+D_{21}（观察研究对象）+D_{23}（化归经典形式）)

(1)将a_n,b_n满足的式子联立，消去a_n或b_n其中一个，转化为单通项问题.且常用①恒等变形；②无穷小比阶；③常见放缩；④函数单调性，来作细节处理.

D_{23}（化归经典形式）

(2)令$c_n = \dfrac{a_n}{b_n}$，转求$\lim\limits_{n\to\infty} c_n$，且常用①单调有界准则；②夹逼准则；③极限保号性，来作细节处理.

例2.9 设数列$\{a_n\}$，$\{b_n\}$满足$a_n + b_n = \dfrac{\pi}{2}$，$a_{n+1} = a_n + \cos a_n$，其中$n = 1,2,\cdots$，$a_1 = 1$，当$n\to\infty$时，$b_n$与$b_{n-1}^a$为同阶无穷小量，则$a =$(　　).

(A)1　　(B)2　　(C)3　　(D)5

【解】应选(C).

$$\begin{aligned} b_n &= \frac{\pi}{2} - a_n = \frac{\pi}{2} - a_{n-1} - \cos a_{n-1} \\ &= \frac{\pi}{2} - a_{n-1} - \sin\left(\frac{\pi}{2} - a_{n-1}\right) \\ &= b_{n-1} - \sin b_{n-1} (n \geqslant 2). \end{aligned}$$

D_{21}（观察研究对象）+D_{23}（化归经典形式），题设中说的是b_n与b_{n-1}^a，自然应该想到建立b_n与b_{n-1}的关系.所谓的"观察"与"化归"，往往相互配合，提供给我们变形的方向.

由$a_1 = 1$，则$b_1 = \dfrac{\pi}{2} - 1 \in (0,1), b_2 = b_1 - \sin b_1 < b_1$，即$0 < b_2 < b_1 < 1$.

假设当$n = k(k \geqslant 2)$时，$0 < b_k < b_{k-1} < 1$成立，则当$n = k+1$时，

$$0 < b_{k+1} = b_k - \sin b_k < b_k < 1,$$

故$\{b_n\}$单调有界，则由单调有界准则，知$\{b_n\}$收敛.令$\lim\limits_{n\to\infty} b_n = A$，在等式$b_n = b_{n-1} - \sin b_{n-1}$两端取极限，得$A = A - \sin A$，故$A = 0$，即$\lim\limits_{n\to\infty} b_n = 0$.

故当$n\to\infty$，即$b_n \to 0$时，$b_n = b_{n-1} - \sin b_{n-1} \sim \dfrac{1}{6} b_{n-1}^3$，因此$a = 3$.

例2.10 设正项数列 $\{a_n\}$ 收敛于0，若 $a_n=\cos b_n-\cos a_n, a_n\in\left(0,\dfrac{\pi}{2}\right), b_n\in\left(0,\dfrac{\pi}{2}\right)$，且 $(1-b_n)^n=\cos b_n$，则 $\lim\limits_{n\to\infty} b_n^{\frac{\ln\cos b_n}{n}}=$ ________.

【解】 应填1.

$\cos b_n-\cos a_n=a_n>0$，因为 $a_n\in\left(0,\dfrac{\pi}{2}\right), b_n\in\left(0,\dfrac{\pi}{2}\right)$，所以 $0<b_n<a_n$. 又正项数列 $\{a_n\}$ 收敛于0，故 $\lim\limits_{n\to\infty} b_n=0$. 于是

D$_{21}$（观察研究对象）

$$\lim_{n\to\infty} b_n^{\frac{\ln\cos b_n}{n}}=e^{\lim\limits_{n\to\infty}\frac{\ln\cos b_n}{n}\ln b_n}=e^{\lim\limits_{n\to\infty}\ln(1-b_n)\ln b_n}=e^0=1.$$

隐含条件体系块

五、复合函数的极限

（D$_1$（常规操作）+D$_{21}$（观察研究对象））

1. 定理一（因变量极限定理）

设 $y=f[g(x)]$，$u=g(x)$，$y=f(u)$. 若 $\begin{cases}① \lim\limits_{x\to x_0} g(x)=u_0,\\ ② \lim\limits_{u\to u_0} f(u)=a,\\ ③\text{当}x\neq x_0\text{时，}g(x)\neq u_0,\end{cases}$ 则 $\lim\limits_{x\to x_0} f[g(x)]=a$.

注意此条件，当 $f(u)$ 在 u 处连续时，不需要③

例2.11 设

$$u=g(x)=\begin{cases}x, & x\text{是有理数},\\ 0, & x\text{是无理数},\end{cases}\quad y=f(u)=\begin{cases}1, & u\neq 0,\\ 0, & u=0,\end{cases}$$

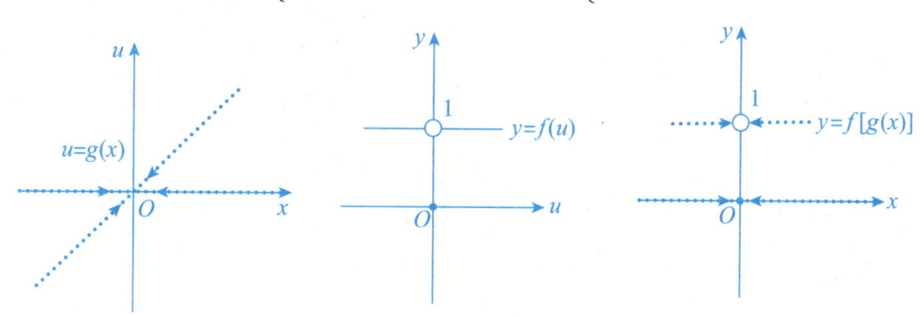

则 $\lim\limits_{x\to 0} f[g(x)]$（　　）.

(A) 等于0　　(B) 等于1　　(C) 等于 x　　(D) 不存在

【解】 应选(D).

由题设有，$\lim\limits_{x\to 0} g(x)=0, \lim\limits_{u\to 0} f(u)=1$，但由于 $y=f[g(x)]=\begin{cases}1, & x\text{是有理数且}x\neq 0,\\ 0, & x\text{是无理数或}x=0,\end{cases}$ 于是 $\lim\limits_{x\to 0} f[g(x)]$ 不存在.

【注】关键是当 $x\neq 0$ 时，$g(x)$ 也有零点，故复合函数的极限定理一的运算不一定成立.

2. 定理二(中间变量极限定理)

设 $u_n\in$ 有限区间 I，若 $f(x)$ 在 I 上严格单调，且 $\lim\limits_{n\to\infty} f(u_n)$ 存在，则 $\lim\limits_{n\to\infty} u_n$ 存在.

例2.12 已知数列 $\{x_n\}$，其中 $-\dfrac{\pi}{2}\leqslant x_n\leqslant\dfrac{\pi}{2}$，则(　　).

(A) 若 $\lim\limits_{n\to\infty}\cos\sin x_n$ 存在，则 $\lim\limits_{n\to\infty} x_n$ 存在

(B) 若 $\lim\limits_{n\to\infty}\sin\cos x_n$ 存在，则 $\lim\limits_{n\to\infty} x_n$ 存在

(C) 若 $\lim\limits_{n\to\infty}\cos\sin x_n$ 存在，则 $\lim\limits_{n\to\infty}\sin x_n$ 存在，但 $\lim\limits_{n\to\infty} x_n$ 不一定存在

(D) 若 $\lim\limits_{n\to\infty}\sin\cos x_n$ 存在，则 $\lim\limits_{n\to\infty}\cos x_n$ 存在，但 $\lim\limits_{n\to\infty} x_n$ 不一定存在

【解】 应选(D).

根据定理二，由于 $\sin x$ 在 $\left[-\dfrac{\pi}{2},\dfrac{\pi}{2}\right]$ 上单调，因此，由 $\lim\limits_{n\to\infty}\sin\cos x_n$ 存在可得 $\lim\limits_{n\to\infty}\cos x_n$ 存在，但 $\cos x$ 在 $\left[-\dfrac{\pi}{2},\dfrac{\pi}{2}\right]$ 上不单调，所以当 $\lim\limits_{n\to\infty}\cos x_n$ 存在时，$\lim\limits_{n\to\infty} x_n$ 不一定存在，可知(D)正确，(B)错误.

由于 $\cos x$ 在 $\left[-\dfrac{\pi}{2},\dfrac{\pi}{2}\right]$ 上不单调，因此，由 $\lim\limits_{n\to\infty}\cos\sin x_n$ 存在无法得到 $\lim\limits_{n\to\infty}\sin x_n$ 存在，进而也无法得到 $\lim\limits_{n\to\infty} x_n$ 存在，可知(A)与(C)均错误.

例2.13 设正项数列 $\{a_n\}$ 单调增加，则以下选项中使得 $\{a_n\}$ 收敛的是(　　).

(A) $\left\{(1+a_n)^{\frac{1}{a_n}}\right\}$ 收敛于1　　(B) $\left\{\left(1+\dfrac{1}{a_n}\right)^{a_n}\right\}$ 收敛于e

(C) $\{a_n\ln a_n\}$ 收敛于0　　(D) $\left\{\dfrac{\ln a_n}{a_n}\right\}$ 收敛于0

【解】 应选(C).

正项数列 $\{a_n\}$ 单调增加，要么 $\lim\limits_{n\to\infty} a_n=+\infty$，要么 $\lim\limits_{n\to\infty} a_n=a$.

对于选项(A)，$(1+x)^{\frac{1}{x}}\,(x>0)$ 的图像如图(a)所示.

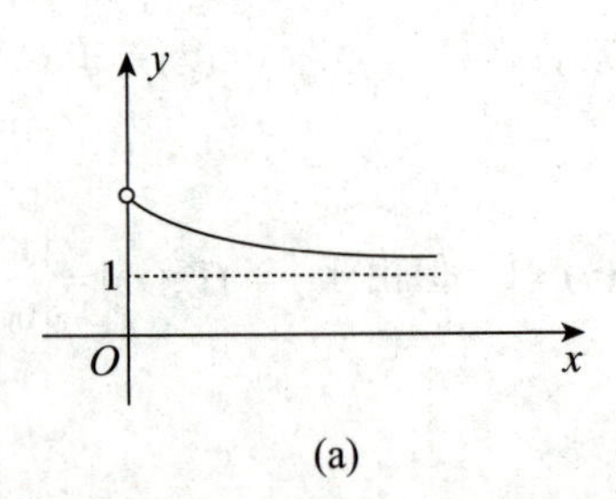

(a)

当$(1+a_n)^{\frac{1}{a_n}}\to 1$时，$a_n\to+\infty$，故$\{a_n\}$发散.

对于选项(B)，$\left(1+\frac{1}{x}\right)^x(x>0)$的图像如图(b)所示.

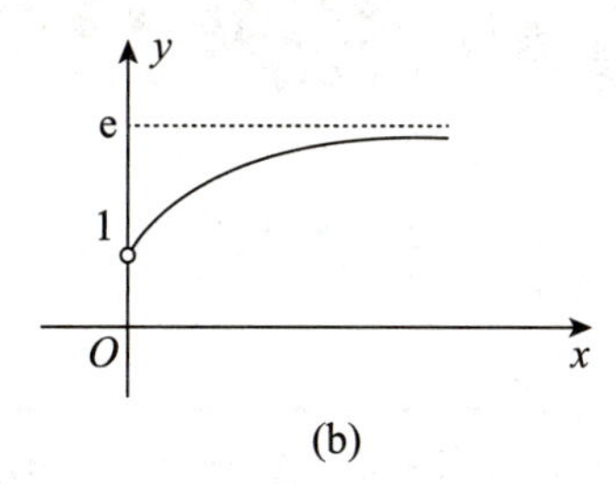

(b)

当$\left(1+\frac{1}{a_n}\right)^{a_n}\to \mathrm{e}$时，$a_n\to+\infty$，故$\{a_n\}$发散.

对于选项(C)，$x\ln x(x>0)$的图像如图(c)所示.

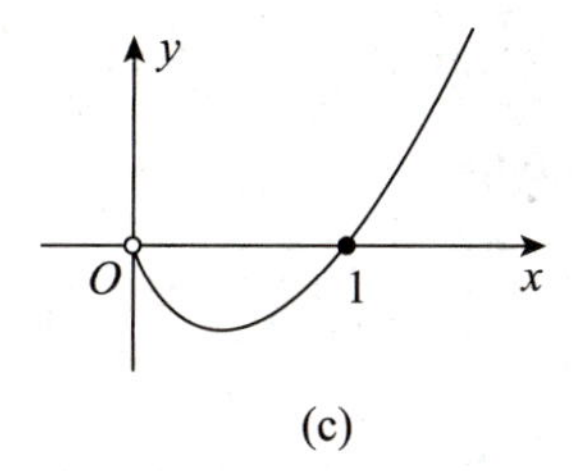

(c)

当$a_n\ln a_n\to 0$时，$a_n\to 0^+$或$a_n\to 1$，又$a_n>0$且单调增加，所以$a_n\to 1^-$，故$\{a_n\}$收敛.

对于选项(D)，$\frac{\ln x}{x}(x>0)$的图像如图(d)所示.

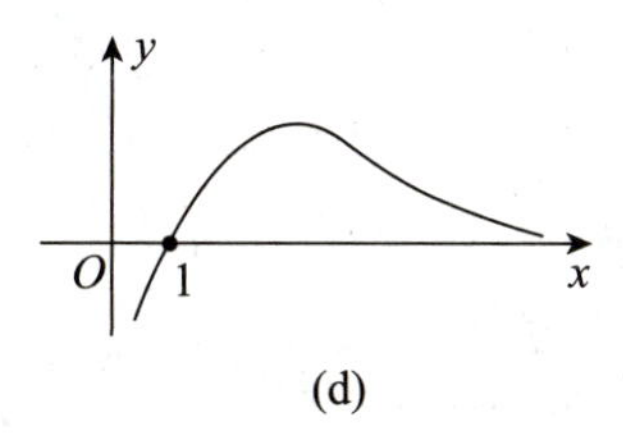

(d)

当$\frac{\ln a_n}{a_n}\to 0$时，$a_n\to 1^-$或$a_n\to+\infty$，故$\{a_n\}$可能收敛，也可能发散.

【注】此题是作者新命制的题目，着重考查基本概念与性质，对考生区分度高.

第3讲 一元函数微分学的概念

三向解题法

研究一元函数微分学的概念
(O(盯住目标))

1.微分——一阶泰勒公式
(D$_1$(常规操作)+D$_2$(脱胎换骨))

$$f(x)-f(x_0)=f'(x_0)\Delta x+o(1)\Delta x=f'(x_0)\Delta x+o(\Delta x)\quad(\Delta x\to 0)$$

2.导数——因变量差与自变量差的比值极限
(D$_1$(常规操作)+D$_{22}$(转换等价表述))

$$f'(x_0)=\lim_{\Delta x\to 0}\frac{\Delta f}{\Delta x}=\lim_{\Delta x\to 0}\frac{f(x_0+\Delta x)-f(x_0)}{\Delta x}$$

3.$f(x)$与$|f(x)|$连续、可导的关系总结
(D$_1$(常规操作)+D$_{21}$(观察研究对象)+D$_{43}$(数形结合))

(1)设$f(x)$在x_0处连续，则$|f(x)|$在x_0处连续；反之不真.

(2)设$f(x)$在x_0处可导，则

①$f(x_0)\neq 0\Rightarrow |f(x)|$在$x_0$处可导，

且$$\left[|f(x)|\right]'\Big|_{x=x_0}=\begin{cases}f'(x_0), & f(x_0)>0,\\ -f'(x_0), & f(x_0)<0.\end{cases}$$

②$f(x_0)=0$，且$$\begin{cases}f'(x_0)=0\Rightarrow |f(x)|\text{ 在 }x_0\text{ 处可导}\\ \text{且}\left[|f(x)|\right]'\Big|_{x=x_0}=0,\\ f'(x_0)\neq 0\Rightarrow |f(x)|\text{ 在 }x_0\text{ 处不可导}\end{cases}$$

4.导函数$f'(x)$的性质总结
(D$_1$(常规操作)+D$_{21}$(观察研究对象))

(1)$f'(x)$.

①如果导函数$f'(x)$存在，则当导函数在一点极限存在时，导函数在这一点必连续；

②如果导函数在一点存在，则这一点一定不会是导函数的第一类间断点；

③若$f(x)$可导，则$f'(x)$可能连续，也可能含有振荡间断点.

(2)$\lim\limits_{x\to+\infty}f'(x)$.

①$\lim\limits_{x\to+\infty}f(x)$存在，但$\lim\limits_{x\to+\infty}f'(x)$不一定存在；

②$f(x)$在$(0,+\infty)$可导且曲线$y=f(x)$在$x\to+\infty$时有斜渐近线，但$\lim\limits_{x\to+\infty}f'(x)$不一定存在

5.函数在一点求导的问题
(D$_1$(常规操作)+D$_{22}$(转换等价表述))

5.函数在一点求导的问题

(D_1(常规操作)+D_{22}(转换等价表述))

$f'(x_0)$与$f'(x)$的关系

在一个具体函数$f(x)$求导时.

(1)$f'(x_0)$是指x_0点处的导数.

(2)$f'(x)$是指$f(x)$用求导法则求出的导函数,也就是求导法则成立时的导函数表达式.

(3)当$f'(x)$这个表达式在x_0处无定义时,也就是求导法则在x_0处不成立,并不是说$f(x)$在x_0处不可导,也即$f'(x_0)$不一定不存在,要用定义求$f'(x_0)$

绝对值函数求导

(1)设$F(x)=f(x)g(x)$,$f(x)$在x_0处连续不可导,$g(x)$在x_0处可导,则$F(x)$在x_0处可导$\Leftrightarrow g(x_0)=0$.

特别地,若$F(x)=|x-x_0|g(x)$,$g(x)$在x_0处可导,则$F(x)$在x_0处可导$\Leftrightarrow g(x_0)=0$.

(2)$|f(x)|=\sqrt{f^2(x)}$,且$[|f(x)|]'=\left[\sqrt{f^2(x)}\right]'$

$$=\frac{1}{2\sqrt{f^2(x)}}\cdot 2f(x)f'(x)$$
$$=\frac{f(x)f'(x)}{|f(x)|}$$

分段函数在分段点处的可导性

一、微分——一阶泰勒公式(D_1(常规操作)+D_2(脱胎换骨))

当$f'(x_0)$存在时,函数$f(x)$在点x_0处的微分是$\mathrm{d}[f(x)]\big|_{x=x_0}=f'(x_0)\Delta x=f'(x_0)\mathrm{d}x$,即

$$f(x)-f(x_0)=f'(x_0)\Delta x+o(1)\Delta x=f'(x_0)\Delta x+o(\Delta x)(\Delta x\to 0).$$

这是微分公式,也是一阶泰勒公式.

【注】记号$o(1)$的说明:若$\lim\limits_{x\to x_0}f(x)=0$,则称$f(x)$是$x\to x_0$时的无穷小量,记为$o(1)$,即$f(x)=o(1)$,$x\to x_0$.

如$\lim\limits_{n\to\infty}\dfrac{o\left(\frac{1}{n}\right)}{\frac{1}{n}}=0$,故$\dfrac{o\left(\frac{1}{n}\right)}{\frac{1}{n}}=o(1)$,$n\to\infty$,即$o\left(\dfrac{1}{n}\right)\cdot n=o(1)$,$n\to\infty$.

例3.1 设$f(x)=2-x^x-x+o(x-1)$,$x\to 1$,且$f'(1)=a$,则$a=$________.

【解】应填-2.

$$a=f'(1)=\lim_{x\to 1}\frac{f(x)-f(1)}{x-1}=\lim_{x\to 1}\frac{1-x^x-(x-1)+o(x-1)-0}{x-1}=\lim_{x\to 1}\frac{1-\mathrm{e}^{x\ln x}}{x-1}-1$$

$$\xlongequal{x-1=t}\lim_{t\to 0}\frac{1-e^{(t+1)\ln(t+1)}}{t}-1=-1-1=-2.$$

【注】(1)一点处连续、可导，再到 n 阶可导的表达分别为 D₂(脱胎换骨)

①连续：$f(x+\Delta x)-f(x)=o(1),\Delta x\to 0$；

②可导：$f(x+\Delta x)-f(x)=f'(x)\Delta x+o(\Delta x),\Delta x\to 0$；

③泰勒公式：$f(x+\Delta x)-f(x)=f'(x)\Delta x+\frac{1}{2!}f''(x)(\Delta x)^2+\cdots+\frac{1}{n!}f^{(n)}(x)(\Delta x)^n+o[(\Delta x)^n],\Delta x\to 0$.

可以看到，微分学就是将 $f(x+\Delta x)-f(x)$ 表示成一个多项式和一个余项的和，且在一点处，多项式次数越高，则函数的性质越强（可导阶数越高），表示的越精确，误差越小.

$f'(x_0)=\lim_{x\to x_0}\frac{f(x)-f(x_0)}{x-x_0}$

(2)"虽然一元函数在一点处可导与在一点处可微是等价的，但是从实际意义上说，一点处可导是借用这一点附近的值来刻画这一点的变化率，而一点处可微是借用这一点的值来刻画这一点附近的值的大小."这是对可微和可导要达到的理解程度. $\Delta y=f'(x_0)\Delta x+o(\Delta x),\Delta x\to 0$

(3)因为 $\boldsymbol{\tau}=(1,f'(x_0))$ 是曲线 $y=f(x)$ 在点 $(x_0,f(x_0))$ 处切线的方向向量，所以 $\mathrm{d}x\boldsymbol{\tau}=(\mathrm{d}x,\ f'(x_0)\mathrm{d}x)=(\mathrm{d}x,\mathrm{d}y)$ 也是曲线 $y=f(x)$ 切线的方向向量.

二、导数——因变量差与自变量差的比值极限

(D_1(常规操作)+D_{22}(转换等价表述))

函数 $f(x)$ 在点 x_0 处的导数是

$$f'(x_0)=\lim_{\Delta x\to 0}\frac{\Delta f}{\Delta x}=\lim_{\Delta x\to 0}\frac{f(x_0+\Delta x)-f(x_0)}{\Delta x}. \tag{*}$$

由(*)式知，$f(x_0+\Delta x)-f(x_0)=f'(x_0)\Delta x+o(\Delta x),\Delta x\to 0$，$f'(x_0)$ 是一次项的系数，也称微分系数.也就是说，它代表了因变量差和自变量差(一次项)的比值极限，若其存在，则称函数 $f(x)$ 在点 x_0 处可导.

例3.2 设函数 $f(x)$ 在区间 $(-1,1)$ 内有定义，且在点 $x=0$ 处连续，则下列命题中：

①当 $\lim_{x\to 0}\frac{f(x)}{\sqrt[3]{x}}=0$ 时，$f(x)$ 在点 $x=0$ 处可导； D_{22}(转换等价表述)

②当 $\lim_{x\to 0}\frac{f(x)}{x^2}=0$ 时，$f(x)$ 在点 $x=0$ 处可导；

③当 $f(x)$ 在点 $x=0$ 处可导时，$\lim_{x\to 0}\frac{f(x)}{\sqrt[3]{x}}=0$；

④当$f(x)$在点$x=0$处可导时，$\lim\limits_{x\to0}\dfrac{f(x)}{x^2}=0$.

真命题的个数为(　　).

(A) 1　　(B) 2　　(C) 3　　(D) 4

【解】应选(A).

①因为$\lim\limits_{x\to0}\dfrac{f(x)}{\sqrt[3]{x}}=0$，所以$\lim\limits_{x\to0}f(x)=0$，又由于$f(x)$在点$x=0$处连续，因此$f(0)=0$.故

$$\lim_{x\to0}\frac{f(x)-f(0)}{x-0}=\lim_{x\to0}\frac{f(x)}{x}=\lim_{x\to0}\frac{f(x)}{\sqrt[3]{x}}\cdot\frac{\sqrt[3]{x}}{x},$$

因为$\lim\limits_{x\to0}\dfrac{\sqrt[3]{x}}{x}=\infty$，$\lim\limits_{x\to0}\dfrac{f(x)}{\sqrt[3]{x}}=0$，故$\lim\limits_{x\to0}\dfrac{f(x)}{\sqrt[3]{x}}\cdot\dfrac{\sqrt[3]{x}}{x}$成为未定式，其存在性无法确定.

例如，取$f(x)=\sqrt{|x|}$，就有$\lim\limits_{x\to0}\dfrac{f(x)}{\sqrt[3]{x}}\cdot\dfrac{\sqrt[3]{x}}{x}=\lim\limits_{x\to0}\dfrac{\sqrt{|x|}}{x}=\infty$，满足①的条件但在$x=0$处不可导.

②与①类似，可知$f(0)=0$，且

$$\lim_{x\to0}\frac{f(x)-f(0)}{x-0}=\lim_{x\to0}\frac{f(x)}{x}=\lim_{x\to0}\frac{f(x)}{x^2}\cdot\frac{x^2}{x},$$

因为$\lim\limits_{x\to0}\dfrac{f(x)}{x^2}=0$，$\lim\limits_{x\to0}\dfrac{x^2}{x}=0$，所以$\lim\limits_{x\to0}\dfrac{f(x)}{x^2}\cdot\dfrac{x^2}{x}=0$，从而$f'(0)$存在且为0.

③，④因为题目并没有给出条件$f(0)=0$，所以$\lim\limits_{x\to0}\dfrac{f(x)}{\sqrt[3]{x}}$和$\lim\limits_{x\to0}\dfrac{f(x)}{x^2}$都有可能是无穷大(当$f(0)\neq0$时，这两个式子都是“$\dfrac{1}{0}$”型)，所以两个说法均不正确.

综上，只有②正确.

隐含条件体系块

三、$f(x)$与$|f(x)|$连续、可导的关系总结

(D$_1$（常规操作）+D$_{21}$（观察研究对象）+D$_{43}$（数形结合))

(1)设$f(x)$在x_0处连续，则$|f(x)|$在x_0处连续；反之不真.

(2)设$f(x)$在x_0处可导，则

①$f(x_0)\neq0\Rightarrow|f(x)|$在$x_0$处可导，且$\left[|f(x)|\right]'\big|_{x=x_0}=\begin{cases}f'(x_0), & f(x_0)>0,\\ -f'(x_0), & f(x_0)<0.\end{cases}$

②$f(x_0)=0$，且$\begin{cases}f'(x_0)=0\Rightarrow|f(x)|\text{ 在 }x_0\text{ 处可导且}\left[|f(x)|\right]'\big|_{x=x_0}=0,\\ f'(x_0)\neq0\Rightarrow|f(x)|\text{ 在 }x_0\text{ 处不可导.}\end{cases}$

D_{43}（数形结合）

【注】(1) $f(x)$ 在 x_0 处连续 $\overset{\Rightarrow}{\not\Leftarrow}$ $|f(x)|$ 在 x_0 处连续，为什么？

因为在 x_0 处，$f(x)$ 的微观性态图（放大足够多倍）如图（a）~图（c）所示．

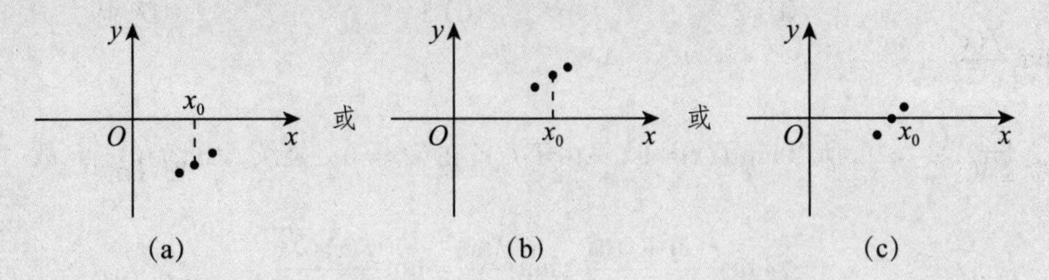

(a)　　(b)　　(c)

而 $|f(x)|$ 如图（d）~图（f）所示．

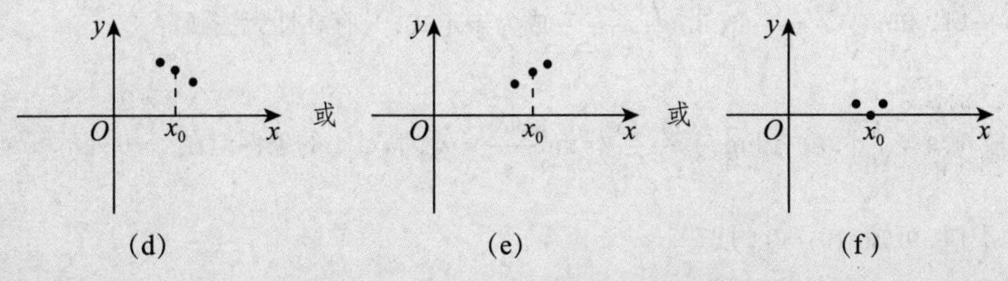

(d)　　(e)　　(f)

点点相依相偎的图（a）~图（c），加上绝对值后依然相依相偎成为图（d）~图（f），故成立（无论是 ， 还是 ，只要相依相偎即可）．为什么反过来不对？很简单，你看 $|f(x)|$ 相依相偎，连续［见图（h）］，可 $f(x)$ 却相距甚远，自然不连续［见图（g）］．

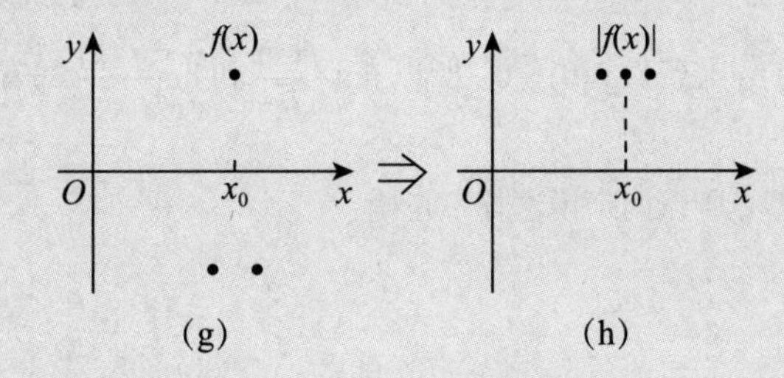

(g)　　(h)

(2) $f(x)$ 在 x_0 处可导 $\overset{\not\Rightarrow}{\not\Leftarrow}$ $|f(x)|$ 在 x_0 处可导．

比如，$f(x)$ 在点 x_0 处的微观性态图如图（i）所示（放大足够多倍），其在 x_0 处可导，则 $|f(x)|$ 如图（j）所示．

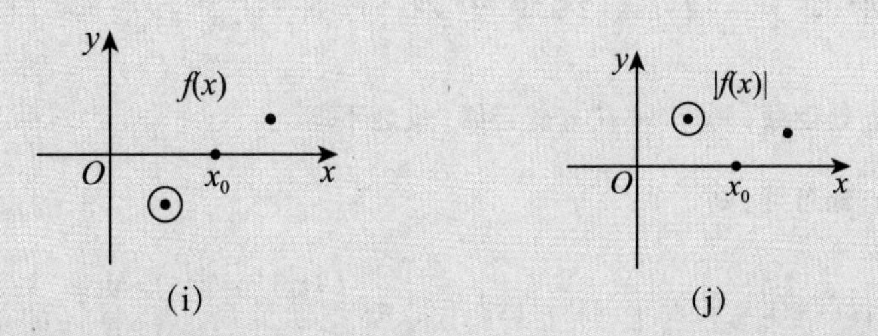

(i)　　(j)

如果说连续，$f(x)$ 在 x_0 处连续 $\Rightarrow$ $|f(x)|$ 在 x_0 处连续，没问题．点与点不就是相依相偎在一起吗？

对的，正如（1）所述．但说可导，不仅要相依相偎，而且要 $\lim\limits_{x\to x_0}\dfrac{f(x)-f(x_0)}{x-x_0}$ 存在（唯一的数），也就是 $f(x)$ 相依相偎到 $f(x_0)$ 的速度要不比 $x\to x_0$ 的速度慢．（①若快，则 $\lim\limits_{x\to x_0}\dfrac{f(x)-f(x_0)}{x-x_0}=0$；②若同阶，则 $\lim\limits_{x\to x_0}\dfrac{f(x)-f(x_0)}{x-x_0}=A\neq 0$．）

请看图（i）和图（j），对于 $|f(x)|$，$\lim\limits_{x\to x_0^-}\dfrac{|f(x)|-|f(x_0)|}{x-x_0}<0$（↘），而 $\lim\limits_{x\to x_0^+}\dfrac{|f(x)|-|f(x_0)|}{x-x_0}>0$（↗），故 $\lim\limits_{x\to x_0}\dfrac{|f(x)|-|f(x_0)|}{x-x_0}$ 不存在，$|f(x)|$ 在 x_0 处不可导，即若 $f(x)$ 在 x_0 处可导，$f(x_0)=0$，$f'(x_0)\neq 0$，则 $|f(x)|$ 在 x_0 处必不可导．反过来说，反例同（1）．

现在，试试看，你应该可以清楚回答了：若 $f(x)$ 在 x_0 处可导，且 $f(x_0)\neq 0$，则 $|f(x)|$ 在 x_0 处必可导，如图（k）和图（l）所示．

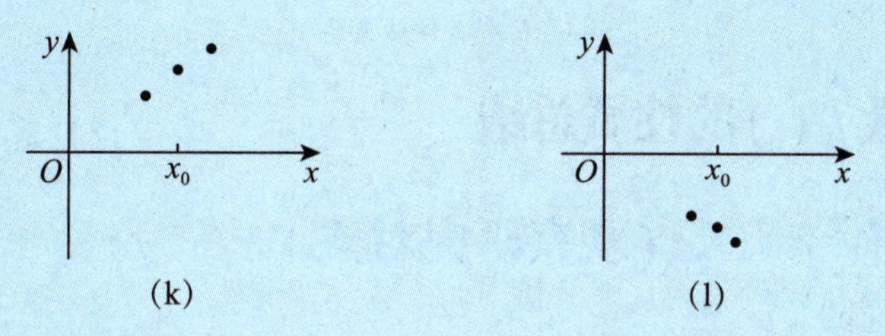

(k)　　(l)

提示：对于连续或可导函数，只要 $f(x_0)\ \overset{>}{(<)}\ 0$，无论 $f(x_0)$ 与0的距离有多小，它旁边相依相偎的 $f(x)$ 一定 $\overset{>}{(<)}\ 0$，考研中常用这一点．

例3.3 设函数 $f(x)$ 连续，给出下列4个条件：

① $\lim\limits_{x\to 0}\dfrac{|f(x)|-f(0)}{x}$ 存在；② $\lim\limits_{x\to 0}\dfrac{f(x)-|f(0)|}{x}$ 存在；③ $\lim\limits_{x\to 0}\dfrac{|f(x)|}{x}$ 存在；④ $\lim\limits_{x\to 0}\dfrac{|f(x)|-|f(0)|}{x}$ 存在．

其中可得到“$f(x)$ 在 $x=0$ 处可导”的条件个数为(　　).

(A)1　　(B)2　　(C)3　　(D)4

【解】应选(D).

先看③，记 $\lim\limits_{x\to 0}\dfrac{|f(x)|}{x}=a$，由 $x\to 0^+$ 时，$a\geqslant 0$，$x\to 0^-$ 时，$a\leqslant 0$，有 $a=0$，且

$$f(0)=\lim_{x\to 0}f(x)=\lim_{x\to 0}|f(x)|=0.$$

而由极限定义可得，对任意 $\varepsilon>0$，总有 $x=0$ 的某邻域，在其中 $\left|\dfrac{f(x)}{x}-0\right|=\left|\dfrac{|f(x)|}{x}-0\right|<\varepsilon$，进而有 $\lim\limits_{x\to 0}\dfrac{f(x)}{x}=0$，即 $f'(0)=0$．

再看①，记$\lim\limits_{x\to0}\dfrac{|f(x)|-f(0)}{x}=b$，故$f(0)=\lim\limits_{x\to0}|f(x)|=\lim\limits_{x\to0}f(x)\geqslant0$．

若$f(0)=0$，则同③；若$f(0)>0$，则$x\to0$时，$f(x)>0$，则$f'(0)=\lim\limits_{x\to0}\dfrac{f(x)-f(0)}{x}=b$．

对于②，记$\lim\limits_{x\to0}\dfrac{f(x)-|f(0)|}{x}=c$，则$f(0)=\lim\limits_{x\to0}f(x)=|f(0)|\geqslant0$．

若$f(0)=0$，则$f'(0)=\lim\limits_{x\to0}\dfrac{f(x)}{x}=c$；若$f(0)>0$，亦有$f'(0)=\lim\limits_{x\to0}\dfrac{f(x)-f(0)}{x}=c$．

对于④，记$\lim\limits_{x\to0}\dfrac{|f(x)|-|f(0)|}{x}=d$，则$|f(0)|=\lim\limits_{x\to0}|f(x)|\geqslant0$．

当$f(0)=0$时，同③；当$f(0)>0$时，$f(x)>0(x\to0)$，有$f'(0)=d$；当$f(0)<0$时，$f(x)<0(x\to0)$，有$f'(0)=-d$．

故均正确．

隐含条件体系块

四、导函数$f'(x)$的性质总结

（D_1（常规操作）+D_{21}（观察研究对象））

1. $f'(x)$

①如果导函数$f'(x)$存在，则当导函数在一点极限存在时，导函数在这一点必连续．

②如果导函数在一点存在，则这一点一定不会是导函数的第一类间断点．

③若$f(x)$可导，则$f'(x)$可能连续，也可能含有振荡间断点．

2. $\lim\limits_{x\to+\infty}f'(x)$

① $\lim\limits_{x\to+\infty}f(x)$存在，但$\lim\limits_{x\to+\infty}f'(x)$不一定存在．如$f(x)=\dfrac{\sin x^2}{x}$，$f'(x)=2\cos x^2-\dfrac{\sin x^2}{x^2}$．

②$f(x)$在$(0,+\infty)$可导且曲线$y=f(x)$在$x\to+\infty$时有斜渐近线，但$\lim\limits_{x\to+\infty}f'(x)$不一定存在．如$y=f(x)=x+\dfrac{\sin x^2}{x}$在$x\to+\infty$时有斜渐近线$y=x$，但$f'(x)=1+2\cos x^2-\dfrac{\sin x^2}{x^2}$，其极限$\lim\limits_{x\to+\infty}f'(x)$不存在．

例3.4 设$f(x)$在$x=0$处连续，下列结论：

①若$f'_-(0)$存在，则$f'_+(0)$存在；

②若$\lim\limits_{x\to0^-}f'(x)$存在，则$\lim\limits_{x\to0^+}f'(x)$存在；

③若$f'_-(0)$与$f'_+(0)$均存在，则$f'(0)$存在；

④若 $\lim\limits_{x\to 0} f'(x)$ 存在，则 $f'(0)$ 存在.

正确结论的个数为(　　).

(A)1　　(B)2　　(C)3　　(D)4

【解】 应选(A).

→ D_{41}（试取特殊情形）

对于①，取 $f(x)=\begin{cases}-x, & x\leqslant 0,\\ x\sin\dfrac{1}{x}, & x>0,\end{cases}$ $f'_-(0)$ 存在，但 $\lim\limits_{x\to 0^+}\dfrac{x\sin\frac{1}{x}}{x}$ 不存在，故 $f'_+(0)$ 不存在.

对于②，取 $f(x)=\begin{cases}-x, & x\leqslant 0,\\ x^2\sin\dfrac{1}{x}, & x>0,\end{cases}$ $\lim\limits_{x\to 0^-} f'(x)$ 存在，但 $\lim\limits_{x\to 0^+} f'(x)=\lim\limits_{x\to 0^+}\left(2x\sin\dfrac{1}{x}-\cos\dfrac{1}{x}\right)$ 不存在.

对于③，取 $f(x)=|x|$，则 $f'_-(0)=-1$，$f'_+(0)=1$，但 $f'(0)$ 不存在.

对于④，若 $\lim\limits_{x\to 0} f'(x)$ 存在，则 $\lim\limits_{x\to 0^+} f'(x)=\lim\limits_{x\to 0^-} f'(x)\xlongequal{\text{记为}}a$，根据定义，有

$$f'_+(0)=\lim_{x\to 0^+}\frac{f(x)-f(0)}{x-0}\xlongequal{\text{洛必达法则}}\lim_{x\to 0^+} f'(x)=a,$$

$$f'_-(0)=\lim_{x\to 0^-}\frac{f(x)-f(0)}{x-0}\xlongequal{\text{洛必达法则}}\lim_{x\to 0^-} f'(x)=a,$$

故 $f'(0)$ 存在.

综上，只有④正确.

→ 形式化归体系块

五、函数在一点求导的问题

（D_1（常规操作）$+D_{22}$（转换等价表述））

1. $f'(x_0)$ 与 $f'(x)$ 的关系

在一个具体函数 $f(x)$ 求导时.

→ D_{22}（转换等价表述）

(1) $f'(x_0)$ 是指 x_0 点处的导数.

→ D_1（常规操作）

(2) $f'(x)$ 是指 $f(x)$ 用求导法则求出的导函数，也就是求导法则成立时的导函数表达式.

(3) 当 $f'(x)$ 这个表达式在 x_0 处无定义时，也就是求导法则在 x_0 处不成立，并不是说 $f(x)$ 在 x_0 处不可导，也即 $f'(x_0)$ 不一定不存在，要用定义求 $f'(x_0)$.

→ D_{22}（转换等价表述）

例3.5 设 $f(x)=x^{\frac{2}{3}}\sin x$，求 $f'(x)$.

【解】 当 $x\neq 0$ 时，$f'(x)=\dfrac{2}{3\sqrt[3]{x}}\sin x+\sqrt[3]{x^2}\cos x$，又

$$f'(0)=\lim_{x\to 0}\frac{f(x)-f(0)}{x-0}=\lim_{x\to 0}\sqrt[3]{x^2}\cdot\frac{\sin x}{x}=0,$$

所以$f'(x)=\begin{cases}\dfrac{2}{3\sqrt[3]{x}}\sin x+\sqrt[3]{x^2}\cos x, & x\neq 0,\\ 0, & x=0.\end{cases}$

【注】若由$f'(x)=(\sqrt[3]{x^2}\sin x)'=\dfrac{2}{3\sqrt[3]{x}}\sin x+\sqrt[3]{x^2}\cos x$，且该式在$x=0$处无定义，得出$f'(0)$不存在，这无疑是错误的．道理在上面已经讲了．此处还有一个"赠品"：若$F(x)=f(x)\cdot g(x)$，$f(x)$在$x=x_0$处不可导，但$F(x)$在$x=x_0$处可能是可导的．

2.绝对值函数求导

(1)设$F(x)=f(x)g(x)$，$f(x)$在x_0处连续不可导，$g(x)$在x_0处可导，则$F(x)$在x_0处可导$\Leftrightarrow$ $g(x_0)=0$．

特别地，若$F(x)=|x-x_0|g(x)$，$g(x)$在x_0处可导，则$F(x)$在x_0处可导$\Leftrightarrow g(x_0)=0$．

(2)$|f(x)|=\sqrt{f^2(x)}$，且

$$\left[|f(x)|\right]'=\left[\sqrt{f^2(x)}\right]'=\frac{1}{2\sqrt{f^2(x)}}\cdot 2f(x)f'(x)=\frac{f(x)f'(x)}{|f(x)|}.$$

例3.6 设函数$f(x)$处处可导，$f(0)=-1, f'(0)=1$，令$g(x)=|f(x-1)|$，则$g'(1)=$________.

【解】应填-1.

法一 因为$f(x)$处处可导，$f(0)=-1<0$，所以存在$x=1$的某个邻域，在此邻域内$f(x-1)<0$，即$g(x)=-f(x-1)$，从而$g'(x)=-f'(x-1)$，即$g'(1)=-f'(0)=-1$．

法二

$$g'(x)=\left[|f(x-1)|\right]'=\left[\sqrt{f^2(x-1)}\right]'=\frac{1}{2\sqrt{f^2(x-1)}}\cdot 2f(x-1)f'(x-1)$$

$$=\frac{f(x-1)f'(x-1)}{|f(x-1)|},$$

故$g'(1)=\operatorname{sgn}\left[f(0)\right]f'(0)=-1$．

3.分段函数在分段点处的可导性

例3.7 下列函数中，在$x=0$处不可导的是(　　).

(A) $f(x)=|x|\tan|x|$　　(B) $f(x)=|x|\tan\sqrt{|x|}$

(C) $f(x)=\sqrt{\cos|x|}$　　(D) $f(x)=\cos\sqrt{|x|}$

【解】 应选(D).

(A)选项，$f'(0)=\lim\limits_{x\to 0}\dfrac{f(x)-f(0)}{x}=\lim\limits_{x\to 0}\dfrac{|x|\tan|x|}{x}=\lim\limits_{x\to 0}\dfrac{x^2}{x}=0.$

(B)选项，$f'(0)=\lim\limits_{x\to 0}\dfrac{f(x)-f(0)}{x}=\lim\limits_{x\to 0}\dfrac{|x|\tan\sqrt{|x|}}{x}=\lim\limits_{x\to 0}\left(\dfrac{|x|}{x}\cdot\tan\sqrt{|x|}\right)=0.$

(C)选项，$f'(0)=\lim\limits_{x\to 0}\dfrac{f(x)-f(0)}{x}=\lim\limits_{x\to 0}\dfrac{\sqrt{\cos|x|}-1}{x}$

$$=\lim_{x\to 0}\frac{\cos|x|-1}{x\left(\sqrt{\cos|x|}+1\right)}=\lim_{x\to 0}\frac{-\frac{1}{2}x^2}{2x}=0.$$

(D)选项，$\lim\limits_{x\to 0}\dfrac{f(x)-f(0)}{x}=\lim\limits_{x\to 0}\dfrac{\cos\sqrt{|x|}-1}{x}=\lim\limits_{x\to 0}\dfrac{-\frac{1}{2}|x|}{x}$，故$f'(0)$不存在.

第4讲 一元函数微分学的计算

三向解题法

计算高阶导数（O（盯住目标））——形式化归体系块

- 泰勒展开法（D_1（常规操作）$+D_{23}$（化归经典形式））
- 莱布尼茨公式法（D_1（常规操作）$+D_{23}$（化归经典形式））
- 求导转化法（D_1（常规操作）$+D_{23}$（化归经典形式））
- 特殊点的高阶导数（D_1（常规操作））
- 奇偶、周期函数的高阶导数（D_1（常规操作））
- 隐函数的二阶导（D_1（常规操作））
- 参数方程的二阶导（D_1（常规操作））
- 反函数的二阶导（D_1（常规操作））

一、泰勒展开法（D_1（常规操作）$+D_{23}$（化归经典形式））

若是 e^x，$\ln(1+x)$，$\sin x$，$\cos x$，$\frac{1}{1+x}$ 的“亲戚”，则通过简单的恒等变形，变形到已知的展开式，即可进行泰勒展开，用展开式的唯一性，求得 $f^{(n)}(x_0)$．

尤其注意：**（1）通分的逆运算（瓦解敌人，各个击破）．**

$$\frac{1}{x(x+1)}=\frac{1}{x}-\frac{1}{x+1}.$$

（2）对数运算性质．

$$\ln(2+x)=\ln\left[2\left(1+\frac{x}{2}\right)\right]=\ln 2+\ln\left(1+\frac{x}{2}\right).$$

(3)三角公式.

$$\sin^2 x=\frac{1-\cos 2x}{2}.$$

(4)广义化，$x\to$狗.

【注】具体公式见第6讲第一部分的“四、1.常用泰勒展开式或形式展开式大观”.

(5)“偏导数化”.

例4.1 设函数$f(x)$可导且满足$x^2 f'(x)=f^2(x)$，$f(1)=\frac{1}{3}$，则$f^{(n)}(0)=$(　　).

(A) $(-1)^n n!$　　(B) $(-1)^{n-1}n!$

(C) $(-2)^n n!$　　(D) $(-2)^{n-1}n!$

【解】 应选(D).

$x^2 f'(x)=f^2(x)$是一个变量可分离型微分方程，分离变量得

$$\frac{\mathrm{d}[f(x)]}{f^2(x)}=\frac{\mathrm{d}x}{x^2},$$

两边积分，得

$$-\frac{1}{f(x)}=-\frac{1}{x}-C,$$

故方程通解为

$$f(x)=\frac{x}{Cx+1}.$$

由$f(1)=\frac{1}{3}$，得$C=2$，故

$$f(x)=\frac{x}{2x+1}=\frac{1}{2}-\frac{1}{2}\cdot\frac{1}{2x+1}=\frac{1}{2}-\frac{1}{2}\sum_{n=0}^{\infty}(-1)^n 2^n x^n.$$

因此

$$f^{(n)}(0)=(-2)^{n-1}n!.$$

例4.2 (1)设$y=\frac{1}{x(1-x)}$，求$\frac{\mathrm{d}^n y}{\mathrm{d}x^n}$；

(2)设$z=\frac{y^2}{x(1-x)}$，求$\frac{\partial^n z}{\partial x^n}$.

【解】 (1)由于$y=\frac{1}{x}+\frac{1}{1-x}$，因此

$$\begin{aligned}\frac{\mathrm{d}^n y}{\mathrm{d}x^n}&=(-1)^n\frac{n!}{x^{n+1}}+(-1)^{n+n}\frac{n!}{(1-x)^{n+1}}\\&=\left[(-1)^n\frac{1}{x^{n+1}}+\frac{1}{(1-x)^{n+1}}\right]n!.\end{aligned}$$

(2)由于$z=y^2\left(\frac{1}{x}+\frac{1}{1-x}\right)$,因此$\frac{\partial^n z}{\partial x^n}=y^2\left[(-1)^n\frac{1}{x^{n+1}}+\frac{1}{(1-x)^{n+1}}\right]n!$.

二、莱布尼茨公式法(D₁(常规操作)+D₂₃(化归经典形式))

若是(或可恒等变形为)$f(x)\cdot(ax^2+bx+c)$,例如$\mathrm{e}^x(1+x^2)$,则用莱布尼茨乘积求导公式,因为$(ax^2+bx+c)'''=0$,使用莱布尼茨公式求导后只剩三项.

常用n阶导数公式(n为正整数):

$$(a^x)^{(n)}=a^x\ln^n a;$$

$$\left(\frac{1}{1+x}\right)^{(n)}=\frac{(-1)^n n!}{(1+x)^{n+1}};$$

$$[\ln(1+x)]^{(n)}=\frac{(-1)^{n-1}(n-1)!}{(1+x)^n};$$

$$(\sin x)^{(n)}=\sin\left(x+n\frac{\pi}{2}\right);$$

$$(\cos x)^{(n)}=\cos\left(x+n\frac{\pi}{2}\right).$$

例4.3 设$f(x)=(x^3-1)^n$,则$f^{(n)}(1)=$________.

【解】应填$3^n n!$.

$f(x)=(x^3-1)^n=(x-1)^n(x^2+x+1)^n$.由莱布尼茨公式,得

$$f^{(n)}(x)=\sum_{k=0}^{n}\mathrm{C}_n^k[(x-1)^n]^{(k)}[(x^2+x+1)^n]^{(n-k)},$$

故$f^{(n)}(1)=\mathrm{C}_n^n[(x-1)^n]^{(n)}(x^2+x+1)^n\big|_{x=1}=3^n n!$.

三、求导转化法(D₁(常规操作)+D₂₃(化归经典形式))

①若非“亲戚”,也不能恒等变形,考虑求一阶、二阶导再恒等变形.如$y=\arctan x$,$(\arctan x)'=\frac{1}{1+x^2}$,即$y'(1+x^2)=1$,转化到“二、莱布尼茨公式法”.

②这里要记住“二、莱布尼茨公式法”中所讲的常用的5个公式,且要会简单的递推.

例4.4 设$y=\frac{x}{1+x^2}$,求$y^{(n)}$满足的递推关系式及$y^{(2n+1)}(0)$.

【解】 由 $y=\frac{x}{1+x^2}$，得 $(1+x^2)y=x$，所以

$$(1+x^2)y^{(n)}+2nxy^{(n-1)}+n(n-1)y^{(n-2)}=0\ (n=2,3,\cdots),$$

其中 $y'=\frac{1-x^2}{(1+x^2)^2}$，$y^{(0)}=y=\frac{x}{1+x^2}$.

令 $x=0$，得 $y^{(n)}(0)+n(n-1)y^{(n-2)}(0)=0$.又 $y'(0)=1$，$y(0)=0$，故

$$y'''(0)=-3\times2\times1=-3!,$$

$$y^{(5)}(0)=-5\times4\times(-3!)=5!,$$

$$\cdots\cdots$$

$$y^{(2n+1)}(0)=(-1)^n(2n+1)!.$$

【注】

$$y''(0)=-2\times1\times0=0,$$

$$y^{(4)}(0)=-4\times3\times0=0,$$

$$\cdots\cdots$$

$$y^{(2n)}(0)=0.$$

四、特殊点的高阶导数（D_1（常规操作））

（1）分段函数的分段点.

（2）带绝对值的函数.

例4.5 设函数 $y=f(x)$ 由 $\begin{cases}x=2t+|t|,\\ y=|t|\tan t\end{cases}$ 所确定，则在 $\left(-\frac{\pi}{2},\frac{\pi}{2}\right)$ 内（　　）.

(A) $f(x)$ 连续，$f'(0)$ 不存在

(B) $f'(0)$ 存在，$f'(x)$ 在 $x=0$ 处不连续

(C) $f'(x)$ 连续，$f''(0)$ 不存在

(D) $f''(0)$ 存在，$f''(x)$ 在 $x=0$ 处不连续

【解】 应选(C).

当 $t\geqslant0$ 时，$\begin{cases}x=3t,\\ y=t\tan t;\end{cases}$ 当 $t<0$ 时，$\begin{cases}x=t,\\ y=-t\tan t,\end{cases}$ 即

$$y=f(x)=\begin{cases}\frac{x}{3}\tan\frac{x}{3}, & x\geqslant0,\\ -x\tan x, & x<0,\end{cases}$$

故 $f(x)$ 在 $\left(-\frac{\pi}{2},\frac{\pi}{2}\right)$ 内连续.

又
$$f'_+(0)=\lim_{x\to0^+}\frac{f(x)-f(0)}{x-0}=\lim_{x\to0^+}\frac{\frac{x}{3}\tan\frac{x}{3}}{x}=0,$$

$$f'_-(0)=\lim_{x\to0^-}\frac{f(x)-f(0)}{x-0}=\lim_{x\to0^-}\frac{-x\tan x}{x}=0,$$

即 $f'_+(0)=f'_-(0)=0$，故 $f'(0)$ 存在且 $f'(0)=0$.

当 $x>0$ 时，
$$f'(x)=\frac{1}{3}\tan\frac{x}{3}+\frac{x}{9}\sec^2\frac{x}{3};$$

当 $x<0$ 时，
$$f'(x)=-\tan x-x\sec^2 x,$$

故 $\lim\limits_{x\to0^+}f'(x)=\lim\limits_{x\to0^-}f'(x)=0=f'(0)$，则 $f'(x)$ 在 $x=0$ 处连续，故 $f'(x)$ 在 $\left(-\frac{\pi}{2},\frac{\pi}{2}\right)$ 内连续.

又
$$f''_+(0)=\lim_{x\to0^+}\frac{f'(x)-f'(0)}{x-0}=\lim_{x\to0^+}\frac{\frac{1}{3}\tan\frac{x}{3}+\frac{x}{9}\sec^2\frac{x}{3}}{x}=\frac{2}{9},$$

$$f''_-(0)=\lim_{x\to0^-}\frac{f'(x)-f'(0)}{x-0}=\lim_{x\to0^-}\frac{-\tan x-x\sec^2 x}{x}=-2,$$

故 $f''_+(0)\neq f''_-(0)$，即 $f''(0)$ 不存在.

五、奇偶、周期函数的高阶导数（D_1（常规操作））

(1) $f(x)$**为奇函数** $\Rightarrow\begin{cases}f^{(2n)}(x)\text{为奇函数},\\ f^{(2n+1)}(x)\text{为偶函数}.\end{cases}$

(2) $f(x)$**为偶函数** $\Rightarrow\begin{cases}f^{(2n)}(x)\text{为偶函数},\\ f^{(2n+1)}(x)\text{为奇函数}.\end{cases}$

(3) $f(x)$**为周期函数** $\Rightarrow f^{(n)}(x)$**为周期函数**.

例4.6 设 $f(x)=\frac{1}{2^x+1},x\in\mathbf{R}$，则 $f^{(4)}(0)=$ ________.

【解】 应填0.

（D_{21}（观察研究对象））

$f(x)=\frac{1}{2^x+1}-\frac{1}{2}+\frac{1}{2}$，令 $g(x)=\frac{1}{2^x+1}-\frac{1}{2}$，则 $f(x)=g(x)+\frac{1}{2}$. 由 $g(-x)=-g(x)$ 知，$g(x)$ 为定义在 $\mathbf{R}$ 上的奇函数，故 $g^{(4)}(x)$ 也为奇函数，又 $f^{(4)}(x)=g^{(4)}(x)$，于是 $f^{(4)}(0)=g^{(4)}(0)=0$.

六、隐函数的二阶导（D_1（常规操作））

$F[x,y(x)]=0 \Rightarrow$ 在 $F[x,y(x)]=0$ 两边对 x 求导，得 $G[x,y(x),y'(x)]=0 \Rightarrow y'(x)$；再对 $G[x,y(x),y'(x)]=0$ 求导，得 $y''(x)$.

例4.7 已知可导函数 $y=y(x)$ 满足 $ae^x+y^2+y-\ln(1+x)\cos y+b=0$，且 $y(0)=0, y'(0)=0$.

（1）求 a,b 的值；

（2）判断 $x=0$ 是否为 $y(x)$ 的极值点 .

【解】（1）由 $y(0)=0$ 得 $a+b=0$.

对 $ae^x+y^2+y-\ln(1+x)\cos y+b=0$ 两边关于 x 求导，得

$$ae^x+2yy'+y'-\frac{\cos y}{1+x}+\ln(1+x)y'\sin y=0,$$

将 $x=0$，$y(0)=0$，$y'(0)=0$ 代入，得 $a-1=0$.

因此 $a=1$，$b=-1$.

（2）由（1）知，$e^x+2yy'+y'-\frac{\cos y}{1+x}+\ln(1+x)y'\sin y=0$，在等式两端关于 x 求导，得

$$e^x+2(y')^2+2yy''+y''+\frac{\cos y}{(1+x)^2}+\frac{2y'\sin y}{1+x}+\ln(1+x)(y')^2\cos y+\ln(1+x)y''\sin y=0,$$

将 $x=0$，$y(0)=0$，$y'(0)=0$ 代入，得 $y''(0)=-2$.

因为 $y'(0)=0, y''(0)<0$，所以 $x=0$ 为 $y(x)$ 的极大值点 .

七、参数方程的二阶导（D_1（常规操作））

$$\begin{cases}x=x(t),\\ y=y(t)\end{cases} \Rightarrow \frac{dy}{dx}=\frac{dy/dt}{dx/dt}=\frac{y'(t)}{x'(t)} \overset{\text{记为}}{=\!=} \varphi(t)，\text{则} \frac{d^2y}{dx^2}=\frac{d\left(\frac{dy}{dx}\right)\Big/dt}{dx/dt}=\frac{\varphi'(t)}{x'(t)} .$$

例4.8 若 $\begin{cases}x=\ln t,\\ y=e^{t^2},\end{cases}$ 则 $\left.\frac{d^2y}{dx^2}\right|_{t=1}=$ ________.

【解】应填 $8e$.

$$\frac{dy}{dx}=\frac{\frac{dy}{dt}}{\frac{dx}{dt}}=\frac{2te^{t^2}}{\frac{1}{t}}=2t^2e^{t^2},$$

$$\frac{\mathrm{d}^2y}{\mathrm{d}x^2}=\frac{\mathrm{d}}{\mathrm{d}x}(2t^2\mathrm{e}^{t^2})=\frac{\frac{\mathrm{d}}{\mathrm{d}t}(2t^2\mathrm{e}^{t^2})}{\frac{\mathrm{d}x}{\mathrm{d}t}}=\frac{4t(1+t^2)\mathrm{e}^{t^2}}{\frac{1}{t}}=4t^2(1+t^2)\mathrm{e}^{t^2},$$

则 $\left.\frac{\mathrm{d}^2y}{\mathrm{d}x^2}\right|_{t=1}=8\mathrm{e}$.

八、反函数的二阶导（D_1（常规操作））

在 $y=f(x)$ 单调，且二阶可导的情况下，若 $f'(x)\neq0$ ，则存在反函数 $x=\varphi(y)$ ，记 $f'(x)=y'_x$ ，$\varphi'(y)=x'_y$ ，则有

$$y'_x=\frac{\mathrm{d}y}{\mathrm{d}x}=\frac{1}{\frac{\mathrm{d}x}{\mathrm{d}y}}=\frac{1}{x'_y},$$

$$y''_{xx}=\frac{\mathrm{d}^2y}{\mathrm{d}x^2}=\frac{\mathrm{d}\left(\frac{\mathrm{d}y}{\mathrm{d}x}\right)}{\mathrm{d}x}=\frac{\mathrm{d}\left(\frac{1}{x'_y}\right)}{\mathrm{d}x}=\frac{\mathrm{d}\left(\frac{1}{x'_y}\right)}{\mathrm{d}y}\cdot\frac{1}{x'_y}=-\frac{1}{(x'_y)^2}\cdot(x'_y)'_y\cdot\frac{1}{x'_y}=-\frac{x''_{yy}}{(x'_y)^2}\cdot\frac{1}{x'_y}=-\frac{x''_{yy}}{(x'_y)^3},$$

反过来，则有

$$x'_y=\frac{1}{y'_x},\ x''_{yy}=-\frac{y''_{xx}}{(y'_x)^3}.$$

例4.9 已知函数 $f(x)=\mathrm{e}^x+2x+1$ ，设 $g(y)$ 与 $f(x)$ 互为反函数，则 $g''(2)=(\quad)$.

(A) $\frac{1}{3}$　　(B) -3　　(C) $-\frac{1}{27}$　　(D) $-\frac{\mathrm{e}^2}{(\mathrm{e}^2+2)^3}$

【解】应选(C).

显然 $f(x)=\mathrm{e}^x+2x+1$ 单调递增，由 $f(0)=2$ ，知 $g(2)=0$. 又

$$g'(y)=\frac{1}{f'(x)}=\frac{1}{\mathrm{e}^x+2},$$

再对 y 求一次导数(注意 x 是 y 的函数)可得

$$g''(y)=-\frac{\mathrm{e}^x}{(\mathrm{e}^x+2)^2}\cdot g'(y)=-\frac{\mathrm{e}^x}{(\mathrm{e}^x+2)^2}\cdot\frac{1}{\mathrm{e}^x+2}=-\frac{\mathrm{e}^x}{(\mathrm{e}^x+2)^3},$$

故

$$g''(2)=-\left.\frac{\mathrm{e}^x}{(\mathrm{e}^x+2)^3}\right|_{x=0}=-\frac{1}{27}.$$

第5讲 一元函数微分学的应用(一)——几何应用

三向解题法

计算图形的相关几何量(性态)
(O(盯住目标))

- 切线、法线与截距(D$_1$(常规操作)+D$_{22}$(转换等价表述))
- 单调性、极值、凹凸性与拐点(D$_1$(常规操作)+D$_{22}$(转换等价表述))
- 渐近线(D$_1$(常规操作))
- 最值或值域(D$_1$(常规操作)+D$_{23}$(化归经典形式))

等价表述体系块

一、切线、法线与截距

(D$_1$(常规操作)+D$_{22}$(转换等价表述))

D$_{22}$(转换等价表述)

设$y=y(x)$可导且$y'(x)\neq 0$，切点为(x_0,y_0).

(1)切线方程：$y-y_0=y'(x_0)(x-x_0)$.

(2)法线方程：$y-y_0=\dfrac{-1}{y'(x_0)}(x-x_0)$.

(3)切线在x轴上的截距为$x_0-\dfrac{y_0}{y'(x_0)}$；

切线在y轴上的截距为$y_0-x_0y'(x_0)$；

法线在x轴上的截距为$x_0+y_0y'(x_0)$；

法线在y轴上的截距为$y_0+\dfrac{x_0}{y'(x_0)}$.

例5.1 设$f(x)$有连续的一阶导数，且$f(0)=0$，$f'(0)=1$.求极限$\lim\limits_{x\to0}\dfrac{xf(u)}{uf(x)}$，其中$u$是曲线$y=f(x)$在点$(x,f(x))$处的切线在$x$轴上的截距.

【解】 曲线在点$(x,f(x))$处的切线方程为$Y-f(x)=f'(x)(X-x)$.

令$Y=0$，得$X=x-\dfrac{f(x)}{f'(x)}$，即$u=x-\dfrac{f(x)}{f'(x)}$.因为

$$\lim_{x\to0}u=\lim_{x\to0}\left[x-\frac{f(x)}{f'(x)}\right]=-\frac{f(0)}{f'(0)}=0,$$

所以

$$\lim_{x\to0}\frac{xf(u)}{uf(x)}=\lim_{x\to0}\frac{x}{f(x)}\cdot\lim_{u\to0}\frac{f(u)}{u}=\lim_{x\to0}\frac{1}{\frac{f(x)-f(0)}{x-0}}\cdot\lim_{u\to0}\frac{f(u)-f(0)}{u-0}=\frac{1}{f'(0)}\cdot f'(0)=1.$$

二、单调性、极值、凹凸性与拐点

(D_1（常规操作）+D_{22}（转换等价表述）)

1.单调性的判别(D_1(常规操作))

设函数$y=f(x)$在$[a,b]$上连续，在(a,b)内可导.

①如果在(a,b)内$f'(x)\geqslant0$，且等号仅在有限多个点处成立，那么函数$y=f(x)$在$[a,b]$上严格单调增加；

②如果在(a,b)内$f'(x)\leqslant0$，且等号仅在有限多个点处成立，那么函数$y=f(x)$在$[a,b]$上严格单调减少.

2.极值的定义(D_{22}(转换等价表述))

对于函数$f(x)$，若存在点x_0的某个邻域，使得在该邻域内任意一点x，均有

$$f(x)\leqslant f(x_0)(\text{或}f(x)\geqslant f(x_0))$$

成立，则称点x_0为$f(x)$的**极大值点**(或**极小值点**)，$f(x_0)$为$f(x)$的**极大值**(或**极小值**).

3.凹凸性的定义(D_{22}(转换等价表述))

定义1 设函数$f(x)$在区间I上连续．如果对I上任意不同两点x_1，x_2，恒有

$$f\left(\frac{x_1+x_2}{2}\right)<\frac{f(x_1)+f(x_2)}{2},$$

则称 $y=f(x)$ 在 I 上的**图形是凹的**，如图(a)所示；如果恒有

$$f\left(\frac{x_1+x_2}{2}\right)>\frac{f(x_1)+f(x_2)}{2},$$

则称 $y=f(x)$ 在 I 上的**图形是凸的**，如图(b)所示.

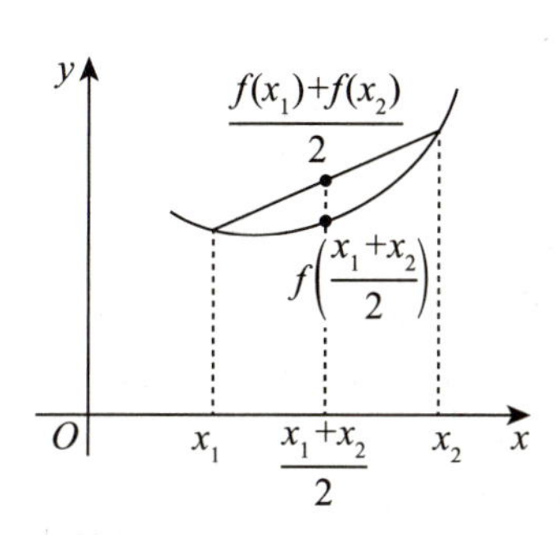

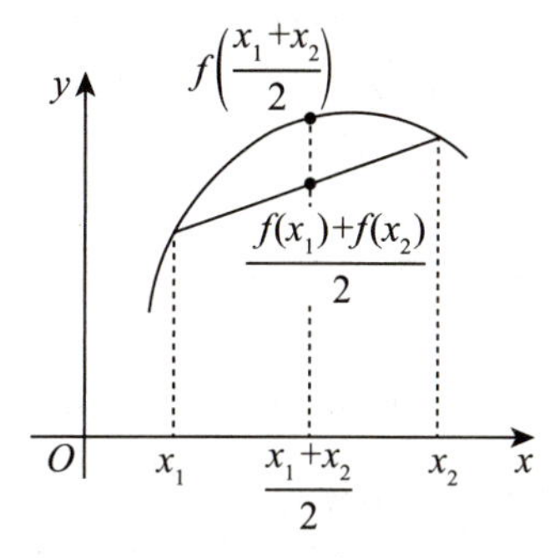

图形上任意弧段位于弦的下方

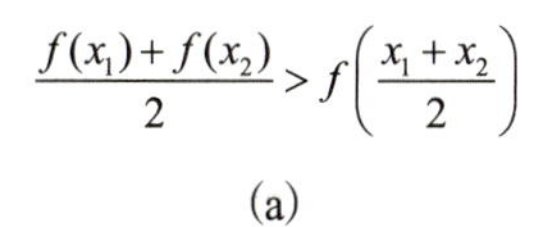

$$\frac{f(x_1)+f(x_2)}{2}>f\left(\frac{x_1+x_2}{2}\right)$$

(a)

图形上任意弧段位于弦的上方

$$\frac{f(x_1)+f(x_2)}{2}<f\left(\frac{x_1+x_2}{2}\right)$$

(b)

定义2 设 $f(x)$ 在 $[a,b]$ 上连续，在 (a,b) 内可导，若对 (a,b) 内的任意 x 及 x_0 ($x\neq x_0$)，均有

$$f(x_0)+f'(x_0)(x-x_0)\underset{(>)}{<}f(x),$$

则称 $f(x)$ 在 $[a,b]$ 上的图形是 凹 (凸) 的.

4. 拐点的定义 (D_{22} (转换等价表述))

连续曲线的凹弧与凸弧的分界点称为该曲线的**拐点**.

5. 重要结论

D_{22} (转换等价表述)，以下几个结论，是命题常用的专业术语及其表达式，要反复训练，熟练掌握.

等价表述体系块

(1) 设 $f(x)$ 可导，
- **有极值点 $\rightleftharpoons$ $f'(x)$ 有零点，**
- **无极值点 $\Rightarrow$ $f(x)$ 的单调性不变，$f'(x)\begin{cases}\geqslant 0,\\ \leqslant 0.\end{cases}$**

(2) 设 $f(x)$ 二阶可导，
- **有拐点 $\rightleftharpoons$ $f''(x)$ 有零点，**
- **无拐点 $\Rightarrow$ $f'(x)$ 的单调性不变，$f''(x)\begin{cases}\geqslant 0,\\ \leqslant 0.\end{cases}$**

(3) (仅数学一、数学二) 若 $f(x)$ 在点 $P_0(x_0,y_0)$ 处的曲率圆方程为 $(x-a)^2+(y-b)^2=r^2$，对 x 求导可得 y'_x，再对 x 求导可得 y''_{xx}，则 $y'_x\big|_{x=x_0}=f'(x_0)$，$y''_{xx}\big|_{x=x_0}=$

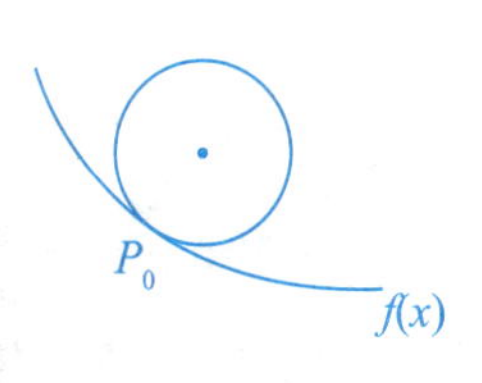

$f''(x_0)$.

例5.2 设函数$f(x)=(x^2+a)e^x$，若$f(x)$没有极值点，但曲线$y=f(x)$有拐点，则a的取值范围是(　　).

(A) $[0,1)$　　(B) $[1,+\infty)$　　(C) $[1,2)$　　(D) $[2,+\infty)$

【解】 应选(C).

$$f'(x)=(x^2+2x+a)e^x,$$

曲线无极值点，故$\Delta=4-4a\leqslant 0$，即$a\geqslant 1$.

$$f''(x)=(x^2+4x+a+2)e^x,$$

曲线有拐点，故$\Delta=16-4(a+2)>0$，即$a<2$.故选(C).

例5.3 (仅数学一、数学二)已知曲线$y=f(x)$在点$(0,1)$处的曲率圆方程为$(x-1)^2+y^2=2$，且当$x\to 0$时，二阶可导函数$f(x)$与$a+bx+cx^2$的差为$o(x^2)$，则(　　).

(A) $a=0$，$b=1$，$c=\frac{3}{2}$　　(B) $a=1$，$b=0$，$c=1$

(C) $a=1$，$b=1$，$c=-1$　　(D) $a=1$，$b=0$，$c=-1$

【解】 应选(C).

由题意可知，点$(0,1)$在曲线上，故$f(0)=1$.

对曲率圆方程$(x-1)^2+y^2=2$关于x求导，得

$$2(x-1)+2y\cdot y'=0, \tag{*}$$

故可得

$$y'=\frac{-(x-1)}{y},$$

即有$f'(0)=y'|_{x=0}=1$.

对(*)式两边关于x求导，得

$$2+2(y')^2+2y\cdot y''=0,$$

代入$f(0)=1$，$f'(0)=1$，可得$f''(0)=y''|_{x=0}=-2$.

故当$x\to 0$时，有

$$f(x)=f(0)+f'(0)x+\frac{f''(0)}{2}x^2+o(x^2)=1+x-x^2+o(x^2).$$

故由题意知，$a=1$，$b=1$，$c=-1$.

D_{22}(转换等价表述)，要深刻理解"局部上"的函数性态是如何用微分学知识描述的，而不是死记硬背结论或反例.

例5.4 设函数$f(x)$在$x=x_0$处有二阶导数，则(　　).

(A) 当$f(x)$在x_0的某邻域内单调增加时，$f'(x_0)>0$

(B) 当$f'(x_0)>0$时，$f(x)$在x_0的某邻域内单调增加

(C) 当曲线$f(x)$在x_0的某邻域内是凹的时，$f''(x_0)>0$

(D) 当$f''(x_0)>0$时，曲线$f(x)$在x_0的某邻域内是凹的

【解】 应选(B).

对于选项(A)，若曲线上的点相依相偎充分近，变化率用$f'(x)$可能测不到，即可能$f'(x_0)=0$. 如$f(x)=x^3$，$x_0=0$，则$f(x)$在$x=0$的某邻域内单调增加，但$f'(0)=0$，排除(A).

对于选项(B)，由于$f(x)$在$x=x_0$处有二阶导数，故$f(x)$在$x=x_0$处一阶导数连续，即$\lim\limits_{x\to x_0}f'(x)=f'(x_0)>0$. 由局部保号性，存在$\delta>0$，当$x\in U(x_0,\delta)$时，有$f'(x)>0$，于是，$f(x)$在$x_0$的某邻域内单调增加，故选(B).

对于选项(C)，道理同(A)，点相依相偎充分近，凹凸性用$f''(x)$可能测不到. 如$f(x)=x^4$，$x_0=0$，则曲线$f(x)$在$x=0$的某邻域内是凹的，但$f''(0)=0$，排除(C).

对于选项(D)，一点附近的凹凸性不能由该点二阶导数的正负确定，除非二阶导数在该点还连续，使得其在该点附近均有二阶导数的定号结论，排除(D).

三、渐近线（D_1（常规操作））

例5.5 曲线$y=x\ln\left(e+\dfrac{1}{x-1}\right)$的斜渐近线方程为(　　).

(A) $y=x+e$　　(B) $y=x+\dfrac{1}{e}$　　(C) $y=x$　　(D) $y=x-\dfrac{1}{e}$

【解】 应选(B).

$$a=\lim_{x\to\infty}\frac{y}{x}=\lim_{x\to\infty}\ln\left(e+\frac{1}{x-1}\right)=\ln e=1,$$

$$b=\lim_{x\to\infty}(y-ax)=\lim_{x\to\infty}\left[x\ln\left(e+\frac{1}{x-1}\right)-x\right]\xlongequal{\text{由例1.9}}\frac{1}{e},$$

所以所求斜渐近线方程为$y=x+\dfrac{1}{e}$. 故选(B).

例5.6 曲线$y=\dfrac{(1+x)^{\frac{3}{2}}}{\sqrt{x}}$的斜渐近线方程为________.

【解】 应填$y=x+\dfrac{3}{2}$.

因为
$$a=\lim_{x\to+\infty}\frac{y}{x}=\lim_{x\to+\infty}\frac{(1+x)^{\frac{3}{2}}}{x^{\frac{3}{2}}}=\lim_{x\to+\infty}\left(\frac{1}{x}+1\right)^{\frac{3}{2}}=1,$$

$$b=\lim_{x\to+\infty}(y-ax)=\lim_{x\to+\infty}\left[\frac{(1+x)^{\frac{3}{2}}}{\sqrt{x}}-x\right]$$

$$=\lim_{x\to+\infty}\frac{(1+x)^{\frac{3}{2}}-x^{\frac{3}{2}}}{\sqrt{x}}=\lim_{x\to+\infty}\frac{x^{\frac{3}{2}}\left[\left(1+\frac{1}{x}\right)^{\frac{3}{2}}-1\right]}{\sqrt{x}}$$

$$=\lim_{x\to+\infty}x\cdot\frac{3}{2}\cdot\frac{1}{x}=\frac{3}{2},$$

故所求斜渐近线方程为$y=x+\frac{3}{2}$.

例5.7 设$g(x)$是函数$f(x)=\frac{1}{2}\ln\frac{3+x}{3-x}$的反函数，则曲线$y=g(x)$的渐近线方程为________.

【解】 应填$y=\pm3$.

令$y=\frac{1}{2}\ln\frac{3+x}{3-x}$，则$2y=\ln\frac{3+x}{3-x}$，$e^{2y}=\frac{3+x}{3-x}$，$x=3-\frac{6}{e^{2y}+1}$，即

$$g(x)=3-\frac{6}{e^{2x}+1},\lim_{x\to+\infty}g(x)=3,\lim_{x\to-\infty}g(x)=-3.$$

故曲线$y=g(x)$的渐近线方程为$y=\pm3$.

四、最值或值域（D_1（常规操作）$+D_{23}$（化归经典形式））

(1)当$f(x)$在$[a,b]$上连续时：最值只可能在驻点、导数不存在的点或区间端点上取到.

(2)当有唯一极值点时：若函数$f(x)$在(a,b)内连续，且有唯一的极值点x_0，则x_0是$f(x)$在(a,b)内的最值点.

例5.8 $f(x)=\int_0^x\frac{t}{t^2+2t+2}dt$在$[0,1]$上的最大值为________.

【解】 应填$\frac{1}{2}\ln\frac{5}{2}-\arctan2+\frac{\pi}{4}$.

由题意得$f'(x)=\frac{x}{(x+1)^2+1}$，当$0<x\leqslant1$时，$f'(x)>0$，故$f(x)$为单调递增函数，其在$[0,1]$上的最大值为

$$f(1)=\int_0^1\frac{t}{t^2+2t+2}\mathrm{d}t=\int_0^1\frac{t+1}{(t+1)^2+1}\mathrm{d}t-\int_0^1\frac{1}{(t+1)^2+1}\mathrm{d}t$$
$$=\frac{1}{2}\ln[(t+1)^2+1]\Big|_0^1-\arctan(t+1)\Big|_0^1$$
$$=\frac{1}{2}\ln\frac{5}{2}-\arctan 2+\frac{\pi}{4}.$$

例5.9 设$f'(x)$在区间$[0,4]$上连续，曲线$y=f'(x)$与直线$x=0$，$x=4$，$y=0$围成如图所示的三个区域，其面积分别为$S_1=3$，$S_2=4$，$S_3=2$，且$f(0)=1$，则$f(x)$在$[0,4]$上的最大值与最小值分别为( ).

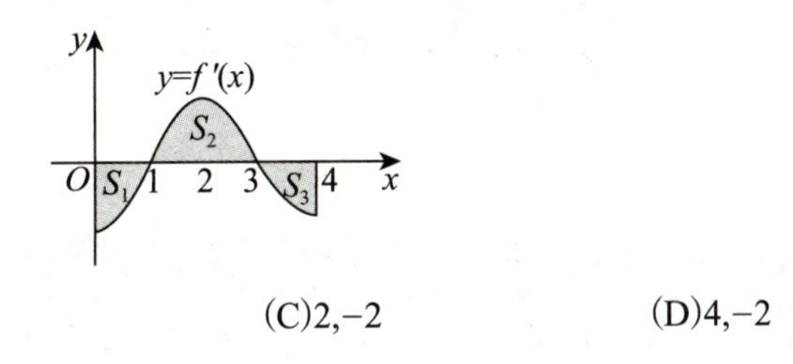

(A)2,−3　　(B)4,−3　　(C)2,−2　　(D)4,−2

【解】 应选(C).

由题图可知，$f'(1)=f'(3)=0$，即函数$f(x)$在区间$(0,4)$内有两个驻点$x=1$和$x=3$，故$f(x)$在$[0,4]$上的最大值和最小值只能在$f(0)$，$f(1)$，$f(3)$，$f(4)$中取得.

由$f(0)=1$，有

→ D_{23}(化归经典形式)

$$f(1)=f(0)+\int_0^1 f'(x)\mathrm{d}x=1+(-3)=-2,$$

$$f(3)=f(1)+\int_1^3 f'(x)\mathrm{d}x=-2+4=2,$$

$$f(4)=f(3)+\int_3^4 f'(x)\mathrm{d}x=2+(-2)=0.$$

故最大值为$f(3)=2$，最小值为$f(1)=-2$，应选(C).

第6讲 一元函数微分学的应用（二）——中值定理、微分等式与微分不等式

第一部分　用微分中值定理作证明

三向解题法

用微分中值定理作证明
(O(盯住目标))

寻找原函数	证明 $f'(\xi)=0$	证明含 $f^{(n)}(x)$ $(n=1,2,\cdots)$ 的等式或不等式在 ξ 点成立	用泰勒公式
(P_{12}(反向思路)+P_{13}(双向思路)+D_1(常规操作)+D_{23}(化归经典形式))	(D_1(常规操作)+D_{22}(转换等价表述)+D_{23}(化归经典形式))	(D_1(常规操作)+D_{22}(转换等价表述)+D_{23}(化归经典形式))	(D_1(常规操作)+D_{23}(化归经典形式)+D_3(移花接木))

形式化归体系块

一、寻找原函数

本质上是根据所给条件用“逆向”思维得出研究对象，“逆行”难度点到为止，无须准备过度.

(P_{12}(反向思路)+P_{13}(双向思路)+D_1(常规操作)+D_{23}(化归经典形式))

找到“是谁”求导，得到欲证结论，也即 $[F(x)]'=0$，从而使用罗尔定理，或研究 $F(x)$ 的性态.

1. 一阶乘积求导公式的逆用(D23(化归经典形式))

$$(uv)'=u'v+uv'.$$

① $[f(x)\cdot x^n]'=x^{n-1}[xf'(x)+nf(x)]$.

② $[f(x)\cdot \mathrm{e}^{nx}]'=\mathrm{e}^{nx}[f'(x)+nf(x)]$.

③ $[f(x)\cdot \mathrm{e}^{x^n}]'=\mathrm{e}^{x^n}[f'(x)+nx^{n-1}f(x)]$.

④ $[f(x)\cdot \mathrm{e}^{\varphi(x)}]'=\mathrm{e}^{\varphi(x)}[f'(x)+f(x)\varphi'(x)]$.

⑤ $\left\{f(x)\cdot \mathrm{e}^{\int_0^x [f(t)]^{n-1}\mathrm{d}t}\right\}'=\mathrm{e}^{\int_0^x [f(t)]^{n-1}\mathrm{d}t}\left\{f'(x)+[f(x)]^n\right\}$.

⑥ $[f(x)\cdot f'(x)]'=[f'(x)]^2+f(x)\cdot f''(x)$.

⑦ $[f(x)\cdot g(x)]'=f'(x)g(x)+f(x)g'(x)$.

⑧ $[f(x)\cdot \arctan x]'=f'(x)\arctan x+\dfrac{f(x)}{1+x^2}$.

⑨ $[f(x)\cdot \sin x]'=f'(x)\sin x+f(x)\cos x=[f'(x)\tan x+f(x)]\cos x$.

例6.1 设函数$f(x)$在$[0,1]$上连续,$(0,1)$内可导,$f(0)=f(1)$,$\int_0^1 f(x)\mathrm{d}x=0$,证明:存在$\xi\in(0,1)$,使得$f'(\xi)+f^2(\xi)=0$.

点到为止的"示范"

【证】 令$F(x)=f(x)\mathrm{e}^{\int_0^x f(t)\mathrm{d}t}$,则

$$F(0)=f(0)\mathrm{e}^0=f(0),\ F(1)=f(1)\mathrm{e}^{\int_0^1 f(t)\mathrm{d}t}=f(1),$$

即$F(0)=F(1)$,由罗尔定理,存在$\xi\in(0,1)$,使得$F'(\xi)=0$,即

$$\mathrm{e}^{\int_0^\xi f(t)\mathrm{d}t}[f'(\xi)+f^2(\xi)]=0,$$

得证.

2. 二阶乘积求导公式的逆用(D23(化归经典形式))

$$(uv)''=u''v+2u'v'+uv''.$$

$$[f(x)\cdot \mathrm{e}^x]''=\mathrm{e}^x[f''(x)+2f'(x)+f(x)].$$

3. 一阶商的求导公式的逆用(D23(化归经典形式))

$$\left(\frac{u}{v}\right)'=\frac{u'v-uv'}{v^2}.$$

①$\left[\dfrac{f(x)}{x}\right]'=\dfrac{f'(x)x-f(x)}{x^2}$.

见到$f'(x)x-f(x)$，$x\neq 0$，令$F(x)=\dfrac{f(x)}{x}$.

②$\left[\dfrac{f'(x)}{f(x)}\right]'=\dfrac{f''(x)f(x)-[f'(x)]^2}{f^2(x)}$.

见到$f''(x)f(x)-[f'(x)]^2$，$f(x)\neq 0$，令$F(x)=\dfrac{f'(x)}{f(x)}$.

③$[\ln f(x)]'=\dfrac{f'(x)}{f(x)}$，故$[\ln f(x)]''=\left[\dfrac{f'(x)}{f(x)}\right]'=\dfrac{f''(x)f(x)-[f'(x)]^2}{f^2(x)}$.

见到$f''(x)f(x)-[f'(x)]^2$，$f(x)>0$，亦可考虑令$F(x)=\ln f(x)$.

4.祖孙三代传承法（D_{23}（化归经典形式））恒等变形要求高."$a-c=a-b+b-c$"

若欲证结论"差辈分"，如

$$f''(\xi)=f(\xi)\text{或}f'(\xi)=\int_0^{\xi}f(t)\mathrm{d}t,$$

则补齐辈分，作恒等变形.

对$f''(\xi)=f(\xi)$作恒等变形：

$$\boxed{f''(\xi)-f'(\xi)}+\boxed{f'(\xi)-f(\xi)}=0,$$

不差辈　不差辈

令$F'(x)=[f''(x)-f'(x)]\mathrm{e}^x+[f'(x)-f(x)]\mathrm{e}^x$，则

$$F(x)=[f'(x)-f(x)]\mathrm{e}^x.$$

对$f'(\xi)=\int_0^{\xi}f(t)\mathrm{d}t$作恒等变形：

$$\boxed{f'(\xi)-f(\xi)}+\boxed{f(\xi)-\int_0^{\xi}f(t)\mathrm{d}t}=0,$$

不差辈　不差辈

令$F'(x)=\left\{[f'(x)-f(x)]+\left[f(x)-\int_0^x f(t)\mathrm{d}t\right]\right\}\mathrm{e}^x$，则

$$F(x)=\left[f(x)-\int_0^x f(t)\mathrm{d}t\right]\mathrm{e}^x.$$

5.小伎俩们(障眼法)

(P_{12}(反向思路)+P_{13}(双向思路)+D_1(常规操作)+D_{23}(化归经典形式))

(1)简单化.

见到如下简单式子:$2\xi-1\to x^2-x$,$f'(\xi)f(\xi)\to\frac{1}{2}f^2(x)$,$\frac{f'(\xi)}{f(\xi)}\to\ln f(x)$,$\frac{1}{\xi}\to\ln x$,不要想复杂了.

(2)升辈降辈.

将$f(x)$写成$f'(x)$(降辈),如$[f'(x)e^x]'=e^x[f''(x)+f'(x)]$.

将$f(x)$写成$\int_0^x f(t)dt$(升辈),如$\left[\int_0^x f(t)dt\cdot e^x\right]'=e^x\left[f(x)+\int_0^x f(t)dt\right]$.

(3)平移.

①$\left[f(x)\cdot(x+1)^2\right]'=f'(x)(x+1)^2+f(x)\cdot 2(x+1)=(x+1)\left[f'(x)(x+1)+2f(x)\right]$.

②$\left[f(x)\cdot e^{(x-1)^2}\right]'=f'(x)e^{(x-1)^2}+f(x)\cdot e^{(x-1)^2}\cdot 2(x-1)=e^{(x-1)^2}\left[f'(x)+2(x-1)f(x)\right]$.

(4)恒等变形.

①移项(最常见).

欲证$[f'(x)-x]'\Big|_{x=\xi}=0$,即$f''(\xi)-1=0\Rightarrow f''(\xi)=1$.

欲证$\left[f(x)\cdot x^{-2}\right]'\Big|_{x=\xi}=0$,即$[f'(\xi)\cdot\xi-2f(\xi)]\xi^{-3}=0\Rightarrow f'(\xi)\cdot\xi=2f(\xi)$.

方法是反移项,使等式右端为0即可.

②作乘除运算.

欲证$[f'(x)g(x)-f(x)g'(x)]\big|_{x=\xi}=0$,即$f'(\xi)g(\xi)-f(\xi)g'(\xi)=0\Rightarrow\frac{f'(\xi)}{g'(\xi)}=\frac{f(\xi)}{g(\xi)}$.

方法是作乘除逆运算,使式子回归到$(\square)'=0$.

例6.2 已知函数$f(x)$和$g(x)$在$[a,b]$上连续,在(a,b)内可导,且$g'(x)\neq 0$,证明:存在$\xi\in(a,b)$,使得

$$\frac{f(\xi)-f(a)}{g(b)-g(\xi)}=\frac{f'(\xi)}{g'(\xi)}.$$

【证】$\frac{f(\xi)-f(a)}{g(b)-g(\xi)}=\frac{f'(\xi)}{g'(\xi)}\Leftrightarrow[g(b)-g(\xi)]f'(\xi)-[f(\xi)-f(a)]g'(\xi)=0$. ($P_{13}$(双向思路))

令$F(x)=[f(x)-f(a)][g(b)-g(x)]$,则$F(x)$在$[a,b]$上连续,在$(a,b)$内可导,且$F(a)=F(b)=0$,所

以存在 $\xi\in(a,b)$，使得 $F'(\xi)=0$，即

$$[g(b)-g(\xi)]f'(\xi)-[f(\xi)-f(a)]g'(\xi)=0.$$

故
$$\frac{f(\xi)-f(a)}{g(b)-g(\xi)}=\frac{f'(\xi)}{g'(\xi)}.$$

(5)题设或结论中出现 $\int_a^b f(x)\mathrm{d}x=c$，$\int_a^{\xi} f(x)\mathrm{d}x$，$\int_{\xi}^b f(x)\mathrm{d}x$.

①最简单且实用的是直接令被积函数为辅助函数. → D_1（常规操作）

例6.3 设 $f(x)$ 在 $[0,1]$ 上连续，在 $(0,1)$ 内可导，且满足 $f(1)=k\int_0^{\frac{1}{k}}x\mathrm{e}^{1-x}f(x)\mathrm{d}x(k>1)$，证明至少存在一点 $\xi\in(0,1)$，使得 $f'(\xi)=(1-\xi^{-1})f(\xi)$.

【证】由 $f(1)=k\int_0^{\frac{1}{k}}x\mathrm{e}^{1-x}f(x)\mathrm{d}x$ 及积分中值定理，知至少存在一点 $\xi_1\in\left[0,\frac{1}{k}\right]\subset[0,1)$，使得

$$f(1)=k\int_0^{\frac{1}{k}}x\mathrm{e}^{1-x}f(x)\mathrm{d}x=\xi_1\mathrm{e}^{1-\xi_1}f(\xi_1).$$

在 $[\xi_1,1]$ 上，令 $F(x)=x\mathrm{e}^{1-x}f(x)$. 由题易得 $F(x)$ 在 $[\xi_1,1]$ 上连续，在 $(\xi_1,1)$ 内可导，且

$$F(\xi_1)=f(1)=F(1),$$

由罗尔定理知，至少存在一点 $\xi\in(\xi_1,1)\subset(0,1)$，使得 $F'(\xi)=\mathrm{e}^{1-\xi}[f(\xi)-\xi f(\xi)+\xi f'(\xi)]=0$，即

$$f'(\xi)=(1-\xi^{-1})f(\xi).$$

P_{12}（反向思路）

【注】事实上，通过寻找原函数或解一阶齐次线性微分方程，写出 $F(x)=C$，令辅助函数为 $F(x)$，即可验证以上辅助函数的正确性.

具体来说，

$$f'(x)=\left(1-\frac{1}{x}\right)f(x)\Rightarrow f'(x)+\left(\frac{1}{x}-1\right)f(x)=0\Rightarrow f(x)=C\mathrm{e}^{\int\left(1-\frac{1}{x}\right)\mathrm{d}x}=C\cdot\mathrm{e}^{x-\ln x}=C\cdot\mathrm{e}^{x}\cdot\frac{1}{x},$$

也即 $f(x)\cdot\mathrm{e}^{-x}\cdot x=C$，令 $F(x)=x\mathrm{e}^{-x}f(x)$，此函数与题中所设辅助函数 $x\mathrm{e}^{1-x}f(x)$ 仅相差系数 e，视为一致的辅助函数.

当然，也可以考虑 $(uv)'=u'v+uv'$ 的逆用法：

$$1\cdot f'(x)+\left(\frac{1}{x}-1\right)f(x)=0\Rightarrow v=\mathrm{e}^{\int\left(\frac{1}{x}-1\right)\mathrm{d}x},\quad v'=\mathrm{e}^{\int\left(\frac{1}{x}-1\right)\mathrm{d}x}\cdot\left(\frac{1}{x}-1\right),$$

（v?，u'，v'?，u）

故
$$F(x)=uv=f(x)\mathrm{e}^{\int\left(\frac{1}{x}-1\right)\mathrm{d}x}=f(x)\cdot x\cdot\mathrm{e}^{-x}.$$

②令 $F(x)=\int_a^x f(t)\mathrm{d}t$ 或 $\int_x^b f(t)\mathrm{d}t$.(D_{23} (化归经典形式))

例6.4 设正值函数 $f(x)$, $g(x)$ 在 $[a,b]$ 上连续,证明存在 $\xi\in(a,b)$,使得 $\dfrac{f(\xi)}{g(\xi)}=\dfrac{\int_a^\xi f(x)\,\mathrm{d}x}{\int_\xi^b g(x)\,\mathrm{d}x}$.

【证】 令 $F(x)=\int_a^x f(t)\,\mathrm{d}t\int_x^b g(t)\,\mathrm{d}t$,则 $F(x)$ 在 $[a,b]$ 上连续,在 (a,b) 内可导,且 $F(a)=F(b)=0$,所以存在 $\xi\in(a,b)$,使得 $F'(\xi)=0$,即

$$f(\xi)\int_\xi^b g(t)\mathrm{d}t-g(\xi)\int_a^\xi f(t)\,\mathrm{d}t=0,$$

即 $\dfrac{f(\xi)}{g(\xi)}=\dfrac{\int_a^\xi f(x)\,\mathrm{d}x}{\int_\xi^b g(x)\,\mathrm{d}x}$.

③用推广的积分中值定理.(D_1 (常规操作))

$$\int_a^b f(x)\mathrm{d}x=f(\xi)(b-a),\ \xi\in(a,b),$$

这里要求 $f(x)$ 在 $[a,b]$ 上连续.

例6.5 证明:若 $f(x)$ 连续且满足 $\int_0^{\frac{\pi}{2}} f(x)\cos x\mathrm{d}x=0$,则存在 $\xi\in\left(0,\dfrac{\pi}{2}\right)$,使得 $f(\xi)=0$.

【证】 由推广的积分中值定理,得 $\int_0^{\frac{\pi}{2}} f(x)\cos x\mathrm{d}x=f(\xi)\cos\xi\cdot\left(\dfrac{\pi}{2}-0\right)=0$, $\xi\in\left(0,\dfrac{\pi}{2}\right)$,则 $f(\xi)\cos\xi=0$.

由于 $\xi\in\left(0,\dfrac{\pi}{2}\right)$,故 $\cos\xi\neq0$,因此 $f(\xi)=0$.

④用分部积分法.

$$\int_a^b u\mathrm{d}v=uv\Big|_a^b-\int_a^b v\mathrm{d}u .$$

例6.6 设函数 $f(x)$ 在 $[0,\pi]$ 上连续,且 $\int_0^\pi f(x)\mathrm{d}x=0$, $\int_0^\pi f(x)\cos x\mathrm{d}x=0$.证明:在 $(0,\pi)$ 内至少存在两个不同的点 ξ_1 , ξ_2 ,使得 $f(\xi_1)=f(\xi_2)=0$.

【证】 令 $F(x)=\int_0^x f(t)\mathrm{d}t$, $0\leqslant x\leqslant\pi$,则有 $F(0)=0$, $F(\pi)=0$.又因为

$$0=\int_0^\pi f(x)\cos x\mathrm{d}x=\int_0^\pi \cos x\mathrm{d}[F(x)]=F(x)\cos x\Big|_0^\pi+\int_0^\pi F(x)\sin x\mathrm{d}x=\int_0^\pi F(x)\sin x\mathrm{d}x,$$

所以存在 $\xi\in(0,\pi)$,使得 $F(\xi)\sin\xi=0$.又当 $\xi\in(0,\pi)$ 时, $\sin\xi\neq0$.故 $F(\xi)=0$.

由上证得$F(0)=F(\xi)=F(\pi)=0(0<\xi<\pi)$.

再对$F(x)$在区间$[0,\xi]$，$[\xi,\pi]$上分别应用罗尔定理，知至少存在两点$\xi_1\in(0,\xi)$，$\xi_2\in(\xi,\pi)$，使得$F'(\xi_1)=F'(\xi_2)=0$，即$f(\xi_1)=f(\xi_2)=0$.

⑤将$f(x)$泰勒展开，再作积分.(D_{23}（化归经典形式）)

第11讲中，有这样的例子，如例11.18.

二、证明$f'(\xi)=0$

(D_1（常规操作）$+D_{22}$（转换等价表述）$+D_{23}$（化归经典形式）)

关键是证明ξ不是区间端点且ξ为最值点

(1)证区间内部最值点：费马定理. → $f'(\xi)=0$

(2)证区间端点值相等：罗尔定理. → $f'(\xi)=0$

(3)证区间端点导数值异号：导数介值定理. → $f'(\xi)=0$

例6.7 设函数$f(x)$在$[0,1]$上二阶可导，$f(0)=0$，且$f(x)$在$(0,1)$内取得最大值2，在$(0,1)$内取得最小值，证明：

(1)存在$\xi\in(0,1)$，使得$f'(\xi)>2$；

(2)存在$\eta\in(0,1)$，使得$f''(\eta)<-4$.

【证】(1)设$f(x)$在$x_1\in(0,1)$处取得最大值，即$f(x_1)=2$（D_{22}（转换等价表述））.在$[0,x_1]$上对$f(x)$应用拉格朗日中值定理，得（D_{23}（化归经典形式））

$$f(x_1)-f(0)=f'(\xi)\cdot(x_1-0),\ \xi\in(0,x_1)\subset(0,1),$$

即$f'(\xi)\cdot x_1=2$，又$0<x_1<1$，则$\dfrac{1}{x_1}>1$，即$f'(\xi)=\dfrac{2}{x_1}>2$.

(2)由题设及费马定理，有$f'(x_1)=0$.

又设$f(x)$在$x_2\in(0,1)$处取得最小值，记$f(x_2)=m$，由$f(0)=0$，则$m\leqslant 0$.

将$f(x)$在$x=x_1$处一阶泰勒展开，（D_{23}（化归经典形式））

$$f(x)=f(x_1)+\frac{f''(\eta_1)}{2!}(x-x_1)^2,$$

其中η_1介于x与x_1之间，令$x=x_2$，则有$f(x_2)=f(x_1)+\dfrac{f''(\eta)}{2!}(x_2-x_1)^2$，即

$$f(x_2)=2+\frac{f''(\eta)}{2!}(x_2-x_1)^2\leqslant 0,$$

其中η介于x_1与x_2之间，于是$\dfrac{f''(\eta)}{2!}(x_2-x_1)^2\leqslant -2$，又$0<(x_2-x_1)^2<1$，故$f''(\eta)\leqslant\dfrac{-4}{(x_2-x_1)^2}<-4$.

例6.8 (1)设$f(x)$在$[a,b]$上可导,若$f'_+(a)\neq f'_-(b)$,证明:对于任意的介于$f'_+(a)$与$f'_-(b)$之间的μ,存在$\xi\in(a,b)$,使得$f'(\xi)=\mu$;

(2)若$f(x)$在$[0,2]$上具有二阶导数,证明:存在$\xi\in(0,2)$,使得$f(0)+f(2)-2f(1)=f''(\xi)$.

【证】(1)因$f'_+(a)\neq f'_-(b)$,不妨设$f'_+(a)<f'_-(b)$,并设$F(x)=f(x)-\mu x$,则函数$F(x)$在$[a,b]$上可导,且$F'_+(a)=f'_+(a)-\mu<0$,$F'_-(b)=f'_-(b)-\mu>0$,于是

$$\begin{cases}F'_+(a)=\lim\limits_{x\to a^+}\dfrac{F(x)-F(a)}{x-a}<0,\\ F'_-(b)=\lim\limits_{x\to b^-}\dfrac{F(x)-F(b)}{x-b}>0,\end{cases}$$

→D_{22}(转换等价表述)

根据极限的保号性知:

在点$x=a$的某个右邻域内,$\dfrac{F(x)-F(a)}{x-a}<0$,即$F(x)<F(a)$;

在点$x=b$的某个左邻域内,$\dfrac{F(x)-F(b)}{x-b}>0$,即$F(x)<F(b)$.

故$F(a)$和$F(b)$均不是函数$F(x)$在$[a,b]$上的最小值,又因为$F(x)$一定可以取得最小值,则其最小值必在(a,b)内取到,设函数$F(x)$在(a,b)内的最小值点是ξ,根据费马定理,得$F'(\xi)=0$,即$f'(\xi)=\mu$.

(2)由泰勒公式,有

$$f(0)=f(1)+f'(1)(0-1)+\frac{1}{2}f''(x_1)(0-1)^2,$$

$$f(2)=f(1)+f'(1)(2-1)+\frac{1}{2}f''(x_2)(2-1)^2,$$

其中$0<x_1<1<x_2<2$,故

$$\begin{aligned}&f(0)+f(2)-2f(1)\\=&\frac{1}{2}f''(x_1)+\frac{1}{2}f''(x_2)\\\overset{(*)}{=\!=}&f''(\xi),\quad \xi\in(0,2).\end{aligned}$$

【注】(*)处来自二阶导函数$f''(x)$的介值性,第(1)问中让考生证明的同时,也是一种提示.

形式化归体系块

三、证明含 $f^{(n)}(x)\ (n=1,2,\cdots)$ 的等式或不等式在 ξ 点成立

(D_1 (常规操作) $+D_{22}$ (转换等价表述) $+D_{23}$ (化归经典形式))

1. 用极限、导数研究函数性态(D_{22} (转换等价表述) $+D_{23}$ (化归经典形式))

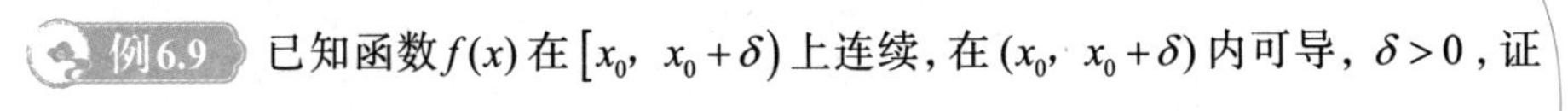

例6.9 已知函数 $f(x)$ 在 $[x_0,\ x_0+\delta)$ 上连续，在 $(x_0,\ x_0+\delta)$ 内可导，$\delta>0$，证明：若 $\lim\limits_{x\to x_0^+} f'(x)=A$，则 $f'_+(x_0)=A$.

考试重点，要集中精力研究函数在微观局部的性态．问自己：①什么位置？②什么条件？③什么工具？

【证】

D_{22} (转换等价表述)

$$f'_+(x_0)=\lim_{x\to x_0^+}\frac{f(x)-f(x_0)}{x-x_0}=\lim_{x\to x_0^+}\frac{f'(\xi)(x-x_0)}{x-x_0}=A,$$

D_{23} (化归经典形式)

其中 $\xi\in(x_0,x)$.

【注】(1) 对于函数 $f(x)=|x|$，讨论 $\lim\limits_{x\to 0^+} f'(x)$ 与 $f'_+(0)$ 的关系 .

解 由 $f(x)=|x|=\begin{cases} x, & x\geqslant 0, \\ -x, & x<0, \end{cases}$ 则有

$$f'_+(0)=\lim_{x\to 0^+}\frac{x-0}{x-0}=1 .$$

又当 $x>0$ 时，$f'(x)=1$，则有 $\lim\limits_{x\to 0^+} f'(x)=1$. 故 $\lim\limits_{x\to 0^+} f'(x)=f'_+(0)=1$.

(2) 对于函数 $f(x)=x^3\sin\dfrac{1}{x}$，讨论 $\lim\limits_{x\to 0} f'(x)$ 与 $f'(0)$ 的关系 .

解 由 $f(x)=x^3\sin\dfrac{1}{x}$ 易知 $f(x)$ 的定义域为 $\{x|x\neq 0\}$. 因此有 $f'(0)$ 不存在 . 又

$$f'(x)=3x^2\sin\frac{1}{x}-x\cos\frac{1}{x}(x\neq 0),$$

所以有 $\lim\limits_{x\to 0} f'(x)=0$. 故 $\lim\limits_{x\to 0} f'(x)\neq f'(0)$.

(3) 对于函数 $f(x)=\begin{cases} x^2\sin\dfrac{1}{x}, & x\neq 0, \\ 0, & x=0, \end{cases}$ 讨论 $\lim\limits_{x\to 0} f'(x)$ 与 $f'(0)$ 的关系 .

解 由题设可知，当 $x\neq 0$ 时，

$$f'(x)=2x\sin\frac{1}{x}-\cos\frac{1}{x};$$

当 $x=0$ 时，
$$f'(0)=\lim_{x\to 0}\frac{f(x)-0}{x-0}=\lim_{x\to 0}x\sin\frac{1}{x}=0.$$

又 $\lim\limits_{x\to 0}f'(x)=\lim\limits_{x\to 0}\left(2x\sin\frac{1}{x}-\cos\frac{1}{x}\right)$ 不存在，所以 $\lim\limits_{x\to 0}f'(x)\neq f'(0)$.

2. 用拉格朗日中值定理（D_{22}（转换等价表述）$+D_{23}$（化归经典形式））

(1) 定理.

设函数 $f(x)$ 满足：①在区间 $[a,b]$ 上连续；②在区间 (a,b) 内可导. 则存在 $\xi\in(a,b)$，使得 $f'(\xi)=\frac{f(b)-f(a)}{b-a}$.

(2) 设 $f(x)$ 可导，则 $f(x)=C$，$x\in(a,b)\Leftrightarrow f'(x)=0$，$x\in(a,b)$.

例6.10 设函数 $f(x)$ 在区间 $[a,b]$ 上满足：对任意 x，$y\in[a,b]$，有
$$|f(x)-f(y)|\leqslant M|x-y|^{\alpha},$$
其中 $M>0$，$\alpha>1$ 是常数. 证明：$f(x)$ 在 $[a,b]$ 上恒为常数.

【证】对任意 $x_0\in[a,b]$，由于
$$\left|\frac{f(x)-f(x_0)}{x-x_0}\right|\leqslant M|x-x_0|^{\alpha-1},$$
且 $\lim\limits_{x\to x_0}|x-x_0|^{\alpha-1}=0$，所以 $\lim\limits_{x\to x_0}\frac{f(x)-f(x_0)}{x-x_0}=0$（如果 x_0 在区间端点，那么认为极限是单侧极限），即 $f'(x_0)=0$.
所以 $f'(x)\equiv 0$，得到 $f(x)$ 在 $[a,b]$ 上恒为常数.

(3) 写成 $f(x)-f(a)=f'(\xi)(x-a)$.

常用于 $\begin{cases}\text{出现“}f-f\text{”或“}f-0\text{”},\\ \text{出现 }f\text{ 与 }f'\text{ 的关系}.\end{cases}$

例6.11 已知函数 $f(x)$ 在 $(-\infty,0)$ 上可导，且 $\lim\limits_{x\to-\infty}f'(x)=A>0$，证明 $\lim\limits_{x\to-\infty}f(x)=-\infty$.

【证】因为 $\lim\limits_{x\to-\infty}f'(x)=A>0$，所以存在 $X_0<0$，使得当 $x<X_0$ 时，$f'(x)>\frac{A}{2}>0$.（D_{22}（转换等价表述））

对于任意 $x<X_0$，因为（D_{23}（化归经典形式））
$$f(x)-f(X_0)=f'(\xi)(x-X_0),\ x<\xi<X_0,$$
所以 $f(x)<f(X_0)+\frac{A}{2}(x-X_0)$. 故 $\lim\limits_{x\to-\infty}f(x)=-\infty$.

例6.12 设函数 $f(x)$ 在区间 $[0,2]$ 上具有连续导数，$f(0)=f(2)=0$，$M=\max\limits_{x\in[0,2]}\{|f(x)|\}$. 证明：

(1)存在$\xi \in (0,2)$，使得$|f'(\xi)| \geqslant M$；

(2)若对任意的$x \in (0,2)$，$|f'(x)| \leqslant M$，则$M=0$.

【证】(1)当$M=0$时，$f(x) \equiv 0$，对任意的$\xi \in (0,2)$，均有$|f'(\xi)| \geqslant M$.

当$M>0$时，设$x_0 \in (0,2)$，使$|f(x_0)|=M$.

若$x_0 \in (0,1)$，根据拉格朗日中值定理，存在$\xi_1 \in (0,x_0)$，使得$f(x_0)-f(0)=f'(\xi_1)x_0$，故

$$|f'(\xi_1)|=\frac{|f(x_0)|}{x_0}>M;$$

若$x_0 \in (1,2)$，根据拉格朗日中值定理，存在$\xi_2 \in (x_0,2)$，使得$f(x_0)-f(2)=f'(\xi_2)(x_0-2)$，故

$$|f'(\xi_2)|=\frac{|f(x_0)|}{2-x_0}>M;$$

若$x_0=1$，根据拉格朗日中值定理，存在$\xi_3 \in (0,1)$，使得$f(1)-f(0)=f'(\xi_3)$，故$|f'(\xi_3)|=M$.

综上可知，存在$\xi \in (0,2)$，使得$|f'(\xi)| \geqslant M$.

(2)当$|f'(x)| \leqslant M$对任意的$x \in (0,2)$都成立时，由(1)的证明过程可知，$|f(1)|=M$.不妨设

$$f(1)=M.$$

令$F(x)=f(x)-Mx$，则$F'(x)=f'(x)-M \leqslant 0$.

又$F(0)=F(1)=0$，所以$F(x) \equiv 0$，即$f(x)=Mx$，$x \in [0,1]$.

综上，$f'_-(1)=M$.又由费马定理知$f'(1)=0$，所以$M=0$.

(4)写成$\dfrac{f(b)-f(a)}{b-a}=f'(\xi)$.

常用于出现“曲线在一点的切线斜率”.

(5)写成$f(x)-f(a)=f'[a+\theta(x-a)](x-a)$或$f(x)-f(0)=f'(\theta x)x$，$0<\theta<1$.

常用于求中值点的极限位置.

例6.13 已知$\int_0^x f(t)\mathrm{d}t = xf(\theta x)$，$x>0$，$f(x)=\mathrm{e}^x$，则$\lim\limits_{x \to 0^+} \theta =$________.

【解】应填$\dfrac{1}{2}$.

D_{22}（转换等价表述）

依题意，有$\mathrm{e}^x-1=x\mathrm{e}^{\theta x}$，则$\theta=\dfrac{1}{x}\ln\dfrac{\mathrm{e}^x-1}{x}$，

$$\lim_{x \to 0^+}\theta=\lim_{x \to 0^+}\frac{1}{x}\ln\frac{\mathrm{e}^x-1}{x}=\lim_{x \to 0^+}\frac{1}{x}\cdot\left(\frac{\mathrm{e}^x-1}{x}-1\right)$$

$$=\lim_{x \to 0^+}\frac{\mathrm{e}^x-x-1}{x^2}=\frac{1}{2}.$$

(6)写成$\int_a^x f(t)\mathrm{d}t-\int_a^a f(t)\mathrm{d}t=f(\xi)(x-a)$($\xi$介于$a$,$x$之间).

这就是推广的积分中值定理.

3.用柯西中值定理(D_{22}(转换等价表述)+D_{23}(化归经典形式))

欲证等式可变形为$\dfrac{f(b)-f(a)}{g(b)-g(a)}$或$\dfrac{f'(\xi)}{g'(\xi)}$,考虑柯西中值定理.

(1)在f或g中,有一个函数常为具体函数,故要用好

$$f(\xi)=\left[\int_a^x f(t)\mathrm{d}t\right]'\Bigg|_{x=\xi},$$

写出$\int_a^x f(t)\mathrm{d}t$.

(2)在f或g中,有一个函数值常为0或1,故要用好

$$f(a)=0,\ \int_a^a f(x)\mathrm{d}x=0,\ \mathrm{e}^0=1,$$

凑成 D_{23}(化归经典形式)

$$f(b)=f(b)-f(a),$$

$$\int_a^b f(x)\mathrm{d}x=\int_a^b f(x)\mathrm{d}x-\int_a^a f(x)\mathrm{d}x,$$

$$\mathrm{e}-1=\mathrm{e}^1-\mathrm{e}^0.$$

例6.14 设$f(x)$在$[a,b]$上连续,且$f(x)>0$,证明存在$\xi\in(a,b)$,使得

$$\frac{b^2-a^2}{\int_a^b f(x)\mathrm{d}x}=\frac{2\xi}{f(\xi)}.$$

($2\xi=(x^2)'\big|_{x=\xi}$,$f(\xi)=\left[\int_a^x f(t)\mathrm{d}t\right]'\Big|_{x=\xi}$)

【证】令$h(x)=x^2$,$g(x)=\int_a^x f(t)\mathrm{d}t$,在$[a,b]$上应用柯西中值定理,存在$\xi\in(a,b)$,使得

$$\frac{h(b)-h(a)}{g(b)-g(a)}=\frac{b^2-a^2}{\int_a^b f(x)\mathrm{d}x}=\frac{h'(\xi)}{g'(\xi)}=\frac{2\xi}{f(\xi)},$$

即得证.

D_{22}(转换等价表述)

(3)若再增加难度,令$f(a)=0$(或通过$\lim\limits_{x\to a}\dfrac{f(x)}{x-a}=A$及$f(x)$在$x=a$处连续得到$f(a)=0$).

$$f(\xi)=f(\xi)-f(a)\xlongequal{\text{拉格朗日中值定理}}f'(\eta)(\xi-a),$$

其中$\eta\in(a,\xi)$,代入

$$\frac{b^2-a^2}{\int_a^b f(x)\mathrm{d}x}=\frac{2\xi}{f(\xi)},$$

则
$$f'(\eta)(b^2-a^2)=\frac{2\xi}{\xi-a}\int_a^b f(x)\mathrm{d}x .$$

这种考题曾在考研中出现过，不过稍有些过于“堆积”知识，反而失了精彩，不如点到为止.

例6.15 设$f(x)=\int_1^x \sin t^2\mathrm{d}t, g(x)=\int_0^x f(t)\mathrm{d}t$.

(1)计算$g(1)$；(2)证明：存在$\xi\in(0,1)$，使得$\int_1^{\xi}\sin t^2\mathrm{d}t=\xi(\cos 1-1)$.

(1)【解】
$$g(1)=\int_0^1 f(x)\mathrm{d}x=\int_0^1\mathrm{d}x\int_1^x \sin t^2\mathrm{d}t$$
$$=-\int_0^1\mathrm{d}x\int_x^1\sin t^2\mathrm{d}t=-\int_0^1\mathrm{d}t\int_0^t\sin t^2\mathrm{d}x$$
$$=\frac{1}{2}\cos t^2\bigg|_0^1=\frac{1}{2}(\cos 1-1).$$

(2)【证】 令$h(x)=x^2$，则由柯西中值定理，有
$$\frac{g(1)-g(0)}{h(1)-h(0)}=\frac{\frac{1}{2}(\cos 1-1)}{1}=\frac{\int_1^{\xi}\sin t^2\mathrm{d}t}{2\xi},$$

即$\int_1^{\xi}\sin t^2\mathrm{d}t=\xi(\cos 1-1)$，$0<\xi<1$.

四、用泰勒公式

(D$_1$（常规操作）+D$_{23}$（化归经典形式）+D$_3$（移花接木))

1.常用泰勒展开式或形式展开式大观

注：有些不符合泰勒展开式定义的展开式，因其常用，这里也给出表达式，但由于高等数学范畴内的概念所限，本书称其为形式展开式，考生只需掌握内容即可.

(1)第一组.

① $\sqrt{1\pm x}=1\pm\frac{1}{2}x-\frac{1}{8}x^2+\cdots$，$|x|<1$；

② $\frac{1}{\sqrt{1\pm x}}=1\mp\frac{1}{2}x+\frac{3}{8}x^2+\cdots$，$|x|<1$；

③ $\frac{1}{1+x}=1-x+x^2+\cdots=\sum_{n=0}^{\infty}(-1)^n x^n$，$|x|<1$；

④ $\frac{1}{1-x}=1+x+x^2+\cdots=\sum_{n=0}^{\infty}x^n$，$|x|<1$；

⑤ $\frac{1}{(1-x)^2}=1+2x+3x^2+\cdots=\sum_{n=0}^{\infty}(n+1)x^n$，$|x|<1$；

⑥ $\frac{1}{(1+x)^2}=1-2x+3x^2+\cdots=\sum_{n=0}^{\infty}(-1)^n(n+1)x^n$，$|x|<1$.

(2)第二组.

① $\mathrm{e}^x=\sum_{n=0}^{\infty}\frac{x^n}{n!}$；

② $a^x=\mathrm{e}^{x\ln a}=\sum_{n=0}^{\infty}(\ln a)^n\cdot\frac{x^n}{n!}$；

③ $\frac{\mathrm{e}^x-\mathrm{e}^{-x}}{2}=\sum_{n=0}^{\infty}\frac{x^{2n+1}}{(2n+1)!}$；

④ $\frac{\mathrm{e}^x+\mathrm{e}^{-x}}{2}=\sum_{n=0}^{\infty}\frac{x^{2n}}{(2n)!}$.

(3)第三组.

① $\sin x=x-\frac{1}{6}x^3+\cdots=\sum_{n=0}^{\infty}(-1)^n\frac{x^{2n+1}}{(2n+1)!}$；

② $\cos x=1-\frac{1}{2}x^2+\frac{1}{24}x^4+\cdots=\sum_{n=0}^{\infty}(-1)^n\frac{x^{2n}}{(2n)!}$；

③ $\tan x=x+\frac{1}{3}x^3+\frac{2}{15}x^5+\cdots$，$|x|<\frac{\pi}{2}$；

④ $\arcsin x=x+\frac{1}{6}x^3+\frac{3}{40}x^5+\cdots$，$|x|<1$；

⑤ $\arctan x=x-\frac{1}{3}x^3+\frac{1}{5}x^5+\cdots=\sum_{n=0}^{\infty}(-1)^n\frac{x^{2n+1}}{2n+1}$，$|x|\leqslant 1$.

(4)第四组.

① $\ln(1+x)=x-\frac{1}{2}x^2+\frac{1}{3}x^3-\frac{1}{4}x^4+\cdots=\sum_{n=1}^{\infty}(-1)^{n+1}\frac{x^n}{n}$，$-1<x\leqslant 1$；

② $\ln(1-x)=-\sum_{n=1}^{\infty}\frac{x^n}{n}$，$-1\leqslant x<1$；

③ $\ln x=\ln(x-1+1)=(x-1)-\frac{1}{2}(x-1)^2+\cdots=\sum_{n=1}^{\infty}(-1)^{n+1}\frac{(x-1)^n}{n}$，$0<x\leqslant 2$；

④ $\ln(a+x)=\ln\left[a\left(1+\frac{x}{a}\right)\right]=\ln a+\ln\left(1+\frac{x}{a}\right)=\ln a+\frac{x}{a}-\frac{1}{2a^2}x^2+\cdots$，$a>0,-a<x\leqslant a$；

⑤ $\ln\frac{1+x}{1-x}=\ln(1+x)-\ln(1-x)=2\left(x+\frac{1}{3}x^3+\frac{1}{5}x^5+\cdots\right)=2\sum_{n=0}^{\infty}\frac{x^{2n+1}}{2n+1}$，$|x|<1$；

⑥ $\ln\frac{x+1}{x-1}=\ln\frac{1+\frac{1}{x}}{1-\frac{1}{x}}=2\sum_{n=0}^{\infty}\frac{1}{(2n+1)x^{2n+1}}$，$|x|>1$；

⑦ $\ln(x+\sqrt{x^2+1})=x-\frac{1}{6}x^3+\frac{3}{40}x^5+\cdots$，$|x|<1$.

【注】(1) 清楚看到各种常用表达式的多项式近似精确度.

(2) 快速计算极限.

(3) 快速展开与求和.

(4) 不求全记，但求常看，反复看，当作字典去查，去用.

2. 本质

泰勒公式证明题的本质就是把n阶可导函数$f(x)$在一点附近用多项式表示，然后讨论其$\begin{cases}\text{佩亚诺余项（定性）},\\ \text{拉格朗日余项（定量）},\end{cases}$并用到实际问题上(如函数值、积分值的估计).

①可微是一阶近似：$f(x)=f(x_0)+f'(x_0)(x-x_0)+o(x-x_0),x\to x_0$.

②泰勒是n阶近似：

$$f(x)=\sum_{k=0}^{n}\frac{1}{k!}f^{(k)}(x_0)(x-x_0)^k+\begin{cases}o[(x-x_0)^n]，x\to x_0，\\ \frac{1}{(n+1)!}f^{(n+1)}(\xi)(x-x_0)^{n+1}.\end{cases}$$

③误差处理$\left|\frac{f^{(n+1)}(\xi)}{(n+1)!}(x-x_0)^{n+1}\right|\leqslant M$.

3. 使用场合

(1) 求极限.

(2) 确定无穷小阶数.

(3) 求$f^{(n)}(x_0)$.

(4) 作证明.

4. 公式中x，x_0的选取（D_{23}（化归经典形式）$+D_3$（移花接木））

(1) x_0的选取.

①使$f^{(k)}(x_0)$的值简单，甚至为0；②$[a,b]$上的特殊点，如端点、中点等.（这主要是为了消项）

(2) x的选取.

这主要是为了消项

①$[a,b]$上的泛指点x；②$[a,b]$上的特殊点，如端点，中点，关于x_0的对称点，x_0+h，x_0-h.

例6.16 设函数$f(x)$在$[0,1]$上二阶可导，$f(0)=f(1)$，且$|f''(x)|\leqslant 2$，证明：$|f'(x)|\leqslant 1,\ x\in[0,1]$.

见到点的函数值，考虑在此点展开

【证】 由泰勒公式，有 D_{23}(化归经典形式)

$$f(0)=f(x)+f'(x)(0-x)+\frac{1}{2}f''(\xi_1)(0-x)^2,$$

$$f(1)=f(x)+f'(x)(1-x)+\frac{1}{2}f''(\xi_2)(1-x)^2,$$

其中ξ_1介于0与x之间，ξ_2介于x与1之间.因为$f(0)=f(1)$，所以 D_3(移花接木)

$$f'(x)=\frac{1}{2}\left[f''(\xi_1)x^2-f''(\xi_2)(1-x)^2\right].$$

又因为$|f''(x)|\leqslant 2$，所以$|f'(x)|\leqslant\frac{1}{2}\cdot 2\left[x^2+(1-x)^2\right]\leqslant 1$，$x\in[0,1]$.

【注】第11讲中还有泰勒公式与积分结合的综合题，如例11.18.

第二部分 讨论$f(x)=0$的根的个数

三向解题法

讨论$f(x)=0$的根的个数
(O(盯住目标))

- **零点定理及其推广** (D₁(常规操作))
  - 设$f(x)$在$[a,b]$上连续，且$f(a)f(b)<0$，则$f(x)=0$在(a,b)内至少有一个根
- **反证思想** (P_2(反证思路)+D_1(常规操作))
  - 若证$f(x)$存在零点，可设$f(x)$无零点，按条件推证出矛盾；若证$f(x)$无零点，可设$f(x)$存在零点，按条件推证出矛盾
- **用导数工具研究函数性态(单调性为主)** (D_1(常规操作))
- **罗尔定理的推论** (D_1(常规操作))
  - 若$f^{(n)}(x)=0$至多有k个根，则$f(x)=0$至多有$k+n$个根
- **实系数奇次方程** $x^{2n+1}+a_1x^{2n}+\cdots+a_{2n}x+a_{2n+1}=0$ **至少有一个实根** (D_1(常规操作))
- **渐近性态** (D_1(常规操作)+D_{23}(化归经典形式))

(1)零点定理及其推广.(D$_1$(常规操作))

设$f(x)$在$[a,b]$上连续，且$f(a)f(b)<0$，则$f(x)=0$在(a,b)内至少有一个根.

【注】推广的零点定理：若$f(x)$在(a,b)内连续，$\lim\limits_{x\to a^+}f(x)=\alpha$，$\lim\limits_{x\to b^-}f(x)=\beta$，且$\alpha\cdot\beta<0$，则$f(x)=0$在$(a,b)$内至少有一个根，这里$a,b,\alpha,\beta$可以是有限数，也可以是无穷大.

(2)反证思想.(P$_2$(反证思路)+D$_1$(常规操作))

若证$f(x)$存在零点，可设$f(x)$无零点，按条件推证出矛盾；若证$f(x)$无零点，可设$f(x)$存在零点，按条件推证出矛盾.

(3)用导数工具研究函数性态(单调性为主).(D$_1$(常规操作))

(4)罗尔定理的推论.(D$_1$(常规操作))

若$f^{(n)}(x)=0$至多有k个根，则$f(x)=0$至多有$k+n$个根.

(5)实系数奇次方程$x^{2n+1}+a_1x^{2n}+\cdots+a_{2n}x+a_{2n+1}=0$至少有一个实根.(D$_1$(常规操作))

(6)渐近性态.(D$_1$(常规操作)+D$_{23}$(化归经典形式))

例6.17 设函数$f(x)=ax-b\ln x(a>0)$有2个零点，则$\dfrac{b}{a}$的取值范围是(　　).

(A) $(0,\mathrm{e})$　　(B) $(\mathrm{e},+\infty)$　　(C) $\left(0,\dfrac{1}{\mathrm{e}}\right)$　　(D) $\left(\dfrac{1}{\mathrm{e}},+\infty\right)$

【解】应选(B).

由$f(x)=ax-b\ln x(a>0)$，则$x>0$且$f'(x)=a-\dfrac{b}{x}$，当$b\leqslant 0$时，$f'(x)\geqslant 0$，不满足条件，舍去；

当$b>0$时，令$f'(x)=0$，得$x=\dfrac{b}{a}$.当$x\in\left(0,\dfrac{b}{a}\right)$时，$f'(x)<0$；当$x\in\left(\dfrac{b}{a},+\infty\right)$时，$f'(x)>0$.又

$$\lim_{x\to 0^+}f(x)=+\infty,\ \lim_{x\to+\infty}f(x)=+\infty,$$

则应有$f\left(\dfrac{b}{a}\right)=b-b\ln\dfrac{b}{a}=b\left(1-\ln\dfrac{b}{a}\right)<0$，得$\ln\dfrac{b}{a}>1$，即$\dfrac{b}{a}>\mathrm{e}$.故选(B).

例6.18 设$f(x)$在$\left[0,\dfrac{3}{2}\pi\right]$上连续，在$\left(0,\dfrac{3}{2}\pi\right)$内是函数$\dfrac{\sin x}{x}$的一个原函数，$f(0)=0$.

(1)证明$f\left(\dfrac{3}{2}\pi\right)>0$；(2)求方程$\displaystyle\int_1^x\frac{\sin t}{t}\mathrm{d}t=\ln x^2$的实根个数.

(1)【证】$f(x)=\displaystyle\int_0^x\frac{\sin t}{t}\mathrm{d}t$，$x\in\left(0,\dfrac{3}{2}\pi\right)$.因为$f(x)$在$\left[0,\dfrac{3}{2}\pi\right]$上连续，故

$$f\left(\frac{3}{2}\pi\right)=\int_0^{\frac{3}{2}\pi}\frac{\sin t}{t}\mathrm{d}t$$

$$=\int_0^{\frac{\pi}{2}}\frac{\sin t}{t}\mathrm{d}t+\int_{\frac{\pi}{2}}^{\pi}\frac{\sin t}{t}\mathrm{d}t+\int_{\pi}^{\frac{3}{2}\pi}\frac{\sin t}{t}\mathrm{d}t$$

$$=\int_0^{\frac{\pi}{2}}\frac{\sin t}{t}\mathrm{d}t+\int_{\frac{\pi}{2}}^{\pi}\frac{\sin t}{t}\mathrm{d}t-\int_0^{\frac{\pi}{2}}\frac{\sin u}{\pi+u}\mathrm{d}u$$

$$=\int_0^{\frac{\pi}{2}}\left(\frac{1}{t}-\frac{1}{\pi+t}\right)\sin t\mathrm{d}t+\int_{\frac{\pi}{2}}^{\pi}\frac{\sin t}{t}\mathrm{d}t>0.$$

(2)【解】 令$F(x)=\int_1^x\frac{\sin t}{t}\mathrm{d}t-2\ln|x|$，$x\neq 0$．

当$x>0$时，$F'(x)=\frac{\sin x-2}{x}<0$，$F(x)$单调减少，$F(1)=0$，故$F(x)$在$(0,+\infty)$内恰有一个实根；

当$x<0$时，$F'(x)=\frac{\sin x-2}{x}>0$，$F(x)$单调增加，

$$\lim_{x\to 0^-}\left[\int_1^x\frac{\sin t}{t}\mathrm{d}t-2\ln(-x)\right]=+\infty,\ F\left(-\frac{3}{2}\pi\right)=\int_1^{-\frac{3}{2}\pi}\frac{\sin t}{t}\mathrm{d}t-2\ln\frac{3}{2}\pi,$$

其中

$$\int_1^{-\frac{3}{2}\pi}\frac{\sin t}{t}\mathrm{d}t\xlongequal{t=-v}-\int_{-1}^{\frac{3}{2}\pi}\frac{\sin v}{v}\mathrm{d}v$$

$$=-\int_0^{\frac{3}{2}\pi}\frac{\sin v}{v}\mathrm{d}v-\int_{-1}^{0}\frac{\sin v}{v}\mathrm{d}v<0,$$

故$F(x)$在$(-\infty,0)$内恰有一个实根．

综上所述，方程$\int_1^x\frac{\sin t}{t}\mathrm{d}t=\ln x^2$恰有两个实根．

第三部分 证明不等式

三向解题法

形式化归体系块

证明不等式
(O(盯住目标))

用单调性
(D_1(常规操作))

用凹凸性
(D_1(常规操作))

用柯西中值定理
(D_1(常规操作)+D_{23}(化归经典形式))

用最值
(D_1(常规操作))

用拉格朗日中值定理
(D_1(常规操作)+D_{23}(化归经典形式))

用带有拉格朗日余项的泰勒公式
(D_1(常规操作)+D_{22}(转换等价表述)+D_{23}(化归经典形式))

1.用单调性(D_1(常规操作))

(1)若 $\lim\limits_{x\to a^+}F(x)\geqslant 0$,且当 $x\in(a,b)$ 时 $F'(x)\geqslant 0$,则在 (a,b) 内 $F(x)\geqslant 0$.

【注】(1)若在 $x=a$ 处 $F(x)$ 右连续,则可用 $F(a)$ 代替 $\lim\limits_{x\to a^+}F(x)$.

(2)若当 $x\in(a,b)$ 时,$F'(x)>0$,则在 (a,b) 内 $F(x)>0$.

(2)若 $\lim\limits_{x\to b^-}F(x)\geqslant 0$,且当 $x\in(a,b)$ 时 $F'(x)\leqslant 0$,则在 (a,b) 内 $F(x)\geqslant 0$.

【注】(1)若在 $x=b$ 处 $F(x)$ 左连续,则可用 $F(b)$ 代替 $\lim\limits_{x\to b^-}F(x)$.

(2)若当 $x\in(a,b)$ 时,$F'(x)<0$,则在 (a,b) 内 $F(x)>0$.

上面讲的区间 (a,b) 既可以是有限区间,也可以是无穷区间.

2. 用最值(D_1 (常规操作))

如果在 (a,b) 内 $F(x)$ 有最小值 m ,则在 (a,b) 内 $F(x) \geqslant m$,且除这些最小值点外,均有 $F(x) > m$.

对于最大值 M ,有类似的结论.

3. 用凹凸性(D_1 (常规操作))

如果对于任意的 $x \in I$, $F''(x) > 0$,则

①对于任意的 x_1, $x_2 \in I$,有

$$\frac{F(x_1)+F(x_2)}{2} \geqslant F\left(\frac{x_1+x_2}{2}\right).$$

②对于任意的 x_1, $x_2 \in I$,任意的 λ_1, $\lambda_2 \in (0,1)$,且 $\lambda_1+\lambda_2=1$,有

$$\lambda_1 F(x_1)+\lambda_2 F(x_2) \geqslant F(\lambda_1 x_1+\lambda_2 x_2).$$

③对于任意的 x, $x_0 \in I$,且 $x \neq x_0$,有 $F(x) > F(x_0)+F'(x_0)(x-x_0)$.

如果对于任意的 $x \in I$, $F''(x) < 0$,则有与上面所述相反的不等式.

4. 用拉格朗日中值定理(D_1 (常规操作) $+D_{23}$ (化归经典形式))

如果所给题中的 $F(x)$ 在区间 $[a,b]$ 上满足拉格朗日中值定理的条件,并设当 $x \in (a,b)$ 时 $F'(x) \geqslant A$ (或 $\leqslant A$),则有

$$F(b)-F(a) \geqslant A(b-a) \ (\text{或}\ F(b)-F(a) \leqslant A(b-a)).$$

5. 用柯西中值定理(D_1 (常规操作) $+D_{23}$ (化归经典形式))

如果所给题中的 $F(x)$ 与 $G(x)$ 在区间 $[a,b]$ 上满足柯西中值定理的条件,并设当 $x \in (a,b)$ 时 $\frac{F'(x)}{G'(x)} \geqslant A$ (或 $\leqslant A$),则有

$$\frac{F(b)-F(a)}{G(b)-G(a)} \geqslant A \ (\text{或} \leqslant A).$$

6. 用带有拉格朗日余项的泰勒公式

(D_1 (常规操作) $+D_{22}$ (转换等价表述) $+D_{23}$ (化归经典形式))

如果所给条件为(或能推导出) $F''(x)$ 存在且大于0(或小于0),那么常想到使用带有拉格朗日余项的泰勒公式来证明,将 $F(x)$ 在适当的 $x=x_0$ 处展开,

$$F(x)=F(x_0)+F'(x_0)(x-x_0)+\frac{1}{2}F''(\xi)(x-x_0)^2 \ (\xi\text{介于}\ x\ \text{与}\ x_0\ \text{之间}),$$

于是有 $F(x) \geqslant$ (或 $\leqslant$) $F(x_0)+F'(x_0)(x-x_0)$.

例6.19 设函数 $f(x)$ 在区间 (a, b) 内可导.证明:导函数 $f'(x)$ 在 (a,b) 内严格单调增加的充分

必要条件是对 $(a,\ b)$ 内任意的 $x_1,\ x_2,\ x_3$，当 $x_1<x_2<x_3$ 时，$\dfrac{f(x_2)-f(x_1)}{x_2-x_1}<\dfrac{f(x_3)-f(x_2)}{x_3-x_2}$.

【证】必要性.由于 $f(x)$ 在 $(a,\ b)$ 内可导，且 $x_1,\ x_2,\ x_3\in(a,b)$，故 $f(x)$ 在 $[x_1,\ x_2]$ 与 $[x_2,\ x_3]$ 上均连续，在 $(x_1,\ x_2)$ 与 $(x_2,\ x_3)$ 内均可导，则由拉格朗日中值定理，可得：

→ D_{23}（化归经典形式）

存在 $\xi_1\in(x_1,\ x_2)$，使得 $f'(\xi_1)=\dfrac{f(x_2)-f(x_1)}{x_2-x_1}$；

存在 $\xi_2\in(x_2,\ x_3)$，使得 $f'(\xi_2)=\dfrac{f(x_3)-f(x_2)}{x_3-x_2}$.

易知 $\xi_1<x_2<\xi_2$，又由于 $f'(x)$ 在 $(a,\ b)$ 内严格单调增加，故有 $f'(\xi_1)<f'(\xi_2)$.得证.

充分性.对任意的 $x\in(a,b),y\in(a,b),x<y$，取 $c\in(x,y)$.设 $h>0$ 且 $x-h\in(a,b)$，$y+h\in(a,b)$，由题设知

$$\frac{f(x-h)-f(x)}{-h}<\frac{f(c)-f(x)}{c-x}<\frac{f(y)-f(c)}{y-c}<\frac{f(y+h)-f(y)}{h}. \tag{*}$$

因为 $f(x)$ 在 (a,b) 内可导，所以

$$\lim_{h\to 0^+}\frac{f(x-h)-f(x)}{-h}=f'(x),\lim_{h\to 0^+}\frac{f(y+h)-f(y)}{h}=f'(y).$$

根据极限的保号性，得 $f'(x)\leqslant\dfrac{f(c)-f(x)}{c-x}<\dfrac{f(y)-f(c)}{y-c}\leqslant f'(y)$.

故 $f'(x)<f'(y)$.

综上可知，$f'(x)$ 在 (a,b) 内严格单调增加.

【注】本题充分性证明是难点，也是关键点.

①形式上要用 $x-h$，x，c，y，$y+h$ 划分为 4 个区间（见图）：

x-h　　x　　c　　y　　y+h

在 $x-h\to x^-$，$y+h\to y^+$，即 $h\to 0^+$ 时，(*) 式中仅第一个与第三个不等号上带上等号，而第二个不等号左右并未取极限，保持严格不等.

②本质上是黎曼思想的指引——一两个区间解决不了的问题，再多划分一些区间，利用题设条件，就可能有更多的结论出现.

第四部分 求解含参等式或不等式问题

三向解题法

求解含参等式或不等式问题
(O(盯住目标))

导数中不含参数，即辅助函数$f'(x)$中不含参数，于是研究函数性态的过程中不讨论参数，结果中讨论参数，即根据参数的取值不同，研究曲线与x轴的位置关系
(D_1(常规操作))

- $f(x)=k$或$f(x,k)$
- $\begin{cases}x=x(t,k)\\y=y(t,k)\end{cases}$

导数中含参数，即辅助函数$f'(x)$中含参数，于是研究函数性态的过程中讨论参数，即根据参数的取值不同，研究曲线不同的性态，从而确定其与x轴的交点个数
(D_1(常规操作)+D_{43}(数形结合))

(1)导数中不含参数，即辅助函数$f'(x)$中不含参数，于是研究函数性态的过程中不讨论参数，结果中讨论参数，即根据参数的取值不同，研究曲线与x轴的位置关系. (D_1(常规操作))

(2)导数中含参数，即辅助函数$f'(x)$中含参数，于是研究函数性态的过程中讨论参数，即根据参数的取值不同，研究曲线不同的性态，从而确定其与x轴的交点个数. (D_1(常规操作)+D_{43}(数形结合))

①$f(x)=k$或$f(x,k)$.

例6.20 已知常数$k\geqslant\ln2-1$.证明：$(x-1)(x-\ln^2x+2k\ln x-1)\geqslant0$.

【证】 设$f(x)=x-\ln^2x+2k\ln x-1(x>0)$，则

$$f'(x)=1-\frac{2\ln x}{x}+\frac{2k}{x}=\frac{1}{x}(x-2\ln x+2k).$$

设$g(x)=x-2\ln x+2k$，则$g'(x)=1-\frac{2}{x}$，令$g'(x)=0$，得$g(x)$的唯一驻点$x=2$.

又$g''(x)=\frac{2}{x^2}>0$，故$x=2$为$g(x)$的唯一极小值点，于是$g(2)$为$g(x)$的最小值.

因为已知$k\geqslant\ln2-1$，所以$g(2)=2-2\ln2+2k\geqslant0$，从而$g(x)\geqslant0$.

综上可知$f'(x)\geqslant0$，所以$f(x)$单调增加.

又 $f(1)=0$，故当 $0<x<1$ 时，$f(x)<f(1)=0$；当 $x>1$ 时，$f(x)>f(1)=0$，所以

$$(x-1)(x-\ln^2 x+2k\ln x-1)\geqslant 0 .$$

② $\begin{cases} x=x(t,\ k), \\ y=y(t,\ k). \end{cases}$

例6.21 设函数 $y=y(x)$ 由参数方程 $\begin{cases} x=\dfrac{1}{3}t^3+t+\dfrac{1}{3}, \\ y=\dfrac{1}{3}t^3-t+\dfrac{1}{3} \end{cases}$ 确定.

（1）求 $y(x)$ 的极值；

（2）若 $\begin{cases} u=x, \\ v=y+k, \end{cases}$ 且 $v=v(u)$ 恰有一个零点，求常数 k 的取值范围.

【解】（1）由 $\dfrac{\mathrm{d}y}{\mathrm{d}x}=\dfrac{\mathrm{d}y/\mathrm{d}t}{\mathrm{d}x/\mathrm{d}t}=\dfrac{t^2-1}{t^2+1}\xlongequal{令}0$，得 $t=\pm 1$.

当 $t=1$ 时，$\begin{cases} x=\dfrac{5}{3}, \\ y=-\dfrac{1}{3}; \end{cases}$ 当 $t=-1$ 时，$\begin{cases} x=-1, \\ y=1. \end{cases}$ 由 $\dfrac{\mathrm{d}^2y}{\mathrm{d}x^2}=\dfrac{\mathrm{d}\left(\dfrac{\mathrm{d}y}{\mathrm{d}x}\right)\Big/\mathrm{d}t}{\mathrm{d}x/\mathrm{d}t}=\dfrac{4t}{(t^2+1)^3}$，知当 $t=1$ 时，$\dfrac{\mathrm{d}^2y}{\mathrm{d}x^2}>0$；

当 $t=-1$ 时，$\dfrac{\mathrm{d}^2y}{\mathrm{d}x^2}<0$. 故 $y(x)$ 的极大值为 1，极小值为 $-\dfrac{1}{3}$.

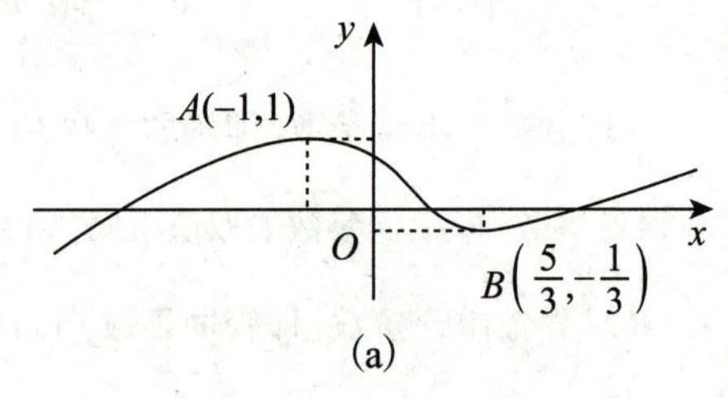

(a)

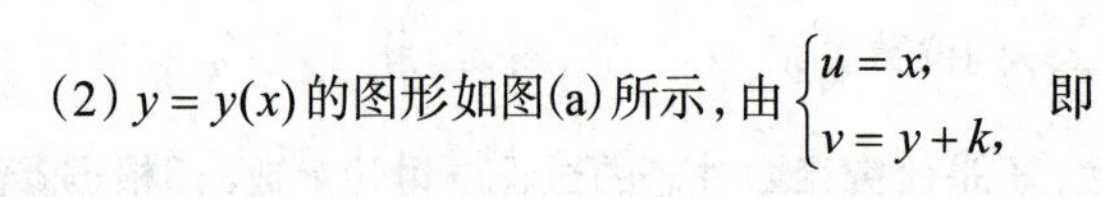
（2）$y=y(x)$ 的图形如图(a)所示，由 $\begin{cases} u=x, \\ v=y+k, \end{cases}$ 即

$v=v(u)$ 由 $y=y(x)$ 在铅直方向平移 k 个单位得到，故图中 A 点坐标变为 $A'(-1,1+k)$，B 点坐标变为 $B'\left(\dfrac{5}{3},-\dfrac{1}{3}+k\right)$.

欲使 $v=v(u)$ 与 x 轴只有一个交点，即如图(b)或图(c)所示，也即 $-\dfrac{1}{3}+k>0$ 或 $1+k<0$，于是有 $k>\dfrac{1}{3}$ 或 $k<-1$.

D_{43}（数形结合）

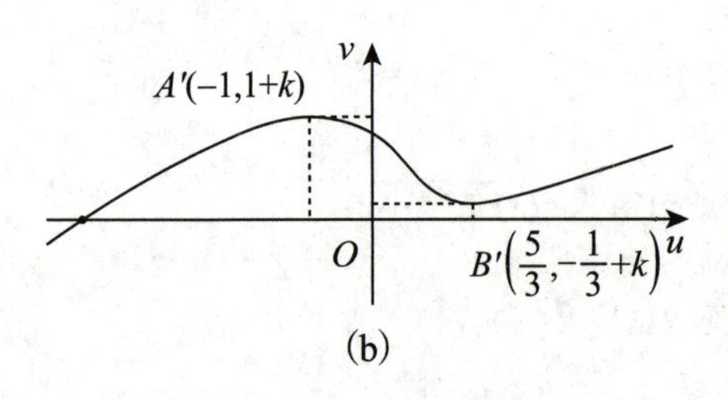

(b)

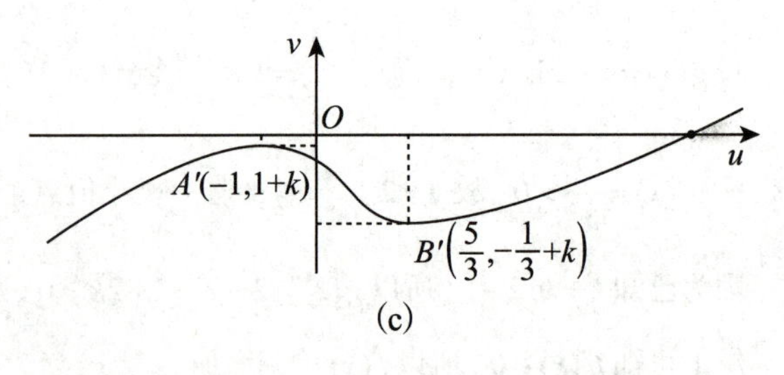

(c)

第7讲 一元函数微分学的应用（三）——物理应用与经济应用

等价表述体系块

第一部分　求解物理应用题（仅数学一、数学二）

三向解题法

求解物理应用题（仅数学一、数学二）
（O（盯住目标））

寻找、建立相关变化率等式并求解
（D_1（常规操作）$+D_2$（脱胎换骨））

① $$v=\frac{\mathrm{d}x}{\mathrm{d}t},$$
$$a=\frac{\mathrm{d}v}{\mathrm{d}t}=\frac{\mathrm{d}v}{\mathrm{d}x}\cdot\frac{\mathrm{d}x}{\mathrm{d}t}=v\cdot\frac{\mathrm{d}v}{\mathrm{d}x}.$$

② $\begin{cases}y=y(t),\\x=x(t),\end{cases}$ 且y对t的变化率与ax对t的变化率成正比，则
$$\frac{\mathrm{d}y}{\mathrm{d}t}=ka\frac{\mathrm{d}x}{\mathrm{d}t}(k\neq 0)$$

根据题设写出物理量微元（微段常量化），建立等式并求解
（D_1（常规操作）$+D_2$（脱胎换骨）$+D_{22}$（转换等价表述）$+D_{42}$（引入符号））

A对t的变化率与B成正比，即$\frac{\mathrm{d}A}{\mathrm{d}t}=kB(k\neq 0)$，建立微分方程并求解

一、寻找、建立相关变化率等式并求解

（D_1（常规操作）$+D_2$（脱胎换骨））

①已知质点的运动位移x关于时间t的函数为$x=x(t)$，则其速度为$v=\frac{dx}{dt}$，其加速度为$a=\frac{dv}{dt}=\frac{dv}{dx}\cdot\frac{dx}{dt}=v\cdot\frac{dv}{dx}$.

②若函数$y=f(x)$由参数方程$\begin{cases}y=y(t),\\x=x(t)\end{cases}$确定且可导，且$y$对$t$的变化率与$ax$对$t$的变化率成正比，则$\frac{dy}{dt}=ka\frac{dx}{dt}(k\neq0)$.

二、根据题设写出物理量微元（微段常量化），建立等式并求解

（D_1（常规操作）$+D_2$（脱胎换骨）$+D_{22}$（转换等价表述）$+D_{42}$（引入符号））

A对t的变化率与B成正比，即$\frac{dA}{dt}=kB(k\neq0)$，建立微分方程并求解.

例7.1 质点在第一象限沿曲线$y=x^{\frac{3}{2}}$远离原点，已知质点与原点的距离以11 cm/s的变化率增加，则当质点运动到$x=3$ cm时的水平速度为________.

【解】应填4 cm/s.

D_{42}（引入符号）

设质点与原点的距离为L，由条件可得$L^2=x^2+y^2=x^2+x^3$.等式两边同时对时间t求导可得

$$2L\frac{dL}{dt}=2x\frac{dx}{dt}+3x^2\frac{dx}{dt}.$$

由于$\frac{dL}{dt}=11$，当$x=3$ cm时，$L=\sqrt{3^2+3^3}=6(\mathrm{cm})$，因此所求的水平速度为

$$\left.\frac{dx}{dt}\right|_{x=3}=\frac{2\times6\times11}{2\times3+3\times3^2}=4(\mathrm{cm/s}).$$

例7.2 已知高温物体置于低温介质中，任一时刻该物体温度对时间的变化率与该时刻物体和介质的温差成正比.现将一初始温度为120 ℃的物体在20 ℃恒温介质中冷却，30 min后该物体温度降至30 ℃，若要将该物体的温度继续降至21 ℃，还需冷却多长时间？

【解】设该物体在t时刻的温度为$T(t)$ ℃，由题意得

D22 (转换等价表述)

$$\frac{\mathrm{d}T}{\mathrm{d}t}=-k(T-20),$$

其中 k 为比例常数，$k>0$，解得

$$T=C\mathrm{e}^{-kt}+20,$$

将初始条件 $T(0)=120$ 代入，解得 $C=100$，故

$$T=100\mathrm{e}^{-kt}+20,$$

将 $t=30$，$T=30$ 代入得 $k=\frac{\ln 10}{30}$，所以

$$T=100\mathrm{e}^{-\frac{\ln 10}{30}t}+20,$$

令 $T=21$，得 $t=60$.

因此要降至21 ℃，还需冷却 $60-30=30$ (min).

等价表述体系块

第二部分　求解经济应用题（仅数学三）

三向解题法

求解经济应用题(仅数学三)
(O(盯住目标))

- **边际函数及其经济意义**
  (D₁(常规操作)+D₂₂(转换等价表述))
  - 边际成本：$C'(q)$表示生产第$q+1$个单位商品的成本
  - 边际收益：$R'(q)$表示销售第$q+1$个单位商品的收益
  - 边际利润：$L'(q)$表示生产或销售第$q+1$个单位商品的利润
- **弹性函数及其经济意义**
  (D₁(常规操作)+D₂₂(转换等价表述))
  - 需求弹性：$\eta(p)\big|_{p=p_0}=\eta(p_0)=\frac{p_0}{f(p_0)}f'(p_0)$，$\eta(p_0)$一般为负值
  - 用需求弹性分析总收益变化：$R'(p)=Q(p)+pQ'(p)=Q(p)\left[1+\frac{p}{Q(p)}Q'(p)\right]=Q(p)(1+\eta)$
  - 供给弹性：$\varepsilon(p)\big|_{p=p_0}=\varepsilon(p_0)=\frac{p_0}{g(p_0)}g'(p_0)$，$\varepsilon(p_0)$一般为正值

一、边际函数及其经济意义

(D_1 (常规操作) $+D_{22}$ (转换等价表述))

1.边际成本

设成本函数为$C(q)$，根据微分定义，当$|\Delta q|$很小时，有

$$C(q+\Delta q)-C(q)\approx C'(q)\Delta q .$$

在经济上对大量商品而言，$\Delta q=1$认为很小，不妨令$\Delta q=1$，得

$$C(q+1)-C(q)\approx C'(q),$$

因此，边际成本$C'(q)$表示产量为q个单位时，再生产1个单位商品所需的成本，即表示生产第$q+1$个单位商品的成本.

2.边际收益

设收益函数为$R(q)$，边际收益$R'(q)$表示销量为q个单位时，再销售1个单位商品所得的收益，即表示销售第$q+1$个单位商品的收益.

3.边际利润

设利润函数为$L(q)$，边际利润$L'(q)$表示产量或销量为q个单位时，再生产或销售1个单位商品所得的利润，即表示生产或销售第$q+1$个单位商品的利润.

二、弹性函数及其经济意义

(D_1 (常规操作) $+D_{22}$ (转换等价表述))

当函数$y=f(x)$在区间(a,b)内可导时，$\frac{Ey}{Ex}=\frac{x}{f(x)}f'(x)$叫作$y=f(x)$在区间$(a,b)$内的弹性函数.

由$\lim\limits_{\Delta x\to 0}\frac{\Delta y}{y_0}\Big/\frac{\Delta x}{x_0}=\frac{Ey}{Ex}\Big|_{x=x_0}$，得

$$\frac{\Delta y}{y_0}\Big/\frac{\Delta x}{x_0}=\frac{Ey}{Ex}\Big|_{x=x_0}+\alpha ,$$

其中$\lim\limits_{\Delta x\to 0}\alpha=0$，整理得

$$\frac{\Delta y}{y_0}=\frac{Ey}{Ex}\Big|_{x=x_0}\cdot\frac{\Delta x}{x_0}+\alpha\cdot\frac{\Delta x}{x_0},$$

所以当$|\Delta x|$很小时，有$\frac{\Delta y}{y_0}\approx\frac{Ey}{Ex}\Big|_{x=x_0}\cdot\frac{\Delta x}{x_0}$.

上式表示当x从x_0改变1%时，$f(x)$ 从$f(x_0)$ 近似地改变 $\left.\frac{Ey}{Ex}\right|_{x=x_0}$ %.实际问题中解释弹性意义时，略去“近似地”.

1.需求弹性

设需求函数$Q=f(p)$，则需求弹性为

$$\eta(p)\big|_{p=p_0}=\eta(p_0)=\frac{p_0}{f(p_0)}f'(p_0).$$

一般而言，需求量Q随价格p的增加而减少，因此 $\eta(p_0)$ 一般为负值.

由
$$\frac{\Delta Q}{Q_0}\approx\eta(p_0)\cdot\frac{\Delta p}{p_0},$$

可知当价格p从p_0上涨(或下跌)1%时，需求量Q从$Q(p_0)$减少(或增加)$|\eta(p_0)|$%.

2.用需求弹性分析总收益变化

总收益R是商品价格p与销售量Q的乘积，即$R(p)=pQ(p)$，所以

$$R'(p)=Q(p)+pQ'(p)=Q(p)\left[1+\frac{p}{Q(p)}Q'(p)\right]=Q(p)(1+\eta).$$

①若$|\eta|<1$，即低弹性，则$R'(p)>0$，即$R(p)$单调增加.价格上涨，总收益增加；价格下跌，总收益减少.

②若$|\eta|>1$，即高弹性，则$R'(p)<0$，即$R(p)$单调减少.价格上涨，总收益减少；价格下跌，总收益增加.

③若$|\eta|=1$，即单位弹性，则$R'(p)=0$.此时价格的改变对总收益的影响不大.

3.供给弹性

设供给函数$Q=g(p)$，供给弹性为

$$\varepsilon(p)\big|_{p=p_0}=\varepsilon(p_0)=\frac{p_0}{g(p_0)}g'(p_0).$$

一般而言，供应量Q是价格p的增函数，因此$\varepsilon(p_0)$一般为正值.

例7.3 设生产x件产品的成本为$C=25\,000+200x+\frac{x^2}{40}$(元).当平均成本最小时，应生产产品的件数为________.

【解】 应填1 000.

由已知，平均成本为

$$\bar{C}=\frac{25\,000+200x+\frac{x^2}{40}}{x}=\frac{25\,000}{x}+200+\frac{x}{40}\ (x>0).$$

令
$$\frac{\mathrm{d}\bar{C}}{\mathrm{d}x}=-\frac{25\,000}{x^2}+\frac{1}{40}=0,$$

解得$x=1\,000$或$x=-1\,000$(舍去),故生产1 000件产品时,平均成本最小.

例7.4 某产品的价格函数为$P=\begin{cases}25-0.25Q, & Q\leqslant 20,\\ 35-0.75Q, & Q>20\end{cases}$ (P为单价,单位:万元;Q为产量,单位:件),总成本函数为$C=150+5Q+0.25Q^2$(万元),则经营该产品可获得的最大利润为________万元.

【解】 应填50.

$$L=PQ-C=\begin{cases}(25-0.25Q)Q-(150+5Q+0.25Q^2), & Q\leqslant 20,\\ (35-0.75Q)Q-(150+5Q+0.25Q^2), & Q>20,\end{cases}$$

整理得
$$L=\begin{cases}-0.5(Q-20)^2+50, & Q\leqslant 20,\\ -(Q-15)^2+75, & Q>20.\end{cases}$$

所以当$Q=20$时,利润最大,最大利润为50万元.

例7.5 设某商品的需求函数为$Q=100-5P$(Q表示需求量,P表示价格),则下列结论:

①当$P=3$时,若价格上涨幅度为8.5%,则销售收入减少7%;

②当$P=3$时,若价格上涨幅度为8.5%,则销售收入增加7%;

③当$P=12$时,若价格上涨幅度为5%,则销售收入增加2.5%;

④当$P=12$时,若价格上涨幅度为5%,则销售收入减少2.5%.

其中所有正确结论的序号是(　　).

(A)①③　　(B)①④　　(C)②④　　(D)②③

【解】 应选(C).

需求对价格的弹性的绝对值为

$$|\eta_{QP}|=-\frac{\mathrm{d}Q}{\mathrm{d}P}\cdot\frac{P}{Q}=\frac{P}{20-P},\ |\eta_{QP}|\Big|_{P=3}=\frac{3}{17}<1,$$

故当$P=3$时,涨价会使销售收入增加,又销售收入对价格的弹性为

$$\eta_{RP}=\frac{\mathrm{d}R}{\mathrm{d}P}\cdot\frac{P}{R}=\frac{20-2P}{20-P},\ \eta_{RP}\big|_{P=3}=\frac{14}{17},$$

其中R表示收入,故当$P=3$时,涨价8.5%对销售收入产生的影响幅度为$\frac{14}{17}\times 8.5\%=7\%$.②正确.

同理,当$P=12$时,

$$|\eta_{QP}|\Big|_{P=12}=\frac{3}{2}>1,\ \eta_{RP}\big|_{P=12}=-\frac{1}{2},$$

故当$P=12$时,涨价会使销售收入减少,涨价5%对销售收入产生的影响幅度为$-\frac{1}{2}\times 5\%=-2.5\%$.④正确.

综上所述,(C)正确.

第8讲 一元函数积分学的概念与性质

形式化归体系块

第一部分 求连和$\sum\limits_{k=1}^{n}a_k$、连积$\prod\limits_{k=1}^{n}a_k$的极限

三向解题法

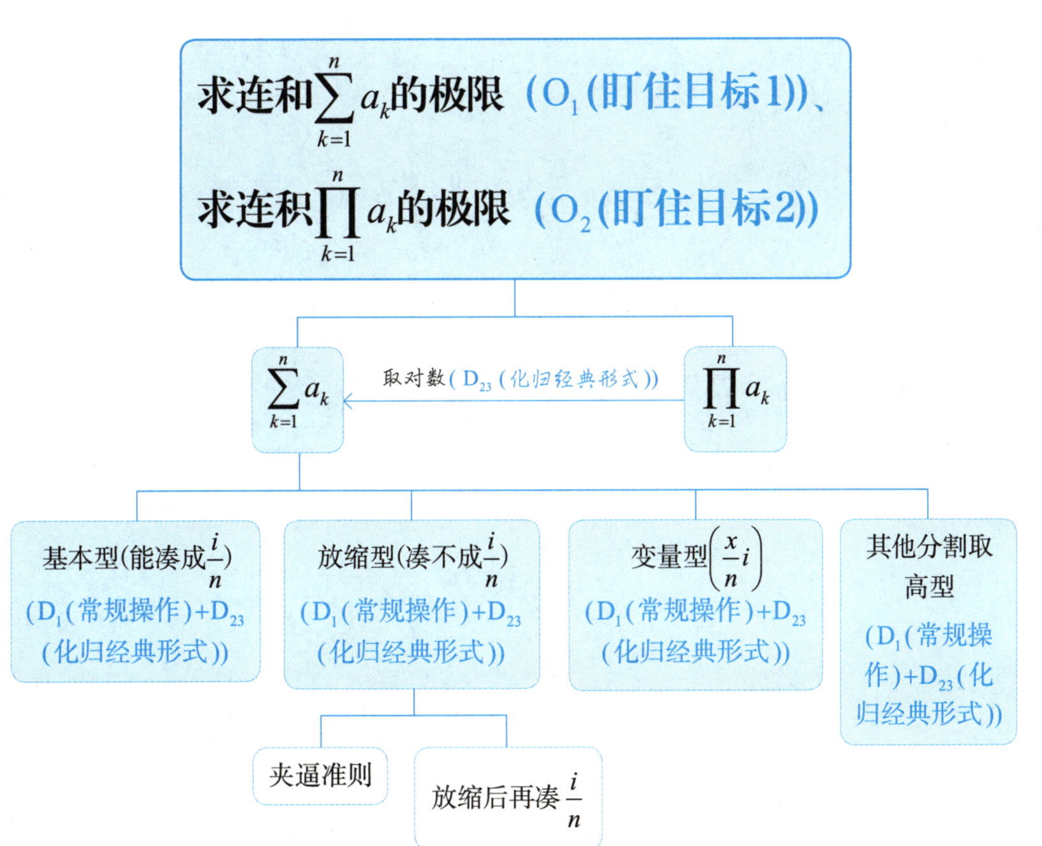

一、基本型（能凑成$\frac{i}{n}$）

（D_1（常规操作）+D_{23}（化归经典形式））

若数列通项中出现$\frac{i}{n}$或下面三种形式：

①$n+i(an+bi,\ ab\neq 0)$；

②n^2+i^2；

③n^2+ni．

则能凑成$\frac{i}{n}$，比如

①$n+i=n\left(1+\frac{i}{n}\right)$；

②$n^2+i^2=n^2\left[1+\left(\frac{i}{n}\right)^2\right]$；

③$n^2+ni=n^2\left(1+\frac{i}{n}\right)$．

如 $\lim\limits_{n\to\infty}\left(\frac{1}{2n+3}+\frac{1}{2n+6}+\cdots+\frac{1}{2n+3n}\right)$

$=\lim\limits_{n\to\infty}\sum\limits_{i=1}^{n}\frac{1}{2n+3i}=\lim\limits_{n\to\infty}\sum\limits_{i=1}^{n}\frac{1}{2+3\frac{i}{n}}\cdot\frac{1}{n}$

$=\int_0^1\frac{1}{2+3x}\mathrm{d}x=\frac{1}{3}(\ln 5-\ln 2)$.

如 $\lim\limits_{n\to\infty}\sum\limits_{i=1}^{n}\frac{n}{n^2+i^2}=\lim\limits_{n\to\infty}\sum\limits_{i=1}^{n}\frac{1}{1+\left(\frac{i}{n}\right)^2}\cdot\frac{1}{n}$

$=\int_0^1\frac{1}{1+x^2}\mathrm{d}x=\arctan x\Big|_0^1=\frac{\pi}{4}$.

于是可直接用定积分定义

$$\lim_{n\to\infty}\sum_{i=1}^{n}f\left(0+\frac{1-0}{n}i\right)\frac{1-0}{n}=\int_0^1 f(x)\mathrm{d}x$$

或

$$\lim_{n\to\infty}\sum_{i=0}^{n-1}f\left(0+\frac{1-0}{n}i\right)\frac{1-0}{n}=\int_0^1 f(x)\mathrm{d}x\ .$$

例8.1 求极限$\lim\limits_{n\to\infty}\frac{1}{n}\sqrt[n]{n(n+1)(n+2)\cdots[n+(n-1)]}$．

【解】 $\lim\limits_{n\to\infty}\frac{1}{n}\sqrt[n]{n(n+1)(n+2)\cdots[n+(n-1)]}=\lim\limits_{n\to\infty}\sqrt[n]{\left(1+\frac{1}{n}\right)\left(1+\frac{2}{n}\right)\cdots\left(1+\frac{n-1}{n}\right)}$

$$=\lim_{n\to\infty}\mathrm{e}^{\sum\limits_{k=0}^{n-1}\frac{1}{n}\ln\left(1+\frac{k}{n}\right)}=\mathrm{e}^{\int_0^1\ln(1+x)\mathrm{d}x}=\frac{4}{\mathrm{e}}\ .$$

二、放缩型（凑不成$\frac{i}{n}$）

（D₁（常规操作）+D₂₃（化归经典形式））

（1）夹逼准则．

如 $\lim\limits_{n\to\infty}\left(\frac{n}{n^2+1}+\frac{n}{n^2+2}+\cdots+\frac{n}{n^2+n}\right)=\lim\limits_{n\to\infty}\sum\limits_{i=1}^{n}\frac{n}{n^2+i}$，

有 $\frac{n^2}{n^2+n}<\sum\limits_{i=1}^{n}\frac{n}{n^2+i}<\frac{n^2}{n^2+1}$，从而 $\lim\limits_{n\to\infty}\sum\limits_{i=1}^{n}\frac{n}{n^2+i}=1$．

极限为1　　极限为1

如通项中含n^2+i，则凑不成$\frac{i}{n}$，这时考虑对通项放缩，用夹逼准则．

（2）放缩后再凑$\frac{i}{n}$．

如通项中含$\frac{i^2+1}{n^2}$，虽凑不成$\frac{i}{n}$，但放缩为$\left(\frac{i}{n}\right)^2<\frac{i^2+1}{n^2}<\left(\frac{i+1}{n}\right)^2$，则可凑成$\frac{i}{n}$．

例8.2 设$a\in(0,1)$，则$\lim\limits_{n\to\infty}\sum\limits_{i=1}^{n}\frac{i}{ni+a}\sin\frac{i}{n}=($　　$)$．

(A) $a-\cos a$　　(B) $a-\sin a$

(C) $1-\cos 1$　　(D) $1-\sin 1$

【解】 应选(C)．

由于$a>0$，于是$\frac{1}{n+a}=\frac{i}{ni+ai}\leqslant\frac{i}{ni+a}<\frac{i}{ni}=\frac{1}{n}$，又

$$\lim_{n\to\infty}\sum_{i=1}^{n}\frac{1}{n}\sin\frac{i}{n}=\int_0^1\sin x\mathrm{d}x=1-\cos 1,$$

$$\lim_{n\to\infty}\sum_{i=1}^{n}\frac{1}{n+a}\sin\frac{i}{n}=\lim_{n\to\infty}\frac{n}{n+a}\sum_{i=1}^{n}\frac{1}{n}\sin\frac{i}{n}=\int_0^1\sin x\mathrm{d}x=1-\cos 1,$$

由夹逼准则，知

$$\lim_{n\to\infty}\sum_{i=1}^{n}\frac{i}{ni+a}\sin\frac{i}{n}=1-\cos 1.$$

三、变量型$\left(\frac{x}{n}i\right)$（D₁（常规操作）+D₂₃（化归经典形式））

若通项中含$\frac{x}{n}i$，则考虑下面的式子：

$$\lim_{n\to\infty}\sum_{i=1}^{n}f\left(0+\frac{x-0}{n}i\right)\frac{x-0}{n}=\int_0^x f(t)\mathrm{d}t.$$

例8.3 设$f(x)=\begin{cases}\lim\limits_{n\to\infty}\dfrac{1}{n}\left(1+\cos\dfrac{x}{n}+\cos\dfrac{2x}{n}+\cdots+\cos\dfrac{n-1}{n}x\right), & x>0,\\ a, & x=0,\\ f(-x), & x<0\end{cases}$ 连续，则$a=$________.

【解】 应填1.

当$x>0$时，

$$f(x)=\lim_{n\to\infty}\frac{1}{n}\sum_{i=0}^{n-1}\cos\frac{x}{n}i=\lim_{n\to\infty}\frac{1}{x}\sum_{i=0}^{n-1}\cos\frac{x}{n}i\cdot\frac{x}{n}$$

$$=\frac{1}{x}\int_0^x\cos t\mathrm{d}t=\frac{1}{x}\sin t\Big|_0^x=\frac{\sin x}{x};$$

当$x<0$时，$f(x)=f(-x)=\dfrac{\sin(-x)}{-x}=\dfrac{\sin x}{x}$.

综上所述，$f(x)=\begin{cases}\dfrac{\sin x}{x}, & x\neq 0,\\ a, & x=0.\end{cases}$ 故由$f(x)$连续，得$a=\lim\limits_{x\to 0}\dfrac{\sin x}{x}=1$.

四、其他分割取高型（D_1（常规操作）$+D_{23}$（化归经典形式））

如果表达式中出现以下形式，都可以按照定积分的定义来处理，这是因为分割方法和取高方法不同，但结果是一样的.这里对考生提出了较高要求.

（1）极坐标系分割型.

例8.4 求极限$\lim\limits_{n\to\infty}\sum\limits_{k=1}^{n}\dfrac{\pi}{4n}\cos^2\dfrac{k\pi}{4n}$.

【解】

D_{23}（化归经典形式）

$$原式=\lim_{n\to\infty}\sum_{k=1}^{n}\left[\cos^2\left(\frac{\frac{\pi}{4}-0}{n}k\right)\right]\frac{\frac{\pi}{4}-0}{n}=\int_0^{\frac{\pi}{4}}\cos^2\theta\mathrm{d}\theta=\frac{1}{4}+\frac{\pi}{8}.$$

（2）取中点： $\dfrac{\frac{k-1}{n}+\frac{k}{n}}{2}$.

（3）取凸组合： $\lambda_1\dfrac{k-1}{n}+\lambda_2\dfrac{k}{n}$, $\lambda_1+\lambda_2=1$, $\lambda_1,\lambda_2\geqslant 0$.

（4）取几何均值： $\sqrt{\dfrac{k-1}{n}\cdot\dfrac{k}{n}}$.

（5）取均方根： $\sqrt{\dfrac{\left(\frac{k-1}{n}\right)^2+\left(\frac{k}{n}\right)^2}{2}}$.

(6)取调和均值: $\dfrac{2}{\dfrac{1}{\frac{k-1}{n}}+\dfrac{1}{\frac{k}{n}}}$.

例8.5 设 $f(x)$ 连续, 则 $\lim\limits_{n\to\infty}\sum\limits_{k=1}^{n}\dfrac{k-\frac{1}{2}+n}{n^2}f\left(\dfrac{2k-1}{2n}\right)=(\quad)$.

(A) $\int_0^1\left(x+\dfrac{1}{2}\right)f(x)\mathrm{d}x$

(B) $\int_0^1\left(x+1-\dfrac{1}{2n}\right)f\left(x-\dfrac{1}{2n}\right)\mathrm{d}x$

(C) $\int_0^1(x+1)f(x)\mathrm{d}x$

(D) $\int_0^1\left(x+\dfrac{1}{2}+\dfrac{1}{n}\right)f\left(x-\dfrac{1}{n}\right)\mathrm{d}x$

【解】 应选(C).

D_{23} (化归经典形式)

$$原式=\lim_{n\to\infty}\sum_{k=1}^{n}\left(\frac{2k-1}{2n}+1\right)f\left(\frac{2k-1}{2n}\right)\cdot\frac{1}{n}$$

$$=\int_0^1(x+1)f(x)\mathrm{d}x .$$

【注】 $\xi_k=\dfrac{\frac{k-1}{n}+\frac{k}{n}}{2}=\dfrac{2k-1}{2n}$.

第二部分 判断具体型反常积分的敛散性

——形式化归体系块

三向解题法

判断具体型反常积分的敛散性
(O(盯住目标))

恒等变形，向$\int \frac{1}{x^p}\mathrm{d}x$，$\int \frac{\ln x}{x^p}\mathrm{d}x$靠近
(D_{23}(化归经典形式))

①积分可拆性. $\int_a^b f(x)\mathrm{d}x = \int_a^c f(x)\mathrm{d}x + \int_c^b f(x)\mathrm{d}x$

②分母设置法. 如$x^p = \frac{1}{x^{-p}}$，$\ln^q x = \frac{1}{\ln^{-q} x}$

③换元法. 如$1-x=t$，$\ln x = t$

⑤等价代换. 如当$x\to 0$时，$\ln(1+x)\sim x$，$\arctan x \sim x$

⑥加绝对值，用绝对值判敛法

④分部积分法. 如$\int_1^{+\infty}\frac{\sin x}{x}\mathrm{d}x = -\frac{\cos x}{x}\Big|_1^{+\infty} - \int_1^{+\infty}\frac{\cos x}{x^2}\mathrm{d}x = \cos 1 - \int_1^{+\infty}\frac{\cos x}{x^2}\mathrm{d}x$，$\int_1^{+\infty}\left|\frac{\cos x}{x^2}\right|\mathrm{d}x \leqslant \int_1^{+\infty}\frac{1}{x^2}\mathrm{d}x = 1$，故$\int_1^{+\infty}\frac{\cos x}{x^2}\mathrm{d}x$绝对收敛，从而$\int_1^{+\infty}\frac{\sin x}{x}\mathrm{d}x$收敛

抹去无关因式
(D$_{23}$(化归经典形式))

用$\int\frac{1}{x^p}\mathrm{d}x$，$\int\frac{\ln x}{x^p}\mathrm{d}x$的基本结论作判定：$\int_0^1\frac{1}{x^p}\mathrm{d}x\begin{cases}收敛，0<p<1,\\发散，p\geqslant1;\end{cases}$ $\int_0^1\frac{\ln x}{x^p}\mathrm{d}x\begin{cases}收敛，0\leqslant p<1,\\发散，p\geqslant1;\end{cases}$

$\int_1^{+\infty}\frac{1}{x^p}\mathrm{d}x\begin{cases}收敛，p>1,\\发散，p\leqslant1;\end{cases}$ $\int_1^{+\infty}\frac{\ln x}{x^p}\mathrm{d}x\begin{cases}收敛，p>1,\\发散，p\leqslant1\end{cases}$ (D$_1$(常规操作))

含参反常积分敛散性结论大观
(D$_1$(常规操作))

① $\int_1^2\frac{1}{x\ln^p x}\mathrm{d}x\begin{cases}收敛，0<p<1,\\发散，p\geqslant1;\end{cases}$

② $\int_2^{+\infty}\frac{1}{x\ln^p x}\mathrm{d}x\begin{cases}收敛，p>1,\\发散，p\leqslant1;\end{cases}$

③ $\int_1^{+\infty}\frac{1}{x\ln^p x}\mathrm{d}x$必发散

④ $\int_k^{+\infty}\mathrm{e}^{-\alpha x}\cdot\ln^p x\mathrm{d}x(k>0)$；$\int_A^{+\infty}\mathrm{e}^{-\alpha x}x^q\mathrm{d}x\begin{cases}收敛，\alpha>0,\\发散，\alpha<0\end{cases}$

⑤ $\int_1^2\frac{1}{x^p\ln^q x}\mathrm{d}x\begin{cases}收敛，0<q<1,\\发散，q\geqslant1;\end{cases}$

⑥ $\int_2^{+\infty}\frac{1}{x^p\ln^q x}\mathrm{d}x\begin{cases}收敛，p>1，q任意,\\发散，p<1，q任意,\\收敛，p=1，q>1,\\发散，p=1，q\leqslant1\end{cases}$

⑦ $\int_0^1\frac{1}{|\ln x|^p}\mathrm{d}x\begin{cases}收敛，p<1(p\neq0),\\发散，p\geqslant1;\end{cases}$

⑧ $\int_1^2\frac{1}{|\ln x|^p}\mathrm{d}x\begin{cases}收敛，0<p<1,\\发散，p\geqslant1\end{cases}$

⑨ $\int_0^2\frac{1}{|\ln x|^p}\mathrm{d}x\begin{cases}收敛，p<1(p\neq0),\\发散，p\geqslant1;\end{cases}$

⑩ $\int_2^{+\infty}\frac{1}{|\ln x|^p}\mathrm{d}x$必发散

一、基本结论

①a. $\int_0^1\frac{1}{x^p}\mathrm{d}x\begin{cases}收敛，0<p<1,\\发散，p\geqslant1;\end{cases}$ b. $\int_0^1\frac{\ln x}{x^p}\mathrm{d}x\begin{cases}收敛，0\leqslant p<1,\\发散，p\geqslant1.\end{cases}$

②a. $\int_1^{+\infty}\frac{1}{x^p}\mathrm{d}x\begin{cases}收敛，p>1,\\发散，p\leqslant1;\end{cases}$ b. $\int_1^{+\infty}\frac{\ln x}{x^p}\mathrm{d}x\begin{cases}收敛，p>1,\\发散，p\leqslant1.\end{cases}$

【注】对于“①a.”，盯着$x\to0^+$看，对于x^p的次数p：当$p\geqslant1$时，x^p趋于0的“速度”够快，其倒数$\frac{1}{x^p}$趋于$+\infty$的“速度”亦够快，积分发散；当$0<p<1$时，x^p趋于0的“速度”不够快，其倒数$\frac{1}{x^p}$趋于$+\infty$的“速度”亦不够快，积分收敛.

懂得了以上道理后，便可有所发挥，如当 $x\to0^+$ 时，$\sin x\sim x$，这意味着 $\sin x$ 与 x 趋于 0 的"速度"一样，故 $\int_0^1\frac{1}{\sin^p x}\mathrm{d}x$（有时命制成 $\int_0^{\frac{\pi}{2}}\frac{1}{\sin^p x}\mathrm{d}x$）依然满足 $\begin{cases}收敛，& 0<p<1,\\ 发散，& p\geqslant1.\end{cases}$

事实上，凡是与 x 趋于 0 的"速度"一样的函数 $f(x)$ 均可如上讨论．

对于"② a."，盯着 $x\to+\infty$ 看，对于 x^p 的次数 p：当 $p>1$ 时，x^p 趋于 $+\infty$ 的"速度"够快，其倒数 $\frac{1}{x^p}$ 趋于 0 的"速度"亦够快，积分收敛；当 $p\leqslant1$ 时，x^p 趋于 $+\infty$ 的"速度"不够快，其倒数 $\frac{1}{x^p}$ 趋于 0 的"速度"亦不够快，积分发散．

这里的发挥简单些，如当 $x\to+\infty$ 且 $a>0$ 时，$ax+b$ 亦趋于 $+\infty$，与 x 趋于 $+\infty$ 的"速度"一样．当 $ax+b\geqslant k>0$ 时，$\int_1^{+\infty}\frac{1}{(ax+b)^p}\mathrm{d}x$ 依然满足 $\begin{cases}收敛，p>1,\\ 发散，p\leqslant1.\end{cases}$

对于题设含参积分，可通过 D_{23}（化归经典形式）

①积分可拆性．$\int_a^b f(x)\mathrm{d}x=\int_a^c f(x)\mathrm{d}x+\int_c^b f(x)\mathrm{d}x$．

②分母设置法．如 $x^p=\frac{1}{x^{-p}},\ln^q x=\frac{1}{\ln^{-q}x}$．

③换元法．如 $1-x=t$，$\ln x=t$．

④分部积分法．如

$$\int_1^{+\infty}\frac{\sin x}{x}\mathrm{d}x=-\frac{\cos x}{x}\Big|_1^{+\infty}-\int_1^{+\infty}\frac{\cos x}{x^2}\mathrm{d}x=\cos1-\int_1^{+\infty}\frac{\cos x}{x^2}\mathrm{d}x，\int_1^{+\infty}\left|\frac{\cos x}{x^2}\right|\mathrm{d}x\leqslant\int_1^{+\infty}\frac{1}{x^2}\mathrm{d}x=1，$$

故 $\int_1^{+\infty}\frac{\cos x}{x^2}\mathrm{d}x$ 绝对收敛，从而 $\int_1^{+\infty}\frac{\sin x}{x}\mathrm{d}x$ 收敛．

⑤等价代换．如当 $x\to0$ 时，$\ln(1+x)\sim x$，$\arctan x\sim x$．

⑥加绝对值，用绝对值判敛法等，向基础结论靠近，并抹去无关因式，用基本结论作判定．

【注】绝对值判敛法．

定理 设函数 $f(x)$ 在 $[a,+\infty)$ 上连续，若 $\int_a^{+\infty}|f(x)|\mathrm{d}x$ 收敛，则 $\int_a^{+\infty}f(x)\mathrm{d}x$ 收敛．

证 因为 $0\leqslant f(x)+|f(x)|\leqslant2|f(x)|$，且 $\int_a^{+\infty}|f(x)|\mathrm{d}x$ 收敛，所以根据比较判敛法可知

$$\int_a^{+\infty}\left[f(x)+|f(x)|\right]\mathrm{d}x$$

收敛，从而 $\int_a^{+\infty}f(x)\mathrm{d}x=\int_a^{+\infty}\left\{\left[f(x)+|f(x)|\right]-|f(x)|\right\}\mathrm{d}x$ 收敛．（这个证明方法一定要会．）

二、含参反常积分敛散性结论大观（D₁（常规操作））

① $\int_1^2 \frac{1}{x\ln^p x}\mathrm{d}x\begin{cases}收敛, & 0<p<1,\\ 发散, & p\geqslant 1.\end{cases}$

【注】令 $\ln x=t$，$I=\int_0^{\ln 2}\frac{\mathrm{d}t}{t^p}\begin{cases}收敛, 0<p<1,\\ 发散, p\geqslant 1.\end{cases}$

② $\int_2^{+\infty}\frac{1}{x\ln^p x}\mathrm{d}x$ 与(仅数学一、数学三) $\sum_{n=2}^{\infty}\frac{1}{n\ln^p n}$ 同敛散 $\begin{cases}收敛, & p>1,\\ 发散, & p\leqslant 1.\end{cases}$

【注】令 $\ln x=t$，$I=\int_{\ln 2}^{+\infty}\frac{\mathrm{d}t}{t^p}\begin{cases}收敛, p>1,\\ 发散, p\leqslant 1.\end{cases}$

③ $\int_1^{+\infty}\frac{1}{x\ln^p x}\mathrm{d}x$ 必发散.

【注】$\int_1^{+\infty}\frac{1}{x\ln^p x}\mathrm{d}x=\int_1^2\frac{1}{x\ln^p x}\mathrm{d}x+\int_2^{+\infty}\frac{1}{x\ln^p x}\mathrm{d}x$，结合①，②，收敛域为空集，故必发散.

④ $\int_k^{+\infty}\mathrm{e}^{-\alpha x}\cdot\ln^p x\mathrm{d}x\ (k>0)$；$\int_A^{+\infty}\mathrm{e}^{-\alpha x}x^q\mathrm{d}x$.

由 $\ln^p x\ll x^q\ll a^x\ll x^x\ (p,\ q>0,\ a>1)$，知 $\ln^p x$，x^q 不是 $\mathrm{e}^{\alpha x}$ 在 $x\to+\infty$ 时的同阶或高阶无穷大，则

a. 当 $\alpha>0$ 时，必收敛；

b. 当 $\alpha<0$ 时，必发散.

⑤ $\int_1^2\frac{1}{x^p\ln^q x}\mathrm{d}x\begin{cases}收敛, & 0<q<1,\\ 发散, & q\geqslant 1.\end{cases}$

【注】(1) 令 $\ln x=t$，则 $I=\int_0^{\ln 2}\mathrm{e}^{-(p-1)t}\cdot\frac{1}{t^q}\mathrm{d}t\begin{cases}收敛, 0<q<1,\\ 发散, q\geqslant 1;\end{cases}$

(2) 此积分的敛散性与 p 的取值无关.

⑥ $\int_2^{+\infty}\frac{1}{x^p\ln^q x}\mathrm{d}x$ 与(仅数学一、数学三) $\sum_{n=2}^{\infty}\frac{1}{n^p\ln^q n}$ 同敛散 $\begin{cases}收敛, & p>1,\ q任意,\\ 发散, & p<1,\ q任意,\\ 收敛, & p=1,\ q>1,\\ 发散, & p=1,\ q\leqslant 1.\end{cases}$

【注】令 $\ln x=t$，$I=\int_{\ln 2}^{+\infty}\mathrm{e}^{-(p-1)t}\cdot\frac{1}{t^q}\mathrm{d}t$，故 $\begin{cases}p>1\Rightarrow\mathrm{e}^{-\infty}\to 0\ (与\ q\ 无关)，收敛,\\ p<1\Rightarrow\mathrm{e}^{+\infty}\to+\infty(与\ q\ 无关)，发散.\end{cases}$ 与②结合，当

$p=1$，$q>1$ 时，收敛；当 $p=1$，$q\leqslant 1$ 时，发散．

⑦ $\int_0^1 \frac{1}{|\ln x|^p}\mathrm{d}x \begin{cases}收敛, & p<1(p\neq 0),\\ 发散, & p\geqslant 1.\end{cases}$

【注】令 $\ln x=-t$，$x=\mathrm{e}^{-t}$，$\mathrm{d}x=-\mathrm{e}^{-t}\mathrm{d}t$，$I=\int_{+\infty}^{0}\frac{-\mathrm{e}^{-t}\mathrm{d}t}{t^p}=\int_0^{+\infty}\mathrm{e}^{-t}\cdot\frac{1}{t^p}\mathrm{d}t=\int_0^1\frac{\mathrm{e}^{-t}}{t^p}\mathrm{d}t+\int_1^{+\infty}\frac{\mathrm{e}^{-t}}{t^p}\mathrm{d}t$，故当 $p<1(p\neq 0)$ 时，原反常积分收敛．

⑧ $\int_1^2 \frac{1}{|\ln x|^p}\mathrm{d}x \begin{cases}收敛, & 0<p<1,\\ 发散, & p\geqslant 1.\end{cases}$

【注】令 $\ln x=t$，$x=\mathrm{e}^t$，$I=\int_0^{\ln 2}\frac{\mathrm{e}^t}{t^p}\mathrm{d}t$，则当 $0<p<1$ 时，原反常积分收敛．

⑨ $\int_0^2 \frac{1}{|\ln x|^p}\mathrm{d}x \begin{cases}收敛, & p<1(p\neq 0),\\ 发散, & p\geqslant 1.\end{cases}$

【注】由⑦，⑧可得．

⑩ $\int_2^{+\infty}\frac{1}{|\ln x|^p}\mathrm{d}x$ 必发散．

【注】令 $\ln x=t$，$x=\mathrm{e}^t$，则 $I=\int_{\ln 2}^{+\infty}\frac{\mathrm{e}^t}{t^p}\mathrm{d}t$，原反常积分必发散．

例8.6 设常数 $p>0$，$q>0$，若 $\int_0^1\frac{\ln x}{x^p(1-x)^q}\mathrm{d}x$ 收敛，则（　　）．

（A）$0<p<1, 0<q<2$　　（B）$p>1, 1<q<2$

（C）$0<p<1, 0<q<1$　　（D）$p>1, 0<q<1$

【解】应选(A)．

$$原式\xlongequal{积分可拆性}\int_0^{\frac{1}{2}}\frac{\ln x}{x^p(1-x)^q}\mathrm{d}x+\int_{\frac{1}{2}}^1\frac{\ln x}{x^p(1-x)^q}\mathrm{d}x,$$

抹去无关因式，等价于研究 $\int_0^{\frac{1}{2}}\frac{\ln x}{x^p}\mathrm{d}x+\int_{\frac{1}{2}}^1\frac{\ln x}{(1-x)^q}\mathrm{d}x$．

对于积分 $\int_0^{\frac{1}{2}}\frac{\ln x}{x^p}\mathrm{d}x$，由基本结论“一、①b.”知当 $0<p<1$ 时，收敛．

对于积分 $\int_{\frac{1}{2}}^1\frac{\ln x}{(1-x)^q}\mathrm{d}x$，作换元有

$$\int_{\frac{1}{2}}^{1}\frac{\ln x}{(1-x)^{q}}\mathrm{d}x\xlongequal{1-x=t}\int_{0}^{\frac{1}{2}}\frac{\ln(1-t)}{t^{q}}\mathrm{d}t,$$

当 $t\to0^{+}$ 时，$\ln(1-t)\sim-t$，抹去无关因式，$\int_{0}^{\frac{1}{2}}\frac{\ln(1-t)}{t^{q}}\mathrm{d}t$ 与 $-\int_{0}^{\frac{1}{2}}\frac{\mathrm{d}t}{t^{q-1}}$ 的敛散性相同，由基本结论“一、①a.”知，当 $0<q-1<1$，即 $1<q<2$ 时，反常积分 $\int_{\frac{1}{2}}^{1}\frac{\ln x}{(1-x)^{q}}\mathrm{d}x$ 收敛. 当 $0<q\leqslant1$ 时，$\int_{\frac{1}{2}}^{1}\frac{\ln x}{(1-x)^{q}}\mathrm{d}x$ 是定积分，也收敛.

综上，$0<p<1$，$0<q<2$. 选(A).

例8.7 设 p 为常数，若反常积分 $\int_{0}^{1}x^{p}(1-x)^{p-1}\ln x\mathrm{d}x$ 收敛，则(　　).

(A) $p<-1$　　(B) $-1<p\leqslant0$

(C) $0\leqslant p<1$　　(D) $p>1$

【解】 应选(B).

$$\int_{0}^{1}x^{p}(1-x)^{p-1}\ln x\mathrm{d}x=\int_{0}^{\frac{1}{2}}x^{p}(1-x)^{p-1}\ln x\mathrm{d}x+\int_{\frac{1}{2}}^{1}x^{p}(1-x)^{p-1}\ln x\mathrm{d}x.$$

对于 $\int_{0}^{\frac{1}{2}}x^{p}(1-x)^{p-1}\ln x\mathrm{d}x$，盯着 $x\to0^{+}$ 看，则 $\int_{0}^{\frac{1}{2}}x^{p}(1-x)^{p-1}\ln x\mathrm{d}x$ 与 $\int_{0}^{\frac{1}{2}}x^{p}\ln x\mathrm{d}x$ 的敛散性相同，若 $\int_{0}^{\frac{1}{2}}x^{p}\ln x\mathrm{d}x$ 收敛，则 $0\leqslant-p<1$.

对于 $\int_{\frac{1}{2}}^{1}x^{p}(1-x)^{p-1}\ln x\mathrm{d}x$，盯着 $x\to1^{-}$ 看，则 $\int_{\frac{1}{2}}^{1}x^{p}(1-x)^{p-1}\ln x\mathrm{d}x$ 与 $\int_{\frac{1}{2}}^{1}(1-x)^{p-1}\ln x\mathrm{d}x$ 的敛散性相同，由 $\int_{\frac{1}{2}}^{1}(1-x)^{p-1}\ln x\mathrm{d}x\xlongequal{1-x=t}\int_{0}^{\frac{1}{2}}\frac{\ln(1-t)}{t^{1-p}}\mathrm{d}t$，又因为 $\lim\limits_{t\to0^{+}}\frac{\frac{\ln(1-t)}{t^{1-p}}}{t^{p}}=-1$，所以当 $0<-p<1$ 时，反常积分收敛. 当 $p=0$ 时，该积分为定积分.

综上，$-1<p\leqslant0$. 选(B).

例8.8 反常积分① $\int_{0}^{+\infty}\frac{|\sin x|}{\sqrt{x^{3}}}\mathrm{d}x$，② $\int_{0}^{+\infty}\frac{1}{1+\sqrt{x}\,|\sin x|}\mathrm{d}x$ 的敛散性为(　　).

(A)①收敛，②收敛　　(B)①收敛，②发散

(C)①发散，②收敛　　(D)①发散，②发散

【解】 应选(B).

对于①，$\int_{0}^{+\infty}\frac{|\sin x|}{\sqrt{x^{3}}}\mathrm{d}x=\int_{0}^{1}\frac{|\sin x|}{\sqrt{x^{3}}}\mathrm{d}x+\int_{1}^{+\infty}\frac{|\sin x|}{\sqrt{x^{3}}}\mathrm{d}x=I_{1}+I_{2}$.

(0,1) 内，一般用 $\sin x < x$

对于I_1，$0\leqslant\dfrac{|\sin x|}{\sqrt{x^3}}\leqslant\dfrac{x}{\sqrt{x^3}}=\dfrac{1}{\sqrt{x}}$，因$\int_0^1\dfrac{1}{\sqrt{x}}\mathrm{d}x$收敛，故$\int_0^1\dfrac{|\sin x|}{\sqrt{x^3}}\mathrm{d}x$收敛.

对于I_2，$\dfrac{|\sin x|}{\sqrt{x^3}}\leqslant\dfrac{1}{\sqrt{x^3}}$，而$\int_1^{+\infty}\dfrac{1}{\sqrt{x^3}}\mathrm{d}x$收敛，故$\int_1^{+\infty}\dfrac{|\sin x|}{\sqrt{x^3}}\mathrm{d}x$收敛.

(1,+∞) 内，一般用 $\sin x\leqslant 1$

故$\int_0^{+\infty}\dfrac{|\sin x|}{\sqrt{x^3}}\mathrm{d}x$收敛.

对于②，$\dfrac{1}{1+\sqrt{x}|\sin x|}\geqslant\dfrac{1}{1+\sqrt{x}}>0$，又$\int_0^{+\infty}\dfrac{1}{1+\sqrt{x}}\mathrm{d}x$发散，故$\int_0^{+\infty}\dfrac{1}{1+\sqrt{x}|\sin x|}\mathrm{d}x$发散.

第9讲 一元函数积分学的计算

三向解题法

- 求一元函数的积分（O(盯住目标)）
  - 恒等变形法（D_1(常规操作)+D_{23}(化归经典形式)）
  - 第一类换元法(凑微分法)（D_1(常规操作)+D_{23}(化归经典形式)）
  - 第二类换元法（D_1(常规操作)+D_{23}(化归经典形式)）
  - 分部积分法（D_1(常规操作)+D_{23}(化归经典形式)）
  - 有理函数的积分（D_1(常规操作)+D_{23}(化归经典形式)）
  - 三角有理式的积分法（D_1(常规操作)+D_{23}(化归经典形式)）
  - 求出原函数并计算积分值（D_1(常规操作)）
  - 变限积分函数的求导（D_1(常规操作)+D_{22}(转换等价表述)+D_{23}(化归经典形式)）
  - 分段函数的积分（D_1(常规操作)+D_{23}(化归经典形式)）
  - 几何法（D_1(常规操作)+D_{23}(化归经典形式)）

一、恒等变形法（D_1（常规操作）+D_{23}（化归经典形式））

通过简单的代数变形将被积函数化成基本积分公式中的被积函数，从而获得原函数．

二、第一类换元法（凑微分法）

（D_1（常规操作）$+D_{23}$（化归经典形式））

$$\int f[g(x)]g'(x)\mathrm{d}x=\int f[g(x)]\mathrm{d}[g(x)]=\int f(\text{狗})\mathrm{d}(\text{狗}),$$

即如果被积函数是$g(x)$的函数与$g(x)$的导函数的乘积，则凑微分后，获得原函数.

例9.1 求$\int\frac{x}{x^2+2x+2}\mathrm{d}x$.

【解】

$$\int\frac{x}{x^2+2x+2}\mathrm{d}x=\frac{1}{2}\int\frac{2x+2}{x^2+2x+2}\mathrm{d}x-\int\frac{1}{x^2+2x+2}\mathrm{d}x$$

$$=\frac{1}{2}\ln(x^2+2x+2)-\int\frac{1}{1+(x+1)^2}\mathrm{d}x$$

$$=\frac{1}{2}\ln(x^2+2x+2)-\arctan(x+1)+C.$$

三、第二类换元法（D_1（常规操作）$+D_{23}$（化归经典形式））

$$\int f(x)\mathrm{d}x\xlongequal{x=g(u)}\int f[g(u)]\mathrm{d}[g(u)]=\int f[g(u)]g'(u)\mathrm{d}u,$$

即如果被积函数复杂，令$x=g(u)$，引入新的自变量u，使$f(x)=f[g(u)]=h(u)$，若$h(u)$简单，则换元成功，从而易获得原函数.显然，除了“去根号”和“将分母中的几项变成一项”这些简单的方法外，$h(u)$的命制，就是为了降低f的复杂度，故最为直接的方法是令f复杂的部分等于u，比如令$\sqrt[n]{\frac{ax+b}{cx+d}}=u$，这里事实上解决了简单无理函数的积分问题.

例9.2 求下列不定积分.

(1) $\int\sqrt{a^2-x^2}\mathrm{d}x(a>0)$；(2) $\int\sqrt{a^2+x^2}\mathrm{d}x(a>0)$；(3) $\int\sqrt{x^2-a^2}\mathrm{d}x(a>0)$.

【解】(1) 令$x=a\sin u$，则$\mathrm{d}x=a\cos u\mathrm{d}u$，故

$$\int\sqrt{a^2-x^2}\mathrm{d}x=\int a\cos u\cdot a\cos u\mathrm{d}u=\frac{a^2}{2}\int(1+\cos 2u)\mathrm{d}u=\frac{a^2}{2}\left(u+\frac{1}{2}\sin 2u\right)+C$$

$$=\frac{a^2}{2}(u+\sin u\cos u)+C=\frac{a^2}{2}\left(\arcsin\frac{x}{a}+\frac{x}{a}\sqrt{1-\frac{x^2}{a^2}}\right)+C.$$

(2) 令$x=a\tan t$，则$\mathrm{d}x=a\sec^2t\mathrm{d}t$，所以

$$\int\sqrt{a^2+x^2}\mathrm{d}x=\int a\sec t\cdot a\sec^2 t\mathrm{d}t=a^2\int\sec^3 t\mathrm{d}t$$

$$=\frac{a^2}{2}\sec t\tan t+\frac{a^2}{2}\ln|\sec t+\tan t|+C$$

$$=\frac{1}{2}x\sqrt{a^2+x^2}+\frac{a^2}{2}\ln\left(\frac{x+\sqrt{a^2+x^2}}{a}\right)+C,$$

其中 $\int\sec^3 t\mathrm{d}t=\int\sec t\mathrm{d}(\tan t)=\sec t\tan t-\int\sec t\tan^2 t\mathrm{d}t=\sec t\tan t-\int\sec^3 t\mathrm{d}t+\int\sec t\mathrm{d}t$

$$=\frac{1}{2}\sec t\tan t+\frac{1}{2}\ln|\sec t+\tan t|+C.$$

(3)令 $x=a\sec t$，则 $x^2-a^2=a^2\tan^2 t$，$\mathrm{d}x=a\sec t\tan t\mathrm{d}t$，所以

$$\int\sqrt{x^2-a^2}\mathrm{d}x=\int a\tan t\cdot a\sec t\tan t\mathrm{d}t=a^2\int\sec^3 t\mathrm{d}t-a^2\int\sec t\mathrm{d}t$$

$$=a^2\left(\frac{1}{2}\sec t\tan t+\frac{1}{2}\ln|\sec t+\tan t|\right)-a^2\ln|\sec t+\tan t|+C$$

$$=\frac{a^2}{2}(\sec t\tan t-\ln|\sec t+\tan t|)+C$$

$$=\frac{x\sqrt{x^2-a^2}}{2}-\frac{a^2}{2}\ln\left|\frac{x+\sqrt{x^2-a^2}}{a}\right|+C.$$

例9.3 求下列不定积分.

(1) $\int\frac{1}{x^2\sqrt{1+x^2}}\mathrm{d}x$；(2) $\int\frac{1}{\sqrt{\mathrm{e}^x+1}}\mathrm{d}x$；(3) $\int x\sqrt{x^2+2x+2}\mathrm{d}x$.

【解】(1)**法一** 令 $x=\tan t$，则 $\mathrm{d}x=\sec^2 t\mathrm{d}t$，所以

$$\int\frac{1}{x^2\sqrt{1+x^2}}\mathrm{d}x=\int\frac{\sec^2 t}{\tan^2 t\sec t}\mathrm{d}t=\int\frac{\cos t}{\sin^2 t}\mathrm{d}t=-\frac{1}{\sin t}+C=-\frac{\sqrt{1+x^2}}{x}+C.$$

法二 令 $x=\frac{1}{t}$，则 $\mathrm{d}x=-\frac{1}{t^2}\mathrm{d}t$，所以

$$\int\frac{1}{x^2\sqrt{1+x^2}}\mathrm{d}x=\int\frac{t^2}{\sqrt{1+\frac{1}{t^2}}}\left(-\frac{1}{t^2}\right)\mathrm{d}t=-\int\frac{t}{\sqrt{1+t^2}}\mathrm{d}t=-\sqrt{1+t^2}+C=-\frac{\sqrt{1+x^2}}{x}+C.$$

(2)令 $\sqrt{\mathrm{e}^x+1}=t$，则 $x=\ln(t^2-1)$，$\mathrm{d}x=\frac{2t}{t^2-1}\mathrm{d}t$，所以

$$\int\frac{1}{\sqrt{\mathrm{e}^x+1}}\mathrm{d}x=\int\frac{1}{t}\cdot\frac{2t}{t^2-1}\mathrm{d}t=\ln\frac{t-1}{t+1}+C=\ln\frac{\sqrt{\mathrm{e}^x+1}-1}{\sqrt{\mathrm{e}^x+1}+1}+C.$$

(3) $$\int x\sqrt{x^2+2x+2}\mathrm{d}x=\frac{1}{2}\int(2x+2)\sqrt{x^2+2x+2}\mathrm{d}x-\int\sqrt{x^2+2x+2}\mathrm{d}x$$

$$=\frac{1}{2}\times\frac{2}{3}(x^2+2x+2)^{\frac{3}{2}}-\int\sqrt{1+(x+1)^2}\mathrm{d}x,$$

其中$\int\sqrt{1+(x+1)^2}\mathrm{d}x=\frac{1}{2}\left[\ln(x+1+\sqrt{x^2+2x+2})+(x+1)\sqrt{x^2+2x+2}\right]+C$，故

$$原式=\frac{1}{3}(x^2+2x+2)^{\frac{3}{2}}-\frac{1}{2}\left[\ln(x+1+\sqrt{x^2+2x+2})+(x+1)\sqrt{x^2+2x+2}\right]+C.$$

例9.4 求$\int\sqrt{\frac{2x+1}{x+1}}\mathrm{d}x$.

【解】 令$\sqrt{\frac{2x+1}{x+1}}=t$，则$x=\frac{1-t^2}{t^2-2}$，$\mathrm{d}x=\frac{2t}{(t^2-2)^2}\mathrm{d}t$，所以

$$\int\sqrt{\frac{2x+1}{x+1}}\mathrm{d}x=\int t\frac{2t}{(t^2-2)^2}\mathrm{d}t=\int\frac{\frac{\sqrt{2}}{4}}{t-\sqrt{2}}\mathrm{d}t+\int\frac{-\frac{\sqrt{2}}{4}}{t+\sqrt{2}}\mathrm{d}t+\int\frac{\frac{1}{2}}{(t-\sqrt{2})^2}\mathrm{d}t+\int\frac{\frac{1}{2}}{(t+\sqrt{2})^2}\mathrm{d}t$$

$$=\frac{\sqrt{2}}{4}\ln|t-\sqrt{2}|-\frac{\sqrt{2}}{4}\ln|t+\sqrt{2}|-\frac{1}{2(t-\sqrt{2})}-\frac{1}{2(t+\sqrt{2})}+C$$

$$=\frac{\sqrt{2}}{4}\ln\left|\frac{t-\sqrt{2}}{t+\sqrt{2}}\right|-\frac{t}{t^2-2}+C,$$

将$t=\sqrt{\frac{2x+1}{x+1}}$代入，得$\int\sqrt{\frac{2x+1}{x+1}}\mathrm{d}x=\frac{\sqrt{2}}{4}\ln\left|\frac{\sqrt{2x+1}-\sqrt{2x+2}}{\sqrt{2x+1}+\sqrt{2x+2}}\right|+\sqrt{(2x+1)(x+1)}+C.$

例9.5 设$a_n=\int_0^{n\pi}x|\sin x|\mathrm{d}x$，$n=1,2,\cdots$，求$a_n$的表达式.

【解】 由于$\int_0^{n\pi}x|\sin x|\mathrm{d}x\xlongequal{x=n\pi-t}n\pi\int_0^{n\pi}|\sin t|\mathrm{d}t-\int_0^{n\pi}t|\sin t|\mathrm{d}t$，于是有

$$\int_0^{n\pi}x|\sin x|\mathrm{d}x=\frac{n\pi}{2}\int_0^{n\pi}|\sin x|\mathrm{d}x.$$

又$|\sin(x+\pi)|=|\sin x|$，则$\int_0^{n\pi}|\sin x|\mathrm{d}x=n\int_0^{\pi}|\sin x|\mathrm{d}x$，故

$$\int_0^{n\pi}x|\sin x|\mathrm{d}x=\frac{n^2\pi}{2}\int_0^{\pi}|\sin x|\mathrm{d}x(n=1,2,\cdots),$$

所以
$$a_n=\frac{n^2\pi}{2}\int_0^{\pi}|\sin x|\mathrm{d}x=\frac{n^2\pi}{2}\int_0^{\pi}\sin x\mathrm{d}x=n^2\pi(n=1,2,\cdots).$$

四、分部积分法（D_1（常规操作）$+D_{23}$（化归经典形式））

$$\int u\mathrm{d}v=uv-\int v\mathrm{d}u.$$

(1)总的来说，对于 $\int f(x)\cdot g(x)\mathrm{d}x$ ，如果 $f(x)$ ，$g(x)$ 是不同类型因式，可考虑用分部积分法.

(2)对于 $\int f(x)\cdot g(x)\mathrm{d}x$ ，易于看出有一部分 $g(x)=v'(x)$ ，即使没有明显的不同类型函数乘积，亦可考虑分部积分法.

例9.6 求 $\int \frac{x\mathrm{e}^x}{\sqrt{\mathrm{e}^x+1}}\mathrm{d}x$.

【解】 $\int \frac{x\mathrm{e}^x}{\sqrt{\mathrm{e}^x+1}}\mathrm{d}x=\int x\,\mathrm{d}(2\sqrt{\mathrm{e}^x+1})=2x\sqrt{\mathrm{e}^x+1}-\int 2\sqrt{\mathrm{e}^x+1}\mathrm{d}x.$

令 $\sqrt{\mathrm{e}^x+1}=t$, 则 $x=\ln(t^2-1)$, $\mathrm{d}x=\frac{2t}{t^2-1}\mathrm{d}t$,所以

$$\int \sqrt{\mathrm{e}^x+1}\mathrm{d}x=\int \frac{2t^2}{t^2-1}\mathrm{d}t=2\sqrt{\mathrm{e}^x+1}+\ln\frac{\sqrt{\mathrm{e}^x+1}-1}{\sqrt{\mathrm{e}^x+1}+1}+C_1,$$

故

$$\text{原式}=2x\sqrt{\mathrm{e}^x+1}-4\sqrt{\mathrm{e}^x+1}-2\ln\frac{\sqrt{\mathrm{e}^x+1}-1}{\sqrt{\mathrm{e}^x+1}+1}+C.$$

(3)通过分部积分公式建立方程，为积分再现法.

例9.7 求下列不定积分.

(1) $\int \mathrm{e}^x\sin x\mathrm{d}x$;(2) $\int \sqrt{1+x^2}\mathrm{d}x$.

【解】(1) $\int \mathrm{e}^x\sin x\mathrm{d}x=\int \mathrm{e}^x\mathrm{d}(-\cos x)=-\mathrm{e}^x\cos x+\int \cos x\mathrm{d}(\mathrm{e}^x)=-\mathrm{e}^x\cos x+\int \mathrm{e}^x\mathrm{d}(\sin x)$

$$=-\mathrm{e}^x\cos x+\mathrm{e}^x\sin x-\int \mathrm{e}^x\sin x\mathrm{d}x.$$

记 $I=\int \mathrm{e}^x\sin x\mathrm{d}x$ ，于是 $I=\mathrm{e}^x(\sin x-\cos x)-I$ ，即 $I=\frac{1}{2}\mathrm{e}^x(\sin x-\cos x)+C$.

【注】本积分也可利用 $\int \mathrm{e}^{ax}\sin bx\mathrm{d}x=\frac{\begin{vmatrix}(\mathrm{e}^{ax})' & (\sin bx)' \\ \mathrm{e}^{ax} & \sin bx\end{vmatrix}}{a^2+b^2}+C$ 求解，即

$$\int \mathrm{e}^x\sin x\mathrm{d}x=\frac{\begin{vmatrix}(\mathrm{e}^{x})' & (\sin x)' \\ \mathrm{e}^{x} & \sin x\end{vmatrix}}{1^2+1^2}+C=\frac{\mathrm{e}^x\sin x-\mathrm{e}^x\cos x}{2}+C.$$

(2) $\int \sqrt{1+x^2}\mathrm{d}x=x\sqrt{1+x^2}-\int \frac{x^2}{\sqrt{1+x^2}}\mathrm{d}x=x\sqrt{1+x^2}-\int \sqrt{1+x^2}\mathrm{d}x+\int \frac{1}{\sqrt{1+x^2}}\mathrm{d}x$

$$=x\sqrt{1+x^2}-\int \sqrt{1+x^2}\mathrm{d}x+\ln(x+\sqrt{x^2+1}).$$

记$I=\int\sqrt{1+x^2}\mathrm{d}x$，于是$I=x\sqrt{1+x^2}-I+\ln(x+\sqrt{x^2+1})$，即

$$I=\frac{x}{2}\sqrt{1+x^2}+\frac{1}{2}\ln(x+\sqrt{x^2+1})+C.$$

(4)通过分部积分公式抵消不易积分的部分，为积分抵消法.

例9.8 $\int\mathrm{e}^x\left(\frac{1-x}{1+x^2}\right)^2\mathrm{d}x=$________.

【解】 应填$\frac{\mathrm{e}^x}{1+x^2}+C$.

$$原式=\int\mathrm{e}^x\frac{1+x^2-2x}{(1+x^2)^2}\mathrm{d}x=\int\mathrm{e}^x\frac{1}{1+x^2}\mathrm{d}x-\int\mathrm{e}^x\frac{2x}{(1+x^2)^2}\mathrm{d}x$$

$$=\int\mathrm{e}^x\frac{1}{1+x^2}\mathrm{d}x+\int\mathrm{e}^x\mathrm{d}\left(\frac{1}{1+x^2}\right)=\int\mathrm{e}^x\frac{1}{1+x^2}\mathrm{d}x+\frac{\mathrm{e}^x}{1+x^2}-\int\frac{1}{1+x^2}\cdot\mathrm{e}^x\mathrm{d}x=\frac{\mathrm{e}^x}{1+x^2}+C.$$

(5)通过分部积分公式建立递推关系，可得积分I_n的通式，并计算n取特殊值时的积分值，此法用处甚广，需重视.

例9.9 设n为非负整数，则$\int_0^1x^2\ln^n x\mathrm{d}x=$________.

【解】 应填$\frac{(-1)^n}{3^{n+1}}n!$.

记
$$a_n=\int_0^1x^2\ln^n x\mathrm{d}x=\int_0^1\ln^n x\mathrm{d}\left(\frac{1}{3}x^3\right)$$
$$=\frac{1}{3}x^3\ln^n x\Big|_0^1-\int_0^1\frac{1}{3}x^3\cdot n\ln^{n-1}x\cdot\frac{1}{x}\mathrm{d}x$$
$$=-\frac{n}{3}\int_0^1x^2\ln^{n-1}x\mathrm{d}x=-\frac{n}{3}a_{n-1},\ n=1,2,\cdots,$$

$\lim\limits_{x\to0^+}x^\alpha\ln^\beta x=0$，$\forall\alpha,\beta>0$

于是$a_n=-\frac{n}{3}a_{n-1}=\left(-\frac{n}{3}\right)\left(-\frac{n-1}{3}\right)a_{n-2}=\cdots=\left(-\frac{n}{3}\right)\left(-\frac{n-1}{3}\right)\cdots\left(-\frac{1}{3}\right)a_0$，又$a_0=\int_0^1x^2\mathrm{d}x=\frac{1}{3}$，故$a_n=\frac{(-1)^n}{3^{n+1}}n!$.

【注】常用公式：①$\int_0^\pi x\cos nx\mathrm{d}x=\frac{(-1)^n-1}{n^2},n=1,2,\cdots$；②$\int_0^\pi x^2\cos nx\mathrm{d}x=\frac{(-1)^n\cdot2\pi}{n^2},n=1,2,\cdots$.

计算过程：①$\int_0^\pi x\cos nx\mathrm{d}x=\frac{1}{n}\left(x\sin nx\Big|_0^\pi-\int_0^\pi\sin nx\mathrm{d}x\right)=\frac{(-1)^n-1}{n^2},n=1,2,\cdots$；

②$\int_0^\pi x^2\cos nx\mathrm{d}x=\left(\frac{x^2}{n}\sin nx+\frac{2x}{n^2}\cos nx-\frac{2}{n^3}\sin nx\right)\Big|_0^\pi=\frac{(-1)^n\cdot2\pi}{n^2},n=1,2,\cdots$.

五、有理函数的积分（D_1（常规操作）+D_{23}（化归经典形式））

形如$\int\frac{P_n(x)}{Q_m(x)}\mathrm{d}x(n<m)$的积分称为有理函数的积分，其中$P_n(x)$，$Q_m(x)$分别是$x$的$n$次多项式和$m$次多项式.

四个简单积分(部分分式的积分)：

①$\int\frac{A}{ax+b}\mathrm{d}x=\frac{A}{a}\ln|ax+b|+C$.

②$\int\frac{A}{(ax+b)^k}\mathrm{d}x=\frac{A}{a(1-k)}\frac{1}{(ax+b)^{k-1}}+C$，$k>0$且$k\neq1$.

③$\int\frac{Bx+C}{px^2+qx+r}\mathrm{d}x(q^2-4pr<0)$.

如“$\int\frac{x+1}{x^2+x+1}\mathrm{d}x=\frac{1}{2}\int\frac{2x+1}{x^2+x+1}\mathrm{d}x+\frac{1}{2}\int\frac{1}{\left(x+\frac{1}{2}\right)^2+\left(\frac{\sqrt{3}}{2}\right)^2}\mathrm{d}x$”.

④$\int\frac{Bx+C}{(px^2+qx+r)^k}\mathrm{d}x(q^2-4pr<0,\ k>0且k\neq1)$.

如“$\int\frac{x+1}{(x^2+x+1)^2}\mathrm{d}x=\frac{1}{2}\int\frac{2x+1}{(x^2+x+1)^2}\mathrm{d}x+\frac{1}{2}\int\frac{1}{\left[\left(x+\frac{1}{2}\right)^2+\left(\frac{\sqrt{3}}{2}\right)^2\right]^2}\mathrm{d}x$”.

例9.10 计算$\int_0^1\frac{1}{(x+1)(x^2-2x+2)}\mathrm{d}x$.

【解】 令
$$\frac{1}{(x+1)(x^2-2x+2)}=\frac{A}{x+1}+\frac{Bx+C}{x^2-2x+2},$$
得
$$A(x^2-2x+2)+(Bx+C)(x+1)=1,$$
所以$\begin{cases}A+B=0,\\-2A+B+C=0,\\2A+C=1,\end{cases}$解得$A=\frac{1}{5},\ B=-\frac{1}{5},\ C=\frac{3}{5}$，则

$$\int_0^1\frac{1}{(x+1)(x^2-2x+2)}\mathrm{d}x=\int_0^1\left(\frac{A}{x+1}+\frac{Bx+C}{x^2-2x+2}\right)\mathrm{d}x=\int_0^1\left(\frac{\frac{1}{5}}{x+1}+\frac{-\frac{1}{5}x+\frac{3}{5}}{x^2-2x+2}\right)\mathrm{d}x$$
$$=\frac{1}{5}\ln|1+x|\Big|_0^1-\frac{1}{10}\ln|x^2-2x+2|\Big|_0^1+\frac{2}{5}\arctan(x-1)\Big|_0^1=\frac{3}{10}\ln2+\frac{1}{10}\pi.$$

六、三角有理式的积分法

(D_1(常规操作)+D_{23}(化归经典形式))

形如$\int R(\sin x,\cos x)\mathrm{d}x$的积分称为三角有理式的积分.

1.全角换元法

(1)当$R(-\sin x,\cos x)=-R(\sin x,\cos x)$**时,令**$t=\cos x$.

例9.11 求下列不定积分.

(1)$\int\frac{\sin^5 x}{\cos^4 x}\mathrm{d}x$;(2)$\int\frac{1}{\sin x+\sin^3 x}\mathrm{d}x$.

【解】(1)$\int\frac{\sin^5 x}{\cos^4 x}\mathrm{d}x=-\int\frac{(1-\cos^2 x)^2}{\cos^4 x}\mathrm{d}(\cos x)\xlongequal{t=\cos x}-\int\frac{(t^2-1)^2}{t^4}\mathrm{d}t=-\int\left(1-\frac{2}{t^2}+\frac{1}{t^4}\right)\mathrm{d}t$

$$=-t-\frac{2}{t}+\frac{1}{3t^3}+C=-\cos x-2\sec x+\frac{1}{3}\sec^3 x+C.$$

(2)$\int\frac{1}{\sin x+\sin^3 x}\mathrm{d}x=\int\frac{\sin x}{\sin^2 x+\sin^4 x}\mathrm{d}x\xlongequal{t=\cos x}-\int\frac{\mathrm{d}t}{(1-t^2)+(1-t^2)^2}=-\int\frac{\mathrm{d}t}{(1-t^2)(2-t^2)}$

$$=-\int\left(\frac{1}{1-t^2}-\frac{1}{2-t^2}\right)\mathrm{d}t=\frac{1}{2}\ln\left|\frac{t-1}{t+1}\right|+\frac{1}{2\sqrt{2}}\ln\left|\frac{t+\sqrt{2}}{t-\sqrt{2}}\right|+C$$

$$=\frac{1}{2}\ln\frac{1-\cos x}{\cos x+1}+\frac{1}{2\sqrt{2}}\ln\frac{\cos x+\sqrt{2}}{\sqrt{2}-\cos x}+C.$$

(2)当$R(\sin x,-\cos x)=-R(\sin x,\cos x)$**时,令**$t=\sin x$.

例9.12 求不定积分$\int\sin^2 x\cos^3 x\mathrm{d}x$.

【解】$\int\sin^2 x\cos^3 x\mathrm{d}x\xlongequal{t=\sin x}\int t^2(1-t^2)\mathrm{d}t=\int(t^2-t^4)\mathrm{d}t=\frac{t^3}{3}-\frac{t^5}{5}+C=\frac{\sin^3 x}{3}-\frac{\sin^5 x}{5}+C.$

(3)当$R(-\sin x,-\cos x)=R(\sin x,\cos x)$,**即**$R(\sin x,\cos x)=R(\tan x)$**时,令**$t=\tan x$.

【注】$R(\sin x,\cos x)=\frac{1}{2}[R(\sin x,\cos x)-R(-\sin x,\cos x)]+\frac{1}{2}[R(-\sin x,\cos x)-R(-\sin x,-\cos x)]+$

$$\frac{1}{2}[R(-\sin x,-\cos x)+R(\sin x,\cos x)]$$

$$=R_1(\sin x,\cos x)+R_2(\sin x,\cos x)+R_3(\sin x,\cos x),$$

其中 $R_1(-\sin x,\cos x)=-R_1(\sin x,\cos x)$, $R_2(\sin x,-\cos x)=-R_2(\sin x,\cos x)$,

$$R_3(-\sin x,-\cos x)=R_3(\sin x,\cos x).$$

理论上来说，三角有理式是一定可以用全角换元法解决的，但事实上，有理式的分解却并非易事．

例9.13 求不定积分$\int\frac{2\sin x+\cos x}{\sin x+2\cos x}\mathrm{d}x$．

【解】 **法一** $\int\frac{2\sin x+\cos x}{\sin x+2\cos x}\mathrm{d}x=\int\frac{2\tan x+1}{\tan x+2}\mathrm{d}x\xlongequal{t=\tan x}\int\frac{2t+1}{t+2}\cdot\frac{1}{1+t^2}\mathrm{d}t$

$$=2\int\frac{1}{1+t^2}\mathrm{d}t-3\int\frac{1}{(t+2)(1+t^2)}\mathrm{d}t$$

$$=2\arctan t-\frac{3}{5}\int\frac{1}{t+2}\mathrm{d}t+\frac{3}{5}\int\frac{t-2}{1+t^2}\mathrm{d}t$$

$$=\frac{4}{5}x-\frac{3}{5}\ln|\sin x+2\cos x|+C.$$

法二 设$\int\frac{2\sin x+\cos x}{\sin x+2\cos x}\mathrm{d}x=\int\left[\frac{A(\sin x+2\cos x)}{\sin x+2\cos x}+\frac{B(\cos x-2\sin x)}{\sin x+2\cos x}\right]\mathrm{d}x$．（$(\sin x+2\cos x)'$）

由$2\sin x+\cos x=(A-2B)\sin x+(2A+B)\cos x$，得$\begin{cases}A-2B=2,\\2A+B=1,\end{cases}$解得$A=\frac{4}{5}$，$B=-\frac{3}{5}$，所以

$$\int\frac{2\sin x+\cos x}{\sin x+2\cos x}\mathrm{d}x=\int\left[\frac{\frac{4}{5}(\sin x+2\cos x)}{\sin x+2\cos x}+\frac{-\frac{3}{5}(\cos x-2\sin x)}{\sin x+2\cos x}\right]\mathrm{d}x$$

（$(\sin x+2\cos x)'$）

$$=\frac{4}{5}x-\frac{3}{5}\ln|\sin x+2\cos x|+C.$$

2.半角万能换元(万能公式)

例9.14 求不定积分$\int\frac{1}{1+2\cos x}\mathrm{d}x$．

【解】 令$\tan\frac{x}{2}=t$，则$\mathrm{d}x=\frac{2}{1+t^2}\mathrm{d}t$，$\cos x=\frac{1-t^2}{1+t^2}$，所以

$$\int\frac{1}{1+2\cos x}\mathrm{d}x=\int\frac{1}{1+2\frac{1-t^2}{1+t^2}}\cdot\frac{2}{1+t^2}\mathrm{d}t=\int\frac{2}{3-t^2}\mathrm{d}t=\frac{1}{\sqrt{3}}\ln\left|\frac{\sqrt{3}+t}{\sqrt{3}-t}\right|+C=\frac{\sqrt{3}}{3}\ln\left|\frac{\sqrt{3}+\tan\frac{x}{2}}{\sqrt{3}-\tan\frac{x}{2}}\right|+C.$$

【注】若不符合全角换元的情形，只好使出最后一招，即

$$\int R(\sin x,\cos x)\mathrm{d}x\xlongequal{\tan\frac{x}{2}=t}\int R\left(\frac{2t}{1+t^2},\frac{1-t^2}{1+t^2}\right)\cdot\frac{2}{1+t^2}\mathrm{d}t=\int\frac{Q(t)}{P(t)}\mathrm{d}t.$$

七、求出原函数并计算积分值（D_1（常规操作））

显然，用牛顿－莱布尼茨公式即可解决.

1.定积分的牛顿－莱布尼茨公式

设函数$F(x)$是连续函数$f(x)$在$[a,b]$上的一个原函数，则

$$\int_a^b f(x)\mathrm{d}x = F(x)\Big|_a^b = F(b)-F(a).$$

2.反常积分收敛时的牛顿－莱布尼茨公式

（1）设$F(x)$是$f(x)$在相应区间上的一个原函数，则

$$\int_a^{+\infty} f(x)\mathrm{d}x = \lim_{x\to+\infty}F(x)-F(a),\ \int_{-\infty}^b f(x)\mathrm{d}x = F(b)-\lim_{x\to-\infty}F(x),$$

$$\int_{-\infty}^{+\infty} f(x)\mathrm{d}x = \int_{-\infty}^{x_0} f(x)\mathrm{d}x + \int_{x_0}^{+\infty} f(x)\mathrm{d}x.$$

（2）设$F(x)$是$f(x)$在相应区间上的一个原函数，$x=x_0$为$f(x)$的瑕点.

若$x=a$是唯一瑕点，则

$$\int_a^b f(x)\mathrm{d}x = F(b)-\lim_{x\to a^+}F(x);$$

若$x=b$是唯一瑕点，则

$$\int_a^b f(x)\mathrm{d}x = \lim_{x\to b^-}F(x)-F(a);$$

若$x=c\in(a,b)$是唯一瑕点，则

$$\int_a^b f(x)\mathrm{d}x = \int_a^c f(x)\mathrm{d}x + \int_c^b f(x)\mathrm{d}x.$$

例9.15 设$\int_1^{+\infty}\frac{a}{x(2x+a)}\mathrm{d}x=\ln 2$，则$a=$________.

【解】 应填2.

$$\int_1^{+\infty}\frac{a}{x(2x+a)}\mathrm{d}x = \ln\left|\frac{x}{2x+a}\right|\Bigg|_1^{+\infty} = -\ln 2+\ln|2+a| = \ln 2,$$

得$a=2$或$a=-6$.因为当$a=-6$时，原积分发散，故排除，所以$a=2$.

八、变限积分函数的求导

(D_1(常规操作)+D_{22}(转换等价表述)+D_{23}(化归经典形式))

1.直接求导型

可直接用求导公式①,②求导的积分称为直接求导型积分.

①$\left[\int_a^{\varphi(x)} f(t)\mathrm{d}t\right]_x' = f[\varphi(x)]\cdot\varphi'(x)$.

②$\left[\int_{\varphi_1(x)}^{\varphi_2(x)} f(t)\mathrm{d}t\right]_x' = f[\varphi_2(x)]\cdot\varphi_2'(x) - f[\varphi_1(x)]\varphi_1'(x)$.

2.换元求导型

先用换元法处理,再用求导公式①,②求导的积分称为换元求导型积分.

例9.16 设函数$f(x)$在$[0,+\infty)$内可导,$f(0)=0$,其反函数为$g(x)$.若$\int_x^{x+f(x)} g(t-x)\mathrm{d}t = x^2\ln(1+x)$,求$f(x)$.

【解】 令$t-x=u$,则$\mathrm{d}t=\mathrm{d}u$,于是

$$\int_x^{x+f(x)} g(t-x)\mathrm{d}t = \int_0^{f(x)} g(u)\mathrm{d}u = x^2\ln(1+x).$$

将等式$\int_0^{f(x)} g(u)\mathrm{d}u = x^2\ln(1+x)$两边对$x$求导,同时注意到$g[f(x)]=x$,于是有

$$xf'(x) = 2x\ln(1+x) + \frac{x^2}{1+x}.$$

当$x\neq 0$时,有$f'(x) = 2\ln(1+x) + \frac{x}{1+x}$,两边对$x$积分,得

$$\begin{aligned} f(x) &= \int\left[2\ln(1+x) + \frac{x}{1+x}\right]\mathrm{d}x = 2[\ln(1+x) + x\ln(1+x) - x] + x - \ln(1+x) + C \\ &= \ln(1+x) + 2x\ln(1+x) - x + C, \end{aligned}$$

于是$\lim\limits_{x\to 0^+} f(x) = C$,由于$f(x)$在$x=0$处右连续,且$f(0)=0$,故$C=0$,于是

$$f(x) = \ln(1+x) + 2x\ln(1+x) - x(x\geqslant 0).$$

3.拆分求导型

需先拆分区间化成若干个积分,再用求导公式①,②求导的积分(往往带绝对值)称为拆分求导型积分.

例9.17 设$|x|\leqslant 1$,求函数$f(x) = \int_{-1}^{1}|t-x|\mathrm{e}^{2t}\mathrm{d}t$的最大值.

【解】 由题设知，$f(x)=\int_{-1}^{1}|t-x|\mathrm{e}^{2t}\mathrm{d}t$

$$=\int_{-1}^{x}(x-t)\mathrm{e}^{2t}\mathrm{d}t+\int_{x}^{1}(t-x)\mathrm{e}^{2t}\mathrm{d}t$$

$$=x\int_{-1}^{x}\mathrm{e}^{2t}\mathrm{d}t-\int_{-1}^{x}t\mathrm{e}^{2t}\mathrm{d}t+\int_{x}^{1}t\mathrm{e}^{2t}\mathrm{d}t-x\int_{x}^{1}\mathrm{e}^{2t}\mathrm{d}t,$$

→ D_{22}（转换等价表述）

积分变量 t 与求导变量 x 的取值在同一区间，不需要分情况讨论.

$-1\quad x\quad 1$

$-1\quad t\quad 1$

$$f'(x)=\int_{-1}^{x}\mathrm{e}^{2t}\mathrm{d}t+x\mathrm{e}^{2x}-x\mathrm{e}^{2x}-x\mathrm{e}^{2x}-\int_{x}^{1}\mathrm{e}^{2t}\mathrm{d}t+x\mathrm{e}^{2x}=\int_{-1}^{x}\mathrm{e}^{2t}\mathrm{d}t-\int_{x}^{1}\mathrm{e}^{2t}\mathrm{d}t$$

$$=\mathrm{e}^{2x}-\frac{1}{2}(\mathrm{e}^{2}+\mathrm{e}^{-2})\overset{令}{=\!=}0,$$

得 $x=\frac{1}{2}\ln\frac{\mathrm{e}^{2}+\mathrm{e}^{-2}}{2}$ 为唯一驻点，$f''(x)=2\mathrm{e}^{2x}>0$，故 $x=\frac{1}{2}\ln\frac{\mathrm{e}^{2}+\mathrm{e}^{-2}}{2}$ 为 $f(x)$ 在 $[-1,1]$ 上的最小值点，最大值只能在端点 $x=-1$ 或 $x=1$ 处取得. 又

$$f(-1)=\frac{3}{4}\mathrm{e}^{2}+\frac{1}{4}\mathrm{e}^{-2},\ f(1)=\frac{1}{4}\mathrm{e}^{2}-\frac{5}{4}\mathrm{e}^{-2},$$

所以 $f_{\max}=f(-1)=\frac{3}{4}\mathrm{e}^{2}+\frac{1}{4}\mathrm{e}^{-2}$.

例9.18 设函数 $f(x)=\int_{0}^{1}|t^{2}-x^{2}|\mathrm{d}t\,(x>0)$，求 $f'(x)$，并求 $f(x)$ 的最小值.

→ D_{22}（转换等价表述

积分变量 t 与求导变量 x 的取值不在同一区间，需要分情况讨论.

$0\quad t\quad 1$

$0\quad x\quad +\infty$

【解】 当 $0<x\leqslant 1$ 时，$f(x)=\int_{0}^{x}|t^{2}-x^{2}|\mathrm{d}t+\int_{x}^{1}|t^{2}-x^{2}|\mathrm{d}t$

$$=\int_{0}^{x}(x^{2}-t^{2})\mathrm{d}t+\int_{x}^{1}(t^{2}-x^{2})\mathrm{d}t=\frac{4}{3}x^{3}-x^{2}+\frac{1}{3};$$

当 $x>1$ 时，

$$f(x)=\int_{0}^{1}(x^{2}-t^{2})\mathrm{d}t=x^{2}-\frac{1}{3}.$$

所以

$$f(x)=\begin{cases}\frac{4}{3}x^{3}-x^{2}+\frac{1}{3}, & 0<x\leqslant 1,\\ x^{2}-\frac{1}{3}, & x>1,\end{cases}$$

又

$$f'_{-}(1)=\lim_{x\to 1^{-}}\frac{\frac{4}{3}x^{3}-x^{2}+\frac{1}{3}-\frac{2}{3}}{x-1}=2,\ f'_{+}(1)=\lim_{x\to 1^{+}}\frac{x^{2}-\frac{1}{3}-\frac{2}{3}}{x-1}=2,$$

故

$$f'(x)=\begin{cases}4x^{2}-2x, & 0<x\leqslant 1,\\ 2x, & x>1.\end{cases}$$

由 $f'(x)=0$ 得唯一驻点 $x=\frac{1}{2}$，又 $f''\left(\frac{1}{2}\right)>0$，从而 $x=\frac{1}{2}$ 为 $f(x)$ 的最小值点，最小值为 $f\left(\frac{1}{2}\right)=\frac{1}{4}$.

4.换序型

若积分是一种累次积分(即先算里面一层积分,再算外面一层积分),一般里面一层积分不易处理,故化为二重积分再交换积分次序,称这种类型的积分为换序型积分.

例9.19　极限 $\lim\limits_{t\to 0^+}\dfrac{1}{t^5}\int_0^t \mathrm{d}y\int_y^t \dfrac{\sin(xy)^2}{x}\mathrm{d}x=$ ________.

【解】 应填 $\dfrac{1}{15}$.

将二次积分交换积分次序,得

D_{22}(转换等价表述)

$$\int_0^t \mathrm{d}y\int_y^t \frac{\sin(xy)^2}{x}\mathrm{d}x=\int_0^t \frac{1}{x}\mathrm{d}x\int_0^x \sin(xy)^2\mathrm{d}y.$$

记 $\int_0^x \sin(xy)^2\mathrm{d}y=f(x)$,则

$$\text{原极限}=\lim_{t\to 0^+}\frac{\int_0^t \frac{1}{x}f(x)\mathrm{d}x}{t^5}=\lim_{t\to 0^+}\frac{\frac{1}{t}f(t)}{5t^4}$$

$ty=u$

$$=\lim_{t\to 0^+}\frac{f(t)}{5t^5}=\lim_{t\to 0^+}\frac{\int_0^t \sin(ty)^2\mathrm{d}y}{5t^5}=\lim_{t\to 0^+}\frac{\frac{1}{t}\int_0^{t^2}\sin u^2\mathrm{d}u}{5t^5}$$

$$=\lim_{t\to 0^+}\frac{\int_0^{t^2}\sin u^2\mathrm{d}u}{5t^6}=\lim_{t\to 0^+}\frac{\sin t^4\cdot 2t}{30t^5}=\frac{1}{15}.$$

九、分段函数的积分(D_1(常规操作)$+D_{23}$(化归经典形式))

这里有三种考法.

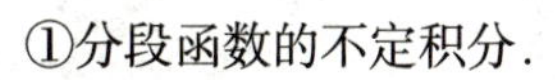

①分段函数的不定积分.

分段求原函数,并注意分段点的连续性.

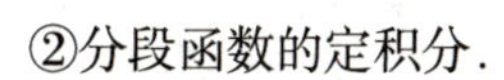

②分段函数的定积分.

分段积分再相加.

③分段函数的变限积分.

按变量x的不同取值分情况讨论,注意 $F(x)=\int_a^x f(t)\mathrm{d}t$ 为累加函数.

例9.20　函数 $f(x)=\begin{cases}\dfrac{1}{\sqrt{1+x^2}}, & x\leqslant 0,\\ (x+1)\cos x, & x>0\end{cases}$ 的一个原函数为(　　).

(A) $F(x)=\begin{cases}\ln(\sqrt{1+x^2}-x), & x\leqslant 0,\\ (x+1)\cos x-\sin x, & x>0\end{cases}$

(B) $F(x)=\begin{cases}\ln(\sqrt{1+x^2}-x)+1, & x\leqslant 0,\\ (x+1)\cos x-\sin x, & x>0\end{cases}$

(C) $F(x)=\begin{cases}\ln(\sqrt{1+x^2}+x), & x\leqslant 0,\\ (x+1)\sin x+\cos x, & x>0\end{cases}$ (D) $F(x)=\begin{cases}\ln(\sqrt{1+x^2}+x)+1, & x\leqslant 0,\\ (x+1)\sin x+\cos x, & x>0\end{cases}$

【解】 应选(D).

当$x>0$时, $F(x)=\int(x+1)\cos x\mathrm{d}x=(x+1)\sin x-\int\sin x\mathrm{d}x=(x+1)\sin x+\cos x+C_1$;

当$x\leqslant 0$时, $F(x)=\int\frac{1}{\sqrt{1+x^2}}\mathrm{d}x=\ln(\sqrt{1+x^2}+x)+C_2$.

令$\lim\limits_{x\to 0^+}F(x)=\lim\limits_{x\to 0^-}F(x)$, 可得$1+C_1=C_2$, 故取$C_1=0$, $C_2=1$, 可得$f(x)$的一个原函数

$$F(x)=\begin{cases}\ln(\sqrt{1+x^2}+x)+1, & x\leqslant 0,\\ (x+1)\sin x+\cos x, & x>0.\end{cases}$$

故选(D).

例9.21 设$f(x)=\begin{cases}\mathrm{e}^{-x}, & x\geqslant 0,\\ 1+x^2, & x<0,\end{cases}$ 则$\int_{-2}^{2}f(x-1)\mathrm{d}x=$________.

【解】 应填$13-\mathrm{e}^{-1}$.

在积分中作变量代换, 令$x-1=t$, 则

$$\int_{-2}^{2}f(x-1)\mathrm{d}x=\int_{-3}^{1}f(t)\mathrm{d}t=\int_{-3}^{0}f(t)\mathrm{d}t+\int_{0}^{1}f(t)\mathrm{d}t$$

$$=\int_{-3}^{0}(1+t^2)\,\mathrm{d}t+\int_{0}^{1}\mathrm{e}^{-t}\mathrm{d}t=\left(t+\frac{t^3}{3}\right)\Big|_{-3}^{0}-\mathrm{e}^{-t}\Big|_{0}^{1}=13-\mathrm{e}^{-1}.$$

十、几何法（D_1（常规操作）$+D_{23}$（化归经典形式））

由定积分的几何背景, 可得如下两个式子:

(1) $\int_{-a}^{a}\sqrt{a^2-x^2}\mathrm{d}x=\frac{\pi a^2}{2}$.

(2) $\int_{0}^{a}\sqrt{x(2a-x)}\mathrm{d}x=\int_{0}^{a}\sqrt{a^2-(x-a)^2}\mathrm{d}x=\frac{\pi a^2}{4}$(同理有$\int_{0}^{2a}\sqrt{x(2a-x)}\mathrm{d}x=\frac{\pi a^2}{2}$, $\int_{a}^{2a}\sqrt{x(2a-x)}\mathrm{d}x=\frac{\pi a^2}{4}$).

用好这两个式子, 有时可快速得到答案.

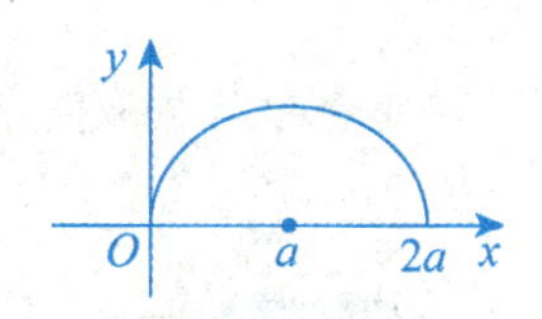

例9.22 $\int_{0}^{1}\sqrt{2x-x^2}\mathrm{d}x=$________.

【解】 应填$\frac{\pi}{4}$.

原式 $=\int_{0}^{1}\sqrt{x(2-x)}\,\mathrm{d}x\xlongequal{\text{上述(2)}}\frac{\pi}{4}$.

第10讲 一元函数积分学的应用（一）——几何应用

三向解题法

计算图形的相关几何量(测度)
(O(盯住目标))

- 计算公式 (D_1(常规操作))
- 基本图形的相关几何量大观 (D_1(常规操作))
- 各种函数表达形式的几何量计算 (D_1(常规操作)+D_{23}(化归经典形式))

一、计算公式(D_1(常规操作))

1.面积

(1)直角坐标系下的面积公式[见图(a)]：$S=\int_a^b\left|f_1(x)-f_2(x)\right|\mathrm{d}x$.

(2)极坐标系下的面积公式[见图(b)]：$S=\int_\alpha^\beta\frac{1}{2}\left|r_2^2(\theta)-r_1^2(\theta)\right|\mathrm{d}\theta$.

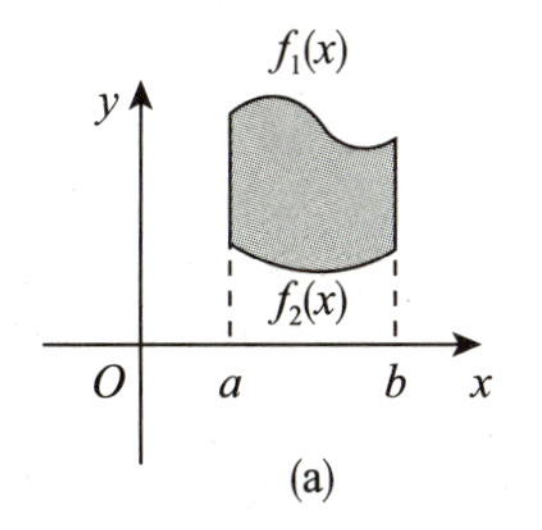

(a)

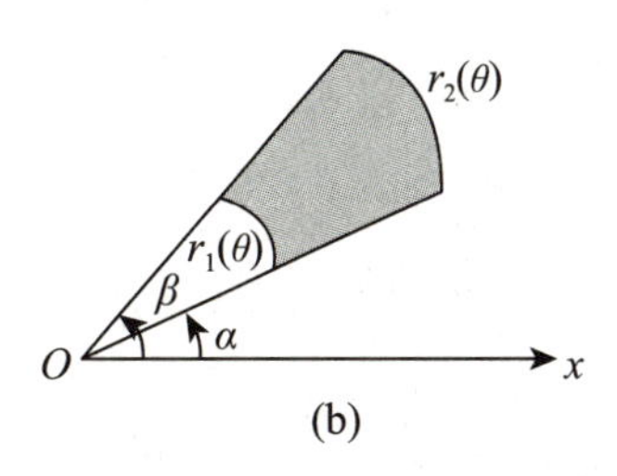

(b)

(3)曲边由参数方程$\begin{cases}x=x(t),\\y=y(t)\end{cases}(\alpha\leqslant t\leqslant\beta)$给出的曲边梯形的面积为$S=\int_a^b|y|\mathrm{d}x\xlongequal{x=x(t)}\int_\alpha^\beta|y(t)\cdot x'(t)|\mathrm{d}t$.

2. 旋转体体积

(1) 曲线 $y=f(x)$ 与 $x=a$，$x=b(a<b)$ 及 x 轴围成的曲边梯形[见图(a)]绕 x 轴旋转一周所得旋转体的体积为

$$V=\pi\int_a^b f^2(x)\mathrm{d}x\ .$$

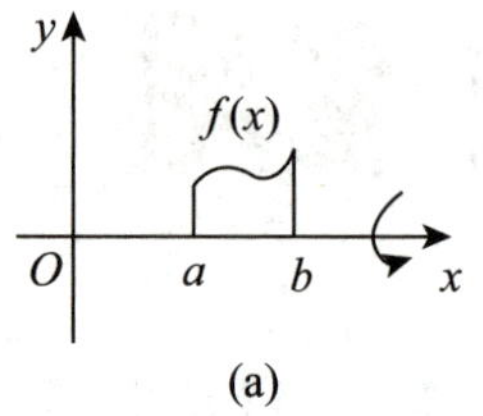

(a)

(2) 曲线 $y=f(x)$ 与 $x=a$，$x=b(0\leqslant a<b)$ 及 x 轴围成的曲边梯形[见图(b)]绕 y 轴旋转一周所得旋转体的体积为

$$V=2\pi\int_a^b x|f(x)|\mathrm{d}x.$$

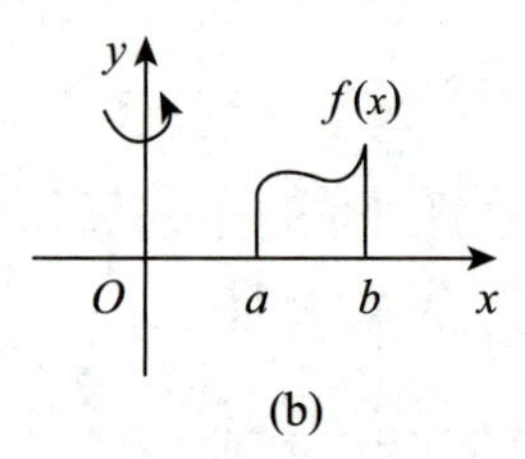

(b)

(3) 平面曲线绕定直线旋转.

设平面曲线 L: $y=f(x)$，$a\leqslant x\leqslant b$，且 $f(x)$ 可导.

定直线 L_0: $Ax+By+C=0$，且 L_0 的任一条垂线与 L 至多有一个交点，如图(c)所示，则 L 绕 L_0 旋转一周所得旋转体的体积为

考前记一记，喝前摇一摇.

$$V=\frac{\pi}{(A^2+B^2)^{\frac{3}{2}}}\int_a^b[Ax+Bf(x)+C]^2|Af'(x)-B|\mathrm{d}x.$$

(c)

特别地，若 $A=C=0$，$B\neq 0$，则 L_0 为 $y=0$（x 轴），如图(a)所示，则 L 绕 L_0 旋转一周所得旋转体的体积为

$$V=\pi\int_a^b f^2(x)\mathrm{d}x.$$

(4)设平面图形 $D=\{(r,\ \theta)|0\leqslant r\leqslant r(\theta),\ \theta\in[\alpha,\ \beta]\subset[0,\ \pi]\}$,如图(d)所示,则 D 绕极轴旋转一周所得旋转体的体积为

考前记一记,喝前摇一摇.

$$V=\frac{2}{3}\pi\int_{\alpha}^{\beta}r^{3}(\theta)\sin\theta\mathrm{d}\theta.$$

θ=β
r=r(θ)
θ=α
O
x

(d)

3.平均值

设 $x\in[a,\ b]$,函数 $f(x)$ 在 $[a,\ b]$ 上的平均值为

$$\bar{f}=\frac{1}{b-a}\int_{a}^{b}f(x)\mathrm{d}x\ .$$

4.平面曲线的弧长(仅数学一、数学二)

(1)若平面光滑曲线由直角坐标方程 $y=y(x)(a\leqslant x\leqslant b)$ 给出,则

$$s=\int_{a}^{b}\sqrt{1+[y'(x)]^{2}}\ \mathrm{d}x.$$

(2)若平面光滑曲线由极坐标方程 $r=r(\theta)(\alpha\leqslant\theta\leqslant\beta)$ 给出,则

$$s=\int_{\alpha}^{\beta}\sqrt{[r(\theta)]^{2}+[r'(\theta)]^{2}}\ \mathrm{d}\theta.$$

(3)若平面光滑曲线由参数方程 $\begin{cases}x=x(t),\\y=y(t)\end{cases}(\alpha\leqslant t\leqslant\beta)$ 给出,则

$$s=\int_{\alpha}^{\beta}\sqrt{[x'(t)]^{2}+[y'(t)]^{2}}\ \mathrm{d}t.$$

5.旋转曲面的面积(侧面积)(仅数学一、数学二)

(1)曲线 $y=y(x)$ 在区间 $[a,\ b]$ 上的曲线弧段绕 x 轴旋转一周所得旋转曲面的面积为

$$S=2\pi\int_{a}^{b}|y(x)|\sqrt{1+[y'(x)]^{2}}\ \mathrm{d}x.$$

(2)曲线 $r=r(\theta)$ 在区间 $[\alpha,\ \beta]\subset[0,\ \pi]$ 上的曲线弧段绕 x 轴旋转一周所得旋转曲面的面积为

$$S=2\pi\int_{\alpha}^{\beta}|r(\theta)\sin\theta|\sqrt{[r(\theta)]^{2}+[r'(\theta)]^{2}}\ \mathrm{d}\theta.$$

(3)曲线 $\begin{cases}x=x(t),\\y=y(t)\end{cases}(\alpha\leqslant t\leqslant\beta,\ x'(t)\neq0)$ 在区间 $[\alpha,\ \beta]$ 上的曲线弧段绕 x 轴旋转一周所得旋转曲面的面积为

$$S=2\pi\int_{\alpha}^{\beta}|y(t)|\sqrt{[x'(t)]^{2}+[y'(t)]^{2}}\mathrm{d}t.$$

二、基本图形的相关几何量大观（D$_1$（常规操作））

在数学试题中，经常考到基本图形的某些几何量，现将此问题汇总于此，一是供考生练习之用，后附详解；二是供考生时常翻阅.图形与对应表达式须熟知，表格中打“(*)”的几何量，可记之.

图形	表达式	所围面积	绕轴体积	弧长(仅数学一、数学二)
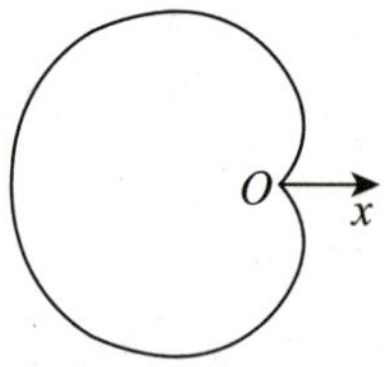	$r=a(1-\cos\theta)$ $(a>0)$	(*) $\frac{3}{2}\pi a^2$ $(0\leqslant\theta\leqslant2\pi)$	(*) $\frac{8}{3}\pi a^3$ (绕极轴)	(*) $8a$ $(0\leqslant\theta\leqslant2\pi)$
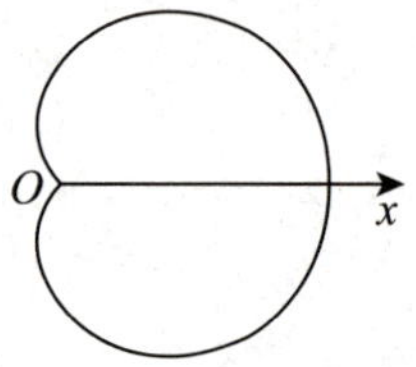	$r=a(1+\cos\theta)$ $(a>0)$	$\frac{3}{2}\pi a^2$ $(0\leqslant\theta\leqslant2\pi)$	$\frac{8}{3}\pi a^3$ (绕极轴)	$8a$ $(0\leqslant\theta\leqslant2\pi)$
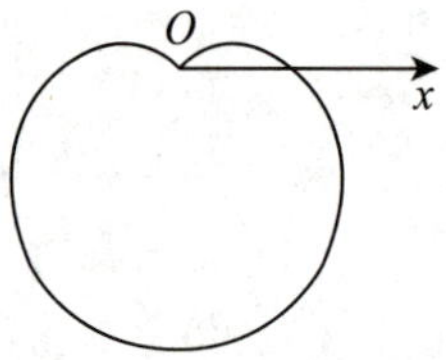	$r=a(1-\sin\theta)$ $(a>0)$	$\frac{3}{2}\pi a^2$ $(0\leqslant\theta\leqslant2\pi)$	/	$8a$ $(0\leqslant\theta\leqslant2\pi)$
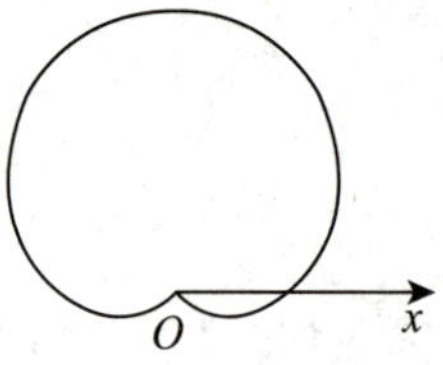	$r=a(1+\sin\theta)$ $(a>0)$	$\frac{3}{2}\pi a^2$ $(0\leqslant\theta\leqslant2\pi)$	/	$8a$ $(0\leqslant\theta\leqslant2\pi)$
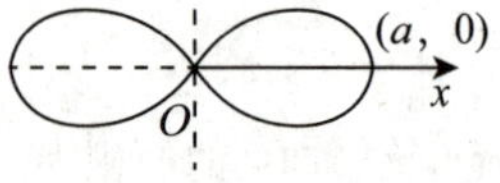	$r^2=a^2\cos2\theta$ $(a>0)$	a^2 $(0\leqslant\theta\leqslant2\pi)$	$\frac{\sqrt{2}}{8}\pi^2a^3$ (绕y轴)	/
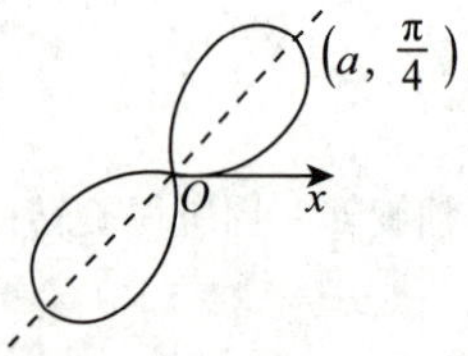	$r^2=a^2\sin2\theta$ $(a>0)$	a^2 $(0\leqslant\theta\leqslant2\pi)$	$\frac{\pi^2}{4}a^3$ (绕极轴)	/

续表

图形	表达式	所围面积	绕轴体积	弧长(仅数学一、数学二)
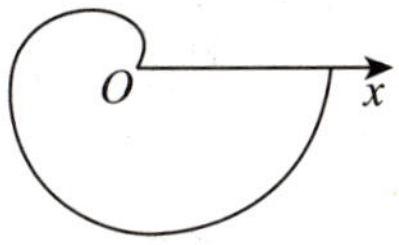	$r=a\theta$ $(a>0,\theta\geqslant 0)$	$\frac{4}{3}a^2\pi^3$ ($(0,\ 2\pi)$段与极轴所围)	/	/
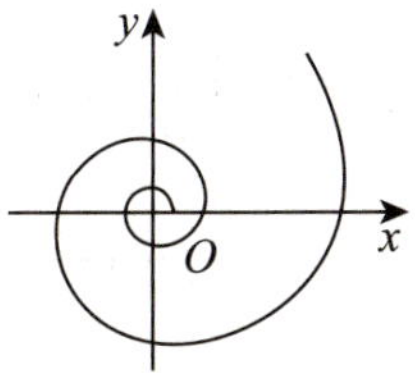	$r=e^{a\theta}$ $(a>0)$	$\frac{1}{4a}(e^{4a\pi}-1)$ ($(0,\ 2\pi)$段与极轴所围)	/	$\frac{\sqrt{1+a^2}}{a}(e^{2a\pi}-1)$ $(0\leqslant\theta\leqslant 2\pi)$
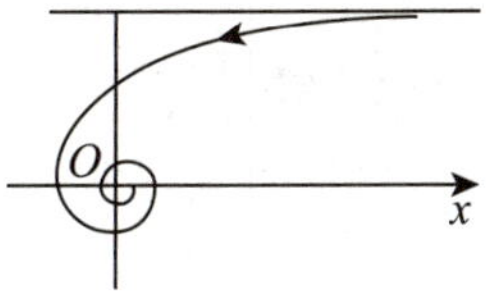	$r\theta=a$ $(a>0)$	$\frac{a^2}{2}\left(1-\frac{\sqrt{3}}{3}\right)$ ($(1,\sqrt{3})$段与极轴所围)	/	/
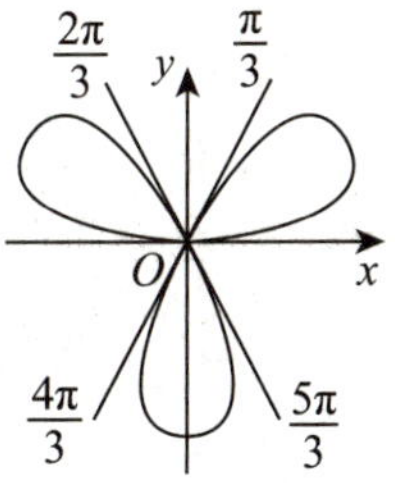	$r=a\sin 3\theta$ $(a>0)$	$\frac{\pi a^2}{4}$ $(0\leqslant\theta\leqslant 2\pi)$	/	/
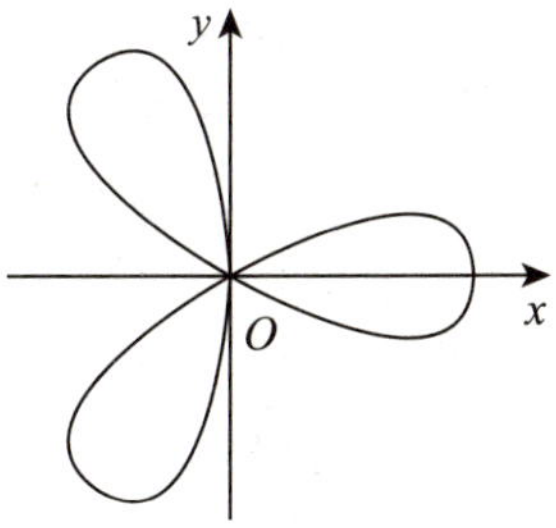	$r=a\cos 3\theta$ $(a>0)$	$\frac{\pi}{4}a^2$ $(0\leqslant\theta\leqslant 2\pi)$	/	/
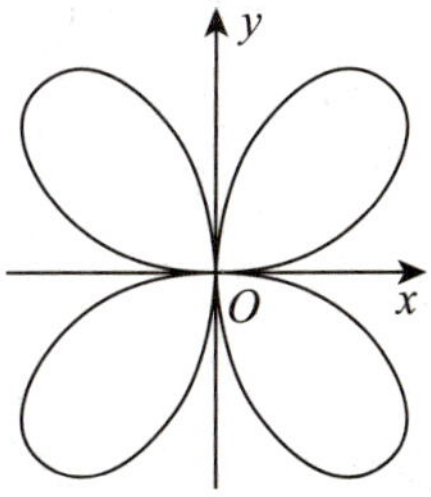	$r=a\sin 2\theta$ $(a>0)$	$\frac{\pi}{2}a^2$ $(0\leqslant\theta\leqslant 2\pi)$	/	/

续表

图形	表达式	所围面积	绕轴体积	弧长(仅数学一、数学二)
	$r=a\cos 2\theta$ $(a>0)$	$\frac{\pi}{2}a^2$ $(0\leqslant\theta\leqslant 2\pi)$	/	/
	$\begin{cases}x=a(t-\sin t),\\y=a(1-\cos t)\end{cases}$ $(a>0)$	(*) $3\pi a^2$ $(0\leqslant t\leqslant 2\pi)$	(*) $5\pi^2a^3$ $(0\leqslant t\leqslant 2\pi)$(绕$x$轴)	(*) $8a$ $(0\leqslant t\leqslant 2\pi)$
	$\begin{cases}x=a\cos^3 t,\\y=a\sin^3 t\end{cases}$ 或$x^{\frac{2}{3}}+y^{\frac{2}{3}}=a^{\frac{2}{3}}$ $(a>0)$	(*) $\frac{3}{8}\pi a^2$ $(0\leqslant t\leqslant 2\pi)$	(*) $\frac{32\pi}{105}a^3$ (绕x轴)	(*) $6a$ $(0\leqslant t\leqslant 2\pi)$
	$x^3+y^3-3axy=0$ 或 $\begin{cases}x=\frac{3at}{1+t^3},\\y=\frac{3at^2}{1+t^3}\end{cases}(a>0)$	$\frac{3}{2}a^2$	/	/

例10.1 求心形线$r=a(1-\cos\theta)(a>0,\ 0\leqslant\theta\leqslant 2\pi)$ [见图(a)]的弧长**(仅数学一、数学二)**、所围图形的面积以及绕Ox轴旋转得到的旋转体的体积.

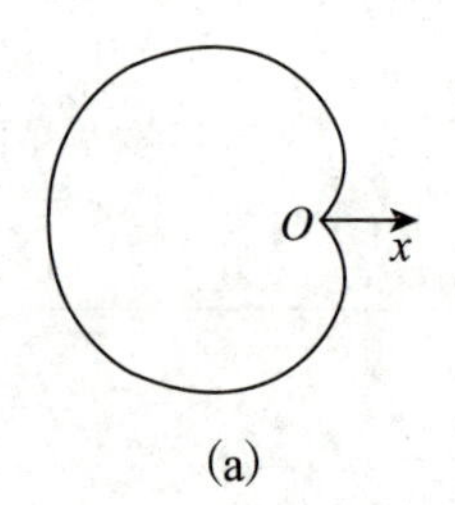

(a)

【解】 ①心形线的弧长为

$$s=2\int_0^{\pi}\sqrt{r^2(\theta)+[r'(\theta)]^2}\,\mathrm{d}\theta=2\int_0^{\pi}\sqrt{a^2(1-\cos\theta)^2+a^2\sin^2\theta}\,\mathrm{d}\theta$$

$$=2\int_0^{\pi}\sqrt{a^2(1-2\cos\theta+\cos^2\theta)+a^2\sin^2\theta}\,\mathrm{d}\theta$$

$$=2\sqrt{2}a\int_0^{\pi}\sqrt{1-\cos\theta}\,\mathrm{d}\theta=2\sqrt{2}a\int_0^{\pi}\sqrt{2\sin^2\frac{\theta}{2}}\,\mathrm{d}\theta=4a\int_0^{\pi}\sin\frac{\theta}{2}\,\mathrm{d}\theta=8a.$$

②所围图形的面积为

$$S=2\int_0^{\pi}\frac{1}{2}r^2(\theta)\,\mathrm{d}\theta=2\int_0^{\pi}\frac{1}{2}a^2(1-\cos\theta)^2\,\mathrm{d}\theta=a^2\int_0^{\pi}4\sin^4\frac{\theta}{2}\,\mathrm{d}\theta$$

$$=8a^2\int_0^{\frac{\pi}{2}}\sin^4t\,\mathrm{d}t=8a^2\times\frac{3}{4}\times\frac{1}{2}\times\frac{\pi}{2}=\frac{3}{2}\pi a^2.$$

③曲线绕 Ox 轴旋转得到的旋转体的体积为

$$V=\frac{2\pi}{3}\int_0^{\pi}r^3(\theta)\sin\theta\,\mathrm{d}\theta=-\frac{2\pi}{3}\int_0^{\pi}a^3(1-\cos\theta)^3\,\mathrm{d}(\cos\theta)$$

$$=-\frac{2\pi}{3}a^3\int_1^{-1}(1-t)^3\,\mathrm{d}t=\frac{2\pi}{3}a^3\int_0^2u^3\,\mathrm{d}u=\frac{8}{3}\pi a^3.$$

【注】如图(b)所示，心形线的弧长为 $8a$，所围图形的面积为 $\frac{3}{2}\pi a^2$，曲线绕 Ox 轴旋转得到的旋转体的体积为 $\frac{8}{3}\pi a^3$.

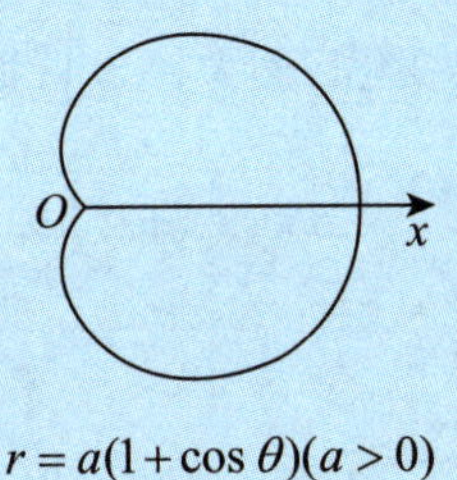

$r=a(1+\cos\theta)(a>0)$

(b)

计算过程：

①心形线的弧长为

$$s=2\int_0^{\pi}\sqrt{r^2(\theta)+[r'(\theta)]^2}\,\mathrm{d}\theta=2\int_0^{\pi}\sqrt{a^2(1+\cos\theta)^2+(-a\sin\theta)^2}\,\mathrm{d}\theta$$

$$=2\sqrt{2}a\int_0^{\pi}\sqrt{1+\cos\theta}\,\mathrm{d}\theta=2\sqrt{2}a\int_0^{\pi}\sqrt{2\cos^2\frac{\theta}{2}}\,\mathrm{d}\theta$$

$$=4a\int_0^{\pi}\cos\frac{\theta}{2}\,\mathrm{d}\theta=4a\cdot2\sin\frac{\theta}{2}\Big|_0^{\pi}=8a.$$

②所围成图形的面积为

$$
\begin{aligned}
S&=2\int_0^{\pi}\frac{1}{2}r^2(\theta)\mathrm{d}\theta\\
&=2\int_0^{\pi}\frac{1}{2}a^2(1+\cos\theta)^2\mathrm{d}\theta=\int_0^{\pi}a^2(1+\cos\theta)^2\mathrm{d}\theta\\
&=a^2\int_0^{\pi}4\cos^4\frac{\theta}{2}\mathrm{d}\theta=8a^2\int_0^{\frac{\pi}{2}}\cos^4t\mathrm{d}t\\
&=8a^2\times\frac{3}{4}\times\frac{1}{2}\times\frac{\pi}{2}=\frac{3}{2}\pi a^2.
\end{aligned}
$$

③曲线绕 Ox 轴旋转得到的旋转体的体积为

$$
\begin{aligned}
V&=\frac{2\pi}{3}\int_0^{\pi}r^3(\theta)\sin\theta\mathrm{d}\theta\\
&=-\frac{2\pi}{3}\int_0^{\pi}a^3(1+\cos\theta)^3\mathrm{d}(\cos\theta)\\
&=-\frac{2\pi}{3}a^3\int_1^{-1}(1+t)^3\mathrm{d}t\\
&=-\frac{2\pi}{3}a^3\int_2^{0}u^3\mathrm{d}u=\frac{8}{3}\pi a^3.
\end{aligned}
$$

例10.2 求阿基米德螺线 $r=a\theta(a>0,0\leqslant\theta\leqslant2\pi)$（见图）与 Ox 轴所围图形的面积.

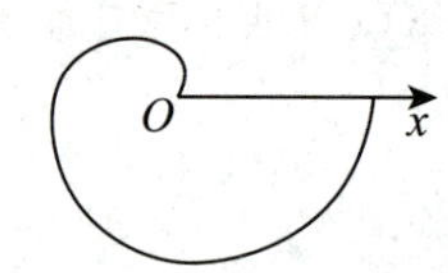

【解】在指定的这段螺线上，θ 的变化区间为 $[0,2\pi]$，面积微元为

$$\mathrm{d}S=\frac{1}{2}(a\theta)^2\mathrm{d}\theta,$$

于是所求面积为

$$S=\int_0^{2\pi}\frac{a^2}{2}\theta^2\mathrm{d}\theta=\frac{a^2}{2}\cdot\frac{\theta^3}{3}\bigg|_0^{2\pi}=\frac{4}{3}a^2\pi^3.$$

例10.3 求三叶玫瑰线 $r=a\sin3\theta(a>0)$ [见图(a)]所围图形的面积.

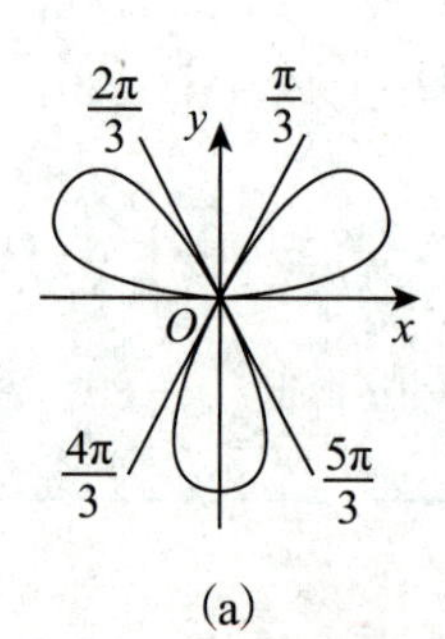

(a)

【解】所围图形的面积为

$$S=3\int_0^{\frac{\pi}{3}}\frac{1}{2}r^2(\theta)\mathrm{d}\theta=\frac{3}{2}a^2\int_0^{\frac{\pi}{3}}\sin^2 3\theta\mathrm{d}\theta\xlongequal{t=3\theta}\frac{a^2}{2}\int_0^{\pi}\sin^2 t\mathrm{d}t=\frac{a^2}{2}\times 2\times\frac{1}{2}\times\frac{\pi}{2}=\frac{\pi}{4}a^2.$$

【注】如图(b)所示，三叶玫瑰线所围图形的面积为 $\frac{\pi a^2}{4}$.

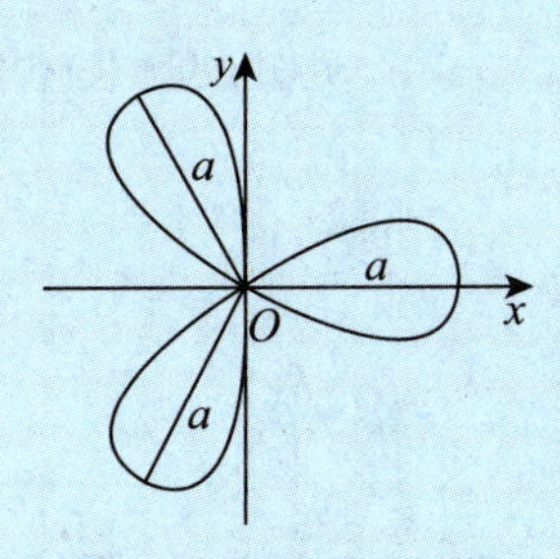

$r=a\cos 3\theta(a>0)$

(b)

计算过程：

$$S=3\int_{-\frac{\pi}{6}}^{\frac{\pi}{6}}\frac{1}{2}r^2(\theta)\mathrm{d}\theta=\frac{3}{2}a^2\int_{-\frac{\pi}{6}}^{\frac{\pi}{6}}\cos^2 3\theta\mathrm{d}\theta=3a^2\int_0^{\frac{\pi}{6}}\cos^2 3\theta\mathrm{d}\theta$$

$$\xlongequal{t=3\theta}a^2\int_0^{\frac{\pi}{2}}\cos^2 t\mathrm{d}t=a^2\times\frac{1}{2}\times\frac{\pi}{2}=\frac{\pi}{4}a^2.$$

例10.4 求摆线 $\begin{cases}x=a(t-\sin t),\\ y=a(1-\cos t)\end{cases}(a>0)$ (见图)一拱的弧长(**仅数学一、数学二**)、与 x 轴所围图形的面积及绕 x 轴旋转一周得到的旋转体的体积.

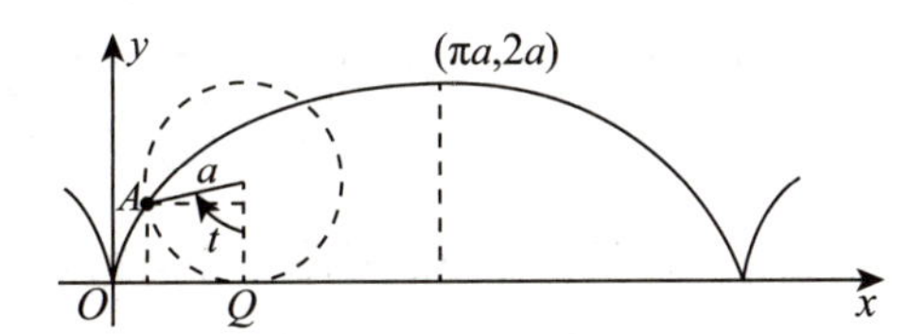

【解】①摆线一拱的弧长为

$$s=\int_0^{2\pi}\sqrt{\left[x'(t)\right]^2+\left[y'(t)\right]^2}\mathrm{d}t$$

$$=a\int_0^{2\pi}\sqrt{(1-\cos t)^2+\sin^2 t}\mathrm{d}t$$

$$=2a\int_0^{2\pi}\sin\frac{t}{2}\mathrm{d}t=-4a\cos\frac{t}{2}\Big|_0^{2\pi}=8a.$$

②摆线一拱与 x 轴所围图形的面积为

$$S=\int_{0}^{2\pi a}y(x)\mathrm{d}x=a^{2}\int_{0}^{2\pi}(1-\cos t)^{2}\mathrm{d}t=a^{2}\int_{0}^{2\pi}(1+\cos^{2}t-2\cos t)\mathrm{d}t=\left(2\pi+4\times\frac{1}{2}\times\frac{\pi}{2}-0\right)a^{2}=3\pi a^{2}.$$

③摆线一拱绕 x 轴旋转一周得到的旋转体体积为

$$V_{x}=\int_{0}^{2\pi a}\pi y^{2}(x)\mathrm{d}x=\pi a^{3}\int_{0}^{2\pi}(1-\cos t)^{3}\mathrm{d}t=\pi a^{3}\int_{0}^{2\pi}\left(1-3\cos t+3\cos^{2}t-\cos^{3}t\right)\mathrm{d}t=\pi a^{3}\left(2\pi+3\times4\times\frac{1}{2}\times\frac{\pi}{2}\right)=5\pi^{2}a^{3}.$$

例10.5 求星形线 $x^{\frac{2}{3}}+y^{\frac{2}{3}}=a^{\frac{2}{3}}(a>0)$（见图）的弧长（**仅数学一、数学二**）、所围图形的面积及绕 x 轴旋转一周所得旋转体的体积.

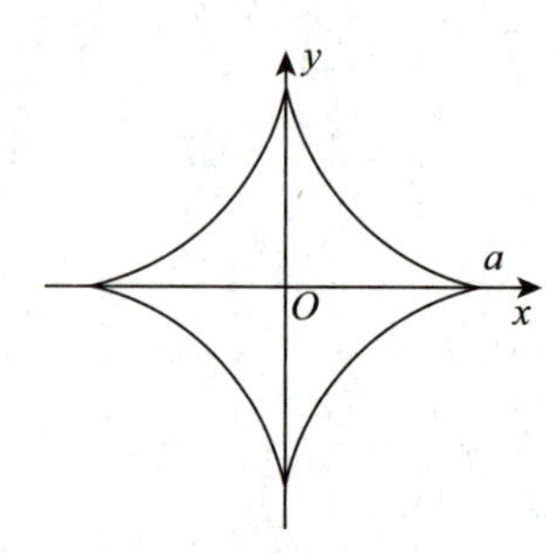

【解】①星形线的弧长为

$$s=4a\int_{0}^{\frac{\pi}{2}}\sqrt{9\cos^{4}t\sin^{2}t+9\sin^{4}t\cos^{2}t}\mathrm{d}t=12a\int_{0}^{\frac{\pi}{2}}\sin t\cos t\mathrm{d}t$$

$$=6a\sin^{2}t\Big|_{0}^{\frac{\pi}{2}}=6a.$$

②所围图形的面积为 $S=4\int_{0}^{a}y(x)\mathrm{d}x$，其中 $x=a\cos^{3}t$，$y=a\sin^{3}t$，即

$$S=4a^{2}\int_{\frac{\pi}{2}}^{0}\sin^{3}t\mathrm{d}(\cos^{3}t)=4a^{2}\int_{0}^{\frac{\pi}{2}}\sin^{4}t\cdot3\cos^{2}t\mathrm{d}t$$

$$=12a^{2}\int_{0}^{\frac{\pi}{2}}\sin^{4}t(1-\sin^{2}t)\mathrm{d}t=12a^{2}\left(\int_{0}^{\frac{\pi}{2}}\sin^{4}t\mathrm{d}t-\int_{0}^{\frac{\pi}{2}}\sin^{6}t\mathrm{d}t\right)$$

$$=12a^{2}\left(\frac{3}{4}\times\frac{1}{2}\times\frac{\pi}{2}-\frac{5}{6}\times\frac{3}{4}\times\frac{1}{2}\times\frac{\pi}{2}\right)=\frac{3}{8}\pi a^{2}.$$

③曲线绕 x 轴旋转一周得到的旋转体体积为

$$V_{x}=2\int_{0}^{a}\pi y^{2}\mathrm{d}x=6a^{3}\int_{0}^{\frac{\pi}{2}}\pi\sin^{6}t\cdot\cos^{2}t\cdot\sin t\mathrm{d}t$$

$$=6\pi a^{3}\int_{0}^{\frac{\pi}{2}}\sin^{7}t(1-\sin^{2}t)\mathrm{d}t$$

$$=6\pi a^{3}\left(\frac{6}{7}\times\frac{4}{5}\times\frac{2}{3}-\frac{8}{9}\times\frac{6}{7}\times\frac{4}{5}\times\frac{2}{3}\right)$$

$$=\frac{32\pi}{105}a^3.$$

例10.6 求笛卡儿叶形线 $x^3+y^3-3axy=0\ (a>0)$ (见图，参数方程为 $\begin{cases}x=\dfrac{3at}{1+t^3},\\ y=\dfrac{3at^2}{1+t^3}\end{cases}(a>0)$)所围图形的面积及渐近线.

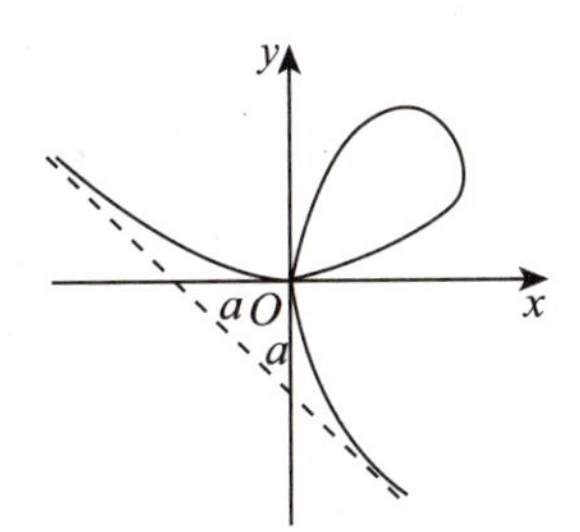

【解】①令 $x=r\cos\theta$，$y=r\sin\theta$，则 $r=\dfrac{3a\sin\theta\cos\theta}{\sin^3\theta+\cos^3\theta}$，$\theta\in\left[0,\dfrac{\pi}{2}\right]$，则所求面积为

$$S=\int_0^{\frac{\pi}{2}}\frac{1}{2}r^2\mathrm{d}\theta=\frac{9}{2}a^2\int_0^{\frac{\pi}{2}}\frac{\sin^2\theta\cdot\cos^2\theta}{(\sin^3\theta+\cos^3\theta)^2}\mathrm{d}\theta$$

$$=\frac{9}{2}a^2\int_0^{\frac{\pi}{2}}\frac{\tan^2\theta}{(1+\tan^3\theta)^2}\mathrm{d}(\tan\theta)=\frac{3}{2}a^2.$$

②由于 $x=\dfrac{3at}{1+t^3}$，$y=\dfrac{3at^2}{1+t^3}$，则

此过程要熟练掌握 D_{23}（化归经典形式）

$$k=\lim_{x\to\infty}\frac{y}{x}=\lim_{t\to-1}\frac{\dfrac{3at^2}{1+t^3}}{\dfrac{3at}{1+t^3}}=-1,$$

$$b=\lim_{x\to\infty}(y+x)=\lim_{t\to-1}\frac{3at+3at^2}{1+t^3}=\lim_{t\to-1}\frac{3at(1+t)}{(1+t)(t^2-t+1)}=\lim_{t\to-1}\frac{3at}{t^2-t+1}=-a,$$

故渐近线方程为 $y=-x-a$，即 $x+y+a=0$.

三、各种函数表达形式的几何量计算

(D_1（常规操作）+D_{23}（化归经典形式）)

1. 求幂函数表达式的几何量

例10.7 设 $y=\lim\limits_{n\to\infty}\dfrac{1+x}{1+nx^{2n}}$，则曲线 $y=y(x)$ 与 x 轴及 $x=1$ 所围图形的面积为________.

【解】应填2.

当$|x|<1, n\to\infty$时，$x^{2n}\to 0, \dfrac{1+x}{1+nx^{2n}}\to 1+x$；

当$|x|\geqslant 1, n\to\infty$时，$nx^{2n}\to+\infty, \dfrac{1+x}{1+nx^{2n}}\to 0$，故

$$y=\begin{cases}0, & |x|\geqslant 1,\\ 1+x, & |x|<1,\end{cases}$$

则曲线$y=y(x)$与x轴及$x=1$所围图形的面积为$\int_{-1}^{1}(1+x)\mathrm{d}x=\left(x+\dfrac{x^2}{2}\right)\Big|_{-1}^{1}=2$.

例10.8 (仅数学一、数学二)设函数$f(x)$满足$\int\dfrac{f(x)}{\sqrt{x}}\mathrm{d}x=\dfrac{1}{6}x^2-x+C$，$L$为曲线$y=f(x)$ $(4\leqslant x\leqslant 9)$.求$L$绕$x$轴旋转所成旋转曲面的面积.

【解】 在等式$\int\dfrac{f(x)}{\sqrt{x}}\mathrm{d}x=\dfrac{1}{6}x^2-x+C$两端对$x$求导，得

$$f(x)=\frac{1}{3}x\sqrt{x}-\sqrt{x}.$$

L绕x轴旋转所成旋转曲面的面积为

$$\begin{aligned}A&=2\pi\int_4^9 f(x)\sqrt{1+[f'(x)]^2}\mathrm{d}x\\&=2\pi\int_4^9\left(\frac{1}{3}x\sqrt{x}-\sqrt{x}\right)\cdot\frac{1}{2}\left(\sqrt{x}+\frac{1}{\sqrt{x}}\right)\mathrm{d}x\\&=\pi\int_4^9\left(\frac{1}{3}x^2-\frac{2}{3}x-1\right)\mathrm{d}x\\&=\frac{425}{9}\pi.\end{aligned}$$

例10.9 已知$y=\sqrt{x}a^{-\frac{x}{2a}}(a>1, 0\leqslant x<+\infty)$与$x$轴中间部分区域绕$x$轴旋转一周生成的旋转体的体积为$\pi\mathrm{e}^2$，则$a=$________.

【解】 应填e.

所对应的旋转体的体积为 $V(a)=\pi\int_0^{+\infty}y^2(x)\mathrm{d}x=\pi\int_0^{+\infty}xa^{-\frac{x}{a}}\mathrm{d}x=-\dfrac{a\pi}{\ln a}\int_0^{+\infty}x\mathrm{d}\left(a^{-\frac{x}{a}}\right)$

$$=-\frac{a\pi}{\ln a}\left(xa^{-\frac{x}{a}}\right)\Big|_0^{+\infty}+\frac{a\pi}{\ln a}\int_0^{+\infty}a^{-\frac{x}{a}}\mathrm{d}x=\pi\left(\frac{a}{\ln a}\right)^2=\pi\mathrm{e}^2,$$

故$a=\mathrm{e}$.

2.求三角函数表达式的几何量

例10.10 (仅数学一、数学二)曲线$y=\int_0^x\sqrt{\cos t}\mathrm{d}t$的全长为______.

【解】 应填4.

因为$y(0)=0$，故$x=0$对应的点$(0,0)$在曲线上，且要求$\cos t\geqslant 0$，曲线y在$-\frac{\pi}{2}\leqslant x\leqslant\frac{\pi}{2}$上存在，则有

$y'=\sqrt{\cos x}$，$\mathrm{d}s=\sqrt{1+(y')^2}\mathrm{d}x=\sqrt{1+\cos x}\mathrm{d}x$，故

$$s=\int_{-\frac{\pi}{2}}^{\frac{\pi}{2}}\sqrt{1+\cos x}\mathrm{d}x=2\sqrt{2}\int_0^{\frac{\pi}{2}}\cos\frac{x}{2}\mathrm{d}x=4.$$

3. 求对数函数表达式的几何量

例10.11 **(仅数学一、数学二)**计算下列曲线的弧长.

(1) $y=\ln\cos x\left(0\leqslant x\leqslant\frac{\pi}{6}\right)$;

(2) $\ln y+2x-\frac{1}{2}y^2=0(1\leqslant y\leqslant \mathrm{e})$.

【解】 (1)由题可得，$y'=-\tan x$，则弧长

$$s=\int_0^{\frac{\pi}{6}}\sqrt{1+y'^2}\mathrm{d}x=\int_0^{\frac{\pi}{6}}\sqrt{1+\tan^2 x}\mathrm{d}x=\int_0^{\frac{\pi}{6}}\sec x\mathrm{d}x$$

$$=\ln|\sec x+\tan x|\Big|_0^{\frac{\pi}{6}}=\ln\left(\frac{2}{\sqrt{3}}+\frac{1}{\sqrt{3}}\right)=\frac{1}{2}\ln 3.$$

(2)由题可得，$x=\frac{1}{4}y^2-\frac{1}{2}\ln y$. 视$y$为自变量，则弧长为

$$s=\int_1^{\mathrm{e}}\sqrt{1+x_y'^2}\mathrm{d}y=\int_1^{\mathrm{e}}\sqrt{1+\left(\frac{y}{2}-\frac{1}{2y}\right)^2}\mathrm{d}y=\int_1^{\mathrm{e}}\frac{1}{2}\left(y+\frac{1}{y}\right)\mathrm{d}y=\frac{1}{4}(\mathrm{e}^2+1).$$

例10.12 求曲线$(y+1)^2=(2-x)\ln x$在区间$[1,2]$上所围成的平面图形绕直线$y=-1$旋转一周所生成的旋转体的体积.

【解】 **法一** 令$f(x,y)=(y+1)^2+(x-2)\ln x$，则$f(x,y)=0$所围图形绕直线$y=-1$旋转一周所成旋转体的体积$V$与$y^2=-(x-2)\ln x$所围图形绕直线$y=0$旋转一周所得旋转体的体积$V_1$相等，故

$$V=V_1=\pi\int_1^2 y^2\mathrm{d}x=\pi\int_1^2(2-x)\ln x\mathrm{d}x=\left(2\ln 2-\frac{5}{4}\right)\pi.$$

法二 所围图形绕直线$y=-1$旋转一周所得旋转体的体积为

$$V=\pi\int_1^2(y+1)^2\mathrm{d}x=\pi\int_1^2(2-x)\ln x\mathrm{d}x=\left(2\ln 2-\frac{5}{4}\right)\pi.$$

4. 求指数函数表达式的几何量

例10.13 $y=\sqrt{x}\mathrm{e}^{-\frac{3}{2}x}(x\geqslant 0)$下方及$x$轴上方的无界区域绕$x$轴旋转一周所生成的旋转体的体积

为________.

【解】 应填$\frac{\pi}{9}$.

所求旋转体的体积为

$$V=\int_0^{+\infty}\pi y^2\mathrm{d}x=\pi\int_0^{+\infty}x\mathrm{e}^{-3x}\mathrm{d}x=\pi\left(-\frac{x}{3}\mathrm{e}^{-3x}\Big|_0^{+\infty}+\frac{1}{3}\int_0^{+\infty}\mathrm{e}^{-3x}\mathrm{d}x\right)=\frac{\pi}{3}\cdot\frac{-1}{3}\mathrm{e}^{-3x}\Big|_0^{+\infty}=\frac{\pi}{9}.$$

例10.14 **(仅数学一、数学二)**求曲线$y=\frac{\mathrm{e}^x+\mathrm{e}^{-x}}{2}$，$x=0$，$x=t(t>0)$，$y=0$所围成的曲边梯形绕$x$轴旋转一周所得旋转体的侧面积.

【解】 所求侧面积为

$$\begin{aligned}S(t)&=\int_0^t 2\pi y\sqrt{1+y'^2}\mathrm{d}x\\&=2\pi\int_0^t\left(\frac{\mathrm{e}^x+\mathrm{e}^{-x}}{2}\right)\sqrt{1+\frac{\mathrm{e}^{2x}-2+\mathrm{e}^{-2x}}{4}}\,\mathrm{d}x\\&=2\pi\int_0^t\left(\frac{\mathrm{e}^x+\mathrm{e}^{-x}}{2}\right)^2\mathrm{d}x=\frac{\pi}{4}(\mathrm{e}^{2t}-\mathrm{e}^{-2t}+4t).\end{aligned}$$

第11讲 一元函数积分学的应用(二)——积分等式与积分不等式

第一部分 定积分等式问题

三向解题法

定积分等式问题(O(盯住目标))

- 与字母无关性(D₁(常规操作))
- 线性性(D₁(常规操作))
- 方向性(D₁(常规操作))
- "祖孙三代"($\int_a^x f(t)\mathrm{d}t, f(x), f'(x)$)的奇偶性(D₁(常规操作))
- 可加(可拆)性(D₁(常规操作)+D₂₃(化归经典形式))
- "祖孙三代"($\int_a^x f(t)\mathrm{d}t, f(x), f'(x)$)的周期性(D₁(常规操作))
- 华里士公式(D₁(常规操作)+D₂₃(化归经典形式))
- 积分中值定理(D₁(常规操作))
- 定积分的换元积分法(D₁(常规操作)+D₂₃(化归经典形式))
- 区间再现下的积分公式(D₁(常规操作)+D₂₃(化归经典形式))
- 牛顿-莱布尼茨公式(D₁(常规操作)+D₂₃(化归经典形式))
- 定积分的分部积分法(D₁(常规操作)+D₂₃(化归经典形式)+D₄₃(数形结合))

一、与字母无关性（D₁（常规操作））

$$\int_a^b f(x)\mathrm{d}x=\int_a^b f(y)\mathrm{d}y.$$

二、线性性（D₁（常规操作））

$$\int_a^b [k_1 f_1(x)+k_2 f_2(x)]\mathrm{d}x=k_1\int_a^b f_1(x)\mathrm{d}x+k_2\int_a^b f_2(x)\mathrm{d}x.$$

三、方向性（D₁（常规操作））

$$\int_a^b f(x)\mathrm{d}x=-\int_b^a f(x)\mathrm{d}x.$$

四、可加（可拆）性（D₁（常规操作）+D₂₃（化归经典形式））

$$\int_a^b f(x)\mathrm{d}x=\int_a^c f(x)\mathrm{d}x+\int_c^b f(x)\mathrm{d}x.$$

例 11.1 求极限 $\lim\limits_{h\to0^+}\int_{-1}^{1}\frac{h}{h^2+x^2}f(x)\mathrm{d}x$，其中函数 $f(x)$ 在 $[-1,1]$ 上连续.

$=\lim\limits_{h\to0^+}f(\xi)\int_{-1}^{1}\frac{h}{h^2+x^2}\mathrm{d}x=\cdots$ 行不通（$-1<\xi<1$）.

$-1\quad -\sqrt{h}\quad 0\quad \sqrt{h}\quad 1$

D₂₃（化归经典形式）

【解】
$$\lim_{h\to0^+}\int_{-1}^{1}\frac{h}{h^2+x^2}f(x)\mathrm{d}x=\lim_{h\to0^+}\int_{-1}^{-\sqrt{h}}\frac{h}{h^2+x^2}f(x)\mathrm{d}x+\lim_{h\to0^+}\int_{-\sqrt{h}}^{\sqrt{h}}\frac{h}{h^2+x^2}f(x)\mathrm{d}x+\lim_{h\to0^+}\int_{\sqrt{h}}^{1}\frac{h}{h^2+x^2}f(x)\mathrm{d}x$$
$$=\lim_{h\to0^+}f(\xi_1)\int_{-1}^{-\sqrt{h}}\frac{h}{h^2+x^2}\mathrm{d}x+\lim_{h\to0^+}f(\xi_2)\int_{-\sqrt{h}}^{\sqrt{h}}\frac{h}{h^2+x^2}\mathrm{d}x+$$
$$\lim_{h\to0^+}f(\xi_3)\int_{\sqrt{h}}^{1}\frac{h}{h^2+x^2}\mathrm{d}x(-1<\xi_1<-\sqrt{h}<\xi_2<\sqrt{h}<\xi_3<1)$$
$$=\lim_{h\to0^+}f(\xi_1)\arctan\frac{x}{h}\Big|_{-1}^{-\sqrt{h}}+\lim_{h\to0^+}f(\xi_2)\arctan\frac{x}{h}\Big|_{-\sqrt{h}}^{\sqrt{h}}+\lim_{h\to0^+}f(\xi_3)\arctan\frac{x}{h}\Big|_{\sqrt{h}}^{1}$$
$$=0+\pi f(0)+0=\pi f(0).$$

隐含条件体系块

五、“祖孙三代”（$\int_a^x f(t)\mathrm{d}t$，$f(x)$，$f'(x)$）的奇偶性

（D₁（常规操作））

①若$f(x)$为可导的奇函数，则$f'(x)$为偶函数.

②若$f(x)$为可导的偶函数，则$f'(x)$为奇函数.

③若$f(x)$为可积的奇函数，则$\int_0^x f(t)\mathrm{d}t$为偶函数.

④若$f(x)$为可积的偶函数，则$\int_0^x f(t)\mathrm{d}t$为奇函数.

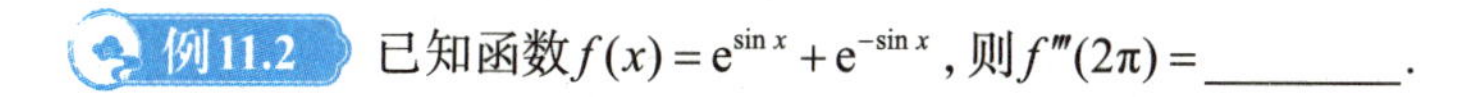

例11.2 已知函数$f(x)=\mathrm{e}^{\sin x}+\mathrm{e}^{-\sin x}$，则$f'''(2\pi)=$________.

【解】 应填0.

因为$f(x)$为偶函数，所以$f'''(x)$为奇函数，故$f'''(0)=0$，又因为$f(x)$以2π为周期，所以

$$f'''(2\pi)=f'''(0)=0.$$

例11.3 已知函数$f(x)=\int_0^x \mathrm{e}^{\cos t}\mathrm{d}t$，$g(x)=\int_0^{\sin x}\mathrm{e}^{t^2}\mathrm{d}t$，则（ ）.

(A) $f(x)$是奇函数，$g(x)$是偶函数

(B) $f(x)$是偶函数，$g(x)$是奇函数

(C) $f(x)$，$g(x)$均是奇函数

(D) $f(x)$，$g(x)$均是周期函数

【解】 应选(C).

$\mathrm{e}^{\cos t}$关于t是偶函数，则$\int_0^x \mathrm{e}^{\cos t}\mathrm{d}t$是奇函数. 由于$g(x)=\int_0^{\sin x}\mathrm{e}^{t^2}\mathrm{d}t$，则$g(-x)=\int_0^{\sin(-x)}\mathrm{e}^{t^2}\mathrm{d}t=\int_0^{-\sin x}\mathrm{e}^{t^2}\mathrm{d}t$，令$t=-u$，则$g(-x)=-\int_0^{\sin x}\mathrm{e}^{u^2}\mathrm{d}u$，于是$g(-x)=-g(x)$，故$g(x)$是奇函数.

【注】$g(x)=\int_0^{\sin x}\mathrm{e}^{t^2}\mathrm{d}t$可以看作是由$y(u)=\int_0^u \mathrm{e}^{t^2}\mathrm{d}t$和$u(x)=\sin x$复合而成的，显然$u(x)=\sin x$是奇函数，于是$g(x)$的奇偶性与$y(u)$一致，是奇函数. 另外，若$u(x)$是偶函数，则$g(x)$直接就是偶函数（此时与$y(u)$的奇偶性无关）. 考生可记口诀：内偶则偶，内奇同外.

⑤ $$\int_{-a}^a f(x)\mathrm{d}x=\begin{cases}2\int_0^a f(x)\mathrm{d}x, & f(x)\text{为偶函数},\\ 0, & f(x)\text{为奇函数}.\end{cases}$$

⑥ $\int_{-a}^{a} f(x)\mathrm{d}x=\frac{1}{2}\int_{-a}^{a}[f(x)+f(-x)]\mathrm{d}x=\int_{0}^{a}[f(x)+f(-x)]\mathrm{d}x$.

如，$f(x)=\frac{1}{1+\mathrm{e}^{x}},\frac{1}{1+\mathrm{e}^{\frac{1}{x}}},\frac{1}{1+\mathrm{e}^{-x}},\frac{\mathrm{e}^{x}+1}{\mathrm{e}^{x}-1}$ 等.

例11.4 $I=\int_{-1}^{1}\frac{\mathrm{d}x}{1+\mathrm{e}^{\frac{1}{x}}}=$________.

【解】 应填1.

设 $f(x)=\frac{1}{1+\mathrm{e}^{\frac{1}{x}}}$，则 $f(x)+f(-x)=\frac{1}{1+\mathrm{e}^{\frac{1}{x}}}+\frac{1}{1+\mathrm{e}^{-\frac{1}{x}}}=1$. 故 $I=\int_{0}^{1}1\mathrm{d}x=1$.

例11.5 $I=\int_{-\frac{\pi}{2}}^{\frac{\pi}{2}}\frac{\sin^{4}x}{1+\mathrm{e}^{-x}}\mathrm{d}x=$________.

【解】 应填 $\frac{3\pi}{16}$.

注意到积分区间关于原点对称，则

$$I=\int_{0}^{\frac{\pi}{2}}\left[\frac{\sin^{4}x}{1+\mathrm{e}^{-x}}+\frac{\sin^{4}(-x)}{1+\mathrm{e}^{-(-x)}}\right]\mathrm{d}x=\int_{0}^{\frac{\pi}{2}}\sin^{4}x\mathrm{d}x=\frac{3}{4}\times\frac{1}{2}\times\frac{\pi}{2}=\frac{3\pi}{16}.$$

隐含条件体系块

六、“祖孙三代”（$\int_{a}^{x}f(t)\mathrm{d}t$，$f(x)$，$f'(x)$）的周期性

（D₁（常规操作））

①若 $f(x)$ 是可导的且以 T 为周期的周期函数，则 $f'(x)$ 是以 T 为周期的周期函数.

②若 $f(x)$ 是可积的且以 T 为周期的周期函数，则 $\int_{0}^{x}f(t)\mathrm{d}t$ 是以 T 为周期的周期函数 $\Leftrightarrow \int_{0}^{T}f(x)\mathrm{d}x=0$.

③若 $f(x)$ 是可积的且以 T 为周期的周期函数，则 $\int_{0}^{T}f(x)\mathrm{d}x=\int_{a}^{a+T}f(x)\mathrm{d}x$，$a$ 为任意常数.

更一般地，有 $\int_{a}^{a+nT}f(x)\mathrm{d}x=n\int_{0}^{T}f(x)\mathrm{d}x$.

例11.6 (1) 设 $I=\int_{a}^{a+\pi}|\sin nx|\mathrm{d}x$，$n=1,2,\cdots$，$a$ 为任意常数，则（　　）.

(A) I 只与 a 有关　　(B) I 只与 n 有关

(C) I 与 a,n 均有关　　(D) I 与 a,n 均无关

(2) 设 $I=\int_{a}^{a+\frac{k\pi}{2}}\sqrt{1-\sin^{2}x}\mathrm{d}x$，$k$ 为正整数，a 为任意实数，则（　　）.

(A) I只与a有关　　(B) I只与k有关

(C) I与a,k均有关　　(D) I与a,k均无关

【解】(1)应选(D).

$$I=\int_a^{a+\pi}|\sin nx|\mathrm{d}x=\int_0^{\pi}|\sin nx|\mathrm{d}x\xlongequal{nx=t}\int_0^{n\pi}|\sin t|\cdot\frac{1}{n}\mathrm{d}t=2,$$

故I与a,n均无关.

(2)应选(C).

$\sqrt{1-\sin^2 x}=|\cos x|$,其以$\pi$为周期,题中积分区间为$\left[a,\ a+\frac{k}{2}\pi\right]$,区间长度为$\frac{k}{2}\pi$,当$k$取正偶数时,$I$只与$k$有关;当$k$取正奇数时,区间长度不是$\pi$的正整数倍,$I$与$a,k$均有关,故选(C).

隐含条件体系块

七、区间再现下的积分公式

(D_1(常规操作)+D_{23}(化归经典形式))

① $\int_a^b f(x)\mathrm{d}x=\int_a^b f(a+b-x)\mathrm{d}x$.

② $\int_a^b f(x)\mathrm{d}x=\frac{1}{2}\int_a^b[f(x)+f(a+b-x)]\mathrm{d}x$.

D_{23}(化归经典形式)

如:
$$\int_0^{\frac{\pi}{2}}\sqrt{\cot x}\mathrm{d}x=\frac{1}{2}\int_0^{\frac{\pi}{2}}(\sqrt{\cot x}+\sqrt{\tan x})\mathrm{d}x=\frac{1}{2}\int_0^{\frac{\pi}{2}}\frac{1+\tan x}{\sqrt{\tan x}}\mathrm{d}x$$

$$\xlongequal[x=\arctan t^2]{\tan x=t^2}\frac{1}{2}\int_0^{+\infty}\frac{1+t^2}{t}\cdot\frac{2t}{1+t^4}\mathrm{d}t=\int_0^{+\infty}\frac{1+t^2}{1+t^4}\mathrm{d}t$$

$$=\int_0^{+\infty}\frac{\frac{1}{t^2}+1}{\frac{1}{t^2}+t^2}\mathrm{d}t=\int_0^{+\infty}\frac{\mathrm{d}\left(t-\frac{1}{t}\right)}{\left(t-\frac{1}{t}\right)^2+(\sqrt{2})^2}$$

$$=\frac{1}{\sqrt{2}}\arctan\frac{t-\frac{1}{t}}{\sqrt{2}}\Bigg|_0^{+\infty}=\frac{\sqrt{2}}{2}\pi.$$

③ $\int_a^b f(x)\mathrm{d}x=\int_a^{\frac{a+b}{2}}[f(x)+f(a+b-x)]\mathrm{d}x$.

④ $\int_0^{\pi}xf(\sin x)\mathrm{d}x=\frac{\pi}{2}\int_0^{\pi}f(\sin x)\mathrm{d}x$.

⑤ $\int_0^{\pi}xf(\sin x)\mathrm{d}x=\pi\int_0^{\frac{\pi}{2}}f(\sin x)\mathrm{d}x$.

⑥ $\int_0^{\frac{\pi}{2}} f(\sin x)\mathrm{d}x = \int_0^{\frac{\pi}{2}} f(\cos x)\mathrm{d}x$.

⑦ $\int_0^{\frac{\pi}{2}} f(\sin x, \cos x)\mathrm{d}x = \int_0^{\frac{\pi}{2}} f(\cos x, \sin x)\mathrm{d}x.$

例11.7 $I = \int_0^1 \frac{\ln(1+x)}{1+x^2}\mathrm{d}x =$ ________.

【解】 应填 $\frac{\pi}{8}\ln 2$.

令 $x = \tan t$ ，则

$$I = \int_0^{\frac{\pi}{4}} \ln(1+\tan t)\mathrm{d}t \xlongequal{u=\frac{\pi}{4}-t} \int_0^{\frac{\pi}{4}} \ln\left[1+\tan\left(\frac{\pi}{4}-u\right)\right]\mathrm{d}u$$

$$= \int_0^{\frac{\pi}{4}} \ln\left(1+\frac{1-\tan u}{1+\tan u}\right)\mathrm{d}u = \int_0^{\frac{\pi}{4}} \ln\frac{2}{1+\tan u}\mathrm{d}u$$

$$= \frac{\pi}{4}\ln 2 - I,$$

得 $I = \frac{\pi}{8}\ln 2$.

【注】常见区间再现的题目：

$$\int_0^1 \frac{x}{\mathrm{e}^x+\mathrm{e}^{1-x}}\mathrm{d}x = \frac{1}{2\sqrt{\mathrm{e}}}\arctan x\Big|_{\frac{1}{\sqrt{\mathrm{e}}}}^{\sqrt{\mathrm{e}}} = \frac{1}{2\sqrt{\mathrm{e}}}\left(\arctan\sqrt{\mathrm{e}} - \arctan\frac{1}{\sqrt{\mathrm{e}}}\right);$$

$$\int_0^{n\pi} x|\sin x|\mathrm{d}x = \frac{1}{2}n^2\pi\int_0^{\pi}|\sin x|\,\mathrm{d}x = n^2\pi;$$

$$\int_0^2 \frac{\sqrt{4-x}}{\sqrt{4-x}+\sqrt{x+2}}\mathrm{d}x = \frac{1}{2}\int_0^2 1\mathrm{d}x = 1;$$

$$\int_0^a \frac{\mathrm{d}x}{x+\sqrt{a^2-x^2}} = \int_0^{\frac{\pi}{2}} \frac{\cos t}{\sin t+\cos t}\mathrm{d}t = \frac{1}{2}\int_0^{\frac{\pi}{2}}\mathrm{d}t = \frac{\pi}{4}.$$

例11.8 $\int_0^{\pi} x\sqrt{\cos^2 x - \cos^4 x}\mathrm{d}x =$ ________.

【解】 应填 $\frac{\pi}{2}$.

$$\int_0^{\pi} x\sqrt{\cos^2 x-\cos^4 x}\mathrm{d}x = \int_0^{\pi} x\sqrt{\cos^2 x\cdot(1-\cos^2 x)}\mathrm{d}x = \int_0^{\pi} x\sqrt{(1-\sin^2 x)\cdot\sin^2 x}\mathrm{d}x$$

$$= \pi\int_0^{\frac{\pi}{2}}\sqrt{(1-\sin^2 x)\cdot\sin^2 x}\mathrm{d}x = \pi\int_0^{\frac{\pi}{2}}\cos x\cdot\sin x\mathrm{d}x$$

$\int_0^{\pi} xf(\sin x)\mathrm{d}x = \pi\int_0^{\frac{\pi}{2}} f(\sin x)\mathrm{d}x$

$$= \pi\cdot\frac{1}{2}\sin^2 x\Big|_0^{\frac{\pi}{2}} = \frac{\pi}{2}.$$

八、华里士公式(D_1(常规操作)$+D_{23}$(化归经典形式))

① $\int_0^{\frac{\pi}{2}}\sin^n x\mathrm{d}x=\int_0^{\frac{\pi}{2}}\cos^n x\mathrm{d}x=\begin{cases}\frac{n-1}{n}\times\frac{n-3}{n-2}\times\cdots\times\frac{2}{3}\times 1, & n\text{为大于1的奇数},\\ \frac{n-1}{n}\times\frac{n-3}{n-2}\times\cdots\times\frac{1}{2}\times\frac{\pi}{2}, & n\text{为正偶数}.\end{cases}$

② $\int_0^{\pi}\sin^n x\mathrm{d}x=\begin{cases}2\times\frac{n-1}{n}\times\frac{n-3}{n-2}\times\cdots\times\frac{2}{3}\times 1, & n\text{为大于1的奇数},\\ 2\times\frac{n-1}{n}\times\frac{n-3}{n-2}\times\cdots\times\frac{1}{2}\times\frac{\pi}{2}, & n\text{为正偶数}.\end{cases}$

③ $\int_0^{\pi}\cos^n x\mathrm{d}x=\begin{cases}0, & n\text{为正奇数},\\ 2\times\frac{n-1}{n}\times\frac{n-3}{n-2}\times\cdots\times\frac{1}{2}\times\frac{\pi}{2}, & n\text{为正偶数}.\end{cases}$

④ $\int_0^{2\pi}\cos^n x\mathrm{d}x=\int_0^{2\pi}\sin^n x\mathrm{d}x=\begin{cases}0, & n\text{为正奇数},\\ 4\times\frac{n-1}{n}\times\frac{n-3}{n-2}\times\cdots\times\frac{1}{2}\times\frac{\pi}{2}, & n\text{为正偶数}.\end{cases}$

例11.9 设数列$\{a_n\}$的通项$a_n=\int_0^{+\infty}\frac{\mathrm{d}x}{(1+x^2)^n}$,$n=2,3,\cdots$,计算$\lim\limits_{n\to\infty}\left(\frac{a_{n+1}}{a_n}\right)^{\ln(1+\mathrm{e}^{2n})}$.

【解】

$$a_n=\int_0^{+\infty}\frac{\mathrm{d}x}{(1+x^2)^n}\xlongequal{\text{令}x=\tan t}\int_0^{\frac{\pi}{2}}\frac{\sec^2 t}{(\sec^2 t)^n}\mathrm{d}t=\int_0^{\frac{\pi}{2}}\cos^{2n-2}t\mathrm{d}t.$$

$$\frac{a_{n+1}}{a_n}=\frac{\int_0^{\frac{\pi}{2}}\cos^{2n}t\mathrm{d}t}{\int_0^{\frac{\pi}{2}}\cos^{2n-2}t\mathrm{d}t}=\frac{(2n-1)!!}{(2n)!!}\times\frac{\pi}{2}\times\frac{(2n-2)!!}{(2n-3)!!}\times\frac{2}{\pi}=\frac{2n-1}{2n},$$

于是

$$\lim_{n\to\infty}\left(\frac{a_{n+1}}{a_n}\right)^{\ln(1+\mathrm{e}^{2n})}=\lim_{n\to\infty}\left(1-\frac{1}{2n}\right)^{\ln(1+\mathrm{e}^{2n})}=\mathrm{e}^{\lim\limits_{n\to\infty}\ln(1+\mathrm{e}^{2n})\cdot\left(-\frac{1}{2n}\right)}=\mathrm{e}^{\lim\limits_{n\to\infty}\frac{\ln(1+\mathrm{e}^{2n})}{\ln\mathrm{e}^{2n}}\cdot\ln\mathrm{e}^{2n}\cdot\left(-\frac{1}{2n}\right)}=\mathrm{e}^{\lim\limits_{n\to\infty}2n\cdot\left(-\frac{1}{2n}\right)}=\mathrm{e}^{-1}.$$

九、积分中值定理(D_1(常规操作))

若函数$f(x)$在$[a,\ b]$上连续,则存在$\xi\in[a,\ b]$,使得$\int_a^b f(x)\mathrm{d}x=f(\xi)(b-a)$.

【注】（1）需要把积分值表示成函数值的时候，你应该想到它．反过来，某些特殊的函数值，我们也可以用定积分表示出来．

（2）当函数$f(x)$连续非负时，曲边梯形的面积$\int_a^b f(x)\mathrm{d}x$恰好等于一个矩形的面积，此矩形的底为$b-a$，高为$f(\xi)$．

（3）$\dfrac{\int_a^b f(x)\mathrm{d}x}{b-a}$是函数$f(x)$在$[a,\ b]$上的平均值，对连续函数来说，其平均值一定是某一点的函数值．

当$g(x)=1$时，存在$\xi\in(a,b)$，使得$\int_a^b f(x)\mathrm{d}x=f(\xi)(b-a)$，这是"推广的积分中值定理"．

（4）（第一积分中值定理）若函数$f(x)$在$[a,\ b]$上连续，$g(x)$在$[a,\ b]$上可积且不变号，则存在$\xi\in(a,\ b)$，使得$\int_a^b f(x)g(x)\mathrm{d}x=f(\xi)\int_a^b g(x)\mathrm{d}x$．这个定理是积分中值定理的推广，甚为有用．

例11.10 已知函数$f(x)$在$\left[0,\dfrac{\pi}{2}\right]$上可导，且$\int_0^{\frac{\pi}{2}} f(x)\cos x\mathrm{d}x=0$，证明存在$\xi\in\left(0,\dfrac{\pi}{2}\right)$，使得$f'(\xi)=f(\xi)\tan\xi$．

【证】记$F(x)=f(x)\cos x$，根据推广的积分中值定理，存在$\eta\in\left(0,\dfrac{\pi}{2}\right)$，使得

$$\frac{\pi}{2}F(\eta)=\int_0^{\frac{\pi}{2}} f(x)\cos x\mathrm{d}x=0,$$

即$F(\eta)=0$．又$F\left(\dfrac{\pi}{2}\right)=0$，根据罗尔定理，存在$\xi\in\left(\eta,\dfrac{\pi}{2}\right)\subset\left(0,\dfrac{\pi}{2}\right)$，使得$F'(\xi)=0$，即

$$f'(\xi)\cos\xi-f(\xi)\sin\xi=0.$$

因为$\cos\xi\neq 0$，所以$f'(\xi)=f(\xi)\tan\xi$．

形式化归体系块

十、定积分的换元积分法

（D_1（常规操作）+D_{23}（化归经典形式））

设$f(x)$在$[a,\ b]$上连续，函数$x=\varphi(t)$满足① $\varphi(\alpha)=a$，$\varphi(\beta)=b$；② $x=\varphi(t)$在$[\alpha,\ \beta]$（或$[\beta,\ \alpha]$）上有连续的导数，且其值域为$R_\varphi=[a,\ b]$，则有

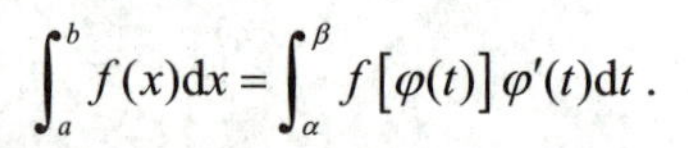

$$\int_a^b f(x)\mathrm{d}x=\int_\alpha^\beta f[\varphi(t)]\varphi'(t)\mathrm{d}t.$$

【注】(1) 当 $\varphi(t)$ 的值域 R_φ 超出 $[a,\ b]$，但 $\varphi(t)$ 满足其余条件时，只要 $f(x)$ 在 R_φ 上连续，则上述结论仍成立．

(2) 有了不定积分的换元积分法和分部积分法，又有了牛顿－莱布尼茨公式，那定积分的换元积分法和分部积分法是否多余？因为如果只从求定积分值的角度来考虑，可以这样去想：利用不定积分的换元积分法和分部积分法求出原函数，再用牛顿－莱布尼茨公式，即可求出定积分值，这样看来，是多余了．但科学的数学体系中不会出现这种情形，故大家一定要知道，定积分的换元积分法和分部积分法，主要不是用来求积分值的，而是用来讨论不同定积分之间的相互关系的．也就是说，我们在处理定积分问题时，能够求出积分大小的这样的问题毕竟是少数，而一般的积分问题，都是讨论积分之间的相互关系，那关系是什么呢？就是把不同的定积分联系起来，实际就是要把一个定积分想办法变成另外一个定积分，这才是定积分换元积分法和分部积分法最主要的目的．

如果变化前后积分区间也发生了变化，那一定是用了换元积分法，因为只有当积分变量不同时，它的积分区间才可能发生变化；如果变化前后积分区间相同，一般用分部积分法，当然有时候也会用换元积分法，因为并不是所有的换元都改变积分区间，比如区间再现公式．

以上两段话，实在需要认真研读，结合问题，把它们想明白，解题的方向与思路便清晰了．

(3) 定积分中常用的换元法．$\to D_{23}$(化归经典形式)

①诱导公式．

$\sin(\pi\pm t)=\mp\sin t$；$\cos(\pi\pm t)=-\cos t$；$\sin\left(\dfrac{\pi}{2}\pm t\right)=\cos t$；$\cos\left(\dfrac{\pi}{2}\pm t\right)=\mp\sin t$．

②被积函数是复合函数 $f[g(x,\ t)]$ 等，令 $g(x,\ t)=u$，如

$$e^{-x^2}\int_0^1 f(te^{-x^2})dt \xlongequal{te^{-x^2}=u} \int_0^{e^{-x^2}} f(u)du，\int_0^2 f(x-1)dx \xlongequal{x-1=u} \int_{-1}^1 f(u)du.$$

③被积函数由三角有理式 $R(\sin x,\cos x)$ 与其他函数组成．

若为 $\int_0^{\frac{\pi}{4}} f(x)R(\sin x,\cos x)dx$，则令 $\dfrac{\pi}{4}-x=t$；

若为 $\int_0^{\frac{\pi}{2}} f(x)R(\sin x,\cos x)dx$，则令 $\dfrac{\pi}{2}-x=t$；

若为 $\int_0^{\pi} f(x)R(\sin x,\cos x)dx$，则令 $\pi-x=t$；

若为 $\int_0^{2\pi} f(x)R(\sin x,\cos x)dx$，则令

$$\int_0^{2\pi} f(x)R(\sin x,\cos x)\,dx=\int_0^{\pi} f(x)R(\sin x,\cos x)\,dx+\int_{\pi}^{2\pi} f(x)R(\sin x,\cos x)dx．$$

如证明 $\int_0^{2\pi}\dfrac{\sin x}{x}dx>0$，即证 $\int_0^{\pi}\dfrac{\sin x}{x}dx+\int_{\pi}^{2\pi}\dfrac{\sin x}{x}dx>0.$

因为 $$\int_{\pi}^{2\pi}\frac{\sin x}{x}\mathrm{d}x\xlongequal{令x-\pi=t}\int_{0}^{\pi}\frac{\sin(t+\pi)}{t+\pi}\mathrm{d}(t+\pi)=\int_{0}^{\pi}\frac{-\sin t}{t+\pi}\mathrm{d}t,$$

所以
$$\begin{aligned}原式&=\int_{0}^{\pi}\frac{\sin x}{x}\mathrm{d}x+\int_{0}^{\pi}\frac{-\sin x}{x+\pi}\mathrm{d}x\\&\xlongequal{第一积分中值定理}\frac{1}{\xi_1}\int_{0}^{\pi}\sin x\mathrm{d}x-\frac{1}{\xi_2+\pi}\int_{0}^{\pi}\sin x\mathrm{d}x(\xi_1,\ \xi_2介于0与\pi之间)\\&=2\left(\frac{1}{\xi_1}-\frac{1}{\xi_2+\pi}\right)>0,\end{aligned}$$

从而 $$\int_{0}^{2\pi}\frac{\sin x}{x}\mathrm{d}x>0.$$

④在证明定积分等式的两边寻找“相等关系”.

如本讲的“七”中的区间再现下的积分公式.

⑤平移换元.

平移换元是针对数学命题中经常将关于 $x=0$ 等标准对称的问题平移，使问题复杂化（事实上并非命题故意为难，而是要求考生掌握对称标准化的方法），具体见本讲“十一、(1)”的还原对称性.

形式化归体系块

十一、定积分的分部积分法

（D_1（常规操作）+D_{23}（化归经典形式）+D_{43}（数形结合））

$$\int_{a}^{b}u(x)v'(x)\mathrm{d}x=u(x)v(x)\Big|_{a}^{b}-\int_{a}^{b}v(x)u'(x)\mathrm{d}x,$$

这里要求 $u'(x)$，$v'(x)$ 在 $[a,\ b]$ 上连续.

关于此方法的说明见“十的注(2)”, 下面看“十”“十一”的综合使用.

(1)还原对称性.

例11.11 计算下列积分.

(1) $\int_{0}^{2}(x-1)\mathrm{d}x$；

(2) $\int_{0}^{2}x(x-1)(x-2)\mathrm{d}x$.

【解】 (1) $\int_{0}^{2}(x-1)\mathrm{d}x\xlongequal{令x-1=t}\int_{-1}^{1}t\mathrm{d}t=0$.

D_{43}（数形结合）

【注】 $\int_{0}^{2}(x-1)\mathrm{d}x$ 的几何背景如图（a）所示，0 到 1 上的负面积与 1 到 2 上的正面积相互抵消，面积为 0. 事实上，$y=x-1$ 在区间 $[0,2]$ 上关于点 $(1,0)$ 对称，可从换元后的结果再看一遍，令

$x-1=t$，得原式$=\int_{-1}^{1}t\mathrm{d}t$，它的几何背景如图（b）所示，这是考生熟悉的情形，$y=t$在区间$[-1,1]$上关于点$(0,0)$对称，为奇函数．

将考生熟悉的定义在$[-1,1]$上的奇函数$y=t$平移为不熟悉的$[0,2]$上的$y=x-1$，这是一种可产生区分度的命题手法．

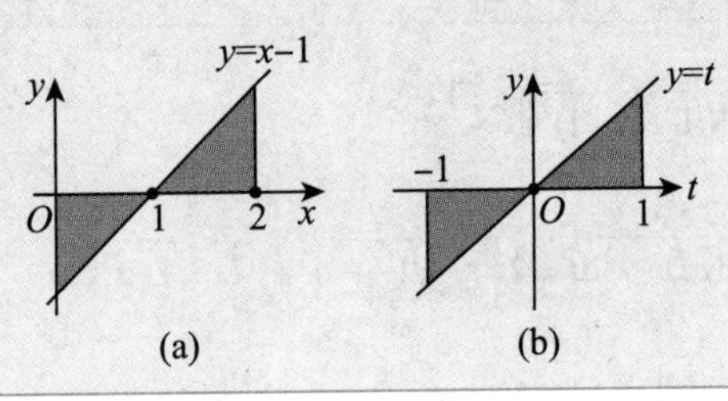

(a) (b)

（2）$\int_{0}^{2}x(x-1)(x-2)\mathrm{d}x \xlongequal{令x-1=t} \int_{-1}^{1}(t+1)t(t-1)\mathrm{d}t=\int_{-1}^{1}(t^2-1)t\mathrm{d}t=0$．

【注】与“(1)”的命题手法相同，增加的难度在于被积函数不是“线性函数”$y=x-1$，而是“非线性函数”$y=x(x-1)(x-2)$．

$\int_{0}^{2}x(x-1)(x-2)\mathrm{d}x$的几何背景如图（a）所示；

$\int_{-1}^{1}(t+1)t(t-1)\mathrm{d}t$的几何背景如图（b）所示．

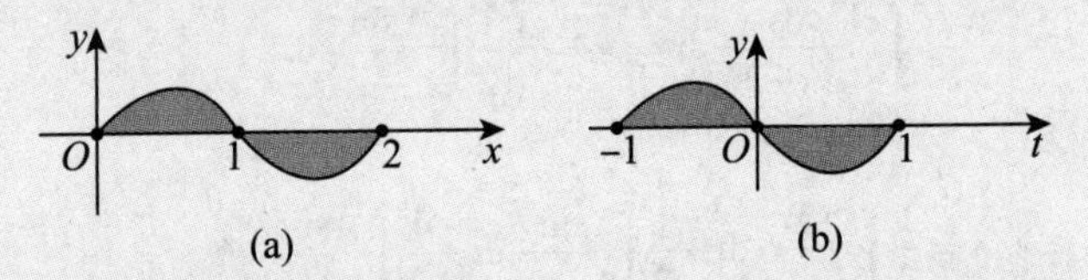

(a) (b)

图（a）中，曲线$y=x(x-1)(x-2)$在$[0,2]$上关于点$(1,0)$对称，它是由$[-1,1]$上关于点$(0,0)$对称的（也叫奇函数）曲线$y=(t+1)t(t-1)$平移得到的．

例11.12 计算下列积分．

（1）$\int_{0}^{4}x\sqrt{4x-x^2}\mathrm{d}x$；

（2）$\int_{0}^{2}(2x+1)\sqrt{2x-x^2}\mathrm{d}x$．

【解】（1）原式$=\int_{0}^{4}(x-2+2)\sqrt{2^2-(x-2)^2}\mathrm{d}x \xlongequal{令x-2=t} \int_{-2}^{2}(t+2)\sqrt{2^2-t^2}\mathrm{d}t$

$$=\int_{-2}^{2}t\cdot\sqrt{2^2-t^2}\mathrm{d}t+2\int_{-2}^{2}\sqrt{2^2-t^2}\mathrm{d}t=0+2\int_{-2}^{2}\sqrt{2^2-t^2}\mathrm{d}t$$

$$\overset{(*)}{=\!=}2\cdot\frac{\pi\cdot 2^2}{2}=4\pi.$$

【注】(1)见到从0到4的积分，便可想到写$x-2$，这便有了对称的“机会”.

(2)(*)处来自$\int_{-R}^{R}\sqrt{R^2-x^2}\mathrm{d}x=\frac{\pi R^2}{2}$，其几何意义为圆心在$(0,0)$，半径为$R$的上半圆面积.

(2)原式$=\int_0^2[2(x-1)+3]\sqrt{1-(x-1)^2}\mathrm{d}x$

$$\overset{令x-1=t}{=\!=\!=}\int_{-1}^{1}(2t+3)\sqrt{1-t^2}\mathrm{d}t=2\int_{-1}^{1}t\cdot\sqrt{1-t^2}\mathrm{d}t+3\int_{-1}^{1}\sqrt{1-t^2}\mathrm{d}t$$

$$=0+3\cdot\frac{\pi\cdot 1^2}{2}=\frac{3}{2}\pi.$$

【注】这一小节中讲清了一元函数积分学中平移变换使得对称性标准化的手法，考生需重视.

(2)用于判别定积分的正负.

例11.13 设$I=\int_0^{\frac{3}{2}\pi}\frac{\cos x}{2x-3\pi}\mathrm{d}x$，则$I$(　　).

(A)为正　　(B)为负　　(C)为零　　(D)发散

【解】应选(A).

$$\int_0^{\frac{3}{2}\pi}\frac{\cos x}{2x-3\pi}\mathrm{d}x\overset{令t=\frac{3}{2}\pi-x}{=\!=\!=\!=}\frac{1}{2}\int_0^{\frac{3}{2}\pi}\frac{\sin t}{t}\mathrm{d}t$$

区间再现换元，被积函数简单易看

$$=\frac{1}{2}\int_0^{\frac{\pi}{2}}\frac{\sin t}{t}\mathrm{d}t+\frac{1}{2}\int_{\frac{\pi}{2}}^{\pi}\frac{\sin t}{t}\mathrm{d}t+\frac{1}{2}\int_{\pi}^{\frac{3\pi}{2}}\frac{\sin t}{t}\mathrm{d}t$$

→ 积分可换元，$u+\pi=t$

$u+\pi=t$

$$=\frac{1}{2}\int_0^{\frac{\pi}{2}}\frac{\sin t}{t}\mathrm{d}t+\frac{1}{2}\int_{\frac{\pi}{2}}^{\pi}\frac{\sin t}{t}\mathrm{d}t-\frac{1}{2}\int_0^{\frac{\pi}{2}}\frac{\sin u}{\pi+u}\mathrm{d}u$$

→ 换到同一区间

$$=\frac{1}{2}\int_0^{\frac{\pi}{2}}\left(\frac{1}{t}-\frac{1}{\pi+t}\right)\sin t\mathrm{d}t+\frac{1}{2}\int_{\frac{\pi}{2}}^{\pi}\frac{\sin t}{t}\mathrm{d}t$$

>0　　>0　　>0

>0，

保号性

故选(A).

(3)实现等式两边$f(x)$的阶数升降.

例11.14 设$f(x)=xg'(2x)$，且$g(x)$的一个原函数为$\ln(x+1)$，则$\int_0^1 f(x)\mathrm{d}x=$______.

【解】应填$\frac{1}{6}-\frac{1}{4}\ln 3$.

$$\int_0^1 f(x)\mathrm{d}x=\int_0^1 xg'(2x)\mathrm{d}x \xlongequal{令2x=t} \int_0^2 \frac{t}{2}g'(t)\cdot\frac{1}{2}\mathrm{d}t=\frac{1}{4}\int_0^2 x\mathrm{d}[g(x)]$$

$$=\frac{1}{4}\left[xg(x)\Big|_0^2-\int_0^2 g(x)\mathrm{d}x\right]=\frac{1}{4}\left[x\cdot\frac{1}{1+x}-\ln(x+1)\right]\Bigg|_0^2$$

$$=\frac{1}{4}\left(\frac{2}{3}-\ln 3\right)=\frac{1}{6}-\frac{1}{4}\ln 3.$$

【注】将$g'(x)$变为$g(x)$，再变为$\int g(x)\mathrm{d}x$，这叫"降阶".

例11.15 设$f(x)=\int_0^x \mathrm{e}^{-t^2+2t}\mathrm{d}t$，则$\int_0^1 (x-1)^2 f(x)\mathrm{d}x=$______.

【解】应填$\frac{1}{6}(\mathrm{e}-2)$.

由题设知，$f(0)=0$，$f'(x)=\mathrm{e}^{-x^2+2x}$，则

$$\int_0^1 (x-1)^2 f(x)\mathrm{d}x=\frac{1}{3}(x-1)^3 f(x)\Big|_0^1-\frac{1}{3}\int_0^1 (x-1)^3 f'(x)\mathrm{d}x$$

$$=-\frac{1}{3}\int_0^1 (x-1)^3\mathrm{e}^{-x^2+2x}\mathrm{d}x=-\frac{1}{6}\int_0^1 (x-1)^2\mathrm{e}^{-(x-1)^2+1}\mathrm{d}\left[(x-1)^2\right]$$

$$\xlongequal{令t=(x-1)^2}-\frac{\mathrm{e}}{6}\int_1^0 t\mathrm{e}^{-t}\mathrm{d}t=\frac{1}{6}(\mathrm{e}-2).$$

【注】将$\int f(x)\mathrm{d}x$变为$f(x)$，再变为$f'(x)$，这叫"升阶".

形式化归体系块

十二、牛顿－莱布尼茨公式

(D_1（常规操作）+D_{23}（化归经典形式）)

设函数$f(x)$在区间$[a, b]$上连续(事实上可积即可)，$F(x)$是$f(x)$在区间$[a, b]$上的一个原函数，则

$$\int_a^b f(x)\mathrm{d}x=F(b)-F(a).$$

【注】常考形式为 $\int_a^b f'(x)\mathrm{d}x=f(b)-f(a)$，$\int_{x_0}^x f'(t)\mathrm{d}t=f(x)-f(x_0)$．要善于制造函数差值形式并用好 $f(x)-f(a)=\int_a^x f'(t)\mathrm{d}t$．

比如：①$\ln\left(1+\frac{1}{x}\right)=\ln\frac{1+x}{x}=\ln(1+x)-\ln x=\int_x^{x+1}\frac{1}{t}\mathrm{d}t>\int_x^{x+1}\frac{1}{1+x}\mathrm{d}t=\frac{1}{1+x}(x>0)$．

②$f'(x)=\frac{1}{x^2+1}$，$x\geqslant 1$，$f(1)=1$，则

$$f(x)=f(1)+\int_1^x f'(t)\mathrm{d}t=f(1)+\int_1^x\frac{\mathrm{d}t}{1+t^2}<1+\int_1^{+\infty}\frac{\mathrm{d}t}{1+t^2}=1+\frac{\pi}{4}.$$

③$\ln(1+n)=\int_1^{n+1}\frac{1}{x}\mathrm{d}x=\int_1^2\frac{1}{x}\mathrm{d}x+\int_2^3\frac{1}{x}\mathrm{d}x+\cdots+\int_n^{n+1}\frac{1}{x}\mathrm{d}x<\int_1^2\frac{1}{1}\mathrm{d}x+\int_2^3\frac{1}{2}\mathrm{d}x+\cdots+\int_n^{n+1}\frac{1}{n}\mathrm{d}x$

$=1+\frac{1}{2}+\cdots+\frac{1}{n}$．

④$\ln n=\int_1^n\frac{1}{x}\mathrm{d}x=\int_1^2\frac{1}{x}\mathrm{d}x+\cdots+\int_{n-1}^n\frac{1}{x}\mathrm{d}x>\int_1^2\frac{1}{2}\mathrm{d}x+\cdots+\int_{n-1}^n\frac{1}{n}\mathrm{d}x=\frac{1}{2}+\cdots+\frac{1}{n}$．

例11.16 已知 $f'(\ln x)=\begin{cases}1, & x\in(0,1),\\ x, & x\in(1,+\infty),\end{cases}$ $f(0)=0$，则 $f(1)=$________.

【解】应填 $\mathrm{e}-1$.

$$f(1)=f(1)-f(0)=\int_0^1 f'(t)\mathrm{d}t\xlongequal{t=\ln x}\int_1^{\mathrm{e}}f'(\ln x)\frac{\mathrm{d}x}{x}$$

$$=\int_1^{\mathrm{e}}\mathrm{d}x=\mathrm{e}-1.$$

第二部分 定积分不等式问题

三向解题法

形式化归体系块

定积分不等式问题(O(盯住目标))

- 比较定理(保号性)(D_1(常规操作)+D_{22}(转换等价表述))：$f(x)\leqslant g(x)\Rightarrow\int_a^b f(x)\mathrm{d}x\leqslant\int_a^b g(x)\mathrm{d}x,\ b>a$
- 估值定理(D_1(常规操作))：$m\leqslant f(x)\leqslant M\Rightarrow m(b-a)\leqslant\int_a^b f(x)\mathrm{d}x\leqslant M(b-a),\ b>a$
- 绝对值不等式(D_1(常规操作)+D_{23}(化归经典形式))：$\left|\int_a^b f(x)\mathrm{d}x\right|\leqslant\int_a^b|f(x)|\mathrm{d}x,\ b>a$
- 黎曼思想(D_1(常规操作)+D_{23}(化归经典形式))

一、比较定理(保号性)

(D_1(常规操作)+D_{22}(转换等价表述))

设$f(x)$, $g(x)$连续,则

$$f(x)\leqslant g(x)\Rightarrow\int_a^b f(x)\mathrm{d}x\leqslant\int_a^b g(x)\mathrm{d}x,\ b>a.$$

例11.17 设$f(x)$在$[0,1]$上连续,$\int_0^1 2x^2f(x)\,\mathrm{d}x\geqslant\int_0^1 f^2(x)\,\mathrm{d}x+\frac{1}{5}$,则$f(x)=$______.

【解】 应填x^2.

由题可知,

$$\begin{aligned}&\int_0^1[f^2(x)-2x^2f(x)+x^4]\,\mathrm{d}x\\=&\int_0^1[f(x)-x^2]^2\mathrm{d}x\\=&\int_0^1 f^2(x)\,\mathrm{d}x-\int_0^1 2x^2f(x)\,\mathrm{d}x+\frac{1}{5}\leqslant 0,\end{aligned}$$

又 $[f(x)-x^2]^2 \geqslant 0$，由积分保号性，可得

$$f(x)=x^2 .$$

二、估值定理（D_1（常规操作））

设 $f(x)$ 连续，则

$$m \leqslant f(x) \leqslant M \Rightarrow m(b-a) \leqslant \int_a^b f(x)\mathrm{d}x \leqslant M(b-a),\ b>a .$$

三、绝对值不等式（D_1（常规操作）$+D_{23}$（化归经典形式））

设 $f(x)$ 连续，则

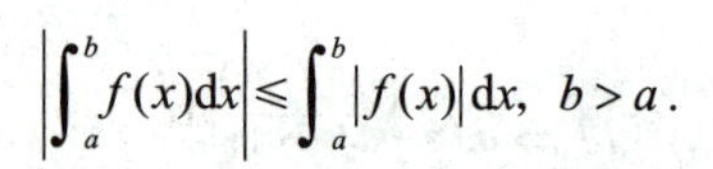

$$\left|\int_a^b f(x)\mathrm{d}x\right| \leqslant \int_a^b |f(x)|\mathrm{d}x,\ b>a .$$

【注】设 $f(x)$ 在 $[a,\ b]$ 上连续且 $\left|\int_a^b f(x)\mathrm{d}x\right| < \int_a^b |f(x)|\mathrm{d}x$，则存在 $c \in (a,\ b)$，使得 $f(c)=0$.

可如下证之：

P_2（反证思路）

如若不然，$f(x)>0$，则 $\left|\int_a^b f(x)\mathrm{d}x\right| = \int_a^b |f(x)|\mathrm{d}x$；$f(x)<0$，则 $-\int_a^b f(x)\mathrm{d}x = \int_a^b [-f(x)]\mathrm{d}x$. 矛盾，故 $f(x)$ 在 $[a,\ b]$ 上必有正有负．由零点定理知存在 $c \in (a,\ b)$，使得 $f(c)=0$.

这又给我们研究"$f(x)$ 的某个零点"提供了一种方向．

例 11.18 设函数 $f(x)$ 具有2阶导数，且 $f'(0)=f'(1)$，$|f''(x)| \leqslant 1$. 证明：

（1）当 $x \in (0,\ 1)$ 时，$|f(x)-f(0)(1-x)-f(1)x| \leqslant \dfrac{x(1-x)}{2}$；

（2）$\left|\int_0^1 f(x)\mathrm{d}x - \dfrac{f(0)+f(1)}{2}\right| \leqslant \dfrac{1}{12}$.

此题背景深刻．虽然不知 $\int_0^1 f(x)\mathrm{d}x$ 精确为多少，但可知其值到 $\dfrac{f(0)+f(1)}{2}$ 的距离不超过 $\dfrac{1}{12}$，而 $\dfrac{f(0)+f(1)}{2}$ 的值是唾手可得的．

【证】（1）因为 $f(x)$ 具有2阶导数，当 $x \in (0,\ 1)$ 时，根据泰勒公式，存在 $\xi_1,\ \xi_2 \in (0,\ 1)$，使得

$$f(x)=f(0)+f'(0)x+\frac{1}{2}f''(\xi_1)x^2,$$

$$f(x)=f(1)+f'(1)(x-1)+\frac{1}{2}f''(\xi_2)(x-1)^2,$$

所以

$$(x-1)f(x)=f(0)(x-1)+f'(0)x(x-1)+\frac{1}{2}f''(\xi_1)x^2(x-1),$$

$$xf(x)=f(1)x+f'(1)(x-1)x+\frac{1}{2}f''(\xi_2)(x-1)^2x.$$

因为$f'(0)=f'(1)$，所以

$$f(x)=f(0)(1-x)+f(1)x+\frac{x(1-x)}{2}[xf''(\xi_1)+(1-x)f''(\xi_2)].$$

又因为$|f''(x)|\leqslant 1$，所以当$x\in(0,1)$时，

$$|f(x)-f(0)(1-x)-f(1)x|\leqslant\frac{x(1-x)}{2}[x|f''(\xi_1)|+(1-x)|f''(\xi_2)|]\leqslant\frac{x(1-x)}{2}.$$

(2)因为$\int_0^1[f(x)-f(0)(1-x)-f(1)x]\mathrm{d}x=\int_0^1 f(x)\mathrm{d}x-\frac{f(0)+f(1)}{2}$，所以由定积分的性质和(1)可得

$$\begin{aligned}\left|\int_0^1 f(x)\mathrm{d}x-\frac{f(0)+f(1)}{2}\right|&\leqslant\int_0^1|f(x)-f(0)(1-x)-f(1)x|\mathrm{d}x\\&\leqslant\int_0^1\frac{x(1-x)}{2}\mathrm{d}x\\&=\frac{1}{12}.\end{aligned}$$

四、黎曼思想(D$_1$(常规操作)+D$_{23}$(化归经典形式))

一个大区间$[a,b]$解决不了的问题，拆成$[a,c]$，$[c,b]$等小区间去处理.这是微积分解题中遵循客观规律的典范思路，十分重要.

例11.19 设$f(x)$在$[0,1]$上具有二阶连续导数，$f(0)=f(1)=0$，$f''(x)<0$，证明：对于任意$x\in(0,1)$，$\int_0^1\left|\frac{f''(x)}{f(x)}\right|\mathrm{d}x\geqslant 4$.

【证】令$f(x_0)=\max\limits_{0\leqslant x\leqslant 1}\{f(x)\}$，则$\frac{1}{|f(x)|}\geqslant\frac{1}{|f(x_0)|}$，于是

D$_{23}$(化归经典形式)

$$\int_0^1\left|\frac{f''(x)}{f(x)}\right|\mathrm{d}x\geqslant\frac{1}{|f(x_0)|}\int_0^1|f''(x)|\mathrm{d}x，且\begin{cases}f(x_0)-f(0)=f'(\xi_1)x_0, & \xi_1\in(0,x_0),\\ f(1)-f(x_0)=f'(\xi_2)(1-x_0), & \xi_2\in(x_0,1),\end{cases}$$

于是有

$$\begin{cases}f'(\xi_1)=\dfrac{f(x_0)}{x_0},\\ f'(\xi_2)=\dfrac{-f(x_0)}{1-x_0},\end{cases}$$

又

$$\int_0^1 |f''(x)| \mathrm{d}x \geqslant \int_{\xi_1}^{\xi_2} |f''(x)| \mathrm{d}x \geqslant \left| \int_{\xi_1}^{\xi_2} f''(x) \mathrm{d}x \right| = |f'(\xi_2) - f'(\xi_1)| = |f(x_0)| \cdot \frac{1}{x_0(1-x_0)} \geqslant 4|f(x_0)|,$$

其中 $x_0(1-x_0) = -\left(x_0 - \frac{1}{2}\right)^2 + \frac{1}{4} \leqslant \frac{1}{4}$，$x_0 \in (0,\ 1)$. 故 $\int_0^1 \left| \frac{f''(x)}{f(x)} \right| \mathrm{d}x \geqslant 4$.

第12讲

一元函数积分学的应用(三)——物理应用与经济应用

第一部分 求解物理应用题(仅数学一、数学二)

三向解题法

等价表述体系块

求解物理应用题(仅数学一、数学二)
(O(盯住目标))

变力沿直线做功
$W=\int_a^b F(x)\mathrm{d}x$
(D_1(常规操作))

抽水做功
$W=\rho g\int_a^b xA(x)\mathrm{d}x$
(D_1(常规操作))

引力 $\int_{-l}^{0}\frac{Gm\mu}{(a-x)^2}\mathrm{d}x$
(D_1(常规操作))

变速直线运动的位移
$s=\int_{t_1}^{t_2} v(t)\mathrm{d}t$
(D_1(常规操作))

静水压力
$P=\rho g\int_a^b x[f(x)-h(x)]\mathrm{d}x$
(D_1(常规操作))

用微元法自行建立表达式
(D_1(常规操作)$+D_{22}$(转换等价表述))

一、变力沿直线做功（D_1（常规操作））

设方向沿 x 轴正向的力函数为 $F(x)(a \leqslant x \leqslant b)$，则物体沿 x 轴从点 a 移动到点 b 时，变力 $F(x)$ 所做的功(见图)为

$$W=\int_a^b F(x)\mathrm{d}x,$$

功的元素 $\mathrm{d}W=F(x)\mathrm{d}x$.

例 12.1 如图所示，井深 a 米，每米绳子的重量是 5 N，挂斗重 400 N，污泥重 1 500 N，将挂斗从井底提到井口所做的功为 59 250 J，则 $a=$________.

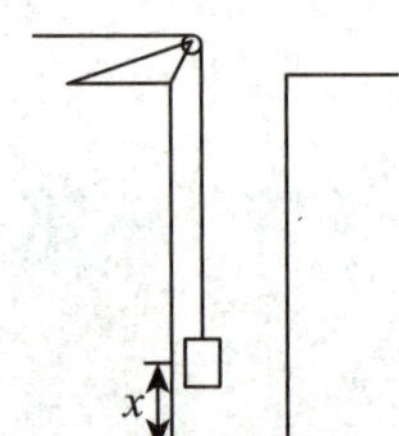

【解】 应填30.

$$W=\int_0^a [400+1\,500+5(a-x)]\mathrm{d}x=59\,250\ (\mathrm{J}),$$

解得 $a=30$(因为 a 为井深，大于0，所以负值舍去).

二、变速直线运动的位移（D_1（常规操作））

设一物体在 t 时刻的运动速度为 $v(t)$，则从 t_1 时刻到 t_2 时刻所经过的路程为 $s=\int_{t_2}^{t_1} v(t)\mathrm{d}t$.

例 12.2 设某物体运动的路程 s 和加速度 a 与时间 t 的关系分别为 $s=s(t), a=a(t)$.已知该物体从 $t=0$ 时刻至 $t=1$ 时刻运动的路程是2，在 $t=1$ 时刻的速度为2，则 $\int_0^1 ta(t)\mathrm{d}t=($ $)$.

(A)0 (B)1 (C)2 (D)3

【解】 应选(A).

因路程 s 与速度 v 关于时间 t 的关系满足 $s'(t)=v(t)$，速度 v 与加速度 a 关于时间 t 的关系满足 $v'(t)=a(t)$，则

$$\int_0^1 ta(t)\mathrm{d}t=\int_0^1 t\mathrm{d}[v(t)]=tv(t)\Big|_0^1-\int_0^1 v(t)\mathrm{d}t$$
$$=v(1)-[s(1)-s(0)]=2-2=0.$$

三、抽水做功（D_1（常规操作））

如图所示，将容器中的水全部抽出所做的功为

$$W=\rho g\int_a^b xA(x)\mathrm{d}x,$$

其中ρ为水的密度，g为重力加速度.

功的元素$\mathrm{d}W=\rho gxA(x)\mathrm{d}x$为位于$x$处厚度为$\mathrm{d}x$，水平截面面积为$A(x)$的一层水被抽出(路程为$x$)所做的功.

求解这类问题的关键是确定x处的水平截面面积$A(x)$，其余的量都是固定的.

例12.3 半径为a的半球形水池蓄满了水，水的比重为1，现将水抽干，至少做功$\frac{\pi}{2}$，则$a=$________.

【解】 应填$2^{\frac{1}{4}}$.

如图所示，把水看作是一层一层抽出来的.

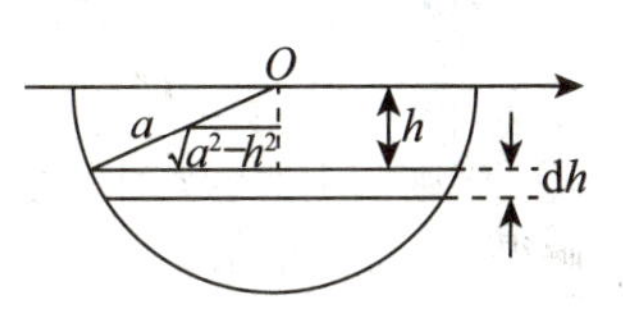

任取一个与池面距离为h的小薄层，厚度为$\mathrm{d}h$，它的重量为$\pi(a^2-h^2)\mathrm{d}h$，把这层水(微元)抽到池面所做的功是

$$\mathrm{d}W=\pi(a^2-h^2)h\mathrm{d}h,$$

所以抽干水所做的功至少为

$$W=\int_0^a\pi(a^2-h^2)h\mathrm{d}h=\pi\left(\frac{a^2}{2}h^2\Big|_0^a-\frac{h^4}{4}\Big|_0^a\right)=\frac{\pi}{4}a^4=\frac{\pi}{2},$$

故$a=2^{\frac{1}{4}}$.

四、静水压力(D_1(常规操作))

垂直浸没在水中的平板$ABCD$(见图)的一侧受到的水压力为

$$P=\rho g\int_a^b x\left[f(x)-h(x)\right]\mathrm{d}x,$$

其中ρ为水的密度，g为重力加速度.

压力元素

$$\mathrm{d}P=\rho gx\left[f(x)-h(x)\right]\mathrm{d}x,$$

即图中矩形条所受到的压力. x表示水深，$f(x)-h(x)$是矩形条的宽度，$\mathrm{d}x$是矩形条的高度.

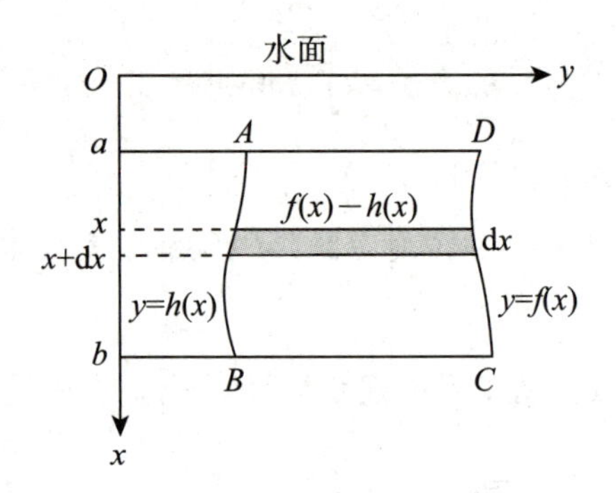

【注】静水压力问题的特点：压强随水的深度的改变而改变，求解这类问题的关键是确定水深 x 处的平板的宽度 $f(x)-h(x)$.

例12.4 如图所示，一闸门的上部是一个宽为2 m、高为 H m的矩形，下部由 $y=x^2$ 与 $y=1$ 围成. 当闸门上边缘与水面在一个平面时，其上部所受水压力与下部所受水压力之比为 $\frac{5}{4}$ ，求上部的高度 H.

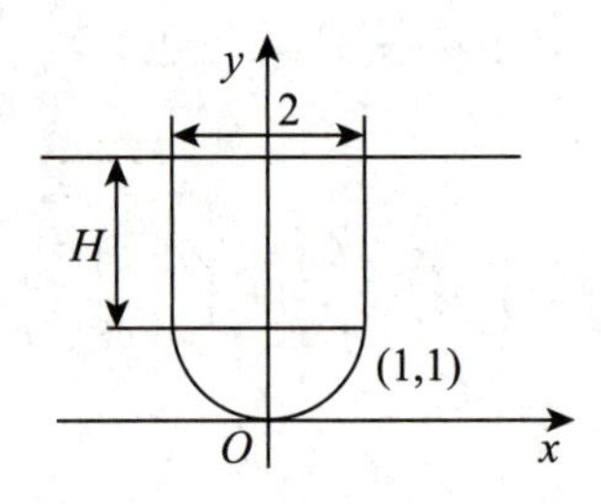

【解】 闸门上部所受水压力为

$$P_1=\int_1^{H+1}\rho g(H+1-y)\cdot 2\mathrm{d}y=\rho gH^2,$$

其中 ρ 为水的密度，g 为重力加速度.

闸门下部所受水压力为 $P_2=\int_0^1\rho g(H+1-y)\cdot 2\sqrt{y}\mathrm{d}y=\frac{4}{3}\rho g\left(H+\frac{2}{5}\right)$.

由 $\frac{P_1}{P_2}=\frac{5}{4}$ ，得 $3H^2-5H-2=0$ ，解得 $H=-\frac{1}{3}$ (舍去)，$H=2$.

五、引力（D_1（常规操作））

设有一长度为 l 、线密度为常数 μ 的细棒，在细棒右端距离为 a 处有一质量为 m 的质点 M (见图)，已知引力常量为 G ，则质点 M 与细棒之间的引力的大小为 $\int_{-l}^{0}\frac{Gm\mu}{(a-x)^2}\mathrm{d}x$.

例12.5 设沿 y 轴上的区间 $[0,1]$ 放置一长度为1且线密度为 ρ 的均匀细杆，在 x 轴上 $x=1$ 处有一单位质点，则该细杆对此质点的引力（G 为引力常量）沿 x 轴正向的分力为________.

【解】 应填 $-\frac{\sqrt{2}}{2}G\rho$.

依题意画出直角坐标系如图所示.用微元法，取 y 轴上的 $[y,\ y+\mathrm{d}y]\subset[0,1]$，此微段细杆对质点的引力大小为 $\mathrm{d}F=G\cdot\frac{\rho\mathrm{d}y}{1+y^2}$，其在 x 轴正向的分力为

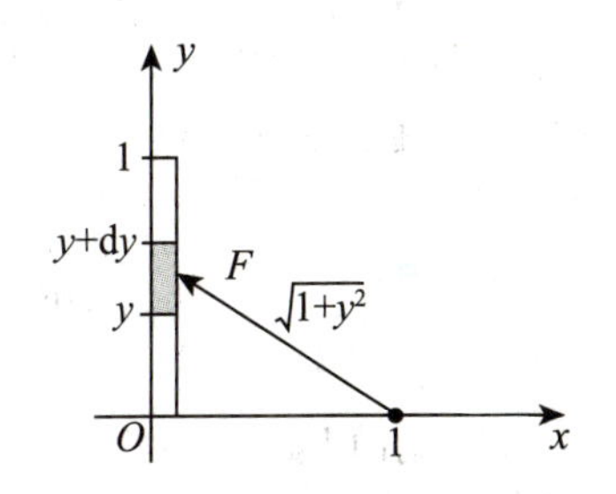

$$\mathrm{d}F_x=\frac{-1}{\sqrt{1+y^2}}\mathrm{d}F=-\frac{G\rho\mathrm{d}y}{(1+y^2)^{\frac{3}{2}}},$$

于是该细杆对此质点的引力沿 x 轴正向的分力为

$$F_x=\int_0^1\left[-\frac{G\rho}{(1+y^2)^{\frac{3}{2}}}\right]\mathrm{d}y\xlongequal{令y=\tan t}-G\rho\int_0^{\frac{\pi}{4}}\cos t\mathrm{d}t=-\frac{\sqrt{2}}{2}G\rho.$$

六、用微元法自行建立表达式

（D_1（常规操作）$+D_{22}$（转换等价表述））

例12.6 水从一根底面半径为1 cm的圆柱形管道中流出．因为水有黏性，在流动过程中受到管道壁的阻滞，所以流动的速度是随着到管道中心的距离而变化的，距管道中心越远，水流速度越小，在距离管道中心 r cm处的水的流动速度为 $10(1-r^2)$ cm/s．问水是以多大流量(以cm³/s为单位)流过管道的?

【解】 取 $[r,\ r+\mathrm{d}r]\subset[0,1]$，此圆环中的水流速度为 $10(1-r^2)$ cm/s．该圆环的截面积约等于 $2\pi r\mathrm{d}r$．于是单位时间内通过该圆环的水量为 $\mathrm{d}Q=10(1-r^2)\cdot2\pi r\mathrm{d}r$．单位时间内通过整个圆柱形管道的水量为

$$Q=\int_0^1 20\pi r(1-r^2)\mathrm{d}r=\pi(10r^2-5r^4)\Big|_0^1=5\pi(\mathrm{cm}^3).$$

于是，水流过管道的流量为 $5\pi\ \mathrm{cm}^3/\mathrm{s}$.

第二部分　求解经济应用题（仅数学三）

三向解题法

已知一个总函数(如总成本函数、总收益函数等),利用微分或求导运算就可以求出其边际函数(边际成本、边际收益等). 反过来,如果已知边际函数,要确定其总函数就要利用积分运算.

当固定成本为C_0,边际成本为$C'(Q)$,边际收益为$R'(Q)$,且产销平衡,即产量、需求量与销量均为Q时:

总成本函数

$$C(Q)=\int_0^Q C'(t)\mathrm{d}t+C_0;$$

总收益函数

$$R(Q)=\int_0^Q R'(t)\mathrm{d}t;$$

总利润函数

$$L(Q)=R(Q)-C(Q)=\int_0^Q\left[R'(t)-C'(t)\right]\mathrm{d}t-C_0.$$

例12.7 某厂生产的产品的边际成本为产量x的函数,边际成本为$C'(x)=x^2-4x+6$,固定成本为$C_0=200$千元,且每单位产品的售价为$p=146$千元,并假定生产出的产品能全部售出.

(1)求总成本函数$C(x)$;

(2)求产量从2个单位增加到4个单位时的成本变化量(计算结果保留两位小数);

(3)当产量为多大时,总利润最大?并求最大利润(计算结果保留两位小数).

【解】(1)总成本函数:

$$C(x)=\int_0^x C'(t)\mathrm{d}t+C_0=\int_0^x(t^2-4t+6)\mathrm{d}t+200$$
$$=\frac{x^3}{3}-2x^2+6x+200.$$

(2)设产量由2个单位增加到4个单位时的成本变化量为ΔC,则

$$\Delta C=\int_2^4 C'(x)\mathrm{d}x=\int_2^4(x^2-4x+6)\mathrm{d}x$$
$$=\left(\frac{x^3}{3}-2x^2+6x\right)\Big|_2^4$$
$$=\frac{20}{3}\approx 6.67(\text{千元}),$$

或

$$\Delta C=C(4)-C(2)=\frac{20}{3}\approx 6.67(\text{千元}).$$

(3)总收益函数为

$$R(x)=p\cdot x=146x,$$

总利润函数为

$$L(x)=R(x)-C(x)$$
$$=146x-\left(\frac{x^3}{3}-2x^2+6x+200\right)$$
$$=-\frac{x^3}{3}+2x^2+140x-200,$$

故

$$L'(x)=-x^2+4x+140.$$

令$L'(x)=0$,得$x_1=14$,$x_2=-10$(舍去).

由于$L''(x)=-2x+4$,所以$L''(14)=-24<0$,因此,当$x=14$时,总利润最大,最大利润为

$$L_{\max}=L(14)=\frac{3\,712}{3}\approx 1\,237.33(\text{千元}),$$

即当产量为14个单位时,利润达到最大,最大利润是1 237.33千元.

第13讲 多元函数微分学

第一部分 计算二元函数的极限

三向解题法

计算二元函数的极限（O（盯住目标））

- 二重极限 $\lim\limits_{\substack{x\to x_0\\y\to y_0}} f(x,y)$（$O_1$（盯住目标1））
- 累次极限 $\lim\limits_{x\to x_0}\lim\limits_{y\to y_0} f(x,y)$或$\lim\limits_{y\to y_0}\lim\limits_{x\to x_0} f(x,y)$（$O_2$（盯住目标2））

判别二重极限是否存在（D_1（常规操作）+D_{23}（化归经典形式））

特殊路径法：

①同阶路径法．

如分母为$x+y$，令$y=kx$，则分母成为$(1+k)x$.（同阶）

②变阶路径法．

如分母为$x+y$，令$y=-x+x^3$，则分母成为x^3.（升阶）

令$y=-x+\sqrt{x}$，则分母成为$\sqrt{x}$.（降阶）

如分母为x^2+y，令$y=x^2$，则分母成为$2x^2$（变为同阶）

判别累次极限是否存在（D_1（常规操作））

对于$\lim\limits_{x\to x_0}\lim\limits_{y\to y_0} f(x,y)$，先固定$x$（视为常数），计算$\lim\limits_{y\to y_0} f(x,y)$，若不存在，则累次不存在；若存在，再计算$\lim\limits_{x\to x_0}\left[\lim\limits_{y\to y_0} f(x,y)\right]$，若不存在，则累次不存在，若存在，则累次存在

二重极限与累次极限的关系（D_1（常规操作））

①二重存在⇏累次存在；

②二重存在，累次存在⇒必相等；

③累次$\begin{cases}先x后y存在，\\先y后x存在，\end{cases}$但不相等⇒二重不存在

计算二重极限（D_1（常规操作）+D_{23}（化归经典形式））

- 整体换元法
- 放缩法（用夹逼准则）
- 无穷小量与有界量的乘积是无穷小量
- 实际上的一元极限

一、判别二重极限是否存在——特殊路径法

形式化归体系块

(D_1（常规操作）+D_{23}（化归经典形式）)

1.同阶路径法

例13.1 求 $\lim\limits_{(x,y)\to(0,0)}\dfrac{x^2-y^2}{x^2+y^2}$.

同阶路径法

【解】因为 $\lim\limits_{(x,y)\to(0,0)}\dfrac{x^2-y^2}{x^2+y^2}\xlongequal{y=kx}\lim\limits_{x\to0}\dfrac{x^2(1-k^2)}{x^2(1+k^2)}=\dfrac{1-k^2}{1+k^2}$，不唯一，所以 $\lim\limits_{(x,y)\to(0,0)}\dfrac{x^2-y^2}{x^2+y^2}$ 不存在.

2.变阶路径法

例13.2 求 $\lim\limits_{(x,y)\to(0,0)}\dfrac{x^3+y^3}{x^2+y}$.

【解】令 $y=x$，得 $\lim\limits_{(x,y)\to(0,0)}\dfrac{x^3+y^3}{x^2+y}=\lim\limits_{x\to0}\dfrac{2x^3}{x^2+x}=0$.

变阶路径法.
这个方法很有用，但对化归（变形）能力提出较高要求，不过稍加训练，即可掌握.

D_{23}（化归经典形式）

再令 $y=-x^2+x^3$，得 $\lim\limits_{(x,y)\to(0,0)}\dfrac{x^3+y^3}{x^2+y}=\lim\limits_{x\to0}\dfrac{x^3+(-x^2+x^3)^3}{x^3}=1$.

所以 $\lim\limits_{(x,y)\to(0,0)}\dfrac{x^3+y^3}{x^2+y}$ 不存在.

二、计算二重极限（ D_1（常规操作）+D_{23}（化归经典形式））

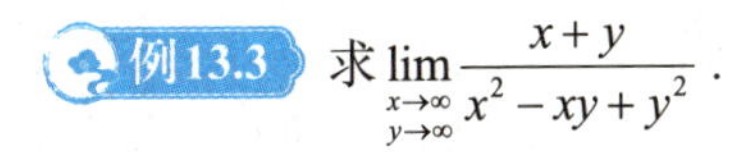

例13.3 求 $\lim\limits_{\substack{x\to\infty\\y\to\infty}}\dfrac{x+y}{x^2-xy+y^2}$.

【解】当 $(x,y)\neq(0,0)$ 时，因为

夹逼准则

$$0\leqslant\left|\frac{x+y}{x^2-xy+y^2}\right|\leqslant\left|\frac{x}{x^2-xy+y^2}\right|+\left|\frac{y}{x^2-xy+y^2}\right|=\frac{|x|}{\frac{3}{4}x^2+\left(\frac{x}{2}-y\right)^2}+\frac{|y|}{\frac{3}{4}y^2+\left(\frac{y}{2}-x\right)^2}\leqslant\frac{4}{3}\left(\frac{1}{|x|}+\frac{1}{|y|}\right),$$

且 $\lim\limits_{\substack{x\to\infty\\y\to\infty}}\dfrac{4}{3}\left(\dfrac{1}{|x|}+\dfrac{1}{|y|}\right)=0$，所以 $\lim\limits_{\substack{x\to\infty\\y\to\infty}}\dfrac{x+y}{x^2-xy+y^2}=0$.

例13.4 求 $\lim\limits_{\substack{x\to+\infty\\y\to1}}(x^2+y^2)\mathrm{e}^{-(x+y)}$.

无穷小量×有界量

【解】

$$\lim_{\substack{x\to+\infty\\y\to1}}(x^2+y^2)\mathrm{e}^{-(x+y)}=\lim_{\substack{x\to+\infty\\y\to1}}\left(\frac{x^2}{\mathrm{e}^x}\cdot\frac{1}{\mathrm{e}^y}+\frac{y^2}{\mathrm{e}^y}\cdot\frac{1}{\mathrm{e}^x}\right)=0.$$

三、判别累次极限是否存在（D_1（常规操作））

对于$\lim\limits_{x\to x_0}\lim\limits_{y\to y_0}f(x,y)$，先固定$x$（视为常数），计算$\lim\limits_{y\to y_0}f(x,y)$，若不存在，则累次极限不存在；若存在，再计算$\lim\limits_{x\to x_0}\left[\lim\limits_{y\to y_0}f(x,y)\right]$，若不存在，则累次极限不存在，若存在，则累次极限存在.

例13.5 设$f(x,y)=\dfrac{xy}{x^2+y^2}$，$I_1=\lim\limits_{\substack{x\to 0\\ y\to 0}}f(x,y)$，$I_2=\lim\limits_{y\to 0}\left[\lim\limits_{x\to 0}f(x,y)\right]$，则（　　）.

(A) I_1，I_2均存在　　(B) I_1存在，I_2不存在

(C) I_1不存在，I_2存在　　(D) I_1，I_2均不存在

【解】 应选(C).

取$y=kx$，$I_1=\lim\limits_{\substack{x\to 0\\ y=kx}}\dfrac{xy}{x^2+y^2}=\dfrac{k}{1+k^2}$，$I_1$与$k$值有关，故$I_1$不存在.

但$\lim\limits_{x\to 0}f(x,y)=\lim\limits_{x\to 0}\dfrac{xy}{x^2+y^2}=0$，$I_2=0$.故选(C).

四、二重极限与累次极限的关系（D_1（常规操作））

①二重极限存在，累次极限未必存在；累次极限存在，二重极限未必存在；

②若二重极限存在，且累次极限存在，则二者必相等；

③若$\lim\limits_{x\to 0}\left[\lim\limits_{y\to 0}f(x,y)\right]$，$\lim\limits_{y\to 0}\left[\lim\limits_{x\to 0}f(x,y)\right]$均存在但不相等，则二重极限不存在.

例13.6 设$f(x,y)=\dfrac{x^2-y^2}{x^2+y^2}$，$I_1=\lim\limits_{x\to 0}\left[\lim\limits_{y\to 0}f(x,y)\right]$，$I_2=\lim\limits_{y\to 0}\left[\lim\limits_{x\to 0}f(x,y)\right]$，$I_3=\lim\limits_{\substack{x\to 0\\ y\to 0}}f(x,y)$，则（　　）.

(A) I_1，I_2存在，I_3不存在　　(B) I_1，I_2，I_3均不存在

(C) I_1，I_2，I_3均存在　　(D) I_1，I_2不存在，I_3存在

【解】 应选(A).

当$x\neq 0$时，$\lim\limits_{y\to 0}\dfrac{x^2-y^2}{x^2+y^2}=1$，$I_1=1$；

当$y\neq 0$时，$\lim\limits_{x\to 0}\dfrac{x^2-y^2}{x^2+y^2}=-1$，$I_2=-1$.

由二重极限与累次极限的关系知，I_3不存在.故选(A).

第二部分 研究二元函数的性质

三向解题法

研究二元函数的性质（O（盯住目标））

- 连续（D_1（常规操作））
  - 连续 $\lim\limits_{\substack{x\to x_0\\y\to y_0}} f(x,y)=f(x_0,y_0)$ $\rightleftarrows$ 单变量连续 $\lim\limits_{x\to x_0} f(x,y_0)=f(x_0,y_0)$；$\lim\limits_{y\to y_0} f(x_0,y)=f(x_0,y_0)$
- 偏导数（D_1（常规操作））
  - 概念
  - 偏导数的经济应用（仅数学三）
    - ①联合成本函数；
    - ②需求函数的边际分析
- 全微分（D_1（常规操作））
  - 可微判定：①写 Δz；②写 $\mathrm{d}z$；③计算 $\lim\limits_{\rho\to 0}\dfrac{\Delta z-\mathrm{d}z}{\rho}\overset{?}{=}0$，为0，即可微；否则，即不可微
- 概念关系图（D_1（常规操作））

一、连续（D_1（常规操作））

1.二元函数连续的概念

如果 $\lim\limits_{\substack{x\to x_0\\y\to y_0}} f(x,\ y)=f(x_0,\ y_0)$，则称函数 $f(x,\ y)$ 在点 $(x_0,\ y_0)$ 处连续，如果 $f(x,\ y)$ 在区域 D 上每一点处都连续，则称 $f(x,\ y)$ 在区域 D 上连续．

2.二元函数单变量连续的概念

函数 $f(x,y)$ 在一点处关于变量 x 或关于变量 y 的连续性：若 $\lim\limits_{x\to x_0} f(x,y_0)=f(x_0,y_0)$，则称函数 $f(x,y)$ 在点 $P_0(x_0,y_0)$ 处关于变量 x 连续；若 $\lim\limits_{y\to y_0} f(x_0,y)=f(x_0,y_0)$，则称函数 $f(x,y)$ 在点 $P_0(x_0,y_0)$ 处关于变量 y 连续．

二、偏导数（D_1（常规操作））

1.二元函数偏导数的概念

设函数 $z=f(x,\ y)$ 在点 $(x_0,\ y_0)$ 处的某邻域内有定义，如果极限

$$\lim_{\Delta x\to 0}\frac{f(x_0+\Delta x,\ y_0)-f(x_0,\ y_0)}{\Delta x}$$

存在，则称此极限为函数 $z=f(x,\ y)$ 在点 $(x_0,\ y_0)$ 处对 x 的**偏导数**，记作

$$\left.\frac{\partial z}{\partial x}\right|_{\substack{x=x_0\\y=y_0}},\ \left.\frac{\partial f}{\partial x}\right|_{\substack{x=x_0\\y=y_0}},\ \left.z'_x\right|_{\substack{x=x_0\\y=y_0}}\text{或}f'_x(x_0,\ y_0),$$

即

$$f'_x(x_0,\ y_0)=\lim_{\Delta x\to 0}\frac{f(x_0+\Delta x,\ y_0)-f(x_0,\ y_0)}{\Delta x}.$$

类似地，函数 $z=f(x,\ y)$ 在点 $(x_0,\ y_0)$ 处对 y 的偏导数定义为

$$f'_y(x_0,\ y_0)=\lim_{\Delta y\to 0}\frac{f(x_0,\ y_0+\Delta y)-f(x_0,\ y_0)}{\Delta y}.$$

2. 偏导数的经济应用(仅数学三)

①联合成本函数.

生产甲、乙两种产品，产量分别为 x,y 时的总成本函数 $C=C(x,y)$ 称为**联合成本函数.**

固定 y(即乙的产量不变)，$C(x,y)$ 对 x 的变化率为

$$\frac{\partial C}{\partial x}=\lim_{\Delta x\to 0}\frac{C(x+\Delta x,y)-C(x,y)}{\Delta x}.$$

同理，固定 x(即甲的产量不变)，$C(x,y)$ 对 y 的变化率为

$$\frac{\partial C}{\partial y}=\lim_{\Delta y\to 0}\frac{C(x,y+\Delta y)-C(x,y)}{\Delta y}.$$

$\frac{\partial C}{\partial x}$ 称为**对产品甲的边际成本**，它的经济意义是：当乙的产量不变时，产品甲的产量在 x 的基础上再生产一个单位产品时成本增加的近似值，即

$$\frac{\partial C}{\partial x}=\lim_{\Delta x\to 0}\frac{C(x+\Delta x,y)-C(x,y)}{\Delta x}\approx C(x+1,y)-C(x,y).$$

同样地，$\frac{\partial C}{\partial y}$ 称为**对产品乙的边际成本**.

②需求函数的边际分析.

设 Q_1 和 Q_2 分别为两种相关商品甲、乙的需求量，p_1 和 p_2 分别为商品甲和商品乙的价格，γ 为消费者的收入.需求函数可表示为

$$Q_1=Q_1(p_1,p_2,\gamma),\ Q_2=Q_2(p_1,p_2,\gamma),$$

则需求量 Q_1 和 Q_2 关于价格 p_1 和 p_2 及消费者收入 γ 的偏导数分别为

$$\frac{\partial Q_1}{\partial p_1},\ \frac{\partial Q_1}{\partial p_2},\ \frac{\partial Q_1}{\partial \gamma};$$

$$\frac{\partial Q_2}{\partial p_1},\ \frac{\partial Q_2}{\partial p_2},\ \frac{\partial Q_2}{\partial \gamma}.$$

这里，$\frac{\partial Q_1}{\partial p_1}$ 称为**甲的需求函数关于 p_1 的边际需求**，它表示当乙的价格 p_2 及消费者的收入 γ 固定不变

时，甲的价格变化一个单位时甲的需求量的近似改变量.

$\frac{\partial Q_1}{\partial \gamma}$ 称为**甲的需求函数关于消费者收入 γ 的边际需求**，它表示当甲的价格 p_1，乙的价格 p_2 固定不变时，消费者的收入 γ 变化一个单位时甲的需求量的近似改变量.

同样可作其他偏导数的经济解释.

三、全微分（D_1（常规操作））

设二元函数 $z=f(x,\ y)$ 在点 $(x,\ y)$ 的某邻域内有定义，若 $z=f(x,\ y)$ 的全增量 $\Delta z=f(x+\Delta x,\ y+\Delta y)-f(x,\ y)$ 可以表示为 $\Delta z=A\Delta x+B\Delta y+o(\rho)$，其中 $A,\ B$ 不依赖于 Δx，Δy，而仅与 $x,\ y$ 有关，$\rho=\sqrt{(\Delta x)^2+(\Delta y)^2}$，则称函数 $z=f(x,\ y)$ 在点 $(x,\ y)$ 处可微，$A\Delta x+B\Delta y$ 称为函数 $z=f(x,\ y)$ 在点 $(x,\ y)$ 处的全微分，记作 $\mathrm{d}z$，即 $\mathrm{d}z=A\Delta x+B\Delta y$.

四、概念关系图（D_1（常规操作））

记 $f(x,y)$ 在点 $P(x_0,y_0)$ 处的性态分别为①极限存在；②连续；②′关于 x,y 两个变量均连续；③一阶偏导数存在；④可微；⑤一阶偏导数连续，则有如下概念关系图：

$$
\begin{array}{ccccccc}
 & & & & ① & & \\
⑤ & \underset{\not\Leftarrow}{\Rightarrow} & ④ & \underset{\not\Leftarrow}{\Rightarrow} & ③ & & ②' \\
 & & & & ② & &
\end{array}
$$

（“$\Rightarrow$”代表能推出；“$\nRightarrow$”代表不能推出）

以下诸例皆需小心应对，识别各种“$\nRightarrow$”的现象.

例13.7 函数 $f(x,y)=\begin{cases}1, & xy=0,\\ 0, & 其他\end{cases}$ 在点 $(0,0)$ 处（　　）.

(A) 关于两个变量都连续，其在原点连续

(B) 关于两个变量都连续，其在原点不连续

(C) 关于两个变量都不连续，其在原点连续

(D) 关于两个变量都不连续，其在原点不连续

【解】 应选(B).

由于 $\lim\limits_{x\to 0}f(x,0)=1=f(0,0)$，$\lim\limits_{y\to 0}f(0,y)=1=f(0,0)$，故 $f(x,y)$ 在点 $(0,0)$ 处关于两个变量都连续，但 $\lim\limits_{\substack{x\to 0\\ y\to 0}}f(x,y)$ 不存在，故 $f(x,y)$ 在原点不连续，故选(B).

例13.8 已知函数$f(x,y)=\begin{cases}\dfrac{xy}{x^2+y^2}, & (x,y)\neq(0,0),\\ 0, & (x,y)=(0,0),\end{cases}$ 则$f(x,y)$在点$(0,0)$处(　　).

(A)连续，偏导数存在　　(B)连续，偏导数不存在

(C)不连续，偏导数存在　　(D)不连续，偏导数不存在

【解】应选(C).

取$y=kx$，

$$\lim_{\substack{x\to0\\y\to0}}\frac{xy}{x^2+y^2}=\lim_{\substack{x\to0\\y=kx}}\frac{kx^2}{x^2(1+k^2)}=\frac{k}{1+k^2},$$

故在点$(0,0)$处极限不存在，所以不连续.

$$f'_x(0,0)=\lim_{\Delta x\to0}\frac{f(0+\Delta x,0)-f(0,0)}{\Delta x}=\lim_{\Delta x\to0}\frac{0-0}{\Delta x}=0,$$

现象2

$$f'_y(0,0)=\lim_{\Delta y\to0}\frac{f(0,0+\Delta y)-f(0,0)}{\Delta y}=\lim_{\Delta y\to0}\frac{0-0}{\Delta y}=0,$$

故偏导数存在.

【注】因为函数$f(x,y)$在点$(0,0)$处不连续，进一步知$f(x,y)$在点$(0,0)$处不可微.

例13.9 函数$g(x,y)=\sqrt{x^2+y^2}$在点$(0,0)$处(　　).

现象3

(A)连续，偏导数存在　　(B)连续，偏导数不存在

(C)不连续，偏导数存在　　(D)不连续，偏导数不存在

【解】应选(B).

显然，函数$g(x,y)$在点$(0,0)$处连续. 又$\lim\limits_{\Delta x\to0}\dfrac{g(0+\Delta x,0)-g(0,0)}{\Delta x}=\lim\limits_{\Delta x\to0}\dfrac{\sqrt{(\Delta x)^2}-0}{\Delta x}=\lim\limits_{\Delta x\to0}\dfrac{|\Delta x|}{\Delta x}$不存在，

故$g'_x(0,0)$不存在，同理$g'_y(0,0)$不存在.

例13.10 函数$f(x,y)=\begin{cases}\dfrac{x^2y}{x^2+y^2}, & (x,y)\neq(0,0),\\ 0, & (x,y)=(0,0)\end{cases}$ 在点$(0,0)$处(　　).

(A)连续，可微　　(B)连续，不可微　　(C)不连续，可微　　(D)不连续，不可微

现象4

【解】应选(B).

当$(x,y)\neq(0,0)$时，$|f(x,y)|=\left|\dfrac{x^2y}{x^2+y^2}\right|\leqslant|y|$，$\lim\limits_{\substack{x\to0\\y\to0}}|f(x,y)|=0=f(0,0)$，故$f(x,y)$在点$(0,0)$处连续.

又知$f'_x(0,0)=0$，$f'_y(0,0)=0$，所以，若可微，必有$\mathrm{d}f|_{(0,0)}=0$，即

$$\Delta f|_{(0,0)}=\mathrm{d}f|_{(0,0)}+o(\rho)=o(\rho).$$

由于$\Delta f|_{(0,0)}=\dfrac{(\Delta x)^2\Delta y}{(\Delta x)^2+(\Delta y)^2}$，$\rho=\sqrt{(\Delta x)^2+(\Delta y)^2}$，所以

$$\lim_{\substack{\Delta x\to 0\\ \Delta y=\Delta x}}\frac{\Delta f\big|_{(0,0)}}{\rho}=\lim_{\substack{\Delta x\to 0\\ \Delta y=\Delta x}}\frac{(\Delta x)^2\Delta y}{[(\Delta x)^2+(\Delta y)^2]^{\frac{3}{2}}}=\pm\frac{1}{2\sqrt{2}}\neq 0\ .$$

这与 $\Delta f\big|_{(0,0)}=\mathrm{d}f\big|_{(0,0)}+o(\rho)=o(\rho)$ 矛盾.由此可知函数 $f(x,y)$ 在点 $(0,0)$ 处不可微.

例13.11 函数 $f(x,y)=\begin{cases}x^2, & y=0,\\ y^2, & x=0,\\ 1, & 其他\end{cases}$ 在点 $(0,0)$ 处(　　).

(A) 两个偏导数均连续,且函数可微

(B) 两个偏导数均连续,且函数不可微

(C) 两个偏导数均不连续,且函数可微

(D) 两个偏导数均不连续,且函数不可微 → 现象5

【解】 应选(D).

函数 $f(x,y)$ 对 x,y 的偏导数分别为

$$\frac{\partial f(x,y)}{\partial x}=\begin{cases}2x, & y=0,\\ 不存在, & y\neq 0,\pm 1,x=0,\\ 0, & 其他,\end{cases}\qquad \frac{\partial f(x,y)}{\partial y}=\begin{cases}2y, & x=0,\\ 不存在, & x\neq 0,\pm 1,y=0,\\ 0, & 其他,\end{cases}$$

$\dfrac{\partial f(x,y)}{\partial x}$ 在点 $(0,0)$ 的邻域内存在无意义的点,故在该点处不连续.同理,$\dfrac{\partial f(x,y)}{\partial y}$ 在点 $(0,0)$ 处不连续.

又 $\lim\limits_{\substack{x\to 0\\ y=0}}f(x,y)=\lim\limits_{x\to 0}f(x,0)=\lim\limits_{x\to 0}x^2=0$,$\lim\limits_{\substack{x\to 0\\ y=x}}f(x,y)=1$,故 $f(x,y)$ 在点 $(0,0)$ 处不连续,故在点 $(0,0)$ 处不可微.

例13.12 函数 $f(x,y)=\begin{cases}(x^2+y^2)\sin\dfrac{1}{x^2+y^2}, & (x,y)\neq(0,0),\\ 0, & (x,y)=(0,0)\end{cases}$ 在 $(0,0)$ 处(　　).

(A) 可微,偏导数连续

(B) 可微,但偏导数不连续 → 现象6

(C) 不可微,偏导数连续

(D) 不可微,且偏导数不连续

【解】 应选(B).

由题设可知

$$f'_x(x,y)=\begin{cases}2x\sin\dfrac{1}{x^2+y^2}-\dfrac{2x}{x^2+y^2}\cos\dfrac{1}{x^2+y^2}, & (x,y)\neq(0,0),\\ 0, & (x,y)=(0,0),\end{cases}$$

$$f'_y(x,y)=\begin{cases}2y\sin\dfrac{1}{x^2+y^2}-\dfrac{2y}{x^2+y^2}\cos\dfrac{1}{x^2+y^2}, & (x,y)\neq(0,0),\\ 0, & (x,y)=(0,0),\end{cases}$$

$$\lim_{\substack{x\to 0\\ y\to 0}}f'_x(x,y)=\lim_{\substack{x\to 0\\ y\to 0}}\left(2x\sin\frac{1}{x^2+y^2}-\frac{2x}{x^2+y^2}\cos\frac{1}{x^2+y^2}\right)=\lim_{\substack{x\to 0\\ y\to 0}}\left(-\frac{2x}{x^2+y^2}\cos\frac{1}{x^2+y^2}\right).$$

当 (x,y) 沿 $y=x$ 趋于 $(0,0)$ 点时,$\lim\limits_{\substack{x\to 0\\ y=x}}\left(-\dfrac{2x}{x^2+y^2}\cos\dfrac{1}{x^2+y^2}\right)=\lim\limits_{x\to 0}\left(-\dfrac{1}{x}\cos\dfrac{1}{2x^2}\right)$ 不存在,故 $\lim\limits_{\substack{x\to 0\\ y\to 0}}f'_x(x,y)$

不存在，故$f_x'(x,y)$在$(0,0)$处不连续，同理$f_y'(x,y)$在$(0,0)$处不连续.

又 $$\lim_{\substack{\Delta x\to 0\\ \Delta y\to 0}}\left|\frac{f(\Delta x,\Delta y)-f(0,0)-f_x'(0,0)\cdot\Delta x-f_y'(0,0)\cdot\Delta y}{\sqrt{(\Delta x)^2+(\Delta y)^2}}\right|=\lim_{\substack{\Delta x\to 0\\ \Delta y\to 0}}\sqrt{(\Delta x)^2+(\Delta y)^2}\sin\frac{1}{(\Delta x)^2+(\Delta y)^2}=0,$$

故$f(x,y)$在$(0,0)$处可微.

例13.13 设$f(x,y)=\begin{cases}xy, & |x|\geqslant|y|,\\ -xy, & |x|<|y|,\end{cases}$则$f_{xy}''(0,0)$和$f_{yx}''(0,0)$依次为(　　).

(A) 1，1　　(B) 1，−1　　(C) −1，1　　(D) −1，−1

【解】 应选(C).

当$y\neq 0$时，

D₂₂（转换等价表述），这里的概念深刻，一定要理解并掌握

$$f_x'(0,y)=\lim_{x\to 0}\frac{f(x,y)-f(0,y)}{x}\overset{(*)}{=\!=}\lim_{x\to 0}\frac{-xy}{x}=-y,$$

当$y=0$时，

$$f_x'(0,0)=\lim_{x\to 0}\frac{f(x,0)-f(0,0)}{x}=\lim_{x\to 0}\frac{0}{x}=0,$$

故$f_x'(0,y)=-y$.同理可得$f_y'(x,0)=x$.于是

$$f_{xy}''(0,0)=\lim_{y\to 0}\frac{f_x'(0,y)-f_x'(0,0)}{y}=\lim_{y\to 0}\frac{-y-0}{y}=-1,$$

$$f_{yx}''(0,0)=\lim_{x\to 0}\frac{f_y'(x,0)-f_y'(0,0)}{x}=\lim_{x\to 0}\frac{x-0}{x}=1.$$

D₂₂（转换等价表述）

【注】(*)处：当$y\neq 0$时，$|y|>0$是正实数，$x\to 0$是无穷小量，由无穷小量小于任何正实数，有$|x|<|y|$，故取$f(x,y)=-xy$.

例13.14 设$\dfrac{(x+ay)\mathrm{d}x+y\mathrm{d}y}{(x+y)^2}$是某个二元函数的全微分，求$a$的值.

【解】 记$u(x,y)=\dfrac{x+ay}{(x+y)^2}$，$v(x,y)=\dfrac{y}{(x+y)^2}$，则

$$\frac{\partial u(x,y)}{\partial y}=\frac{a(x+y)^2-2(x+ay)(x+y)}{(x+y)^4}=\frac{a(x+y)-2(x+ay)}{(x+y)^3},$$

$$\frac{\partial v(x,y)}{\partial x}=-\frac{2y}{(x+y)^3}.$$

依题意，$\dfrac{\partial u(x,y)}{\partial y}=\dfrac{\partial v(x,y)}{\partial x}$，即$\dfrac{a(x+y)-2(x+ay)}{(x+y)^3}=-\dfrac{2y}{(x+y)^3}$，所以$(a-2)x-ay=-2y$.故$a=2$.

第三部分 计算偏导数、全微分

三向解题法

计算偏导数、全微分 (O(盯住目标))			
链式求导规则 (D_1(常规操作))	隐函数求导法 (D_1(常规操作))	全微分形式不变性 (D_1(常规操作))	全微分公式大观 (D_1(常规操作))

一、链式求导规则(D_1(常规操作))

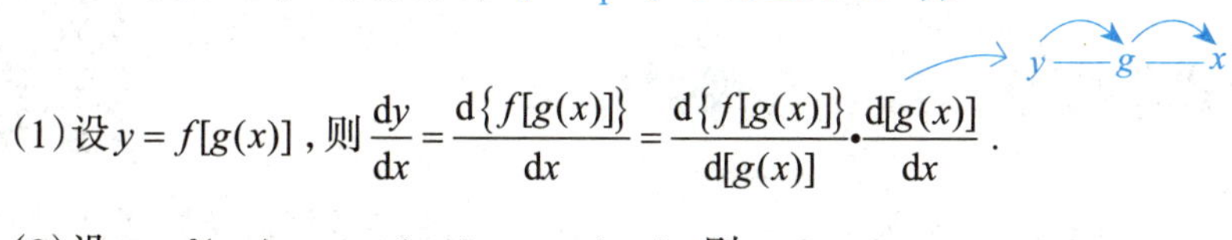

(1)设 $y=f[g(x)]$，则 $\dfrac{\mathrm{d}y}{\mathrm{d}x}=\dfrac{\mathrm{d}\{f[g(x)]\}}{\mathrm{d}x}=\dfrac{\mathrm{d}\{f[g(x)]\}}{\mathrm{d}[g(x)]}\cdot\dfrac{\mathrm{d}[g(x)]}{\mathrm{d}x}$.

(2)设 $z=f(u,v)$，$u=u(x,y)$，$v=v(x,y)$，则

$$\frac{\partial z}{\partial x}=\frac{\partial z}{\partial u}\cdot\frac{\partial u}{\partial x}+\frac{\partial z}{\partial v}\cdot\frac{\partial v}{\partial x},$$

$$\frac{\partial z}{\partial y}=\frac{\partial z}{\partial u}\cdot\frac{\partial u}{\partial y}+\frac{\partial z}{\partial v}\cdot\frac{\partial v}{\partial y}.$$

(z—u, v; u, v—x, y)

(3)设 $z=f(u,v)$，$u=u(t)$，$v=v(t)$，则

$$\frac{\mathrm{d}z}{\mathrm{d}t}=\frac{\partial z}{\partial u}\cdot\frac{\mathrm{d}u}{\mathrm{d}t}+\frac{\partial z}{\partial v}\cdot\frac{\mathrm{d}v}{\mathrm{d}t}.$$

全导数 (z—u, v—t)

二、隐函数求导法(D_1(常规操作))

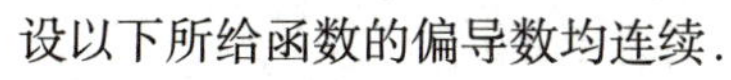

设以下所给函数的偏导数均连续.

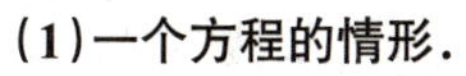

(1)一个方程的情形.

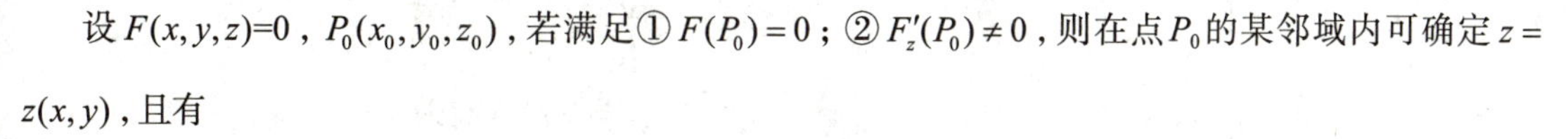

设 $F(x,y,z)=0$，$P_0(x_0,y_0,z_0)$，若满足① $F(P_0)=0$；② $F'_z(P_0)\neq 0$，则在点 P_0 的某邻域内可确定 $z=z(x,y)$，且有

$$\frac{\partial z}{\partial x}=-\frac{F'_x}{F'_z},\ \frac{\partial z}{\partial y}=-\frac{F'_y}{F'_z}.$$

(2)方程组的情形.

设$\begin{cases}F(x,y,z)=0,\\G(x,y,z)=0,\end{cases}$当满足$\frac{\partial(F,G)}{\partial(y,z)}=\begin{vmatrix}\frac{\partial F}{\partial y}&\frac{\partial F}{\partial z}\\\frac{\partial G}{\partial y}&\frac{\partial G}{\partial z}\end{vmatrix}\neq 0$时,可确定$\begin{cases}y=y(x),\\z=z(x).\end{cases}$其复合结构图如图所示:

$$F\begin{cases}x\\y-x\\z\end{cases}\qquad G\begin{cases}x\\y-x\\z\end{cases}$$

且有

$$\frac{\mathrm{d}y}{\mathrm{d}x}=-\frac{\frac{\partial(F,G)}{\partial(x,z)}}{\frac{\partial(F,G)}{\partial(y,z)}}=-\frac{\begin{vmatrix}\frac{\partial F}{\partial x}&\frac{\partial F}{\partial z}\\\frac{\partial G}{\partial x}&\frac{\partial G}{\partial z}\end{vmatrix}}{\begin{vmatrix}\frac{\partial F}{\partial y}&\frac{\partial F}{\partial z}\\\frac{\partial G}{\partial y}&\frac{\partial G}{\partial z}\end{vmatrix}},\quad \frac{\mathrm{d}z}{\mathrm{d}x}=-\frac{\frac{\partial(F,G)}{\partial(y,x)}}{\frac{\partial(F,G)}{\partial(y,z)}}=-\frac{\begin{vmatrix}\frac{\partial F}{\partial y}&\frac{\partial F}{\partial x}\\\frac{\partial G}{\partial y}&\frac{\partial G}{\partial x}\end{vmatrix}}{\begin{vmatrix}\frac{\partial F}{\partial y}&\frac{\partial F}{\partial z}\\\frac{\partial G}{\partial y}&\frac{\partial G}{\partial z}\end{vmatrix}}.$$

三、全微分形式不变性(D_1(常规操作))

设$z=f(u,v)$,$u=u(x,y)$,$v=v(x,y)$,如果$f(u,v)$,$u(x,y)$,$v(x,y)$分别有连续偏导数,则复合函数$z=f(u,v)$在(x,y)处的全微分仍可表示为

$$\mathrm{d}z=\frac{\partial z}{\partial u}\mathrm{d}u+\frac{\partial z}{\partial v}\mathrm{d}v,$$

即无论u,v是自变量还是中间变量,上式总成立.

形式化归体系块

四、全微分公式大观(D_1(常规操作))

(1) $x\mathrm{d}x+y\mathrm{d}y=\mathrm{d}\left(\frac{x^2+y^2}{2}\right)$;

(2) $x\mathrm{d}x-y\mathrm{d}y=\mathrm{d}\left(\frac{x^2-y^2}{2}\right)$;

(3) $y\mathrm{d}x+x\mathrm{d}y=\mathrm{d}(xy)$;

(4) $\frac{y\mathrm{d}x+x\mathrm{d}y}{xy}=\mathrm{d}(\ln|xy|)$;

(5) $\frac{x\mathrm{d}x+y\mathrm{d}y}{x^2+y^2}=\mathrm{d}\left[\frac{1}{2}\ln(x^2+y^2)\right]$;

(6) $\frac{x\mathrm{d}x-y\mathrm{d}y}{x^2-y^2}=\mathrm{d}\left[\frac{1}{2}\ln|x^2-y^2|\right]$;

(7) $\frac{x\mathrm{d}y-y\mathrm{d}x}{x^2}=\mathrm{d}\left(\frac{y}{x}\right)$;

(8) $\frac{y\mathrm{d}x-x\mathrm{d}y}{y^2}=\mathrm{d}\left(\frac{x}{y}\right)$;

(9) $\dfrac{y\mathrm{d}x-x\mathrm{d}y}{x^2+y^2}=\mathrm{d}\left(\arctan\dfrac{x}{y}\right)$；　(10) $\dfrac{x\mathrm{d}y-y\mathrm{d}x}{x^2+y^2}=\mathrm{d}\left(\arctan\dfrac{y}{x}\right)$；

(11) $\dfrac{y\mathrm{d}x-x\mathrm{d}y}{x^2-y^2}=\mathrm{d}\left(\dfrac{1}{2}\ln\left|\dfrac{x-y}{x+y}\right|\right)$；　(12) $\dfrac{x\mathrm{d}y-y\mathrm{d}x}{x^2-y^2}=\mathrm{d}\left(\dfrac{1}{2}\ln\left|\dfrac{x+y}{x-y}\right|\right)$；

(13) $\dfrac{x\mathrm{d}x+y\mathrm{d}y}{(x^2+y^2)^2}=\mathrm{d}\left(-\dfrac{1}{2}\dfrac{1}{x^2+y^2}\right)$；　(14) $\dfrac{x\mathrm{d}x-y\mathrm{d}y}{(x^2-y^2)^2}=\mathrm{d}\left(-\dfrac{1}{2}\dfrac{1}{x^2-y^2}\right)$；

(15) $\dfrac{x\mathrm{d}x+y\mathrm{d}y}{1+(x^2+y^2)^2}=\mathrm{d}\left[\dfrac{1}{2}\arctan(x^2+y^2)\right]$；　(16) $\dfrac{x\mathrm{d}x-y\mathrm{d}y}{1+(x^2-y^2)^2}=\mathrm{d}\left[\dfrac{1}{2}\arctan(x^2-y^2)\right]$.

【注】(1) 上述公式左边即 $\dfrac{\partial u}{\partial x}\mathrm{d}x+\dfrac{\partial u}{\partial y}\mathrm{d}y=P\mathrm{d}x+Q\mathrm{d}y$，若其中有未知参数，则利用 $\dfrac{\partial^2 u}{\partial x\partial y}=\dfrac{\partial^2 u}{\partial y\partial x}$，即 $\dfrac{\partial P}{\partial y}=\dfrac{\partial Q}{\partial x}$ 可以求出 . 如设 $\dfrac{x\mathrm{d}x-ay\mathrm{d}y}{1+(x^2+y^2)^2}$ 是某二元函数的全微分，则 $a=-1$.

(2) 数学一考生注意，$(P,Q)=\left(\dfrac{\partial u}{\partial x},\dfrac{\partial u}{\partial y}\right)=\mathbf{grad}\,u$ 是 u 的梯度 .

如设 $\mathrm{d}u=\dfrac{axy^2}{(x^2+y^2)^2}\mathrm{d}x-\dfrac{4x^b y}{(x^2+y^2)^2}\mathrm{d}y$，则 $\mathbf{grad}\,u=\left(\dfrac{4xy^2}{(x^2+y^2)^2},-\dfrac{4x^2y}{(x^2+y^2)^2}\right)$.

例13.15 设 $z=z(x,y)$ 是由方程 $\dfrac{x}{z}=\ln\dfrac{z}{y}$ 确定的二元隐函数，求全微分 $\mathrm{d}z$.

【解】 在方程 $\dfrac{x}{z}=\ln\dfrac{z}{y}$ 两端求全微分，利用一阶全微分形式不变性，得

$$\frac{1}{z}\mathrm{d}x-\frac{x}{z^2}\mathrm{d}z=\frac{1}{z}\mathrm{d}z-\frac{1}{y}\mathrm{d}y,$$

所以

$$\mathrm{d}z=\frac{z}{y(x+z)}(y\mathrm{d}x+z\mathrm{d}y).$$

【注】本题亦可用下面的方法求解 .

设 $F(x,y,z)=\dfrac{x}{z}-\ln\dfrac{z}{y}=\dfrac{x}{z}-\ln z+\ln y$，则

$$F'_x=\frac{1}{z},\quad F'_y=\frac{1}{y},\quad F'_z=-\frac{x}{z^2}-\frac{1}{z}=-\frac{x+z}{z^2},$$

所以

$$\frac{\partial z}{\partial x}=-\frac{F'_x}{F'_z}=-\frac{\frac{1}{z}}{-\frac{x+z}{z^2}}=\frac{z}{x+z},$$

$$\frac{\partial z}{\partial y}=-\frac{F_y'}{F_z'}=-\frac{\frac{1}{y}}{-\frac{x+z}{z^2}}=\frac{z^2}{y(x+z)}.$$

故
$$\mathrm{d}z=\frac{\partial z}{\partial x}\mathrm{d}x+\frac{\partial z}{\partial y}\mathrm{d}y=\frac{z}{y(x+z)}(y\mathrm{d}x+z\mathrm{d}y).$$

例13.16 已知函数 $f(u,v)$ 具有二阶连续偏导数，$f(1,1)=2$ 是 $f(u,v)$ 的极值，$z=f[x+y,f(x,y)]$，求 $\left.\frac{\partial^2 z}{\partial x\partial y}\right|_{(1,1)}$.

【解】
$$\frac{\partial z}{\partial x}=f_1'[x+y,f(x,y)]+f_2'[x+y,f(x,y)]\cdot f_1'(x,y),$$

$$\frac{\partial^2 z}{\partial x\partial y}=f_{11}''[x+y,f(x,y)]+f_{12}''[x+y,f(x,y)]\cdot f_2'(x,y)+$$
$$f_{12}''(x,y)\cdot f_2'[x+y,f(x,y)]+f_1'(x,y)\{f_{21}''[x+y,f(x,y)]+$$
$$f_{22}''[x+y,f(x,y)]\cdot f_2'(x,y)\}.$$

由题意知，$f_1'(1,1)=0$，$f_2'(1,1)=0$，从而（$f(1,1)$ 是 $f(u,v)$ 的极值）

$$\left.\frac{\partial^2 z}{\partial x\partial y}\right|_{(1,1)}=f_{11}''(2,2)+f_2'(2,2)f_{12}''(1,1).$$

例13.17 设 $y=y(x)$ 及 $z=z(x)$ 由方程 $\mathrm{e}^z-xyz=0$ 及 $xz^2=\ln y$ 所确定，则 $\left.\frac{\mathrm{d}z}{\mathrm{d}x}\right|_{x=\frac{1}{2}}=$______.

【解】 应填−4.

记 $F=\mathrm{e}^z-xyz,G=xz^2-\ln y$，则

$$\frac{\mathrm{d}z}{\mathrm{d}x}=-\frac{\begin{vmatrix}-xz & -yz\\ -\frac{1}{y} & z^2\end{vmatrix}}{\begin{vmatrix}-xz & \mathrm{e}^z-xy\\ -\frac{1}{y} & 2xz\end{vmatrix}}=-\frac{-xz^3-z}{-2x^2z^2+\frac{1}{y}\mathrm{e}^z-x}.$$

当 $x=\frac{1}{2}$ 时，$\mathrm{e}^z=\frac{1}{2}yz,\frac{1}{2}z^2=\ln y$，故 $z=\ln y+\ln z-\ln 2=\frac{1}{2}z^2+\ln\frac{z}{2}$. 易知 $y=\mathrm{e}^2,z=2$.

故 $\left.\frac{\mathrm{d}z}{\mathrm{d}x}\right|_{x=\frac{1}{2}}=\left.\frac{xz^3+z}{-2x^2z^2+\frac{1}{y}\mathrm{e}^z-x}\right|_{x=\frac{1}{2}}=\frac{4+2}{-2+1-\frac{1}{2}}=-4.$

例13.18 设$f(x,y)$具有一阶连续偏导数，证明$f(x,y)$为k次齐次函数$[f(tx,ty)=t^k f(x,y)]$的充要条件是

D$_{22}$（转换等价表述）

$$x\frac{\partial f}{\partial x}+y\frac{\partial f}{\partial y}=kf(x,y).$$

【证】 必要性.固定x,y，等式$f(xt,yt)=t^k f(x,y)$两边对t求导后，令$t=1$，即得

$$xf_1'+yf_2'=kf(x,y).$$

充分性.对任意固定的x,y，设$F(t)=\dfrac{f(xt,yt)}{t^k}$，有

$$F'(t)=\frac{xf_1'+yf_2'}{t^k}-\frac{kf(xt,yt)}{t^{k+1}}=\frac{xtf_1'+ytf_2'-kf(xt,yt)}{t^{k+1}}=0.$$

故$F(t)$不依赖于t，仅依赖x,y，而$F(1)=f(x,y)$，则

$$f(xt,yt)=t^k f(x,y).$$

【注】(1) 当$k=0$时，令$t=\dfrac{1}{x}$，有$f\left(1,\dfrac{y}{x}\right)=f(x,y)=\varphi\left(\dfrac{y}{x}\right)$，这就可看作微分方程中的一阶齐次微分方程：$\dfrac{\mathrm{d}y}{\mathrm{d}x}=\varphi\left(\dfrac{y}{x}\right)$.

(2) 在多元函数微分学计算中，如果研究对象是k次齐次函数(k齐函数)，则可考虑用

$$xf_x'+yf_y'=kf.$$

例13.19 设$z(x,y)=\sqrt{\dfrac{x^2+y^2}{xy}}$，$xy>0$，则$x\dfrac{\partial z}{\partial x}+y\dfrac{\partial z}{\partial y}=$________.

【解】 应填0.

由于$z(tx,ty)=\sqrt{\dfrac{(tx)^2+(ty)^2}{txty}}=\sqrt{\dfrac{x^2+y^2}{xy}}=t^0 z(x,y)$，故$z(x,y)$是0次齐次函数，由例13.18的结论，有$x\dfrac{\partial z}{\partial x}+y\dfrac{\partial z}{\partial y}=0\cdot z(x,y)=0$.

例13.20 设函数$z=xyf\left(\dfrac{y}{x}\right)$，其中$f(u)$可导，若$x\dfrac{\partial z}{\partial x}+y\dfrac{\partial z}{\partial y}=y^2(\ln y-\ln x)$，则(　　).

(A) $f(1)=\dfrac{1}{2},f'(1)=0$　　　　(B) $f(1)=0,f'(1)=1$

(C) $f(1)=\dfrac{1}{2},f'(1)=1$　　　　(D) $f(1)=0,f'(1)=\dfrac{1}{2}$

【解】 应选(D).

由于 $z(tx,ty)=tx\cdot tyf\left(\dfrac{ty}{tx}\right)=t^2xyf\left(\dfrac{y}{x}\right)=t^2z(x,y)$，故 $z=xyf\left(\dfrac{y}{x}\right)$ 是2次齐次函数，由例13.18的结论，有

$$x\frac{\partial z}{\partial x}+y\frac{\partial z}{\partial y}=2z=2xyf\left(\frac{y}{x}\right)=y^2\ln\frac{y}{x},$$

即 $2f\left(\dfrac{y}{x}\right)=\dfrac{y}{x}\ln\dfrac{y}{x}$，令 $\dfrac{y}{x}=u$，有 $2f(u)=u\ln u$，令 $u=1$，有 $f(1)=0$，又 $f'(u)=\dfrac{\ln u+1}{2}$，有 $f'(1)=\dfrac{1}{2}$.

第四部分 化简、求解偏微分方程

三向解题法

形式化归体系块

化简、求解偏微分方程
(O(盯住目标))

见到含有偏导数的等式

1. 给出等式A,要求$f(u,v)$的表达式(D$_1$(常规操作)+D$_{23}$(化归经典形式)+D$_3$(移花接木))
   - 立即寻找$u=u(x,y)$,$v=v(x,y)$
   - 令$f=f(u,v)$
   - 写结构图 $f\left\langle\begin{matrix}u\\v\end{matrix}\right\rangle\!\!\!\times\!\!\!\left\langle\begin{matrix}x\\y\end{matrix}\right.$
   - 计算$\dfrac{\partial f}{\partial x}$或$\dfrac{\partial^2 f}{\partial x\partial y}$等,代入题设等式$A$得到$\dfrac{\partial f}{\partial u}$或$\dfrac{\partial^2 f}{\partial u\partial v}$
   - 即可求得f

2. 用$\begin{cases}u=u(x,y),\\v=v(x,y)\end{cases}$将等式$A$化简为等式$B$(D$_1$(常规操作)+D$_{23}$(化归经典形式)+D$_3$(移花接木))
   - 写结构图 $z\left\langle\begin{matrix}u\\v\end{matrix}\right\rangle\!\!\!\times\!\!\!\left\langle\begin{matrix}x\\y\end{matrix}\right.$
   - 依次计算$\dfrac{\partial z}{\partial x},\dfrac{\partial z}{\partial y},\dfrac{\partial^2 z}{\partial x^2},\dfrac{\partial^2 z}{\partial x\partial y},\dfrac{\partial^2 z}{\partial y^2}$,均用$z$对$u,v$的各阶偏导数表示
   - 代入题设等式A化简为等式B,反求参数

3. 给出$u=f[g(x,y)]$满足含u的偏导数等式A,求$f(x)$的表达式(D$_1$(常规操作)+D$_{23}$(化归经典形式)+D$_3$(移花接木))
   - 令$t=g(x,y)$,得$u=f(t)$
   - 写结构图 $u-t\left\langle\begin{matrix}x\\y\end{matrix}\right.$
   - 计算$\dfrac{\partial u}{\partial x},\dfrac{\partial^2 u}{\partial x^2},\dfrac{\partial u}{\partial y},\dfrac{\partial^2 u}{\partial y^2}$等,代入等式$A$得常微分方程
   - 即可求得f

4. 给出$f'_x(x,y)=-f(x,y)$,求$f(x,y)$的表达式(D$_1$(常规操作)+D$_{23}$(化归经典形式)+D$_3$(移花接木))
   - $\dfrac{1}{f}\dfrac{\partial f}{\partial x}=-1\Rightarrow\ln|f|=-x+C_1(y)\Rightarrow|f(x,y)|=\mathrm{e}^{-x+C_1(y)}$,$f(x,y)=C(y)\mathrm{e}^{-x}$ $\left(\pm\mathrm{e}^{C_1(y)}=C(y)\right)$
   - 再根据题设条件求出$C(y)$,如$f'_y(0,y)=\tan y$,于是有$[f(0,y)]'_y=[C(y)]'_y=\tan y$
   - $C(y)=\int\tan y\mathrm{d}y=-\ln|\cos y|+C$

(1)给出等式A,要求$f(u,v)$的表达式.(D$_1$(常规操作)+D$_{23}$(化归经典形式)+D$_3$(移花接木))

立即寻找$u=u(x,y)$,$v=v(x,y)$.令$f=f(u,v)$,写结构图$f\left\langle\begin{matrix}u\\v\end{matrix}\right\rangle\!\!\!\times\!\!\!\left\langle\begin{matrix}x\\y\end{matrix}\right.$,计算$\dfrac{\partial f}{\partial x}$或$\dfrac{\partial^2 f}{\partial x\partial y}$等,代入题设等式$A$得到$\dfrac{\partial f}{\partial u}$或$\dfrac{\partial^2 f}{\partial u\partial v}$,即可求得$f$.

D$_3$(移花接木)

例13.21 设 $z=z(u,v)$ 具有二阶连续偏导数，且 $z=z(x-2y,x+3y)$ 满足

$$6\frac{\partial^2 z}{\partial x^2}+\frac{\partial^2 z}{\partial x\partial y}-\frac{\partial^2 z}{\partial y^2}=3\frac{\partial z}{\partial x}-\frac{\partial z}{\partial y},\ \frac{\mathrm{d}[z(0,v)]}{\mathrm{d}v}=\frac{1}{5}z(0,v)+\mathrm{e}^v,\ z(u,0)=u^2.$$

（1）证明 $\dfrac{\partial^2 z}{\partial u\partial v}=\dfrac{1}{5}\cdot\dfrac{\partial z}{\partial u}$；

（2）求 $z=z(u,v)$ 的表达式.

D$_1$（常规操作）

（1）【证】由 $z=z(x-2y,x+3y)$，有

$$\frac{\partial z}{\partial x}=\frac{\partial z}{\partial u}+\frac{\partial z}{\partial v},\ \frac{\partial z}{\partial y}=-2\frac{\partial z}{\partial u}+3\frac{\partial z}{\partial v},$$

$$\frac{\partial^2 z}{\partial x^2}=\frac{\partial^2 z}{\partial u^2}+2\frac{\partial^2 z}{\partial u\partial v}+\frac{\partial^2 z}{\partial v^2},$$

$$\frac{\partial^2 z}{\partial y^2}=4\frac{\partial^2 z}{\partial u^2}-12\frac{\partial^2 z}{\partial u\partial v}+9\frac{\partial^2 z}{\partial v^2},$$

$$\frac{\partial^2 z}{\partial x\partial y}=-2\frac{\partial^2 z}{\partial u^2}+\frac{\partial^2 z}{\partial u\partial v}+3\frac{\partial^2 z}{\partial v^2},$$

D$_3$（移花接木）

代入原方程得 $25\dfrac{\partial^2 z}{\partial u\partial v}=5\dfrac{\partial z}{\partial u}$，即 $\dfrac{\partial^2 z}{\partial u\partial v}=\dfrac{1}{5}\cdot\dfrac{\partial z}{\partial u}$.

（2）【解】将上式写成 $\dfrac{\partial}{\partial u}\left(\dfrac{\partial z}{\partial v}\right)=\dfrac{1}{5}\cdot\dfrac{\partial z}{\partial u}$，两边对 u 积分得 $\dfrac{\partial z}{\partial v}=\dfrac{1}{5}z+\varphi_1(v)$.

由题设，$\dfrac{\mathrm{d}[z(0,v)]}{\mathrm{d}v}=\dfrac{1}{5}z(0,v)+\mathrm{e}^v$，故有 $\varphi_1(v)=\mathrm{e}^v$，即 $z_v'-\dfrac{1}{5}z=\mathrm{e}^v$，可看作关于 v 的一阶线性非齐次微分方程，故

$$z=\mathrm{e}^{\frac{v}{5}}\left[\int \mathrm{e}^{-\frac{v}{5}}\cdot\mathrm{e}^v\mathrm{d}v+C(u)\right]=\frac{5}{4}\mathrm{e}^v+C(u)\mathrm{e}^{\frac{v}{5}}.$$

又
$$z(u,0)=\frac{5}{4}+C(u)=u^2,$$

故
$$C(u)=u^2-\frac{5}{4},$$

$$z(u,v)=\frac{5}{4}\mathrm{e}^v+\left(u^2-\frac{5}{4}\right)\mathrm{e}^{\frac{v}{5}}.$$

（2）用 $\begin{cases}u=u(x,y),\\ v=v(x,y)\end{cases}$ 将等式 A 化简为等式 B.（D$_1$（常规操作）+D$_{23}$（化归经典形式）+D$_3$（移花接木））

D$_1$（常规操作）

写结构图 $z\langle\begin{smallmatrix}u\\v\end{smallmatrix}\rangle\!\!\bowtie\!\!\langle\begin{smallmatrix}x\\y\end{smallmatrix}$.依次计算 $\dfrac{\partial z}{\partial x}$，$\dfrac{\partial z}{\partial y}$，$\dfrac{\partial^2 z}{\partial x^2}$，$\dfrac{\partial^2 z}{\partial x\partial y}$，$\dfrac{\partial^2 z}{\partial y^2}$，均用 z 对 u，v 的各阶偏导数表示，代入题设等式 A 化简为等式 B，反求参数.

D$_3$（移花接木）

例13.22 设 $z=z(x,y)$ 有二阶连续偏导数，用变换 $u=x-2y,v=x+ay$ 可把方程 $6\frac{\partial^2 z}{\partial x^2}+\frac{\partial^2 z}{\partial x\partial y}-\frac{\partial^2 z}{\partial y^2}=0$ 化简为 $\frac{\partial^2 z}{\partial u\partial v}=0$，求常数 a．

【分析】 z 作为 x,y 的函数满足微分方程：

$$6\frac{\partial^2 z}{\partial x^2}+\frac{\partial^2 z}{\partial x\partial y}-\frac{\partial^2 z}{\partial y^2}=0. \tag{*}$$

在变换 $u=x-2y,v=x+ay$ 下，z 变为 u,v 的函数，利用复合函数求导法，分别将 z 对 x,y 的一、二阶偏导数用 z 对 u,v 的一、二阶偏导数来表示，代入(*)式导出 z 关于 u,v 的微分方程，确定 a 的值使之化为 $\frac{\partial^2 z}{\partial u\partial v}=0$．

【解】 由复合函数求导法得

$$\frac{\partial z}{\partial x}=\frac{\partial z}{\partial u}\cdot\frac{\partial u}{\partial x}+\frac{\partial z}{\partial v}\cdot\frac{\partial v}{\partial x}=\frac{\partial z}{\partial u}+\frac{\partial z}{\partial v},$$

$$\frac{\partial z}{\partial y}=\frac{\partial z}{\partial u}\cdot\frac{\partial u}{\partial y}+\frac{\partial z}{\partial v}\cdot\frac{\partial v}{\partial y}=-2\frac{\partial z}{\partial u}+a\frac{\partial z}{\partial v},$$

$$\begin{aligned}\frac{\partial^2 z}{\partial x^2}&=\frac{\partial^2 z}{\partial u^2}\cdot\frac{\partial u}{\partial x}+\frac{\partial^2 z}{\partial u\partial v}\cdot\frac{\partial v}{\partial x}+\frac{\partial^2 z}{\partial v\partial u}\cdot\frac{\partial u}{\partial x}+\frac{\partial^2 z}{\partial v^2}\cdot\frac{\partial v}{\partial x}\\&=\frac{\partial^2 z}{\partial u^2}+2\frac{\partial^2 z}{\partial u\partial v}+\frac{\partial^2 z}{\partial v^2},\end{aligned}$$

$$\begin{aligned}\frac{\partial^2 z}{\partial x\partial y}&=\frac{\partial^2 z}{\partial u^2}\cdot\frac{\partial u}{\partial y}+\frac{\partial^2 z}{\partial u\partial v}\cdot\frac{\partial v}{\partial y}+\frac{\partial^2 z}{\partial v\partial u}\cdot\frac{\partial u}{\partial y}+\frac{\partial^2 z}{\partial v^2}\cdot\frac{\partial v}{\partial y}\\&=-2\frac{\partial^2 z}{\partial u^2}+a\frac{\partial^2 z}{\partial u\partial v}-2\frac{\partial^2 z}{\partial v\partial u}+a\frac{\partial^2 z}{\partial v^2}\\&=-2\frac{\partial^2 z}{\partial u^2}+(a-2)\frac{\partial^2 z}{\partial u\partial v}+a\frac{\partial^2 z}{\partial v^2},\end{aligned}$$

$$\begin{aligned}\frac{\partial^2 z}{\partial y^2}&=-2\left(\frac{\partial^2 z}{\partial u^2}\cdot\frac{\partial u}{\partial y}+\frac{\partial^2 z}{\partial u\partial v}\cdot\frac{\partial v}{\partial y}\right)+a\left(\frac{\partial^2 z}{\partial v\partial u}\cdot\frac{\partial u}{\partial y}+\frac{\partial^2 z}{\partial v^2}\cdot\frac{\partial v}{\partial y}\right)\\&=-2\left(-2\frac{\partial^2 z}{\partial u^2}+a\frac{\partial^2 z}{\partial u\partial v}\right)+a\left(-2\frac{\partial^2 z}{\partial v\partial u}+a\frac{\partial^2 z}{\partial v^2}\right)\\&=4\frac{\partial^2 z}{\partial u^2}-2a\frac{\partial^2 z}{\partial u\partial v}-2a\frac{\partial^2 z}{\partial v\partial u}+a^2\frac{\partial^2 z}{\partial v^2}\\&=4\frac{\partial^2 z}{\partial u^2}-4a\frac{\partial^2 z}{\partial u\partial v}+a^2\frac{\partial^2 z}{\partial v^2}.\end{aligned}$$

由 $6\frac{\partial^2 z}{\partial x^2}+\frac{\partial^2 z}{\partial x\partial y}-\frac{\partial^2 z}{\partial y^2}=0$，得 $(10+5a)\frac{\partial^2 z}{\partial u\partial v}+(6+a-a^2)\frac{\partial^2 z}{\partial v^2}=0$.

当 $\begin{cases}10+5a\neq 0,\\ a^2-a-6=0,\end{cases}$ 即 $a=3$ 时，$\frac{\partial^2 z}{\partial u\partial v}=0$.

(3)给出 $u=f[g(x,y)]$ 满足含 u 的偏导数等式 A，求 $f(x)$ 的表达式.

(D_1 (常规操作) +D_{23} (化归经典形式) +D_3 (移花接木))

令 $t=g(x,y)$，得 $u=f(t)$. 写结构图 $u - t \langle \begin{smallmatrix}x\\y\end{smallmatrix}$. 计算 $\frac{\partial u}{\partial x}$，$\frac{\partial^2 u}{\partial x^2}$，$\frac{\partial u}{\partial y}$，$\frac{\partial^2 u}{\partial y^2}$ 等（→D_1 (常规操作)），代入等式 A 得常微分方程（D_3 (移花接木)），即可求得 f.

例13.23 设函数 $u=f(\ln\sqrt{x^2+y^2})$ 有二阶连续偏导数，且满足 $\frac{\partial^2 u}{\partial x^2}+\frac{\partial^2 u}{\partial y^2}=(x^2+y^2)^{\frac{3}{2}}$，若极限 $\lim\limits_{x\to 0}\frac{\int_0^1 f(xt)\mathrm{d}t}{x}=-1$，求函数 $f(x)$ 的表达式.

【解】 设 $t=\ln\sqrt{x^2+y^2}$，则 $x^2+y^2=\mathrm{e}^{2t}$，$u=f(t)$，可知

$$\frac{\partial u}{\partial x}=f'(t)\cdot\frac{x}{x^2+y^2},\quad \frac{\partial^2 u}{\partial x^2}=f''(t)\cdot\frac{x^2}{(x^2+y^2)^2}+f'(t)\cdot\frac{y^2-x^2}{(x^2+y^2)^2}.$$

同理

$$\frac{\partial^2 u}{\partial y^2}=f''(t)\cdot\frac{y^2}{(x^2+y^2)^2}+f'(t)\cdot\frac{x^2-y^2}{(x^2+y^2)^2}.$$

又由 $\frac{\partial^2 u}{\partial x^2}+\frac{\partial^2 u}{\partial y^2}=(x^2+y^2)^{\frac{3}{2}}$，得 $f''(t)=(x^2+y^2)^{\frac{5}{2}}=\mathrm{e}^{5t}$.

积分两次得 $f(t)=\frac{1}{25}\mathrm{e}^{5t}+C_1t+C_2$，即 $f(x)=\frac{1}{25}\mathrm{e}^{5x}+C_1x+C_2$. 又

$$\lim_{x\to 0}\frac{\int_0^1 f(xt)\mathrm{d}t}{x}\xlongequal{xt=s}\lim_{x\to 0}\frac{\int_0^x f(s)\mathrm{d}s}{x^2}=\lim_{x\to 0}\frac{f(x)}{2x}=-1,$$

从而有 $f(0)=0$，$f'(0)=-2$，将其代入 $f(x)$ 的表达式中，得 $C_1=-\frac{11}{5}, C_2=-\frac{1}{25}$. 故所求函数

$$f(x)=\frac{1}{25}\mathrm{e}^{5x}-\frac{11}{5}x-\frac{1}{25}.$$

(4)给出 $f'_x(x,y)=-f(x,y)$，求 $f(x,y)$ 表达式.

(D_1 (常规操作) +D_{23} (化归经典形式) +D_3 (移花接木))

$\frac{1}{f}\frac{\partial f}{\partial x}=-1\Rightarrow$（→$D_{23}$ (化归经典形式)）$\ln|f|=-x+C_1(y)\Rightarrow|f(x,y)|=\mathrm{e}^{-x+C_1(y)}$. $f(x,y)=C(y)\mathrm{e}^{-x}\left(\pm\mathrm{e}^{C_1(y)}=C(y)\right)$，再根据题设条

件求出 $C(y)$，如 $f'_y(0,y)=\tan y$，于是有 $[f(0,y)]'_y=[C(y)]'_y=\tan y$，则 $C(y)=\int \tan y\mathrm{d}y=-\ln|\cos y|+C$.

例13.24 设 $f(x,y)$ 是一阶偏导数连续的正值函数，满足 $f'_x(x,y)+f(x,y)=0$，若 $f'_y(0,y)=\tan y$，$f(0,0)=1$，求 $f(x,y)$.

【解】由题意，$f'_x(x,y)=-f(x,y)$，即 $\dfrac{f'_x(x,y)}{f(x,y)}=-1$，两边对 x 积分，有（D_{23}（化归经典形式））

$$\int \frac{f'_x(x,y)}{f(x,y)}\mathrm{d}x=\int(-1)\mathrm{d}x,$$

即 $\ln[f(x,y)]=-x+\varphi(y)$，也即 $f(x,y)=\mathrm{e}^{-x}\cdot\mathrm{e}^{\varphi(y)}$.

由 $f(0,0)=1$，有 $1=1\cdot\mathrm{e}^{\varphi(0)}$，得 $\varphi(0)=0$，又 $f'_y(0,y)=[f(0,y)]'_y=\left[\mathrm{e}^{\varphi(y)}\right]'_y=\tan y$，两边对 y 积分，有 $\mathrm{e}^{\varphi(y)}=-\ln|\cos y|+C$，令 $y=0$，有 $\mathrm{e}^{\varphi(0)}=-\ln 1+C$，解得 $C=1$，因此可得 $\mathrm{e}^{\varphi(y)}=1-\ln|\cos y|$.

于是

$$f(x,y)=\mathrm{e}^{-x}(1-\ln|\cos y|).$$

第五部分 求多元函数的极值、最值

三向解题法

求多元函数的极值、最值（O（盯住目标））

- 无条件极值（D_1（常规操作）+D_{22}（转换等价表述）+D_3（移花接木））
- 条件极（最）值与拉格朗日乘数法（D_1（常规操作）+D_{22}（转换等价表述））
- 闭区域 D 上的最值（D_1（常规操作））

一、无条件极值

（D_1（常规操作）+D_{22}（转换等价表述）+D_3（移花接木））

（1）二元函数取极值的必要条件(类比一元函数).

设$z=f(x,y)$在点(x_0,y_0)处$\begin{cases}\text{一阶偏导数存在,}\\ \text{取极值,}\end{cases}$则$f'_x(x_0,y_0)=0$，$f'_y(x_0,y_0)=0$.

【注】（1）该必要条件同样适用于三元及三元以上函数.

（2）偏导数不存在的点也可能是极值点.

（2）二元函数取极值的充分条件.

设$z=f(x,y)$在点(x_0,y_0)的某邻域有二阶连续偏导数且$f'_x(x_0,y_0)=0$，$f'_y(x_0,y_0)=0$，记

$$\begin{cases}f''_{xx}(x_0,y_0)=A,\\ f''_{xy}(x_0,y_0)=B,\text{则}\Delta=AC-B^2\\ f''_{yy}(x_0,y_0)=C,\end{cases}\begin{cases}>0\Rightarrow\text{极值}\begin{cases}A<0\Rightarrow\text{极大值},\\ A>0\Rightarrow\text{极小值},\end{cases}\\ <0\Rightarrow\text{非极值},\\ =0\Rightarrow\text{方法失效，另谋他法}.\end{cases}$$

【注】若$\Delta=AC-B^2>0\Rightarrow AC>B^2\geqslant0\Rightarrow A$，$C$同号$\Rightarrow\begin{cases}A>0,C>0,\\ A<0,C<0.\end{cases}$

“大鼻子爷爷” $\Delta=0\Rightarrow$方法失效，

“小哑巴猪” $\Delta<0\Rightarrow$不是极值，

开不开心少年团$\begin{cases}\text{“开心”} & \Delta>0,\ A>0\Rightarrow\text{极小值},\\ \text{“不开心”} & \Delta>0,\ A<0\Rightarrow\text{极大值}.\end{cases}$

（3）求$\begin{cases}\text{二元显函数}\\ \text{二元隐函数}\end{cases}$极值的步骤. → D_1（常规操作）

①求驻点. → 勿忘偏导数不存在的点

$$\begin{cases}f'_x=0,\\ f'_y=0\end{cases}\Rightarrow P_i.$$

②求$f''_{xx}(P_i)=A$，$f''_{xy}(P_i)=B$，$f''_{yy}(P_i)=C$.

③用Δ判别法.

④关于$\Delta=0$时，否定极值性. → D_{22}（转换等价表述）

a.沿坐标轴，如沿x轴，极小值；沿y轴，极大值.

b.沿$y=kx$，有极大值，有极小值.

c.看区域，邻域内不同区域，有极大值，有极小值均可否定极值性.

(4)与一元函数结论的不同. → 均在函数连续的条件下讨论

→ D_{22}(转换等价表述)

①多元函数中唯一极值点不一定是最值点;

②可以只有多个极大值或只有多个极小值.

【注】一元函数的结论:①唯一极值必为最值;

②若有两个极值点,必是一极大值点一极小值点.

(5)有时含参讨论.

例13.25 求函数$f(x,y)=3(x^2+y^2)-x^3$的极值.

【解】 因为$f(x,y)=3(x^2+y^2)-x^3$,所以

$$f'_x(x,y)=6x-3x^2,\ f'_y(x,y)=6y.$$

令$\begin{cases}f'_x(x,y)=0,\\f'_y(x,y)=0,\end{cases}$解得驻点$(0,0)$和$(2,0)$.又$f''_{xx}=6-6x$,$f''_{xy}=0$,$f''_{yy}=6$.

在点$(0,0)$处,$A=f''_{xx}(0,0)=6$,$B=f''_{xy}(0,0)=0$,$C=f''_{yy}(0,0)=6$,所以

$$AC-B^2=36>0,\text{且}A=6>0,$$

→ D_1(常规操作)

故$f(0,0)=0$是函数$f(x,y)$的极小值.

在点$(2,0)$处,$A=f''_{xx}(2,0)=-6$,$B=f''_{xy}(2,0)=0$,$C=f''_{yy}(2,0)=6$,所以

$$AC-B^2=-36<0,$$

→ D_1(常规操作)

故驻点$(2,0)$不是函数$f(x,y)$的极值点.

综上可知,函数$f(x,y)$只有一个极值点,且极小值为$f(0,0)=0$.

例13.26 设$f(x,y)=(y-x^2)(y-2x^2)$,k为任意常数,则(　　).

(A) $f(x,kx)$在$x=0$处取极小值,点$(0,0)$是$f(x,y)$的极小值点

(B) $f(x,kx)$在$x=0$处取极小值,点$(0,0)$不是$f(x,y)$的极小值点

(C) $f(x,kx)$在$x=0$处不取极小值,点$(0,0)$是$f(x,y)$的极小值点

(D) $f(x,kx)$在$x=0$处不取极小值,点$(0,0)$不是$f(x,y)$的极小值点

【解】 应选(B).

当$y=kx$时,$f(x,kx)=(kx-x^2)(kx-2x^2)=k^2x^2-3kx^3+2x^4$.

当$x\to0$时,显然f的正负取决于k^2x^2,而当$k\neq0$时,$k^2x^2>0$;当$k=0$时,$f=2x^4>0$.故$x=0$是$f(x,kx)$的极小值点.

如图所示,在任何以$(0,0)$为圆心,$\delta>0$为半径的圆内,均有:在D_1内,$f(x,y)>0$;在D_2内,$f(x,y)<0$.故点$(0,0)$不是$f(x,y)$的极小值点.

→ D_{22}(转换等价表述)

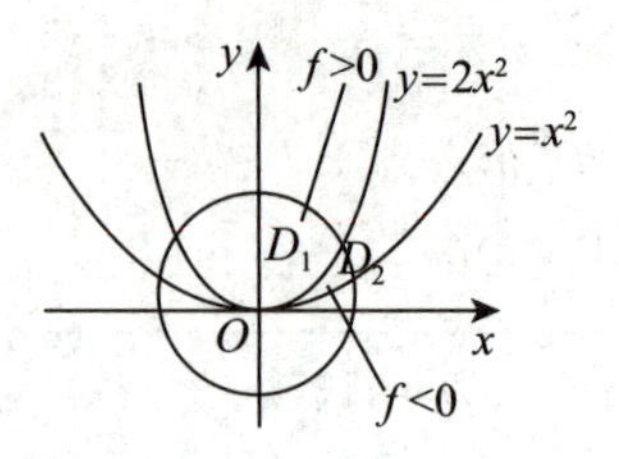

(6)结合闭区域连续函数性质的概念题.

①最值定理;

②Δ判别法.

例13.27 设$u(x,y)$在平面有界闭区域D上具有二阶连续偏导数,且$\dfrac{\partial^2 u}{\partial x\partial y}\neq 0,\dfrac{\partial^2 u}{\partial x^2}\cdot\dfrac{\partial^2 u}{\partial y^2}=0$,则$u(x,y)$的(　　).

(A)最大值点和最小值点必定都在D的内部

(B)最大值点和最小值点必定都在D的边界上

(C)最大值点在D的内部,最小值点在D的边界上

(D)最小值点在D的内部,最大值点在D的边界上

【解】 应选(B).

令$A=\dfrac{\partial^2 u}{\partial x^2},B=\dfrac{\partial^2 u}{\partial x\partial y},C=\dfrac{\partial^2 u}{\partial y^2}$,由于$AC-B^2<0$,函数$u(x,y)$不存在无条件极值,所以在$D$的内部没有极值,故最大值点和最小值点都不会在$D$的内部出现.但是$u(x,y)$连续,所以在平面有界闭区域$D$上必有最大值和最小值,故最大值点和最小值点必定都在D的边界上.

D_{22}(转换等价表述)

例13.28 设$f(x)$为二阶可导函数,且$x=0$是$f(x)$的驻点,则二元函数$z=f(x)f(y)$在点$(0,0)$处取得极大值的一个充分条件是(　　).

(A)$f(0)<0,f''(0)>0$　　(B)$f(0)<0,f''(0)<0$　　(C)$f(0)>0,f''(0)>0$　　(D)$f(0)=0,f''(0)\neq 0$

【解】 应选(A).

$$\frac{\partial z}{\partial x}=f'(x)f(y),\ \frac{\partial z}{\partial y}=f(x)f'(y),$$

$$\frac{\partial^2 z}{\partial x^2}=f''(x)f(y),\ \frac{\partial^2 z}{\partial x\partial y}=f'(x)f'(y),\ \frac{\partial^2 z}{\partial y^2}=f(x)f''(y).$$

由于$f'(0)=0$,因此点$(0,0)$是函数$z=f(x)f(y)$的驻点.在$(0,0)$处,

$$A=\left.\frac{\partial^2 z}{\partial x^2}\right|_{(0,0)}=f''(0)f(0),\ B=\left.\frac{\partial^2 z}{\partial x\partial y}\right|_{(0,0)}=\left[f'(0)\right]^2=0,\ C=\left.\frac{\partial^2 z}{\partial y^2}\right|_{(0,0)}=f(0)f''(0),$$

D_3(移花接木)

故当$f(0)<0$且$f''(0)>0$时,$AC-B^2=\left[f''(0)f(0)\right]^2>0$,且$A<0$,此时$z=f(x)f(y)$在点$(0,0)$处取得极大值.因此,$z=f(x)f(y)$在点$(0,0)$处取得极大值的一个充分条件是$f(0)<0,f''(0)>0$.

二、条件极（最）值与拉格朗日乘数法

（D_1（常规操作）$+D_{22}$（转换等价表述））

1.拉格朗日乘数法

（1）求目标函数 $u=f(x,y,z)$ 在约束条件 $\begin{cases}\varphi(x,y,z)=0,\\ \psi(x,y,z)=0\end{cases}$ 下的最值的步骤.

①构造辅助函数 $F(x,y,z,\lambda,\mu)=f(x,y,z)+\lambda\varphi(x,y,z)+\mu\psi(x,y,z)$；

→辅助函数自变量个数＝目标函数自变量个数＋约束条件个数

②令

$$\begin{cases}F'_x=f'_x+\lambda\varphi'_x+\mu\psi'_x=0,\\ F'_y=f'_y+\lambda\varphi'_y+\mu\psi'_y=0,\\ F'_z=f'_z+\lambda\varphi'_z+\mu\psi'_z=0,\\ F'_\lambda=\varphi(x,y,z)=0,\\ F'_\mu=\psi(x,y,z)=0;\end{cases}$$

③解上述方程组得备选点 P_i，$i=1,2,3,\cdots,n$，并求 $f(P_i)$，取其最大值为 $u_{\max}$，最小值为 $u_{\min}$；

④根据实际问题，必存在最值，所得即为所求.

（2）以上求解方程组有时是有些困难的.

a.消元法是基本功，多练习.

b.考观察能力 $\begin{cases}\text{有无特殊解,}\\ \text{有无对称性.}\end{cases}$（充分看方程组的特点）

c.用 k 齐函数的结论（例13.18）.

d.不会很难，不必担心.

（3）几何上的结论. → D_{22}（转换等价表述）

在可微的条件下，条件极值点处满足：

$$\begin{vmatrix}f'_x & f'_y & f'_z\\ \varphi'_x & \varphi'_y & \varphi'_z\\ \psi'_x & \psi'_y & \psi'_z\end{vmatrix}_{P_0}=0.$$

2.证明不等式

3.有时含参讨论

例13.29 设 $f(x,y)$ 与 $g(x,y)$ 均为可微函数，且 $g'_y(x,y)\neq0$．已知 (x_0,y_0) 是 $f(x,y)$ 在约束条件 $g(x,y)=0$ 下的一个极值点，下列选项正确的是（　　）.

(A)若 $f'_x(x_0,y_0)=0$，则 $f'_y(x_0,y_0)=0$

(B)若 $f'_x(x_0,y_0)=0$，则 $f'_y(x_0,y_0)\neq0$

(C)若 $f'_x(x_0,y_0)\neq0$，则 $f'_y(x_0,y_0)=0$

(D)若 $f'_x(x_0,y_0)\neq0$，则 $f'_y(x_0,y_0)\neq0$

【解】应选(D).

构造拉格朗日函数$F(x,y,\lambda)=f(x,y)+\lambda g(x,y)$，由已知可得

$$\begin{cases}F'_x|_{(x_0,y_0)}=f'_x(x_0,y_0)+\lambda g'_x(x_0,y_0)=0,\\ F'_y|_{(x_0,y_0)}=f'_y(x_0,y_0)+\lambda g'_y(x_0,y_0)=0,\\ F'_\lambda|_{(x_0,y_0)}=g(x_0,y_0)=0.\end{cases}$$

因为$g'_y(x_0,y_0)\neq 0$，所以$\lambda=-\dfrac{f'_y(x_0,y_0)}{g'_y(x_0,y_0)}$，从而有

$$f'_x(x_0,y_0)-\frac{f'_y(x_0,y_0)}{g'_y(x_0,y_0)}\cdot g'_x(x_0,y_0)=0,$$

即

$$f'_x(x_0,y_0)\cdot g'_y(x_0,y_0)=f'_y(x_0,y_0)\cdot g'_x(x_0,y_0).$$

当$f'_x(x_0,y_0)=0$时，可推出$f'_y(x_0,y_0)\cdot g'_x(x_0,y_0)=0$，但得不出$f'_y(x_0,y_0)\neq 0$或$f'_y(x_0,y_0)=0$，因而排除(A)和(B).

当$f'_x(x_0,y_0)\neq 0$时，由于$g'_y(x_0,y_0)\neq 0$，因此

$$f'_y(x_0,y_0)\cdot g'_x(x_0,y_0)\neq 0,$$

（由前述结论，可直接获得$\begin{vmatrix}f'_x & f'_y\\ g'_x & g'_y\end{vmatrix}_{P_0}=0$）

从而$f'_y(x_0,y_0)\neq 0$.故正确选项为(D).

例13.30 求$u=\sqrt{x^2+y^2}$在约束条件$5x^2+4xy+2y^2=1$下的最大值与最小值.

【解】求$\sqrt{x^2+y^2}$在约束条件$5x^2+4xy+2y^2=1$下的最大值与最小值，即等价于求x^2+y^2在约束条件$5x^2+4xy+2y^2=1$下的最大值与最小值.

令$f(x,y)=5x^2+4xy+2y^2$，此为2次齐次函数，有$xf'_x+yf'_y=2f(x,y)$.

构造拉格朗日函数$F(x,y,\lambda)=x^2+y^2+\lambda(5x^2+4xy+2y^2-1)$，令

（D_1（常规操作））

$$\begin{cases}F'_x=2x+\lambda f'_x=0, & ①\\ F'_y=2y+\lambda f'_y=0, & ②\\ F'_\lambda=f-1=0, & ③\end{cases}$$

①×x+②×y，得

$$2x^2+2y^2+\lambda(xf'_x+yf'_y)=0,$$

（由③知$f(x,y)=1$）

即$2x^2+2y^2+2\lambda f(x,y)=0$，解得$x^2+y^2=-\lambda$，故目标转化为求$\lambda$的最值.

由方程①，②得到$\begin{cases}(1+5\lambda)x+2\lambda y=0,\\ 2\lambda x+(1+2\lambda)y=0,\end{cases}$显然所求$(x,y)\neq(0,0)$，故方程组的系数行列式

$$\begin{vmatrix} 1+5\lambda & 2\lambda \\ 2\lambda & 1+2\lambda \end{vmatrix} = 6\lambda^2+7\lambda+1=0,$$

解得

$$\lambda_1=-1,\ \lambda_2=-\frac{1}{6}.$$

当 $\lambda_1=-1$ 时，$x^2+y^2=1$；当 $\lambda_2=-\frac{1}{6}$ 时，$x^2+y^2=\frac{1}{6}$.

综上可知，最大值为1，最小值为 $\frac{\sqrt{6}}{6}$.

三、闭区域 D 上的最值（D_1（常规操作））

（1）D 内部.

①按无条件极值，写 $\begin{cases} f'_x=0, \\ f'_y=0. \end{cases}$

②保留 D 内的可疑点，删去 D 外的可疑点.

（2）∂D.

按条件极值，写 $F=f+\lambda\varphi$，求解

$$\begin{cases} F'_x=0, \\ F'_y=0, \\ F'_z=0, \\ F'_\lambda=0. \end{cases}$$

求出可疑点或将 ∂D 方程代入 f，消元求可疑点.

比较所有可疑点，取函数值最小者为最小值、最大者为最大值.

（3）有时含参讨论.

例13.31 求函数 $f(x,y)=3(x^2+y^2)-x^3$ 在有界闭区域 $D=\{(x,y)\mid x^2+y^2\leqslant 16\}$ 上的最大值和最小值.

【解】因为 $f(x,y)$ 在有界闭区域 D 上连续，所以其在 D 上存在最大值和最小值.

当点 (x,y) 在圆周 $x^2+y^2=16$ 上时，

$$f(x,y)=3(x^2+y^2)-x^3=48-x^3,\ -4\leqslant x\leqslant 4,$$

其在圆周 $x^2+y^2=16$ 上的最小值为 $f(4,0)=-16$，最大值为 $f(-4,0)=112$.

由例13.25知 $(0,0)$ 为驻点，$f(0,0)=0$，比较 $f(0,0)=0$，$f(4,0)=-16$，$f(-4,0)=112$ 的大小，可知 $f(x,y)$ 在有界闭区域 D 上的最大值为 $f(-4,0)=112$，最小值为 $f(4,0)=-16$.

第14讲 二重积分

三向解题法

计算二重积分
(O(盯住目标))

- 和式极限（D_{22}（转换等价表述））
- 积分保号性的使用（D_1（常规操作）$+D_{22}$（转换等价表述））
- 二重积分常用结论（D_1（常规操作））
- 交换积分次序问题（D_1（常规操作））
- 对称性的使用（D_1（常规操作）$+D_{44}$（善于发现对称））
- 二重积分的计算法（D_1（常规操作））

一、和式极限（D_{22}（转换等价表述））

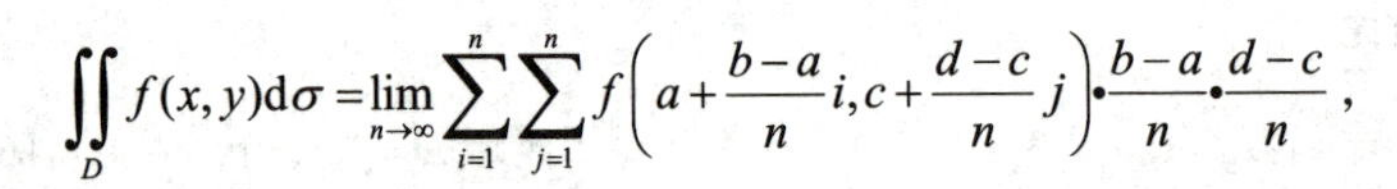

$$\iint\limits_D f(x,y)\mathrm{d}\sigma=\lim_{n\to\infty}\sum_{i=1}^{n}\sum_{j=1}^{n}f\left(a+\frac{b-a}{n}i,c+\frac{d-c}{n}j\right)\cdot\frac{b-a}{n}\cdot\frac{d-c}{n},$$

式中 $D=\{(x,y)|a\leqslant x\leqslant b,c\leqslant y\leqslant d\}$.

例 14.1 $\lim\limits_{n\to\infty}\sum\limits_{i=1}^{n}\sum\limits_{j=1}^{n}\dfrac{i}{(n+i)(n^2+j^2)}=$______.

【解】 应填 $(1-\ln 2)\cdot\dfrac{\pi}{4}$.

$$\lim_{n\to\infty}\sum_{i=1}^{n}\sum_{j=1}^{n}\frac{i}{(n+i)(n^2+j^2)}=\lim_{n\to\infty}\sum_{i=1}^{n}\sum_{j=1}^{n}\frac{\frac{i}{n}}{\left(1+\frac{i}{n}\right)\left[1+\left(\frac{j}{n}\right)^2\right]}\cdot\frac{1}{n^2}$$

$$=\iint_D \frac{x}{(1+x)(1+y^2)}\mathrm{d}x\mathrm{d}y=\int_0^1 \frac{x\mathrm{d}x}{1+x}\cdot\int_0^1 \frac{\mathrm{d}y}{1+y^2}=\int_0^1\left(1-\frac{1}{1+x}\right)\mathrm{d}x\cdot\int_0^1 \frac{\mathrm{d}y}{1+y^2}=[x-\ln(1+x)]\Big|_0^1\cdot\arctan y\Big|_0^1=(1-\ln 2)\cdot\frac{\pi}{4},$$

式中 $D=\{(x,y)|0\leqslant x\leqslant 1,0\leqslant y\leqslant 1\}$.

二、交换积分次序问题（D_1（常规操作））

当一个累次积分的题摆在我们面前时，要注意观察，题目所给积分次序的第一个积分是不是以下情况:(1)可积不可求积型;(2)计算困难型.若是，则交换积分次序成为必然.事实上，在考试中出现累次积分，基本可以断定是要交换积分次序的.

这里强调一下可积不可求积型的一般形式: $\int\frac{\sin x}{x}\mathrm{d}x$, $\int\frac{\cos x}{x}\mathrm{d}x$, $\int\frac{\ln(1+x)}{x}\mathrm{d}x$, $\int\frac{1}{\ln x}\mathrm{d}x$, $\int\sin x^2\mathrm{d}x$, $\int\cos x^2\mathrm{d}x$, $\int\sin\frac{1}{x}\mathrm{d}x$, $\int\cos\frac{1}{x}\mathrm{d}x$, $\int\frac{\tan x}{x}\mathrm{d}x$, $\int\frac{\mathrm{e}^x}{x}\mathrm{d}x$, $\int\tan x^2\mathrm{d}x$, $\int\mathrm{e}^{ax^2+bx+c}\mathrm{d}x(a\neq 0)$.上述积分均没有初等函数形式的原函数，见到它们，一般都要交换积分次序.

例14.2 $\int_0^{\frac{\pi}{6}}\mathrm{d}y\int_y^{\frac{\pi}{6}}\frac{\cos x}{x}\mathrm{d}x=$ ________.

【解】 应填 $\frac{1}{2}$.

交换积分次序，得

$$原式=\int_0^{\frac{\pi}{6}}\mathrm{d}x\int_0^x\frac{\cos x}{x}\mathrm{d}y=\int_0^{\frac{\pi}{6}}\cos x\mathrm{d}x=\sin x\Big|_0^{\frac{\pi}{6}}=\frac{1}{2}.$$

【注】由于 $\int\frac{\cos x}{x}\mathrm{d}x$ 不是初等函数，因此需要交换积分次序进行求解.

例14.3 $\int_0^2\mathrm{d}y\int_y^2\frac{y}{\sqrt{1+x^3}}\mathrm{d}x=$ ________.

【解】 应填 $\frac{2}{3}$.

$$原式=\int_0^2\mathrm{d}x\int_0^x\frac{y}{\sqrt{1+x^3}}\mathrm{d}y=\int_0^2\frac{1}{2}x^2\cdot\frac{1}{\sqrt{1+x^3}}\mathrm{d}x$$

$$=\int_0^2\frac{1}{6}(1+x^3)^{-\frac{1}{2}}\mathrm{d}(x^3+1)$$

$$=\frac{1}{6}\cdot 2(1+x^3)^{\frac{1}{2}}\Big|_0^2=1-\frac{1}{3}=\frac{2}{3}.$$

三、积分保号性的使用

（D_1（常规操作）$+D_{22}$（转换等价表述））

①若连续函数$f(x,y)\geqslant 0$且不恒为零，则$\iint\limits_D f(x,y)\mathrm{d}\sigma>0$.（→$D_{22}$（转换等价表述））

②若连续函数$f(x,y)$满足：对任意有界闭区域D，均有$\iint\limits_D f(x,y)\mathrm{d}\sigma\equiv 0$，则$f(x,y)=0$，$(x,y)\in D$.（→$D_{22}$（转换等价表述））

例14.4 确定积分区域D，使得二重积分$I=\iint\limits_D\left(1-x^2-\dfrac{y^2}{2}\right)\mathrm{d}x\mathrm{d}y$达到最大值.

【解】根据二重积分的比较定理和积分区域的可加性，只要积分区域D包含了使得被积函数$f(x,y)=1-x^2-\dfrac{y^2}{2}\geqslant 0$的所有点，而没有包含$f(x,y)=1-x^2-\dfrac{y^2}{2}<0$的点，那么二重积分$I=\iint\limits_D\left(1-x^2-\dfrac{y^2}{2}\right)\mathrm{d}x\mathrm{d}y$就会达到最大值，所以积分区域应取为

$$D=\left\{(x,y)\left|x^2+\frac{y^2}{2}\leqslant 1\right.\right\}.$$

四、对称性的使用（D_1（常规操作）$+D_{44}$（善于发现对称））

1.普通对称性

(1)若D关于y轴对称，则

$$\iint\limits_D f(x,y)\mathrm{d}\sigma=\begin{cases}2\iint\limits_{D_1} f(x,y)\mathrm{d}\sigma, & f(x,y)=f(-x,y),\\ 0, & f(x,y)=-f(-x,y),\end{cases}$$

式中D_1是D在y轴右侧的部分.

【注】若D关于$x=a(a\neq 0)$对称，则

$$\iint\limits_D f(x,y)\mathrm{d}\sigma=\begin{cases}2\iint\limits_{D_1} f(x,y)\mathrm{d}\sigma, & f(x,y)=f(2a-x,y),\\ 0, & f(x,y)=-f(2a-x,y),\end{cases}$$

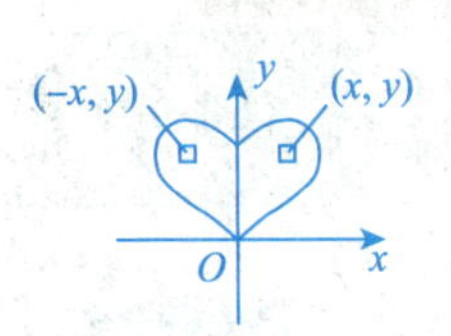

式中D_1是D在$x=a$右侧的部分.

如$\iint\limits_D(x-a)\mathrm{d}\sigma=0$，因$f(x,y)=x-a$，而$f(2a-x,y)=a-x$.

(2)若D关于x轴对称，则

$$\iint\limits_D f(x,y)\mathrm{d}\sigma=\begin{cases}2\iint\limits_{D_1} f(x,y)\mathrm{d}\sigma, & f(x,y)=f(x,-y),\\ 0, & f(x,y)=-f(x,-y),\end{cases}$$

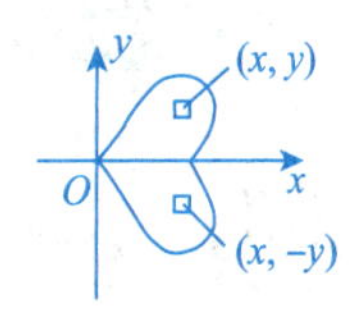

式中D_1是D在x轴上侧的部分.

【注】若D关于$y=a(a\neq 0)$对称，则

$$\iint\limits_D f(x,y)\mathrm{d}\sigma=\begin{cases}2\iint\limits_{D_1} f(x,y)\mathrm{d}\sigma, & f(x,y)=f(x,2a-y),\\ 0, & f(x,y)=-f(x,2a-y),\end{cases}$$

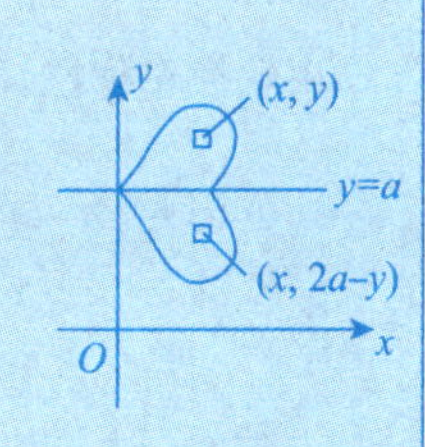

式中D_1是D在$y=a$上侧的部分.

(3)若D关于原点对称，则

$$\iint\limits_D f(x,y)\mathrm{d}\sigma=\begin{cases}2\iint\limits_{D_1} f(x,y)\mathrm{d}\sigma, & f(x,y)=f(-x,-y),\\ 0, & f(x,y)=-f(-x,-y),\end{cases}$$

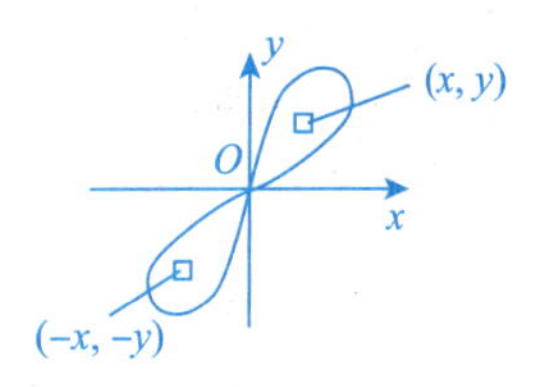

式中D_1是D关于原点对称的半个部分.

(4)若D关于$y=x$对称，则

x，y对调，$f(x,y)=f(y,x)$

$$\iint\limits_D f(x,y)\mathrm{d}\sigma=\begin{cases}2\iint\limits_{D_1} f(x,y)\mathrm{d}\sigma, & f(x,y)=f(y,x),\\ 0, & f(x,y)=-f(y,x),\end{cases}$$

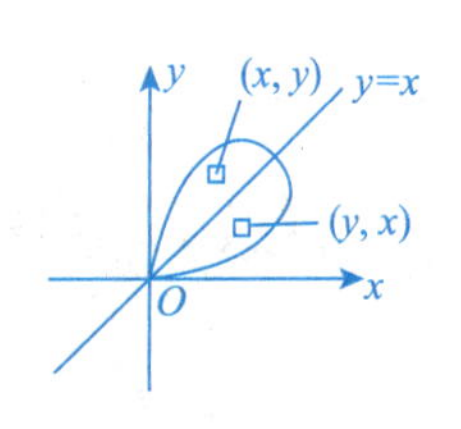

式中D_1是D关于$y=x$对称的半个部分.

2.轮换对称性

在直角坐标系下，若把x与y对调后，区域D不变(或区域D关于$y=x$对称)，则

$$\iint\limits_D f(x,y)\mathrm{d}\sigma=\iint\limits_D f(y,x)\mathrm{d}\sigma,$$

这就是**轮换对称性**.

【注】(1)在直角坐标系中，若$f(x,y)+f(y,x)\underset{(>)}{=}a$，则

$$I=\frac{1}{2}\iint\limits_D [f(x,y)+f(y,x)]\,\mathrm{d}x\mathrm{d}y\underset{(>)}{=}\frac{1}{2}\iint\limits_D a\mathrm{d}x\mathrm{d}y=\frac{a}{2}S_D.$$

(2)要注意区分普通对称性中的"(4)"与这里轮换对称性的区别与联系.虽然它们都是D关于$y=x$对称，但普通对称性考查的是$f(x,y)$与$f(y,x)$是相等还是互为相反数，轮换对称性考查的是$f(x,y)+f(y,x)$是否简单.事实上，当$f(x,y)=-f(y,x)$时，它们是一回事.

例14.5 设 $f(x,y)$ 在 $D=\{(x,y)\mid x^2+y^2\leqslant 1\}$ 上连续，$f(x,y)=\mathrm{e}^{x^2+y^2}-\iint\limits_D \frac{(2x^2+1)f(x,y)}{x^2+y^2+1}\mathrm{d}x\mathrm{d}y$，求 $\iint\limits_D f(x,y)\mathrm{d}\sigma$.

→ D_{44}（善于发现对称）

【解】令 $a=\iint\limits_D \frac{(2x^2+1)f(x,y)}{x^2+y^2+1}\mathrm{d}x\mathrm{d}y$，则 $f(x,y)=\mathrm{e}^{x^2+y^2}-a=f(y,x)$.

由轮换对称性，得

$$
\begin{aligned}
a&=\iint\limits_D \frac{(2y^2+1)f(x,y)}{y^2+x^2+1}\mathrm{d}x\mathrm{d}y\\
&=\frac{1}{2}\iint\limits_D 2f(x,y)\mathrm{d}x\mathrm{d}y=\iint\limits_D f(x,y)\mathrm{d}x\mathrm{d}y,
\end{aligned}
$$

于是

$$
\begin{aligned}
a&=\iint\limits_D \left(\mathrm{e}^{x^2+y^2}-a\right)\mathrm{d}\sigma\\
&=\int_0^{2\pi}\mathrm{d}\theta\int_0^1\left(\mathrm{e}^{r^2}-a\right)r\mathrm{d}r=(\mathrm{e}-a-1)\pi,
\end{aligned}
$$

解得 $a=\frac{(\mathrm{e}-1)\pi}{\pi+1}$，故 $\iint\limits_D f(x,y)\mathrm{d}\sigma=\frac{(\mathrm{e}-1)\pi}{\pi+1}$.

五、二重积分常用结论（D_1（常规操作））

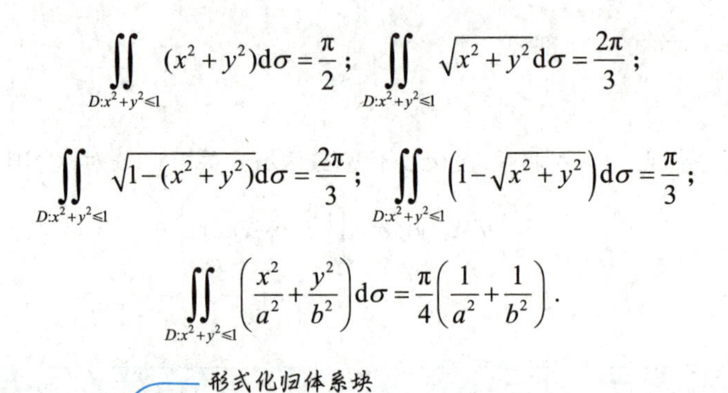

$$
\iint\limits_{D:x^2+y^2\leqslant 1}(x^2+y^2)\mathrm{d}\sigma=\frac{\pi}{2}；\quad \iint\limits_{D:x^2+y^2\leqslant 1}\sqrt{x^2+y^2}\,\mathrm{d}\sigma=\frac{2\pi}{3}；
$$

$$
\iint\limits_{D:x^2+y^2\leqslant 1}\sqrt{1-(x^2+y^2)}\,\mathrm{d}\sigma=\frac{2\pi}{3}；\quad \iint\limits_{D:x^2+y^2\leqslant 1}\left(1-\sqrt{x^2+y^2}\right)\mathrm{d}\sigma=\frac{\pi}{3}；
$$

$$
\iint\limits_{D:x^2+y^2\leqslant 1}\left(\frac{x^2}{a^2}+\frac{y^2}{b^2}\right)\mathrm{d}\sigma=\frac{\pi}{4}\left(\frac{1}{a^2}+\frac{1}{b^2}\right).
$$

形式化归体系块

六、二重积分的计算法（D_1（常规操作））

1. 二重积分的直角坐标系积分法

在直角坐标系下，按照积分次序的不同，一般将二重积分的计算分为两种情况.

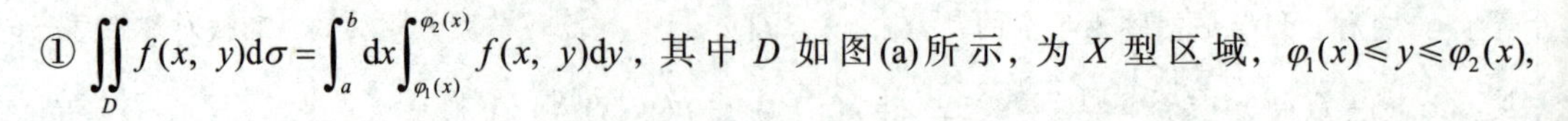

① $\iint\limits_D f(x,\ y)\mathrm{d}\sigma=\int_a^b\mathrm{d}x\int_{\varphi_1(x)}^{\varphi_2(x)}f(x,\ y)\mathrm{d}y$，其中 D 如图(a)所示，为 X 型区域，$\varphi_1(x)\leqslant y\leqslant\varphi_2(x)$,

$a \leqslant x \leqslant b$；

② $\iint\limits_D f(x, y)\mathrm{d}\sigma = \int_c^d \mathrm{d}y \int_{\psi_1(y)}^{\psi_2(y)} f(x, y)\mathrm{d}x$，其中 D 如图(b)所示，为 Y 型区域，$\psi_1(y) \leqslant x \leqslant \psi_2(y)$，$c \leqslant y \leqslant d$.

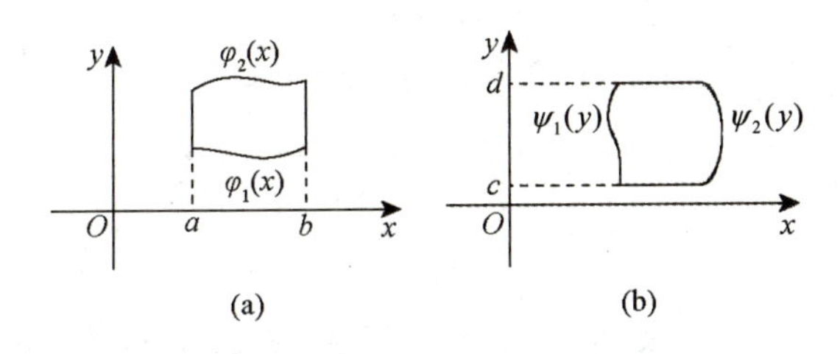

(a)　　　　(b)

【注】下限须小于上限 .

例14.6 设 $D = \left\{(r,\theta) \middle| 0 \leqslant \theta \leqslant \frac{\pi}{4}, 0 \leqslant r \leqslant \sec\theta\right\}$，则 $\iint\limits_D \sqrt{1-(x-y)^2}\mathrm{d}\sigma =$ ________.

【解】应填 $\frac{\pi}{4} - \frac{1}{3}$.

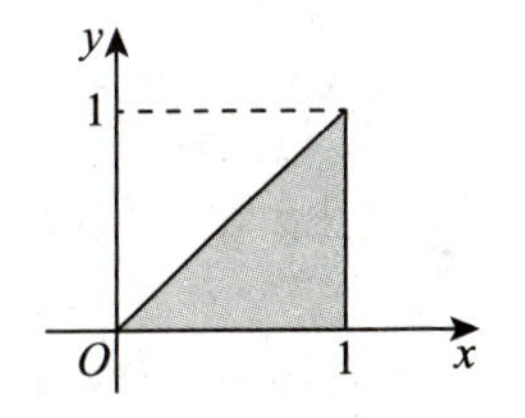

化D(见图)为直角坐标系下的表达式，即

$$D = \left\{(x, y) \middle| 0 \leqslant y \leqslant x \leqslant 1\right\},$$

故原式 $= \int_0^1 \mathrm{d}x \int_0^x \sqrt{1-(x-y)^2}\mathrm{d}y$，其中

$$\int_0^x \sqrt{1-(x-y)^2}\mathrm{d}y \xlongequal{x-y=t} \int_x^0 \sqrt{1-t^2}(-\mathrm{d}t) = \int_0^x \sqrt{1-t^2}\mathrm{d}t .$$

由 $\int \sqrt{a^2-x^2}\mathrm{d}x = \frac{a^2}{2}\arcsin\frac{x}{a} + \frac{x}{2}\sqrt{a^2-x^2} + C$，有

$$\int_0^x \sqrt{1-t^2}\mathrm{d}t = \frac{1}{2}\arcsin x + \frac{x}{2}\sqrt{1-x^2},$$

故

$$\begin{aligned}
\text{原式} &= \int_0^1 \left(\frac{1}{2}\arcsin x + \frac{x}{2}\sqrt{1-x^2}\right)\mathrm{d}x \\
&= \frac{1}{2}\int_0^1 \arcsin x\mathrm{d}x + \frac{1}{2}\int_0^1 x\sqrt{1-x^2}\mathrm{d}x \\
&= \frac{1}{2}\left(x \cdot \arcsin x\Big|_0^1 - \int_0^1 x \cdot \frac{1}{\sqrt{1-x^2}}\mathrm{d}x\right) + \left(-\frac{1}{2}\right) \times \frac{1}{2} \times \frac{2}{3}(1-x^2)^{\frac{3}{2}}\Big|_0^1 \\
&= \frac{1}{2}\left(\frac{\pi}{2} + \sqrt{1-x^2}\Big|_0^1\right) + \frac{1}{6} = \frac{1}{2}\left(\frac{\pi}{2} - 1\right) + \frac{1}{6} = \frac{\pi}{4} - \frac{1}{3} .
\end{aligned}$$

2.二重积分的极坐标系积分法

在极坐标系下,按照积分区域与极点位置关系的不同,一般将二重积分的计算分为三种情况,如图所示.

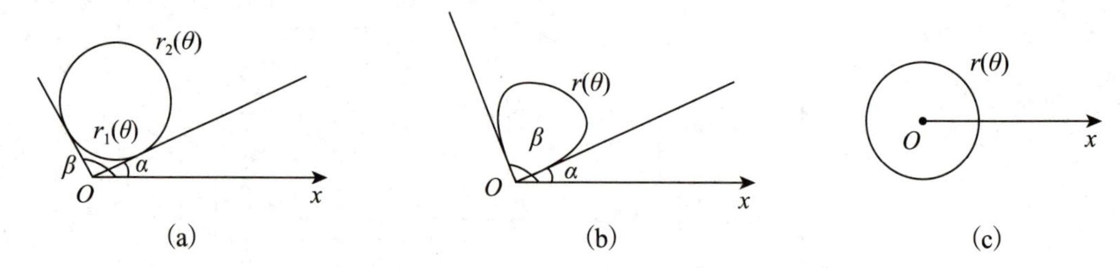

① $\iint\limits_D f(x,\ y)\mathrm{d}\sigma=\int_\alpha^\beta \mathrm{d}\theta\int_{r_1(\theta)}^{r_2(\theta)} f(r\cos\theta,\ r\sin\theta)r\mathrm{d}r$(极点$O$在区域$D$外部,如图(a)所示);

② $\iint\limits_D f(x,\ y)\mathrm{d}\sigma=\int_\alpha^\beta \mathrm{d}\theta\int_0^{r(\theta)} f(r\cos\theta,\ r\sin\theta)r\mathrm{d}r$(极点$O$在区域$D$边界上,如图(b)所示);

③ $\iint\limits_D f(x,\ y)\mathrm{d}\sigma=\int_0^{2\pi} \mathrm{d}\theta\int_0^{r(\theta)} f(r\cos\theta,\ r\sin\theta)r\mathrm{d}r$(极点$O$在区域$D$内部,如图(c)所示).

【注】极坐标系与直角坐标系选择的一般原则:

一般来说,给出一个二重积分.

①看被积函数是否为$f(x^2+y^2)$, $f\left(\frac{y}{x}\right)$, $f\left(\frac{x}{y}\right)$等形式;

②看积分区域是否为圆或者圆的一部分.

如果①,②至少满足其中之一,那么优先选用极坐标系,否则,就优先考虑直角坐标系.

例14.7 设平面有界区域D位于第一象限,由曲线$x^2+y^2-xy=1$, $x^2+y^2-xy=2$与直线$y=\sqrt{3}x$, $y=0$围成,计算$\iint\limits_D \frac{1}{3x^2+y^2}\mathrm{d}x\mathrm{d}y$.

【解】
$$\iint\limits_D \frac{1}{3x^2+y^2}\mathrm{d}x\mathrm{d}y=\int_0^{\frac{\pi}{3}}\mathrm{d}\theta\int_{\frac{1}{\sqrt{1-\cos\theta\sin\theta}}}^{\frac{\sqrt{2}}{\sqrt{1-\cos\theta\sin\theta}}}\frac{1}{r^2(3\cos^2\theta+\sin^2\theta)}r\mathrm{d}r$$
$$=\frac{\ln 2}{2}\int_0^{\frac{\pi}{3}}\frac{1}{3\cos^2\theta+\sin^2\theta}\mathrm{d}\theta=\frac{\ln 2}{2}\int_0^{\frac{\pi}{3}}\frac{1}{3+\tan^2\theta}\mathrm{d}(\tan\theta)$$
$$=\frac{\ln 2}{2}\left(\frac{1}{\sqrt{3}}\arctan\frac{\tan\theta}{\sqrt{3}}\right)\Bigg|_0^{\frac{\pi}{3}}=\frac{\sqrt{3}\ln 2}{24}\pi.$$

3.二重积分的换元法(选学)

二重积分亦有和定积分一脉相承的换元法,有时很有用,现介绍于此,供参考.若能够用上,可直接使用,不必证明.

先回顾一元函数积分换元法，见“(1)”，再看二重积分换元法，见“(2)”．

(1) $\int_a^b f(x)\mathrm{d}x \xlongequal{x=\varphi(t)} \int_\alpha^\beta f[\varphi(t)]\varphi'(t)\mathrm{d}t$.

① $f(x)\to f[\varphi(t)]$.

② $\int_a^b \to \int_\alpha^\beta$.

③ $\mathrm{d}x\to\varphi'(t)\mathrm{d}t$. 一维上的“测度”关系

注意：$x=\varphi(t)$ 单调，存在一阶连续导数.

(2) $\iint\limits_{D_{xy}} f(x,\ y)\mathrm{d}x\mathrm{d}y \xlongequal[y=y(u,\ v)]{x=x(u,\ v)} \iint\limits_{D_{uv}} f[x(u,\ v),\ y(u,\ v)]\left|\dfrac{\partial(x,\ y)}{\partial(u,\ v)}\right|\mathrm{d}u\mathrm{d}v$.

① $f(x,\ y)\to f[x(u,\ v),\ y(u,\ v)]$.

② $\iint\limits_{D_{xy}} \to \iint\limits_{D_{uv}}$.

③ $\mathrm{d}x\mathrm{d}y\to\left|\dfrac{\partial(x,\ y)}{\partial(u,\ v)}\right|\mathrm{d}u\mathrm{d}v$. 二维上的“测度”关系

注意：$\begin{cases}x=x(u,\ v),\\ y=y(u,\ v)\end{cases}$ 是 xOy 面到 uOv 面的一对一映射，$x=x(u,\ v)$，$y=y(u,\ v)$ 存在一阶连续偏导数，$\dfrac{\partial(x,\ y)}{\partial(u,\ v)}=\begin{vmatrix}\dfrac{\partial x}{\partial u} & \dfrac{\partial x}{\partial v}\\ \dfrac{\partial y}{\partial u} & \dfrac{\partial y}{\partial v}\end{vmatrix}\neq 0$.

另外，令 $\begin{cases}x=r\cos\theta,\\ y=r\sin\theta,\end{cases}$ 则

$$\iint\limits_{D_{xy}} f(x,\ y)\mathrm{d}x\mathrm{d}y$$

$$=\iint\limits_{D_{r\theta}} f(r\cos\theta,\ r\sin\theta)\left\|\begin{matrix}\dfrac{\partial x}{\partial r} & \dfrac{\partial x}{\partial\theta}\\ \dfrac{\partial y}{\partial r} & \dfrac{\partial y}{\partial\theta}\end{matrix}\right\|\mathrm{d}r\mathrm{d}\theta$$

$$=\iint\limits_{D_{r\theta}} f(r\cos\theta,\ r\sin\theta)\left\|\begin{matrix}\cos\theta & -r\sin\theta\\ \sin\theta & r\cos\theta\end{matrix}\right\|\mathrm{d}r\mathrm{d}\theta=\iint\limits_{D_{r\theta}} f(r\cos\theta,\ r\sin\theta)r\mathrm{d}r\mathrm{d}\theta .$$

这就是直角坐标系到极坐标系的换元过程.

例14.8 设 $D=\{(x,y)\mid (x-1)^2+(y-1)^2\leqslant 2, y\geqslant x\}$，计算二重积分 $\iint\limits_D (x-y)\mathrm{d}x\mathrm{d}y$.

【解】 **法一** 由 $(x-1)^2+(y-1)^2\leqslant 2$，得 $r\leqslant 2(\sin\theta+\cos\theta)$，所以

$$\iint\limits_D (x-y)\mathrm{d}x\mathrm{d}y=\int_{\frac{\pi}{4}}^{\frac{3\pi}{4}}\mathrm{d}\theta\int_0^{2(\sin\theta+\cos\theta)}(r\cos\theta-r\sin\theta)\cdot r\mathrm{d}r$$

$$=\int_{\frac{\pi}{4}}^{\frac{3\pi}{4}}\left[\frac{1}{3}(\cos\theta-\sin\theta)\cdot r^3\Big|_0^{2(\sin\theta+\cos\theta)}\right]\mathrm{d}\theta$$

$$=\int_{\frac{\pi}{4}}^{\frac{3\pi}{4}}\frac{8}{3}(\cos\theta-\sin\theta)\cdot(\sin\theta+\cos\theta)^3\mathrm{d}\theta$$

$$=\frac{8}{3}\times\frac{1}{4}(\sin\theta+\cos\theta)^4\Big|_{\frac{\pi}{4}}^{\frac{3\pi}{4}}=-\frac{8}{3}.$$

法二 作变量代换(平移) $\begin{cases}u=x-1,\\ v=y-1,\end{cases}$ 则

$$D_{uv}=\{(u,v)\,|\,u^2+v^2\leqslant 2, v\geqslant u\}\ (\text{见图}),$$

$$\frac{\partial(x,y)}{\partial(u,v)}=1,$$

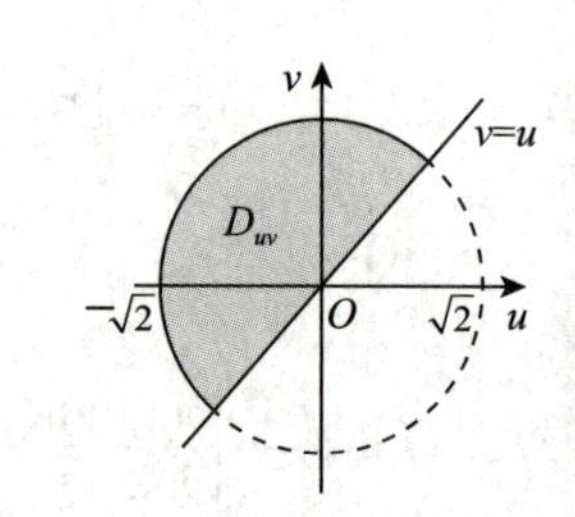

所以

$$\iint\limits_D (x-y)\mathrm{d}x\mathrm{d}y=\iint\limits_{D_{uv}}(u-v)\mathrm{d}u\mathrm{d}v=\int_{\frac{\pi}{4}}^{\frac{5\pi}{4}}\mathrm{d}\theta\int_0^{\sqrt{2}}r(\cos\theta-\sin\theta)\cdot r\mathrm{d}r=-\frac{8}{3}.$$

第15讲 微分方程

第一部分 求解微分方程并研究解的性质

三向解题法

形式化归体系块

求解微分方程并研究解的性质
(O(盯住目标))

- 一阶微分方程的求解 (D_1(常规操作)+D_{23}(化归经典形式))
- 二阶可降阶微分方程的求解(仅数学一、数学二) (D_1(常规操作)+D_{23}(化归经典形式))
- 高阶常系数线性微分方程的求解 (D_1(常规操作)+D_{23}(化归经典形式))
- 用换元法求解微分方程 (D_1(常规操作)+D_{23}(化归经典形式))

一、一阶微分方程的求解

(D_1(常规操作)+D_{23}(化归经典形式))

若出现“y'”或“$dy=\cdots dx$”,则为以下几种类型:

(1)可分离变量型(或可换元化为它).

①能写成$y'=f(x)\cdot g(y)$.

分离变量写成$\frac{dy}{g(y)}=f(x)dx$,两边同时积分$\int\frac{dy}{g(y)}=\int f(x)dx$.

②能写成$y' = f(ax+by+c)$.

→ D_{23}（化归经典形式）

令$u = ax+by+c$，则$u' = a+bf(u)$，分离变量写成$\dfrac{du}{a+bf(u)} = dx$，两边同时积分$\int \dfrac{du}{a+bf(u)} = \int dx$.

（2）齐次型(或可换元化为它).

①能写成$y' = f\left(\dfrac{y}{x}\right)$.

→ D_{23}（化归经典形式）

令$\dfrac{y}{x} = u$，换元后分离变量，即$y = ux$，$\dfrac{dy}{dx} = u + x\dfrac{du}{dx}$，原方程化为$x\dfrac{du}{dx} + u = f(u)$，$\dfrac{du}{f(u)-u} = \dfrac{dx}{x}$，两边同时积分$\int \dfrac{du}{f(u)-u} = \int \dfrac{dx}{x}$.

②能写成$\dfrac{1}{y'} = f\left(\dfrac{x}{y}\right)$.

→ D_{23}（化归经典形式）

令$\dfrac{x}{y} = u$，换元后分离变量，即$x = uy$，$\dfrac{dx}{dy} = u + y\dfrac{du}{dy}$，原方程化为$y\dfrac{du}{dy} + u = f(u)$，$\dfrac{du}{f(u)-u} = \dfrac{dy}{y}$，两边同时积分$\int \dfrac{du}{f(u)-u} = \int \dfrac{dy}{y}$.

③能写成$y' = f\left(\dfrac{ax+by+c}{a_1x+b_1y+c_1}\right)$.

→ D_{23}（化归经典形式）

a. 当$c^2+c_1^2 = 0$时，令$y' = f\left(\dfrac{ax+by}{a_1x+b_1y}\right) = g\left(\dfrac{y}{x}\right)$；

b. 当$c^2+c_1^2 \neq 0$，$\dfrac{a}{a_1} = \dfrac{b}{b_1}$时，令$y' = f\left(\dfrac{ax+by+c}{a_1x+b_1y+c_1}\right) = g(ax+by)$；

→ D_{23}（化归经典形式）

c. 当$c^2+c_1^2 \neq 0$，$\dfrac{a}{a_1} \neq \dfrac{b}{b_1}$时，由$\begin{cases} ax+by+c=0, \\ a_1x+b_1y+c_1=0, \end{cases}$解得$x_0$，$y_0$，令$\begin{cases} x = X + x_0, \\ y = Y + y_0, \end{cases}$则

$$y' = f\left(\frac{ax+by+c}{a_1x+b_1y+c_1}\right) = f\left(\frac{aX+bY}{a_1X+b_1Y}\right),$$

可继续化为$\dfrac{dY}{dX} = g\left(\dfrac{Y}{X}\right)$求解.

例15.1 微分方程$x + yy' = y - xy'$的通解为________.

【解】 应填$\arctan\dfrac{y}{x} + \dfrac{1}{2}\ln(x^2+y^2) = C$，式中$C$为任意常数.

由题中所给的微分方程，可得$y' = \dfrac{y-x}{y+x} = \dfrac{\frac{y}{x}-1}{\frac{y}{x}+1}$，令$\dfrac{y}{x} = u$，则$\dfrac{dy}{dx} = u + x\dfrac{du}{dx}$，代入上述方程并分离变

量得

$$\frac{1+u}{1+u^2}\,du=-\frac{1}{x}dx,$$

两边积分得
$$\arctan u+\frac{1}{2}\ln(1+u^2)=-\ln|x|+C,$$

则微分方程的通解为 $\arctan\frac{y}{x}+\frac{1}{2}\ln(x^2+y^2)=C$，式中 C 为任意常数.

例 15.2 微分方程 $\frac{dy}{dx}=\frac{2x-5y+3}{2x+4y-6}$ 满足 $y(0)=2$ 的特解为________.

【解】 应填 $(y+2x-3)^2(4y-x-3)=5$.

由 $\begin{cases}2x-5y+3=0,\\2x+4y-6=0,\end{cases}$ 解得 $x_0=1$，$y_0=1$. 令 $\begin{cases}x=X+1,\\y=Y+1,\end{cases}$ 则原方程 $\frac{dy}{dx}=\frac{2x-5y+3}{2x+4y-6}$ 化为

$$\frac{dY}{dX}=\frac{2X-5Y}{2X+4Y}=\frac{2-5\frac{Y}{X}}{2+4\frac{Y}{X}}.$$

令 $U=\frac{Y}{X}$，则 $U+X\frac{dU}{dX}=\frac{2-5U}{2+4U}$，整理得

$$X\frac{dU}{dX}=\frac{2-7U-4U^2}{2+4U},$$

当 $U\neq-2$ 且 $U\neq\frac{1}{4}$ 时，有
$$\left(\frac{2}{3}\frac{1}{U+2}+\frac{4}{3}\frac{1}{4U-1}\right)dU=-\frac{1}{X}dX,$$

积分得
$$\ln\sqrt[3]{(U+2)^2(4U-1)}=\ln\frac{C}{X},$$

将 $U=\frac{Y}{X}$ 代入并整理，得 $(Y+2X)^2(4Y-X)=C_1$，所以原方程的通解为 $(y+2x-3)^2(4y-x-3)=C_1$.

又 $y(0)=2$，得 $C_1=5$，故微分方程满足 $y(0)=2$ 的特解为 $(y+2x-3)^2(4y-x-3)=5$.

【注】当 $U=-2$ 时，即 $Y=-2X$，也即 $y-1=-2(x-1)$；

当 $U=\frac{1}{4}$ 时，即 $Y=\frac{1}{4}X$，也即 $y-1=\frac{1}{4}(x-1)$.

以上均不满足 $y(0)=2$.

(3)一阶线性型(或可换元化为它).

能写成 $y'+p(x)y=q(x)$，则

$$y=e^{-\int p(x)dx}\left[\int e^{\int p(x)dx}\cdot q(x)dx+C\right].$$

【注】由于 $\int p(x)\mathrm{d}x$ 与 $\int q(x)\mathrm{e}^{\int p(x)\mathrm{d}x}\mathrm{d}x$ 均应理解为某一不含任意常数的原函数，故公式法亦可写成 $y=\mathrm{e}^{-\int_{x_0}^{x}p(t)\mathrm{d}t}\left[\int_{x_0}^{x}q(t)\mathrm{e}^{\int_{x_0}^{t}p(s)\mathrm{d}s}\mathrm{d}t+C\right]$，这里的 x_0 在题设未提出定值要求时，可按方便解题的原则来取．此写法在研究解的性质时颇为有用．

例15.3 设一阶齐次线性微分方程 $y'+p(x)y=0$ 中，$p(x)$ 是以 T 为周期的连续函数，则"该方程的非零解以 T 为周期"是"$\int_0^T p(x)\mathrm{d}x=0$"的(　　).

(A) 充分非必要条件　　(B) 必要非充分条件

(C) 充分必要条件　　(D) 既非充分也非必要条件

【解】 应选(C).

$y'+p(x)y=0$ 的非零解为 $y=C\mathrm{e}^{-\int p(x)\mathrm{d}x}=C\mathrm{e}^{-\int_0^x p(t)\mathrm{d}t}$，式中 C 是任意非零常数，于是

$$y\text{以}T\text{为周期}\Leftrightarrow C\mathrm{e}^{-\int_0^x p(t)\mathrm{d}t}\text{以}T\text{为周期}\Leftrightarrow\int_0^x p(t)\mathrm{d}t\text{以}T\text{为周期}\Leftrightarrow\int_0^T p(x)\mathrm{d}x=0.$$

由第11讲的"六、②"可得

例15.4 (仅数学一、数学二)设函数 $y(x)$ 是微分方程 $2xy'-4y=2\ln x-1$ 满足条件 $y(1)=\frac{1}{4}$ 的解，求曲线 $y=y(x)\ (1\leqslant x\leqslant \mathrm{e})$ 的弧长.

【解】 所给方程为 $y'-\frac{2}{x}y=\frac{2\ln x-1}{2x}$，这是一阶线性微分方程，故由通解公式，得

$$\begin{aligned}y&=\mathrm{e}^{\int\frac{2}{x}\mathrm{d}x}\left(\int\frac{2\ln x-1}{2x}\mathrm{e}^{-\int\frac{2}{x}\mathrm{d}x}\mathrm{d}x+C\right)\\&=x^2\left(\int\frac{2\ln x-1}{2x^3}\mathrm{d}x+C\right)=x^2\left[-\frac{1}{4}\int(2\ln x-1)\mathrm{d}\left(\frac{1}{x^2}\right)+C\right]\\&=x^2\left(-\frac{\ln x}{2x^2}+C\right)=-\frac{1}{2}\ln x+Cx^2,\end{aligned}$$

代入 $x=1$，$y=\frac{1}{4}$，得 $C=\frac{1}{4}$，所以 $y=-\frac{1}{2}\ln x+\frac{1}{4}x^2$.

根据弧长计算公式，得

$$\begin{aligned}s&=\int_1^{\mathrm{e}}\sqrt{1+(y')^2}\mathrm{d}x=\int_1^{\mathrm{e}}\sqrt{1+\left(-\frac{1}{2x}+\frac{x}{2}\right)^2}\mathrm{d}x\\&=\frac{1}{2}\int_1^{\mathrm{e}}\left(x+\frac{1}{x}\right)\mathrm{d}x=\frac{1}{2}\left(\frac{1}{2}x^2+\ln x\right)\Big|_1^{\mathrm{e}}=\frac{1}{4}\mathrm{e}^2+\frac{1}{4}.\end{aligned}$$

(4)伯努利方程(仅数学一).

能写成$y' + p(x)y = q(x)y^n (n \neq 0,1)$.

①先变形为$y^{-n} \cdot y' + p(x)y^{1-n} = q(x)$;

②令$z = y^{1-n}$,得$\frac{dz}{dx} = (1-n)y^{-n}\frac{dy}{dx}$,则$\frac{1}{1-n}\frac{dz}{dx} + p(x)z = q(x)$;

③解此一阶线性微分方程即可.

二、二阶可降阶微分方程的求解(仅数学一、数学二)

(D_1(常规操作)+D_{23}(化归经典形式))

若出现“y''”,则为以下几种类型:

(1)能写成$y'' = f(x, y')$或$y'' = f(y')$.

$p = p(x) \longrightarrow D_{23}$(化归经典形式)

①缺y,令$y' = p$,$y'' = p'$,则原方程变为一阶方程$\frac{dp}{dx} = f(x,p)$或$\frac{dp}{dx} = f(p)$;

②若求得其通解为$p = \varphi(x, C_1)$,即$y' = \varphi(x, C_1)$,则原方程的通解为

$$y = \int \varphi(x, C_1)dx + C_2 .$$

例15.5 求定解问题$\begin{cases} y'' + 2x(y')^2 = 0, \\ y(0) = 1, \\ y'(0) = 0 \end{cases}$的解.

【解】 令$u(x) = y'(x)$,则原方程化为$u' + 2xu^2 = 0$,这是一个关于未知函数$u(x)$的可分离变量的方程,分离变量,再两边积分,解得

$$u = \frac{1}{x^2 + C}或u \equiv 0,$$

根据$u(0) = y'(0) = 0$,得$u \equiv 0$.

由$y'(x) = u(x) \equiv 0$,得$y = C_1$. 因为$y(0) = 1$,所以$C_1 = 1$,故原定解问题的解为$y = 1$.

【注】在求解可分离变量的微分方程$u' + 2xu^2 = 0$时,容易丢掉解$u \equiv 0$,从而得不到原定解问题的解.

(2)能写成$y'' = f(y, y')$. D_{23}(化归经典形式)

$p = p(y)$

①缺x,令$y' = p$,$y'' = \frac{dp}{dx} = \frac{dp}{dy} \cdot \frac{dy}{dx} = \frac{dp}{dy} \cdot p$,则原方程变为一阶方程$p\frac{dp}{dy} = f(y,p)$;

②若求得其通解为 $p=\varphi(y,C_1)$，则由 $p=\dfrac{\mathrm{d}y}{\mathrm{d}x}$，得 $\dfrac{\mathrm{d}y}{\mathrm{d}x}=\varphi(y,C_1)$，分离变量得

$$\frac{\mathrm{d}y}{\varphi(y,C_1)}=\mathrm{d}x;$$

③两边积分得 $\displaystyle\int\frac{\mathrm{d}y}{\varphi(y,C_1)}=x+C_2$，即可求得原方程的通解.

【注】有时构造成全微分形式，亦可求解.

例15.6 求微分方程 $2y^2y''=[1+(y')^2]^2$ 满足初始条件 $y(3)=2$，$y'(3)=1$ 的解.

【解】 这是缺 x 的二阶微分方程，按常规办法解之. 令 $y'=p$，$y''=\dfrac{\mathrm{d}p}{\mathrm{d}x}=p\dfrac{\mathrm{d}p}{\mathrm{d}y}$，则方程化为

$$2y^2p\frac{\mathrm{d}p}{\mathrm{d}y}=(1+p^2)^2,$$

分离变量，得

$$\frac{2p\mathrm{d}p}{(1+p^2)^2}=\frac{\mathrm{d}y}{y^2},$$

两边积分得

$$\frac{1}{1+p^2}=\frac{1}{y}+C_1=\frac{1+C_1y}{y},$$

整理得

$$p^2=\frac{(1-C_1)y-1}{1+C_1y}.$$

初始条件为 $y(3)=2$，$p(2)=y'(3)=1$. 将 $y=2$，$p=1$ 代入上式，得

$$1=\frac{2(1-C_1)-1}{1+2C_1},$$

解得 $C_1=0$，所以 $p^2=y-1$，则

$$\frac{\mathrm{d}y}{\mathrm{d}x}=\sqrt{y-1},$$

再分离变量，得

$$\frac{\mathrm{d}y}{\sqrt{y-1}}=\mathrm{d}x,$$

两边积分得

$$2\sqrt{y-1}=x+C_2,$$

将 $x=3$，$y=2$ 代入得 $C_2=-1$，所以 $2\sqrt{y-1}=x-1(x\geqslant1)$，所以

$$y=\frac{1}{4}(x-1)^2+1(x\geqslant1).$$

例15.7 求解微分方程 $xyy''+x(y')^2-yy'=0$.

【解】原方程化为 $x(yy')'-yy'=0$. 两端同时乘以 $\frac{1}{x^2}$, 得

$$\frac{x(yy')'-yy'}{x^2}=0,$$

即 $\left(\frac{yy'}{x}\right)'=0$, 所以 $\frac{yy'}{x}=C_1$. 从而分离变量后, 解得 $\frac{1}{2}y^2=\frac{1}{2}C_1x^2+C_2$, 式中 C_1, C_2 为任意常数.

【注】利用全微分法进行高阶方程降阶是常用的方法之一.

三、高阶常系数线性微分方程的求解

(D_1(常规操作)+D_{23}(化归经典形式))

(1)能写成 $y''+py'+qy=f(x)$.

$$\left.\begin{cases}\text{写}\lambda^2+p\lambda+q=0\Rightarrow\text{求}\lambda_1,\lambda_2\Rightarrow\text{写齐次方程的通解},\\ \text{设特解 } y^*\Rightarrow\text{ 代回方程，求待定系数}\Rightarrow\text{特解}\end{cases}\right.\Rightarrow\text{写出通解.}$$

(2)能写成 $y''+py'+qy=f_1(x)+f_2(x)$.

$$\left.\begin{cases}\text{写}\lambda^2+p\lambda+q=0\Rightarrow\text{齐次方程的通解},\\ \text{拆自由项}\begin{cases}y''+py'+qy=f_1(x),\text{写特解 }y_1^*,\\ y''+py'+qy=f_2(x),\text{写特解 }y_2^*\end{cases}\Rightarrow y_1^*+y_2^*\text{为特解}\end{cases}\right.\Rightarrow\text{写出通解.}$$

【注】特解求法有二：一是待定系数法；二是微分算子法.

例15.8 如果对微分方程 $y''-2ay'+(a+2)y=0$ 的任一解 $y(x)$, 反常积分 $\int_0^{+\infty}y(x)\mathrm{d}x$ 均收敛, 则 a 的取值范围为(　　).

(A) $(-2,-1]$

(B) $(-\infty,-1]$

(C) $(-2,0)$

(D) $(-\infty,0)$

【解】应选(C).

特征方程为 $r^2-2ar+(a+2)=0$, 且

①当 $\Delta=4(a^2-a-2)=4(a+1)(a-2)>0$, 即 $a<-1$ 或 $a>2$ 时, 方程有两个不等的实根 $r_1=a-\sqrt{a^2-a-2}$, $r_2=a+\sqrt{a^2-a-2}$, 此时微分方程的通解为 $y(x)=C_1\mathrm{e}^{r_1x}+C_2\mathrm{e}^{r_2x}$. 要使对任意 C_1,C_2, 反常积分 $\int_0^{+\infty}y(x)\mathrm{d}x$

均收敛，必有$r_2<0$，则$-2<a<-1$.

②当$\Delta=4(a^2-a-2)=4(a+1)(a-2)=0$，即$a=-1$或$a=2$时，方程有两个相等的实根$r_1=r_2=a$，此时微分方程的通解为$y(x)=(C_1+C_2x)\mathrm{e}^{ax}$.要使对任意$C_1$，$C_2$，反常积分$\int_0^{+\infty}y(x)\mathrm{d}x$均收敛，则只能$a=-1$.

③当$\Delta=4(a^2-a-2)=4(a+1)(a-2)<0$，即$-1<a<2$时，方程有一对共轭复根$r_{1,2}=a\pm\mathrm{i}\sqrt{-a^2+a+2}$，此时微分方程的通解为

$$y(x)=\mathrm{e}^{ax}\left[C_1\cos\left(\sqrt{-a^2+a+2}x\right)+C_2\sin\left(\sqrt{-a^2+a+2}x\right)\right].$$

要使对任意C_1,C_2，反常积分$\int_0^{+\infty}y(x)\mathrm{d}x$均收敛，必有$a<0$，故$-1<a<0$.

综上，当且仅当$-2<a<0$时，满足题意，故选(C).

【注】本题也可用排除法解决.

当$a=-2$时，微分方程可化为$y''+4y'=0$，通解为$y(x)=C_1+C_2\mathrm{e}^{-4x}$，当$C_1\neq0$时，$\int_0^{+\infty}\left(C_1+C_2\mathrm{e}^{-4x}\right)\mathrm{d}x$不收敛.故排除（B），（D）.

当$a=-\frac{1}{2}$时，微分方程可化为$y''+y'+\frac{3}{2}y=0$，通解为$y(x)=\mathrm{e}^{-\frac{1}{2}x}\left(A\cos\frac{\sqrt{5}}{2}x+B\sin\frac{\sqrt{5}}{2}x\right)$，可得无论$A,B$为何值，均有$\int_0^{+\infty}y(x)\mathrm{d}x$收敛，排除（A），故选（C）.

(3)能写成$x^2y''+pxy'+qy=f(x)$(欧拉方程)(仅数学一).

①当$x>0$时，令$x=\mathrm{e}^t$，则$t=\ln x$，$\frac{\mathrm{d}t}{\mathrm{d}x}=\frac{1}{x}$，于是

D_{23}(化归经典形式)

$$\frac{\mathrm{d}y}{\mathrm{d}x}=\frac{\mathrm{d}y}{\mathrm{d}t}\cdot\frac{\mathrm{d}t}{\mathrm{d}x}=\frac{1}{x}\frac{\mathrm{d}y}{\mathrm{d}t},\frac{\mathrm{d}^2y}{\mathrm{d}x^2}=\frac{\mathrm{d}}{\mathrm{d}x}\left(\frac{1}{x}\frac{\mathrm{d}y}{\mathrm{d}t}\right)=-\frac{1}{x^2}\frac{\mathrm{d}y}{\mathrm{d}t}+\frac{1}{x}\frac{\mathrm{d}}{\mathrm{d}x}\left(\frac{\mathrm{d}y}{\mathrm{d}t}\right)=-\frac{1}{x^2}\frac{\mathrm{d}y}{\mathrm{d}t}+\frac{1}{x^2}\frac{\mathrm{d}^2y}{\mathrm{d}t^2},$$

方程化为

$$\frac{\mathrm{d}^2y}{\mathrm{d}t^2}+(p-1)\frac{\mathrm{d}y}{\mathrm{d}t}+qy=f(\mathrm{e}^t),$$

即可求解(最后结果别忘了用$t=\ln x$回代成x的函数).

②当$x<0$时，令$x=-\mathrm{e}^t$，同理.

例15.9 欧拉方程$x^2y''+xy'-4y=0$满足条件$y(1)=1$，$y'(1)=2$的解为$y=$________.

【解】应填x^2.

令$x=\mathrm{e}^t$，原方程可化简为$\frac{\mathrm{d}^2y}{\mathrm{d}t^2}-\frac{\mathrm{d}y}{\mathrm{d}t}+\frac{\mathrm{d}y}{\mathrm{d}t}-4y=0$，即$y''(t)-4y(t)=0$.

特征方程为$r^2-4=0$，解得$r_1=2$，$r_2=-2$，故$y(t)=C_1e^{2t}+C_2e^{-2t}$，即$y(x)=C_1x^2+\frac{C_2}{x^2}$，代入条件$y(1)=1$，$y'(1)=2$，得$C_1=1$，$C_2=0$，所以$y=x^2$.

(4) n阶常系数齐次线性微分方程的解.

①若λ为单实根，则写$Ce^{\lambda x}$；

②若λ为k重实根，则写

$$(C_1+C_2x+C_3x^2+\cdots+C_kx^{k-1})e^{\lambda x};$$

③若λ为单复根$\alpha\pm\beta i$，则写

$$e^{\alpha x}(C_1\cos\beta x+C_2\sin\beta x);$$

④若λ为二重复根$\alpha\pm\beta i$，则写

$$e^{\alpha x}(C_1\cos\beta x+C_2\sin\beta x+C_3x\cos\beta x+C_4x\sin\beta x).$$

【注】(1) 如果解中含特解$e^{\lambda x}$，则λ至少为单实根；

(2) 如果解中含特解$x^{k-1}e^{\lambda x}$，则λ至少为k重实根；

(3) 如果解中含特解$e^{\alpha x}\cos\beta x$或$e^{\alpha x}\sin\beta x$，则$\alpha\pm\beta i$至少为单复根；

(4) 如果解中含特解$e^{\alpha x}x\cos\beta x$或$e^{\alpha x}x\sin\beta x$，则$\alpha\pm\beta i$至少为二重复根.

如，$y'''-y=0$，有$\lambda^3-1=0$，即$(\lambda-1)(\lambda^2+\lambda+1)=0$，解得$\lambda_1=1,\lambda_{2,3}=-\frac{1}{2}\pm\frac{\sqrt{3}}{2}i$，故

$$y_{齐通}=C_1e^x+e^{-\frac{1}{2}x}\left(C_2\cos\frac{\sqrt{3}}{2}x+C_3\sin\frac{\sqrt{3}}{2}x\right),$$

式中C_1,C_2,C_3为任意常数.

例15.10 以$y_1=te^t$，$y_2=\sin 2t$为两个特解的四阶常系数齐次线性微分方程为(　　).

(A) $y^{(4)}-2y'''+5y''-8y'+4y=0$　　(B) $y^{(4)}-2y'''+5y''+8y'+4y=0$

(C) $y^{(4)}+2y'''+5y''-8y'+4y=0$　　(D) $y^{(4)}-2y'''-5y''-8y'+4y=0$

【解】 应选(A).

由$y_1=te^t$可知$\lambda=1$至少为二重根，由$y_2=\sin 2t$可知$\lambda=\pm 2i$至少是单复根，又因为该微分方程的阶数是4，故所求方程对应的特征方程的根为$\lambda_1=\lambda_2=1$，$\lambda_3=2i$，$\lambda_4=-2i$，故对应微分方程的特征方程为

$$(\lambda-1)^2(\lambda^2+4)=\lambda^4-2\lambda^3+5\lambda^2-8\lambda+4=0.$$

故所求微分方程为$y^{(4)}-2y'''+5y''-8y'+4y=0$.

四、用换元法求解微分方程

(D_1（常规操作）+D_{23}（化归经典形式）)

(1)微分方程中出现以下表达式：

①$f(x\pm y)$，令 $x\pm y=t$；

②$f(xy)$，令 $xy=t$；

③$f\left(\dfrac{y}{x}\right)$，令 $\dfrac{y}{x}=t$；

④$f(x^2\pm y^2)$，令 $x^2\pm y^2=t$.

(2)求导公式逆用来换元.

$$\begin{cases}\text{见到} f'[g(x)]\cdot g'(x), \text{想到} \{f[g(x)]\}', \text{令} u=f[g(x)]; \\ \text{见到} f'(x)g(x)+f(x)g'(x), \text{想到} [f(x)g(x)]', \text{令} u=f(x)\cdot g(x).\end{cases}$$

(3)用自变量、因变量或 x, y 地位互换来换元.

例15.11 求微分方程 $y'+1=\mathrm{e}^{-y}\sin x$ 的通解.

【解】将 $y'+1=\mathrm{e}^{-y}\sin x$ 变形为

$$(\mathrm{e}^y)'+\mathrm{e}^y=\sin x,$$

所以

$$\mathrm{e}^y=\mathrm{e}^{-\int \mathrm{d}x}\left(C+\int \sin x\cdot \mathrm{e}^{\int \mathrm{d}x}\mathrm{d}x\right)=\mathrm{e}^{-x}\left(C+\int \sin x\cdot \mathrm{e}^x\mathrm{d}x\right)=\mathrm{e}^{-x}\left[C+\frac{1}{2}\mathrm{e}^x(\sin x-\cos x)\right],$$

所以微分方程的通解为 $\mathrm{e}^y=\mathrm{e}^{-x}\left[C+\dfrac{1}{2}\mathrm{e}^x(\sin x-\cos x)\right]$，式中 C 为任意常数.

【注】变量代换是求解微分方程的一种基本方法.

例15.12 设 $x\geqslant -2$，则微分方程 $y'-\sqrt{y+x^2}=-2x$ 满足 $y(0)=1$ 的特解为________.

【解】应填 $y=-\dfrac{3}{4}x^2+x+1(x\geqslant -2)$.

D_{21}（观察研究对象）+D_{23}（化归经典形式），再强调一下，"观察"才知"化归"方向

由题知，$y'+2x=\sqrt{y+x^2}$，令 $y+x^2=u$，则 $\dfrac{\mathrm{d}u}{\mathrm{d}x}=\sqrt{u}$，即 $\displaystyle\int \frac{1}{\sqrt{u}}\mathrm{d}u=\int \mathrm{d}x$，有 $2\sqrt{u}=x+C$，即 $2\sqrt{y+x^2}=x+C$，又 $y(0)=1$，于是 $C=2$，得 $\sqrt{y+x^2}=\dfrac{x}{2}+1$，整理得 $y=-\dfrac{3}{4}x^2+x+1(x\geqslant -2)$.

第二部分 建立微分方程并求解

三向解题法

等价表述体系块

建立微分方程并求解（O（盯住目标））

寻找信息点A与信息点B，根据题设关系，建立方程（D_1（常规操作）+D_3（移花接木））

- 用极限、导数、积分表达式建方程（D_1（常规操作）+D_{22}（转换等价表述）+D_3（移花接木））
- 用几何量表达式建方程（D_1（常规操作）+D_3（移花接木））
- 用变化率建方程（D_1（常规操作）+D_3（移花接木））
- 一阶常系数线性差分方程（仅数学三）（D_1（常规操作））

一、用极限、导数、积分表达式建方程

（D_1（常规操作）+D_{22}（转换等价表述）+D_3（移花接木））

（1）信息点A,B为极限、导数、积分表达式且为等量关系时，令$A=B$，建立方程.

（2）信息点为$f(x),g(x)$及$f'(x),g'(x)$的等量关系组，用求导、消元建方程.如：

$$\begin{cases}f'(x)+xf'(-x)=x,\\ f'(-x)-xf'(x)=-x\end{cases}\Rightarrow f'(x)=\frac{x+x^2}{1+x^2}\Rightarrow f(x)=x+\frac{1}{2}\ln(1+x^2)-\arctan x+C.$$

（3）信息点为关于x,y的恒等式，如$f(xy)=yf(x)+xf(y)$，代入特殊点，并写$f'(x)$定义.

例15.13 已知$f(xy)=yf(x)+xf(y)$对任意正实数x,y均成立，且$f'(1)=\mathrm{e}$，求$f(xy)$的极小值.

【解】对式子$f(xy)=yf(x)+xf(y)(x,y>0)$，令$x=1$，则$f(y)=yf(1)+f(y)$，即$f(1)=0$.

又当$x>0$时，

D_{22}（转换等价表述）

$$f'(x)=\lim_{\Delta x\to0}\frac{f(x+\Delta x)-f(x)}{\Delta x}=\lim_{\Delta x\to0}\frac{f\left[x\left(1+\frac{\Delta x}{x}\right)\right]-f(x)}{\Delta x}$$

$$=\lim_{\Delta x\to 0}\frac{xf\left(1+\frac{\Delta x}{x}\right)+\left(1+\frac{\Delta x}{x}\right)f(x)-f(x)}{\Delta x}$$

$$=\lim_{\Delta x\to 0}\frac{f\left(1+\frac{\Delta x}{x}\right)}{\frac{\Delta x}{x}}+\frac{f(x)}{x}$$

$$=f'(1)+\frac{f(x)}{x}=\mathrm{e}+\frac{f(x)}{x},$$

即 $f'(x)+\left(-\frac{1}{x}\right)f(x)=\mathrm{e}$，于是

$$f(x)=\mathrm{e}^{-\int\left(-\frac{1}{x}\right)\mathrm{d}x}\left[\int \mathrm{e}^{\int\left(-\frac{1}{x}\right)\mathrm{d}x}\mathrm{e}\,\mathrm{d}x+C\right]=x(\mathrm{e}\ln x+C).$$

由 $f(1)=0$，有 $C=0$，即 $f(x)=\mathrm{e}x\ln x$，故 $f(xy)=\mathrm{e}xy\ln(xy)$，令 $xy=u$，则有

$$f(u)=\mathrm{e}u\ln u,\ f'(u)=\mathrm{e}(\ln u+1)\overset{令}{=\!=}0,$$

解得 $u=\mathrm{e}^{-1}$，$f''(u)=\frac{\mathrm{e}}{u}$，$f''(\mathrm{e}^{-1})=\mathrm{e}^2>0$，于是 $f(u)$ 的极小值为 $f(\mathrm{e}^{-1})=-1$，即 $f(xy)$ 的极小值为 -1.

二、用几何量表达式建方程（D_1（常规操作）$+D_3$（移花接木））

信息点 A,B 为几何量表达式且为等量关系时，令 $A=B$，建方程.

（1）用曲线的切线斜率.

$$k=f'(x_0)=\tan\alpha.$$

α为曲线在点 (x_0,y_0) 处的切线的倾角.

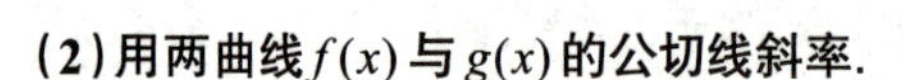

（2）用两曲线 $f(x)$ 与 $g(x)$ 的公切线斜率.

$$f'(x_0)=g'(x_0).$$

（3）用截距.

$$Y-y=y'(X-x)\begin{cases}令\ Y=0,则X=x-\dfrac{y}{y'}(x轴上的截距);\\ 令\ X=0,则Y=y-xy'(y轴上的截距).\end{cases}$$

如，令 $X=Y$，建等式(方程).

（4）用面积.

$$\int_a^b f(x)\mathrm{d}x.$$

(5)用体积.

$$V_x=\int_a^b \pi f^2(x)\mathrm{d}x,\ V_y=\int_a^b 2\pi x|f(x)|\mathrm{d}x .$$

(6)用平均值.

$$\overline{f}=\frac{1}{b-a}\int_a^b f(x)\mathrm{d}x=f(\xi) .$$

(7)用弧长.(仅数学一、数学二)

$$s=\int_a^b \sqrt{1+(y_x')^2}\mathrm{d}x .$$

(8)用侧面积.(仅数学一、数学二)

$$S=\int_a^b 2\pi|y(x)|\sqrt{1+(y_x')^2}\mathrm{d}x .$$

(9)用曲率.(仅数学一、数学二)

$$k=\frac{|y''|}{\left[1+(y')^2\right]^{\frac{3}{2}}} .$$

(10)用形心.(仅数学一、数学二)

$$\overline{x}=\frac{\iint\limits_D x\mathrm{d}\sigma}{\iint\limits_D \mathrm{d}\sigma},\ \overline{y}=\frac{\iint\limits_D y\mathrm{d}\sigma}{\iint\limits_D \mathrm{d}\sigma} .$$

例15.14 设曲线 $L: y=y(x)(x>\mathrm{e})$ 经过点 $(\mathrm{e}^2,0)$, L 上任一点 $P(x,y)$ 到 y 轴的距离等于该点处的切线在 y 轴上的截距.

(1)求 $y(x)$;

(2)在 L 上求一点,使该点处的切线与两坐标轴所围三角形的面积最小,并求此最小面积.

【解】(1)曲线 L 上任一点 $P(x,y)$ 处的切线方程为 $Y-y=y'(X-x)$,切线在 y 轴上的截距为 $y-xy'$.

由题设,得 $y-xy'=x(x>\mathrm{e})$,即 $y'-\dfrac{y}{x}=-1$,故

$$y=\mathrm{e}^{\int\frac{1}{x}\mathrm{d}x}\left(C-\int \mathrm{e}^{-\int\frac{1}{x}\mathrm{d}x}\mathrm{d}x\right)=x(C-\ln x) .$$

由 $y(\mathrm{e}^2)=0$,得 $C=2$,所以 $y(x)=2x-x\ln x(x>\mathrm{e})$.

(2)由(1)得,$y'(x)=1-\ln x$,曲线 L 上任一点 $P(x,y)$ 处的切线方程为

$$Y-y=(1-\ln x)(X-x) .$$

由此可得,切线在 x 轴和 y 轴上的截距分别为 $\dfrac{x}{\ln x-1}$ 和 x,故所求三角形的面积为

$$S(x)=\frac{x^2}{2(\ln x-1)}.$$

$S'(x)=\frac{2x\ln x-3x}{2(\ln x-1)^2}$，令 $S'(x)=0$，得 $x=e^{\frac{3}{2}}$.

当 $x\in(e,e^{\frac{3}{2}})$ 时，$S'(x)<0$，$S(x)$ 单调减小；当 $x\in(e^{\frac{3}{2}},+\infty)$ 时，$S'(x)>0$，$S(x)$ 单调增加，故 $S(x)$ 在 $x=e^{\frac{3}{2}}$ 处取得最小值，从而所求的点为 $\left(e^{\frac{3}{2}},\frac{1}{2}e^{\frac{3}{2}}\right)$，面积的最小值为 $S\left(e^{\frac{3}{2}}\right)=e^3$.

例15.15 **（仅数学一、数学二）**求一条凹曲线 $y=y(x)(x\geqslant 1)$ 的表达式，已知其上任一点处的曲率 $k=\frac{1}{2y^2\cos\alpha}$，其中 α 为该曲线在相应点处的切线的倾角，$\cos\alpha>0$，并设曲线在点 $(3,2)$ 处的切线的倾角为 $45°$.

【解】 由 $\tan\alpha=y'$ 并且 $\cos\alpha>0$，得

$$\cos\alpha=\frac{1}{\sqrt{1+\tan^2\alpha}}=\frac{1}{\sqrt{1+(y')^2}},$$

由题设 $y''>0$，得

$$\frac{y''}{\left[1+(y')^2\right]^{\frac{3}{2}}}=\frac{\left[1+(y')^2\right]^{\frac{1}{2}}}{2y^2},$$

故可得微分方程

$$2y^2y''=\left[1+(y')^2\right]^2,$$

且由题设得初始条件 $y(3)=2$，$y'(3)=1$，由例15.6知，$y=\frac{1}{4}(x-1)^2+1(x\geqslant 1)$.

三、用变化率建方程（D_1（常规操作）$+D_3$（移花接木））

（1）信息点 A 的变化率与 B 成比例，令 $\frac{dA}{dt}=\pm kB$.

数学一、数学二的物理背景：位移、速度、加速度，$F=ma$.

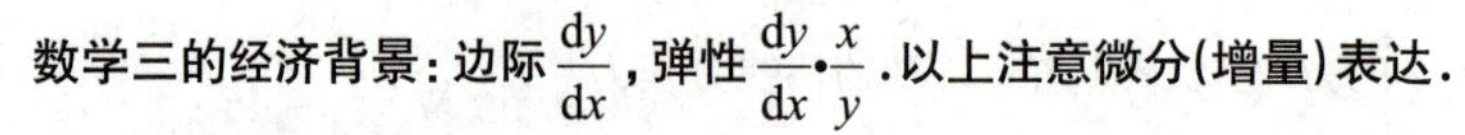

数学三的经济背景：边际 $\frac{dy}{dx}$，弹性 $\frac{dy}{dx}\cdot\frac{x}{y}$.以上注意微分（增量）表达.

例15.16 **（仅数学三）**设某种商品价格主要由供求关系来决定，已知供给量 S 与需求量 D 关于价格 P 的函数表达式分别为

$$S = 12.8P^2 - 128,\ D = -4.4P^2 + 130.$$

随着时间的变化，供求关系会发生改变，因而引起价格波动，所以价格P可看成时间t的函数$P(t)$，设$P(t)$随时间的变化率与过剩需求量$D-S$成正比，与P成反比，比例系数为$\frac{1}{4}$，且商品的初始价格为5元.

（1）建立$P(t)$满足的微分方程；

（2）通过变量代换$y = P^2$，求解此方程.

【解】（1）由题意知$\frac{dP}{dt} = \frac{1}{4} \times \frac{D-S}{P} = \frac{1}{4} \times \frac{-17.2P^2 + 258}{P}$，即

$$\frac{dP}{dt} + 4.3P - \frac{64.5}{P} = 0.$$

（2）由$y = P^2$，则$\frac{dy}{dt} = 2P\frac{dP}{dt}$，代入方程，得

$$\frac{dy}{dt} + 8.6y = 129,$$

解得
$$y = e^{-\int 8.6dt}\left(\int 129e^{\int 8.6dt}dt + C\right) = Ce^{-8.6t} + 15,$$

所以$P = \sqrt{Ce^{-8.6t} + 15}$，由$P(0) = 5$得$C = 10$，故

$$P = \sqrt{15 + 10e^{-8.6t}}.$$

例15.17 **(仅数学一、数学二)**一质量为m的飞机，着陆时的水平速度为$v(0)$.经测试，减速伞打开后，飞机所受的总阻力与飞机的速度成正比，比例系数为$k\ (k>0)$.从飞机接触跑道开始计时，设t时刻飞机的滑行距离为$x(t)$，速度为$v(t)$，则飞机在滑行至总位移的一半时的速度为(　　).

(A) $\frac{v(0)}{3}$　　(B) $\frac{v(0)}{2}$　　(C) $\frac{v(0)}{\sqrt{3}}$　　(D) $\frac{v(0)}{\sqrt{2}}$

【解】应选(B).

根据牛顿第二定律，得$m\frac{dv}{dt} = -kv$，又$\frac{dv}{dt} = \frac{dv}{dx} \cdot \frac{dx}{dt} = v\frac{dv}{dx}$，可得$dx = -\frac{m}{k}dv$，积分得

$$x(t) = -\frac{m}{k}v(t) + C.$$

由$x(0) = 0$，得$C = \frac{m}{k}v(0)$，从而

$$x(t) = \frac{m}{k}[v(0) - v(t)],$$

令 $v(t)\to 0$，则 $x(t)\to \dfrac{m}{k}v(0)$．

设当 $t=t_0$ 时，飞机滑行至总位移的一半，则 $x(t_0)=\dfrac{mv(0)}{2k}=\dfrac{m}{k}[v(0)-v(t_0)]$，解得 $v(t_0)=\dfrac{v(0)}{2}$，故飞机在滑行至总位移的一半时的速度为 $\dfrac{v(0)}{2}$．

【注】此题中，加速度 $a=\dfrac{\mathrm{d}^2x}{\mathrm{d}t^2}=\dfrac{\mathrm{d}v}{\mathrm{d}t}=\dfrac{\mathrm{d}v}{\mathrm{d}x}\cdot\dfrac{\mathrm{d}x}{\mathrm{d}t}=v\dfrac{\mathrm{d}v}{\mathrm{d}x}$．

(2)见到“P点的运动方向始终指向Q点”，立即寻找①信息点A：P点处的切线斜率．②信息点B：PQ连线与水平线夹角的正切值．令① = ②(注意正负).

例15.18 在 xOy 平面上，设 $|PQ|=1$，初始时刻 P 在原点，Q 在 $(1,0)$ 点，若 P 点沿着 y 轴的正方向移动，且 Q 点的运动方向始终指向 P 点，求 Q 点的运动轨迹．

【解】 如图所示，当 P 点沿着 y 轴向上移动时，记 Q 点的轨迹形成曲线 $y=y(x)$，并设曲线上 Q 点的坐标为 (x,y)，P 点坐标为 $(0,Y)$，由 $|PQ|=1$，所以

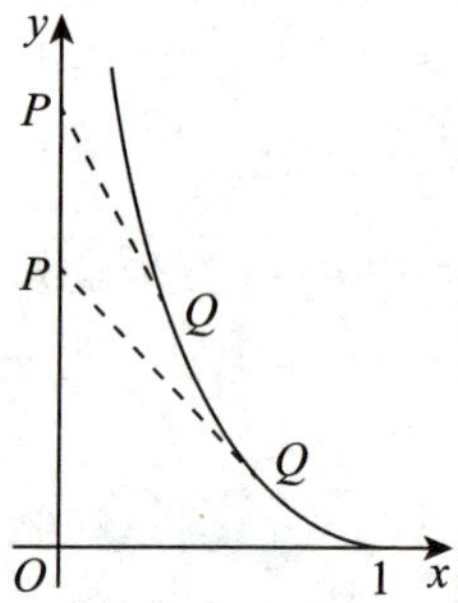

$$x^2+(y-Y)^2=1\text{，即 } y-Y=-\sqrt{1-x^2}\text{．}$$

由题意，QP 的方向就是曲线 $y=y(x)$ 在 (x,y) 点的切线方向，故

$$\frac{\mathrm{d}y}{\mathrm{d}x}=\frac{y-Y}{x}=-\frac{\sqrt{1-x^2}}{x},$$

积分得

$$y=-\int\frac{\sqrt{1-x^2}}{x}\mathrm{d}x,$$

令 $x=\cos t$，则 $\mathrm{d}x=-\sin t\mathrm{d}t$，即

$$\begin{aligned}y&=-\int\frac{\sqrt{1-x^2}}{x}\mathrm{d}x=\int\frac{\sin^2 t}{\cos t}\mathrm{d}t\\&=\int\left(\frac{1}{\cos t}-\cos t\right)\mathrm{d}t=\ln\left|\frac{1+\sin t}{\cos t}\right|-\sin t+C,\end{aligned}$$

将 $\cos t=x$，$\sin t=\sqrt{1-x^2}$ 代入，得 $y=\ln\dfrac{1+\sqrt{1-x^2}}{x}-\sqrt{1-x^2}+C$．

因为当 $x=1$ 时，$y=0$，所以 $C=0$．故轨迹方程为

$$y=\ln\frac{1+\sqrt{1-x^2}}{x}-\sqrt{1-x^2}\text{．}$$

【注】该曲线叫曳物线，又叫追踪曲线，这是因为当P沿已知路径逃跑时，追踪者Q从某点出发，盯住P追赶，则追踪者Q跑过的路线就是曳物线.

四、一阶常系数线性差分方程(仅数学三)(D_1 (常规操作))

1.函数差分的定义

函数$y_t=f(t)$, $t=0, \pm1, \pm2, \cdots$，函数$f(t)$在t时刻的**一阶差分**定义为

$$\Delta y_t=y_{t+1}-y_t=f(t+1)-f(t);$$

函数$f(t)$在t时刻的**二阶差分**定义为

$$\Delta^2 y_t=\Delta(\Delta y_t)=\Delta y_{t+1}-\Delta y_t=y_{t+2}-2y_{t+1}+y_t .$$

2.一阶常系数线性差分方程及其求解

(1)一阶常系数线性差分方程.

一阶常系数线性差分方程的一般形式为

$$y_{t+1}+ay_t=f(t), \quad ①$$

式中$f(t)$为已知函数，a为非零常数.

当$f(t)\equiv 0$时，方程①变为

指数函数$y_t=\lambda^t$，则 $\lambda^{t+1}+a\lambda^t=\lambda^t(\lambda+a)=0$

$$y_{t+1}+ay_t=0, \quad ②$$

我们称$f(t)\neq 0$时的①为**一阶常系数非齐次线性差分方程**，②为其对应的**一阶常系数齐次线性差分方程**.

(2)齐次差分方程的通解.

通过迭代，并由数学归纳法可得②的通解为

$$y_C(t)=C\cdot(-a)^t,$$

式中C为任意常数.

(3)非齐次差分方程的解.

定理1 若y_t^*是非齐次差分方程①的一个特解，$y_C(t)$是齐次差分方程②的通解，则非齐次差分方程①的通解为

$$y_t=y_C(t)+y_t^* .$$

定理2 若$\bar{y}_t$与$\tilde{y}_t$分别是差分方程

$$y_{t+1}+ay_t=f_1(t)$$

和

$$y_{t+1}+ay_t=f_2(t)$$

的解，则

$$y_t = \overline{y}_t + \tilde{y}_t$$

是差分方程

$$y_{t+1} + ay_t = f_1(t) + f_2(t)$$

的解.

非齐次差分方程①的特解 y_t^* 形式的设定见下表.

①中 $f(t)$ 的形式	取待定特解的条件	试取特解的形式
$f(t) = d^t \cdot P_m(t)$ d 为非零常数	$a + d \neq 0$	$y_t^* = d^t \cdot Q_m(t)$
	$a + d = 0$	$y_t^* = t \cdot d^t \cdot Q_m(t)$
$f(t) = b_1 \cos \omega t + b_2 \sin \omega t$ $\omega \neq 0$ 且 b_1，b_2 为不同时为零的常数	$D = \begin{vmatrix} a + \cos \omega & \sin \omega \\ -\sin \omega & a + \cos \omega \end{vmatrix} \neq 0$	$y_t^* = \alpha \cos \omega t + \beta \sin \omega t$ α，β 为待定常数
	$D = 0$	$y_t^* = t(\alpha \cos \omega t + \beta \sin \omega t)$

例15.19 差分方程 $y_{x+1} - y_x = x \cdot 2^x$ 的通解为________.

【解】 应填 $y_x = C + (x-2)2^x$，式中 C 为任意常数.

与原方程相应的齐次差分方程的特征方程为 $r - 1 = 0$，特征方程的根为 $r = 1$，相应的齐次差分方程的通解为 $y_c(x) = C \cdot 1^x = C$，可设原方程的一个特解为

$$y_x^* = (Ax + B)2^x,$$

将其代入原方程得 $A = 1, B = -2$.故原方程的通解为 $y_x = C + (x-2)2^x$，式中 C 为任意常数.

第16讲 无穷级数(仅数学一、数学三)

第一部分 判别$\sum_{n=1}^{\infty}u_n$的敛散性

三向解题法

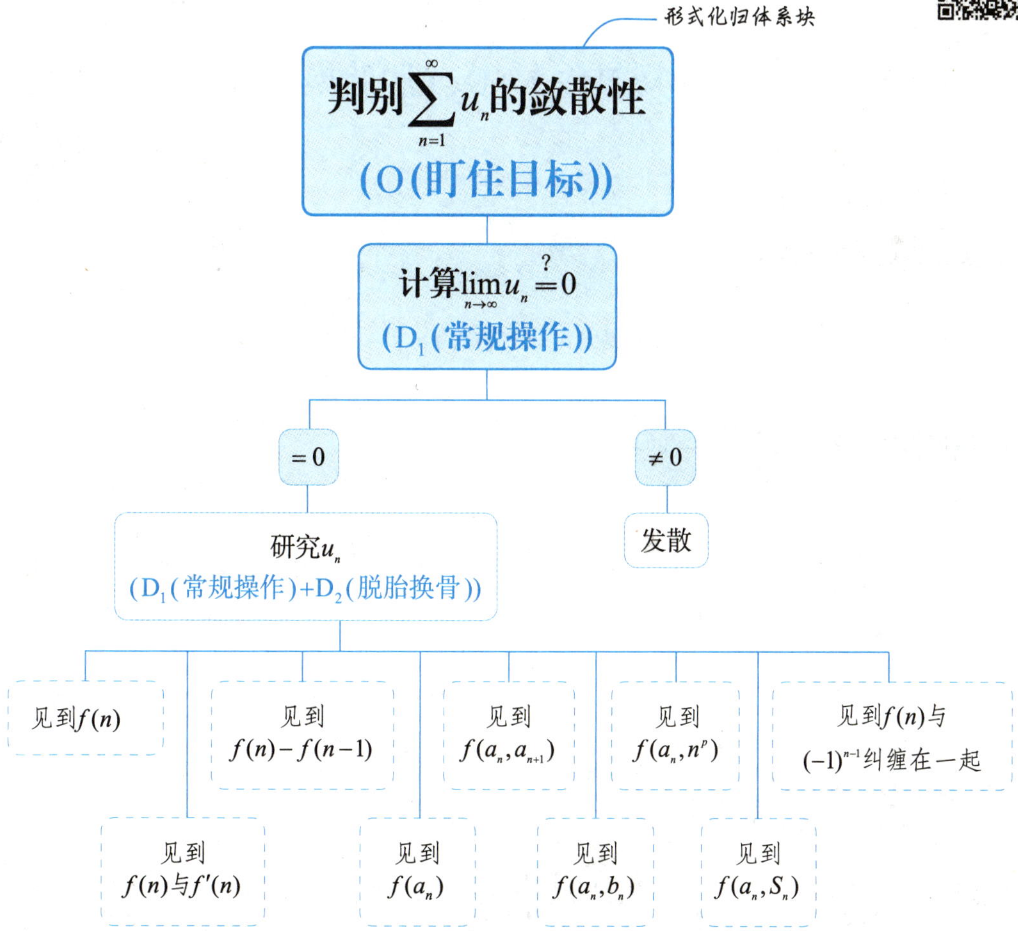

形式化归体系块

判别$\sum_{n=1}^{\infty}u_n$的敛散性
(O(盯住目标))

计算$\lim_{n\to\infty}u_n\stackrel{?}{=}0$
(D_1(常规操作))

- $=0$
  - 研究u_n
    (D_1(常规操作)$+D_2$(脱胎换骨))
    - 见到$f(n)$
    - 见到$f(n)$与$f'(n)$
    - 见到$f(n)-f(n-1)$
    - 见到$f(a_n)$
    - 见到$f(a_n,a_{n+1})$
    - 见到$f(a_n,b_n)$
    - 见到$f(a_n,n^p)$
    - 见到$f(a_n,S_n)$
    - 见到$f(n)$与$(-1)^{n-1}$纠缠在一起
- $\neq 0$
  - 发散

一、计算 $\lim\limits_{n\to\infty} u_n \overset{?}{=} 0$ (D_1 (常规操作))

例16.1 判别级数 $\sum\limits_{n=2}^{\infty}\left(1-\frac{1}{n}\right)^n$ 的敛散性.

【解】 由于 $\lim\limits_{n\to\infty}\left(1-\frac{1}{n}\right)^n = e^{\lim\limits_{n\to\infty} n\left(-\frac{1}{n}\right)} = e^{-1} \neq 0$，故级数 $\sum\limits_{n=2}^{\infty}\left(1-\frac{1}{n}\right)^n$ 发散.

例16.2 判别级数 $\sum\limits_{n=2}^{\infty}\left(2-\frac{2}{n}\right)^n \ln\left(\frac{1}{2^n}+1\right)$ 的敛散性.

【解】 由于

$$\lim_{n\to\infty}\left(2-\frac{2}{n}\right)^n \ln\left(\frac{1}{2^n}+1\right) = \lim_{n\to\infty}\left(2-\frac{2}{n}\right)^n \cdot \frac{1}{2^n} = \lim_{n\to\infty}\left(1-\frac{1}{n}\right)^n = e^{-1} \neq 0,$$

故级数 $\sum\limits_{n=2}^{\infty}\left(2-\frac{2}{n}\right)^n \ln\left(\frac{1}{2^n}+1\right)$ 发散.

二、研究 u_n (D_1 (常规操作) $+D_2$ (脱胎换骨))

(一)见到 $f(n)$

1.恒等变形与不等放缩

(1)见到“a^n-b^n”或“a^n-1^n”,考虑提出 a^n,使其成为 $a^n\left[1-\left(\frac{b}{a}\right)^n\right]$ 或 $a^n\left[1-\left(\frac{1}{a}\right)^n\right]$. → D_{23} (化归经典形式)

例16.3 判别级数 $\sum\limits_{n=1}^{\infty}\frac{3^n}{e^n-1}$ 的敛散性.

【解】 由于 $\frac{3^n}{e^n-1} = \frac{3^n}{e^n\left[1-\left(\frac{1}{e}\right)^n\right]} \sim \left(\frac{3}{e}\right)^n \ (n\to\infty)$，且级数 $\sum\limits_{n=1}^{\infty}\left(\frac{3}{e}\right)^n$ 发散，故级数 $\sum\limits_{n=1}^{\infty}\frac{3^n}{e^n-1}$ 发散.

(2)见到“ln”,考虑① $\ln b-\ln a=\ln\frac{b}{a}$，$\ln b+\ln a=\ln ba$，$\ln b^a=a\ln b$；② $\ln n<n$，$\ln(1+n)<n$. → D_{23} (化归经典形式)

例16.4 判别级数 $\sum\limits_{n=2}^{\infty}\frac{1}{\ln\sqrt{n}}$ 的敛散性.

【解】 由于 $\frac{1}{\ln\sqrt{n}} = \frac{1}{\frac{1}{2}\ln n} = \frac{2}{\ln n} > \frac{2}{n}$，且级数 $\sum\limits_{n=2}^{\infty}\frac{2}{n}$ 发散，故由比较判别法知，级数 $\sum\limits_{n=2}^{\infty}\frac{1}{\ln\sqrt{n}}$ 发散.

例16.5 判别级数 $\sum_{n=1}^{\infty}\frac{1}{\ln(e^n+n)}$ 的敛散性.

【解】 由于 $\frac{1}{\ln(e^n+n)}=\frac{1}{\ln\left[e^n\left(1+\frac{n}{e^n}\right)\right]}\sim\frac{1}{\ln e^n}=\frac{1}{n}(n\to\infty)$，故级数 $\sum_{n=1}^{\infty}\frac{1}{\ln(e^n+n)}$ 发散.

例16.6 判别级数 $\sum_{n=2}^{\infty}\frac{1}{\ln(n!)}$ 的敛散性.

【解】 由于 $\frac{1}{\ln(n!)}>\frac{1}{n\ln n}(n\geqslant 2)$，故级数 $\sum_{n=2}^{\infty}\frac{1}{\ln(n!)}$ 发散.

$\ln(n!)<\ln n^n=n\ln n$

D_{23} (化归经典形式)

(3)见到“$f(n)$”或“$f(n)\pm g(n)$”，且 $f(n)$，$g(n)$ 为基本展开型函数(注意 $e^{f(n)}$)，作泰勒展开，与 $\frac{1}{n^p}$ 比阶.若更综合些，在题设引导下，推导出 $f(n)$ 与 $\frac{1}{n^p}$ 的关系，亦可作判定.

$=e^{-p\ln n}$

例16.7 判别级数 $\sum_{n=1}^{\infty}\sin\frac{1}{n}$ 的敛散性.

【解】 当 $n\to\infty$ 时，$\sin\frac{1}{n}\sim\frac{1}{n}$，故级数 $\sum_{n=1}^{\infty}\sin\frac{1}{n}$ 发散.

例16.8 判别级数 $\sum_{n=1}^{\infty}\ln\left(1+\frac{1}{n^2}\right)$ 的敛散性.

【解】 当 $n\to\infty$ 时，$\ln\left(1+\frac{1}{n^2}\right)\sim\frac{1}{n^2}$，故级数 $\sum_{n=1}^{\infty}\ln\left(1+\frac{1}{n^2}\right)$ 收敛.

例16.9 判别级数 $\sum_{n=1}^{\infty}\left(1-\cos\frac{a}{n}\right)$ (a 为非零常数)的敛散性.

【解】 当 $n\to\infty$ 时，$1-\cos\frac{a}{n}\sim\frac{a^2}{2}\cdot\frac{1}{n^2}$，故级数 $\sum_{n=1}^{\infty}\left(1-\cos\frac{a}{n}\right)$ 收敛.

例16.10 设常数 $a>0$，判别级数 $\sum_{n=1}^{\infty}\frac{1}{a^{\ln n}}$ 的敛散性.

【解】 由于

$$\frac{1}{a^{\ln n}}=\frac{1}{e^{\ln n\cdot\ln a}}=\frac{1}{(e^{\ln n})^{\ln a}}=\frac{1}{n^{\ln a}},$$

因此当 $\ln a>1$，即 $a>e$ 时，原级数收敛；当 $\ln a\leqslant 1$，即 $0<a\leqslant e$ 时，原级数发散.

例16.11 判别级数 $\sum_{n=4}^{\infty}\frac{1}{(\ln n)^{\ln n}}$ 的敛散性.

【解】 当 $n\to\infty$ 时，

$$\frac{1}{(\ln n)^{\ln n}}=\frac{1}{\mathrm{e}^{\ln n\ln(\ln n)}}=\frac{1}{n^{\ln(\ln n)}}<\frac{1}{n^2},$$

由于$\sum_{n=4}^{\infty}\frac{1}{n^2}$收敛，故由比较判别法知，$\sum_{n=4}^{\infty}\frac{1}{(\ln n)^{\ln n}}$收敛.

例16.12 判别级数$\sum_{n=1}^{\infty}\left(n^{\frac{n^2}{1+\frac{1}{n^2}}}-1\right)$的敛散性.

【解】 由于
$$\lim_{n\to\infty}\left(n^{\frac{n^2}{1+\frac{1}{n^2}}}-1\right)=\lim_{n\to\infty}\left(\mathrm{e}^{\frac{n^2\ln n}{1+\frac{1}{n^2}}}-1\right)=\lim_{n\to\infty}\left(\mathrm{e}^{\frac{n^4\ln n}{1+n^2}}-1\right)\neq 0,$$

故级数$\sum_{n=1}^{\infty}\left(n^{\frac{n^2}{1+\frac{1}{n^2}}}-1\right)$发散.

例16.13 判别级数$\sum_{n=1}^{\infty}\left(\sqrt[n]{a}-\sqrt{1+\frac{1}{n}}\right)(a>0)$的敛散性.

【解】 由于
$$\sqrt[n]{a}-\sqrt{1+\frac{1}{n}}=\mathrm{e}^{\frac{1}{n}\ln a}-\left(1+\frac{1}{n}\right)^{\frac{1}{2}}$$
$$=\left[1+\frac{1}{n}\ln a+\frac{1}{2n^2}\ln^2 a+o\left(\frac{1}{n^2}\right)\right]-\left[1+\frac{1}{2n}-\frac{1}{8n^2}+o\left(\frac{1}{n^2}\right)\right]$$
$$=\left(\ln a-\frac{1}{2}\right)\frac{1}{n}+\left(\frac{\ln^2 a}{2}+\frac{1}{8}\right)\frac{1}{n^2}+o\left(\frac{1}{n^2}\right)(n\to\infty),$$

所以当$a=\sqrt{\mathrm{e}}$时，级数$\sum_{n=1}^{\infty}\left(\sqrt[n]{a}-\sqrt{1+\frac{1}{n}}\right)$收敛；当$a\neq\sqrt{\mathrm{e}}$且$a>0$时，级数$\sum_{n=1}^{\infty}\left(\sqrt[n]{a}-\sqrt{1+\frac{1}{n}}\right)$发散.

例16.14 判别级数$\sum_{n=1}^{\infty}\left[\left(n+\frac{1}{2}\right)\ln\left(1+\frac{1}{n}\right)-1\right]$的敛散性.

【解】 由于
$$\left(n+\frac{1}{2}\right)\ln\left(1+\frac{1}{n}\right)-1=\left(n+\frac{1}{2}\right)\left[\frac{1}{n}-\frac{1}{2n^2}+\frac{1}{3n^3}+o\left(\frac{1}{n^3}\right)\right]-1$$
$$=\frac{1}{12}\cdot\frac{1}{n^2}+o\left(\frac{1}{n^2}\right)(n\to\infty),$$

故级数$\sum_{n=1}^{\infty}\left[\left(n+\frac{1}{2}\right)\ln\left(1+\frac{1}{n}\right)-1\right]$收敛.

2. 泰勒展开

例16.15 设$f(x)$在$x=0$的某邻域内具有二阶连续导数,且$\lim\limits_{x\to 0}\frac{f(x)}{x}=0$,判别级数$\sum\limits_{n=1}^{\infty}f\left(\frac{1}{n}\right)$的敛散性.

D_{23}(化归经典形式)

【解】由题设,有$f(0)=0$,$f'(0)=0$,于是

$$f(x)=f(0)+f'(0)x+\frac{f''(\xi)}{2}x^2=\frac{f''(\xi)}{2}x^2,\text{其中}\xi\text{介于}0\text{与}x\text{之间},$$

记题设中具有二阶连续导数的邻域为U,进一步记$M=\max\limits_{U}\{|f''(x)|\}$,故当$x\in U$时,

$$|f(x)|=\frac{|f''(\xi)|}{2}x^2\leqslant\frac{M}{2}x^2,$$

因此存在$N>0$,当$n>N$时,$x=\frac{1}{n}$在该邻域内,有$\left|f\left(\frac{1}{n}\right)\right|\leqslant\frac{M}{2n^2}$,所以级数$\sum\limits_{n=1}^{\infty}f\left(\frac{1}{n}\right)$绝对收敛.

3. 处理$(-1)^n$

D_{21}(观察研究对象)

注意一类$f(n)$中,虽含$(-1)^n$,但非交错级数.当$(-1)^n$不影响通项a_n的正负时,可考虑去掉它.

①不等放缩.如$(-1)^n\leqslant 1$,$\cos n\pi=(-1)^n\leqslant 1$.

②恒等变形.如

D_{23}(化归经典形式)

$$\sum_{n=2}^{\infty}\frac{(-1)^n}{\sqrt{n}+(-1)^n}=\sum_{n=2}^{\infty}\frac{(-1)^n\left[\sqrt{n}-(-1)^n\right]}{n-1}$$

$$=\sum_{n=2}^{\infty}\frac{(-1)^n}{n-1}\sqrt{n}-\sum_{n=2}^{\infty}\frac{1}{n-1},$$

条件收敛 发散

显然级数$\sum\limits_{n=2}^{\infty}\frac{(-1)^n}{\sqrt{n}+(-1)^n}$发散.

例16.16 判别级数$\sum\limits_{n=1}^{\infty}\frac{(\sqrt{2}+\cos n\pi)^n}{3^n}$的敛散性.

【解】由$\cos n\pi=(-1)^n\leqslant 1$,得

D_{21}(观察研究对象)

$$0<\frac{\left[\sqrt{2}+(-1)^n\right]^n}{3^n}\leqslant\frac{(\sqrt{2}+1)^n}{3^n}=\left(\frac{\sqrt{2}+1}{3}\right)^n,$$

由于$\sum\limits_{n=1}^{\infty}\left(\frac{\sqrt{2}+1}{3}\right)^n$收敛,故级数$\sum\limits_{n=1}^{\infty}\frac{(\sqrt{2}+\cos n\pi)^n}{3^n}$收敛.

(二)见到$f(n)$与$f'(n)$

见到$f(n)$与$f'(n)$的关系,考虑 → D_{23}(化归经典形式)

①拉格朗日中值定理;

② $\sum\limits_{k=1}^{n}\left[f(k+1)-f(k)\right]=f(n+1)-f(1)$.

例16.17 已知函数$f(x)$二阶可导,且$f'(x)>0$,$f''(x)<0$,$\lim\limits_{x\to+\infty}f(x)=a$,证明级数$\sum\limits_{n=1}^{\infty}f'(n)$收敛.

【证】 由题设,有

$$0<f'(n+1)<f'(\xi)=f(n+1)-f(n),\xi\in(n,n+1).$$

级数$\sum\limits_{n=1}^{\infty}\left[f(n+1)-f(n)\right]$的前$n$项和为

$$S_n=\sum_{k=1}^{n}\left[f(k+1)-f(k)\right]=f(n+1)-f(1).$$

因为$\lim\limits_{n\to\infty}S_n=a-f(1)$,所以级数$\sum\limits_{n=1}^{\infty}\left[f(n+1)-f(n)\right]$收敛,故由正项级数的比较判别法,知级数$\sum\limits_{n=1}^{\infty}f'(n)$收敛.

(三)见到$f(n)-f(n-1)$

见到$f(n)-f(n-1)$,考虑①有理化(重点在分子);②通分(重点在分母). → D_{23}(化归经典形式)

例16.18 设p为常数,判别级数$\sum\limits_{n=1}^{\infty}\dfrac{\left(\sqrt{n+1}-\sqrt{n}\right)^p}{n}$的敛散性.

【解】 当$n\to\infty$时,

$$\frac{\left(\sqrt{n+1}-\sqrt{n}\right)^p}{n}=\frac{1}{n\left(\sqrt{n+1}+\sqrt{n}\right)^p}\sim\frac{1}{2^p\cdot n^{1+\frac{p}{2}}},$$

因此当$1+\dfrac{p}{2}>1$,即$p>0$时,级数$\sum\limits_{n=1}^{\infty}\dfrac{\left(\sqrt{n+1}-\sqrt{n}\right)^p}{n}$收敛;当$1+\dfrac{p}{2}\leqslant1$,即$p\leqslant0$时,级数$\sum\limits_{n=1}^{\infty}\dfrac{\left(\sqrt{n+1}-\sqrt{n}\right)^p}{n}$发散.

例16.19 设p为常数,判别级数$\sum\limits_{n=1}^{\infty}\left[\dfrac{1}{n^p}-\dfrac{1}{(n+1)^p}\right]$的敛散性.

【解】当$n\to\infty$时,

$$\frac{1}{n^p}-\frac{1}{(n+1)^p}=\frac{(n+1)^p-n^p}{n^p(n+1)^p}\sim\frac{pn^{p-1}}{n^{2p}}=\frac{p}{n^{p+1}},$$

因此当$p=0$或$p+1>1$,即$p\geqslant 0$时,级数$\sum\limits_{n=1}^{\infty}\left[\frac{1}{n^p}-\frac{1}{(n+1)^p}\right]$收敛;当$p+1<1$,即$p<0$时,级数$\sum\limits_{n=1}^{\infty}\left[\frac{1}{n^p}-\frac{1}{(n+1)^p}\right]$发散.

例16.20　设a为正数,若级数$\sum\limits_{n=1}^{\infty}\frac{a^n n!}{n^n}$收敛,而$\sum\limits_{n=2}^{\infty}\frac{\sqrt{n+2}-\sqrt{n-2}}{n^a}$发散,则(　　).

(A) $0<a\leqslant\frac{1}{2}$　　(B) $\frac{1}{2}<a<\mathrm{e}$　　(C) $a>\mathrm{e}$　　(D) $a=\mathrm{e}$

【解】应选(A).

记$b_n=\frac{a^n n!}{n^n}$,由于$\lim\limits_{n\to\infty}\frac{b_{n+1}}{b_n}=\lim\limits_{n\to\infty}\frac{a}{\left(1+\frac{1}{n}\right)^n}=\frac{a}{\mathrm{e}}$,故当$0<a<\mathrm{e}$时,级数收敛;当$a>\mathrm{e}$时,级数发散.

当$a=\mathrm{e}$时,比值判别法失效,但是,因为$\frac{b_{n+1}}{b_n}=\frac{\mathrm{e}}{\left(1+\frac{1}{n}\right)^n}>1$,即数列$\{b_n\}$严格单调递增,而$b_1=\mathrm{e}>0$,所以当$n\to\infty$时,级数$\sum\limits_{n=1}^{\infty}b_n$的一般项$b_n$不趋于零,故$a=\mathrm{e}$时级数发散.

综上,当$0<a<\mathrm{e}$时,级数$\sum\limits_{n=1}^{\infty}\frac{a^n n!}{n^n}$收敛;当$a\geqslant\mathrm{e}$时,级数$\sum\limits_{n=1}^{\infty}\frac{a^n n!}{n^n}$发散.

又当$n\to\infty$时,

$$\frac{\sqrt{n+2}-\sqrt{n-2}}{n^a}=\frac{4}{n^a(\sqrt{n+2}+\sqrt{n-2})}\sim\frac{2}{n^{a+\frac{1}{2}}},$$

且$\sum\limits_{n=2}^{\infty}\frac{\sqrt{n+2}-\sqrt{n-2}}{n^a}$发散,因此有$a+\frac{1}{2}\leqslant 1$,即$a\leqslant\frac{1}{2}$.所以$0<a\leqslant\frac{1}{2}$,应选(A).

【注】类似于本题级数$\sum\frac{a^n n!}{n^n}$敛散性的讨论,有以下一类问题亦要注意:$\sum\limits_{n=1}^{\infty}\frac{a^n}{n!}$,$\sum\limits_{n=1}^{\infty}\frac{n^q}{a^n}(a>1)$,$\sum\limits_{n=1}^{\infty}\frac{n!}{n^n}$均收敛,$\sum\limits_{n=1}^{\infty}\frac{\ln^p n}{n^q}$在$q>1$时收敛.

如,$\lim\limits_{n\to\infty}\frac{a^{n+1}}{(n+1)!}\cdot\frac{n!}{a^n}=0$,故$\sum\limits_{n=1}^{\infty}\frac{a^n}{n!}$收敛;

再如，当 $\lim\limits_{n\to\infty}\dfrac{(n+1)^q}{a^{n+1}}\cdot\dfrac{a^n}{n^q}=\dfrac{1}{a}<1$，即 $a>1$ 时，$\sum\limits_{n=1}^{\infty}\dfrac{n^q}{a^n}$ 收敛；

又如，当 $q>1$ 时，存在 $\varepsilon>0$，使得 $q-\varepsilon>1$，有 $\lim\limits_{n\to\infty}\left(\dfrac{\ln^p n}{n^q}\Big/\dfrac{1}{n^{q-\varepsilon}}\right)=\lim\limits_{n\to\infty}\dfrac{\ln^p n}{n^{\varepsilon}}=0$（P6“4. 常用的无穷大量阶的比较”），又 $\sum\limits_{n=1}^{\infty}\dfrac{1}{n^{q-\varepsilon}}$ 收敛，故 $\sum\limits_{n=1}^{\infty}\dfrac{\ln^p n}{n^q}$ 收敛.

(四)见到 $f(a_n)$

若知 $\{a_n\}$ 收敛，可考虑用有界性或保号性放缩.

→ D_{22}（转换等价表述）

(1)若 $\{a_n\}$ 收敛于 $a(a>0)$，则当 $n\to\infty$ 时， $\begin{cases}|a_n|\leqslant M,\\ a_n>\dfrac{a}{2}>0.\end{cases}$

例16.21 设数列 $\{a_n\}$ 收敛，且 $\lim\limits_{n\to\infty}a_n=a(a>0)$，判别级数 $\sum\limits_{n=1}^{\infty}\dfrac{1}{(1+a_n)^n}$ 的敛散性.

【解】 由题设可知，对任意的 $\varepsilon>0$，存在正整数 N，当 $n>N$ 时，有 $|a_n-a|<\varepsilon$ 恒成立，故 $a_n>\dfrac{a}{2}>0$，因此当 $n\to\infty$ 时，

$$0=\frac{1}{(1+a_n)^n}<\frac{1}{\left(1+\dfrac{a}{2}\right)^n}=\left(\frac{1}{1+\dfrac{a}{2}}\right)^n,$$

由于级数 $\sum\limits_{n=1}^{\infty}\left(\dfrac{1}{1+\dfrac{a}{2}}\right)^n$ 收敛，所以级数 $\sum\limits_{n=1}^{\infty}\dfrac{1}{(1+a_n)^n}$ 收敛.

(2)若 $\lim\limits_{n\to\infty}n^2a_n=a>0$，则 $\begin{cases}|n^2a_n|\leqslant M,\\ |a_n|\leqslant\dfrac{M}{n^2}.\end{cases}$ → D_{22}（转换等价表述）

例16.22 设正项级数 $\sum\limits_{n=1}^{\infty}a_n$ 满足 $\lim\limits_{n\to\infty}n^2a_n=\dfrac{1}{2}$，判别级数 $\sum\limits_{n=1}^{\infty}a_n$ 的敛散性.

【解】 由 $\lim\limits_{n\to\infty}n^2a_n=\dfrac{1}{2}$ 知，存在 $N>0$，当 $n>N$ 时，$n^2a_n\leqslant1$，因此当 $n\to\infty$ 时，

$$a_n\leqslant\frac{1}{n^2},$$

由于级数 $\sum\limits_{n=1}^{\infty}\dfrac{1}{n^2}$ 收敛，因此级数 $\sum\limits_{n=1}^{\infty}a_n$ 收敛.

(3)若 $\lim\limits_{n\to\infty} n^2(a_n-b_n)=k(0\leqslant k<+\infty)$,则 $\sum(a_n-b_n)$ 收敛.

→ D_{23}(化归经典形式)

例16.23 设两个数列 $\{a_n\}$,$\{b_n\}$,若 $\lim\limits_{n\to\infty} n^2(a_n-b_n)=k$,$k$为正常数,则 $\sum\limits_{n=1}^{\infty}(a_n-b_n)$( ).

(A)收敛

(B)发散

(C)当 $k>1$ 时,发散;当 $0<k<1$ 时,收敛

(D)当 $k>1$ 时,收敛;当 $0<k<1$ 时,发散

【解】 应选(A).

由于 $\lim\limits_{n\to\infty} n^2(a_n-b_n)=\lim\limits_{n\to\infty}\dfrac{a_n-b_n}{\frac{1}{n^2}}=k(0<k<+\infty)$,又 $\sum\limits_{n=1}^{\infty}\dfrac{1}{n^2}$ 收敛,故由比较判别法的极限形式,有 $\sum\limits_{n=1}^{\infty}(a_n-b_n)$ 收敛.

(4)对于"$\dfrac{x}{1\pm x}$". → D_{23}(化归经典形式)

①对于"$\dfrac{x}{1+x}$"(或"$\dfrac{\square}{1+\square}$").

当 $x>1$ 时,有 $2x>1+x\Rightarrow\dfrac{x}{1+x}>\dfrac{1}{2}$.

当 $0<x<1$ 时,有 $1<1+x<2\Rightarrow\dfrac{1}{2}<\dfrac{1}{1+x}<1\Rightarrow\dfrac{x}{2}<\dfrac{x}{1+x}<x$.

②对于"$\dfrac{x}{1-x}$"(或"$\dfrac{\square}{1-\square}$").

当 $0<x<\dfrac{1}{2}$ 时,有 $\dfrac{1}{2}<1-x<1\Rightarrow 1<\dfrac{1}{1-x}<2\Rightarrow x<\dfrac{x}{1-x}<2x$.

当 $0<x<1$ 时,有 $0<1-x<1\Rightarrow\dfrac{1}{1-x}>1\Rightarrow\dfrac{x}{1-x}>x$.

例16.24 判别级数 $\sum\limits_{n=2}^{\infty}\int_0^{\frac{1}{n}}\sqrt{\dfrac{x}{1-x}}\,dx$ 的敛散性.

【解】 由题设可知,

$$\sum_{n=2}^{\infty}\int_0^{\frac{1}{n}}\sqrt{\frac{x}{1-x}}\,dx<\sum_{n=2}^{\infty}\int_0^{\frac{1}{n}}\sqrt{2x}\,dx=\frac{2\sqrt{2}}{3}\sum_{n=2}^{\infty}\frac{1}{n^{\frac{3}{2}}},$$

$$\int_0^{\frac{1}{n}}\sqrt{2x}\,dx=\frac{2\sqrt{2}}{3}\cdot\frac{1}{n^{\frac{3}{2}}}$$

由于级数$\sum\limits_{n=2}^{\infty}\frac{1}{n^{\frac{3}{2}}}$收敛,因此由比较判别法,知级数$\sum\limits_{n=2}^{\infty}\int_0^{\frac{1}{n}}\sqrt{\frac{x}{1-x}}\mathrm{d}x$收敛.

例16.25 设$\{a_n\}$为正项数列,且$\sum\limits_{n=1}^{\infty}a_n$发散,则以下级数:

①$\sum\limits_{n=1}^{\infty}\frac{a_n}{1+a_n}$;②$\sum\limits_{n=1}^{\infty}\frac{a_n}{1-a_n}$;③$\sum\limits_{n=1}^{\infty}\frac{a_n}{1+a_n^2}$;④$\sum\limits_{n=1}^{\infty}\frac{a_n}{1+n^2a_n}$.

一定收敛的个数为(　　).

(A)1　　(B)2　　(C)3　　(D)4

【解】 应选(A).

对于①,若$a_n\geqslant 1$,则有$\frac{a_n}{1+a_n}=\frac{1}{\frac{1}{a_n}+1}\geqslant\frac{1}{2}$,显然发散;若$0<a_n<1$,则有$\frac{a_n}{1+a_n}>\frac{a_n}{2}$,显然发散.故①一定发散.

对于②,若$0<a_n<1$,则有$\frac{a_n}{1-a_n}>a_n$,显然发散.故②不一定收敛.

对于③,举例说明,若$a_n=n$,则发散;若$a_n=n^2$,则收敛.故③不一定收敛.

对于④,当$n\to\infty$时,有$\frac{a_n}{1+n^2a_n}=\frac{1}{\frac{1}{a_n}+n^2}\leqslant\frac{1}{n^2}$,由于$\sum\limits_{n=1}^{\infty}\frac{1}{n^2}$收敛,所以由比较判别法,知④一定收敛.

(5)设$\lim\limits_{n\to\infty}a_n=p$,则

$$\sum_{n=1}^{\infty}\frac{1}{n^{a_n}}\begin{cases}\text{发散,当 } p<1\text{ 时},\\ \text{收敛,当 } p>1\text{ 时},\\ \text{不定,当 } p=1\text{ 时}.\end{cases}$$

例16.26 判别级数$\sum\limits_{n=1}^{\infty}\frac{1}{n^{1+\frac{1}{n}}}$的敛散性.

【解】 由于$\lim\limits_{n\to\infty}\frac{\frac{1}{n^{1+\frac{1}{n}}}}{\frac{1}{n}}=1$,因此由正项级数比较判别法的极限形式知,级数$\sum\limits_{n=1}^{\infty}\frac{1}{n^{1+\frac{1}{n}}}$发散.

【注】 $\lim\limits_{n\to\infty}\left(1+\frac{1}{n}\right)=1$.

例16.27 判别级数 $\sum_{n=2}^{\infty}\frac{1}{n^{1+\frac{1}{\sqrt{\ln n}}}}$ 的敛散性.

【解】

$$\frac{1}{n^{1+\frac{1}{\sqrt{\ln n}}}}=\frac{1}{n\cdot e^{\ln n\cdot\frac{1}{\sqrt{\ln n}}}}=\frac{1}{n\cdot e^{\sqrt{\ln n}}},$$

令 $f(x)=\frac{1}{xe^{\sqrt{\ln x}}}$，由于 $f(x)$ 在 $[2,+\infty)$ 上非负连续且单调递减，故由积分判别法知，级数 $\sum_{n=2}^{\infty}\frac{1}{n^{1+\frac{1}{\sqrt{\ln n}}}}$ 与反常积分 $\int_{2}^{+\infty}\frac{1}{xe^{\sqrt{\ln x}}}\mathrm{d}x$ 敛散性相同. 又因为

$$\int_{2}^{+\infty}\frac{1}{xe^{\sqrt{\ln x}}}\mathrm{d}x=\int_{2}^{+\infty}\frac{1}{e^{\sqrt{\ln x}}}\mathrm{d}(\ln x)\xlongequal{\sqrt{\ln x}=t}\int_{\sqrt{\ln 2}}^{+\infty}\frac{2t\,\mathrm{d}t}{e^{t}}$$

$$=(-2te^{-t}-2e^{-t})\Big|_{\sqrt{\ln 2}}^{+\infty}=2(\sqrt{\ln 2}+1)e^{-\sqrt{\ln 2}},$$

所以 $\sum_{n=2}^{\infty}\frac{1}{n^{1+\frac{1}{\sqrt{\ln n}}}}$ 收敛.

【注】$\lim_{n\to\infty}\left(1+\frac{1}{\sqrt{\ln n}}\right)=1$.

(五)见到 $f(a_n,a_{n+1})$

D₂₃(化归经典形式)

(1)对于所给条件 $f(a_n,a_{n+1})$ 为等式或不等式关系，通过恒等变形捋清关系，以找出 $f(a_n)$ 或 $f(a_n)$ 与 $f(a_{n+1})$ 的递推等式或不等式为方向.

例16.28 设 $\{a_n\}$ 为正项数列，且 $\frac{a_{n+1}}{a_n}+\frac{1}{n}>1$，则以下4个命题：

① $\sum_{n=1}^{\infty}a_n$ 收敛；② $\sum_{n=1}^{\infty}a_n$ 发散；③ $\lim_{n\to\infty}a_n=0$；④ $\lim_{n\to\infty}a_n^2=+\infty$.

正确命题的个数为(　　).

(A)1　　(B)2　　(C)3　　(D)4

【解】应选(A).

$$\frac{a_{n+1}}{a_n}+\frac{1}{n}>1\text{，则 }(n-1)a_n<na_{n+1},$$

分离 a_n，a_{n+1} 至不等号两边

故 $f(n)=na_{n+1}$ 单调递增，于是 $na_{n+1}\geqslant 1\cdot a_2$，即 $a_{n+1}\geqslant\frac{a_2}{n}>0$，因此 $\sum_{n=1}^{\infty}a_n$ 发散，所以①错误，②正确.

举例说明③和④：若 $a_n\equiv 2$，符合题设，则③，④都不正确．故选(A).

D_{23}（化归经典形式）

(2)对于通项为 $f(a_n,a_{n+1})$，f 较复杂，一时看不清关系时，根据条件，考虑写其 S_n 或放缩成 $f(a_{n+1})-f(a_n)$，再写 S_n．

例16.29 设 $\{a_n\}$ 为正项数列，单调递增且有上界，判别级数 $\sum_{n=1}^{\infty}\left(\sqrt{a_{n+1}}-\frac{a_n}{\sqrt{a_{n+1}}}\right)$ 的敛散性．

【解】
$$\sqrt{a_{n+1}}-\frac{a_n}{\sqrt{a_{n+1}}}=\frac{a_{n+1}-a_n}{\sqrt{a_{n+1}}}=\frac{(\sqrt{a_{n+1}}+\sqrt{a_n})(\sqrt{a_{n+1}}-\sqrt{a_n})}{\sqrt{a_{n+1}}},$$

又由题设可知，$0<a_n\leqslant a_{n+1}$，即 $\frac{a_n}{a_{n+1}}\leqslant 1$，故

$$\sqrt{a_{n+1}}-\frac{a_n}{\sqrt{a_{n+1}}}=\left(1+\sqrt{\frac{a_n}{a_{n+1}}}\right)(\sqrt{a_{n+1}}-\sqrt{a_n})\leqslant 2(\sqrt{a_{n+1}}-\sqrt{a_n}),$$

记 S_n 为级数 $\sum_{n=1}^{\infty}\left(\sqrt{a_{n+1}}-\frac{a_n}{\sqrt{a_{n+1}}}\right)$ 的前 n 项和，于是 $S_n\leqslant 2\sum_{k=1}^{n}(\sqrt{a_{k+1}}-\sqrt{a_k})=2(\sqrt{a_{n+1}}-\sqrt{a_1})$．

又 $\{a_n\}$ 单调递增且有上界，因此 S_n 单调递增且有上界，故 $\lim_{n\to\infty}S_n$ 存在，所以 $\sum_{n=1}^{\infty}\left(\sqrt{a_{n+1}}-\frac{a_n}{\sqrt{a_{n+1}}}\right)$ 收敛．

例16.30 设正项数列 $\{a_n\}$ 满足 $a_{n+1}=\frac{1}{2}\left(a_n+\frac{1}{a_n}\right)$，且 $a_1=2$，判别级数 $\sum_{n=1}^{\infty}\left(\frac{a_n}{a_{n+1}}-1\right)$ 的敛散性．

【解】 由 $a_{n+1}=\frac{1}{2}\left(a_n+\frac{1}{a_n}\right)\geqslant 1$，$a_{n+1}-a_n=\frac{1}{2}\left(\frac{1}{a_n}-a_n\right)<0$，知 $\{a_n\}$ 单调递减且有下界1，故 $\{a_n\}$ 收敛．记 $\lim_{n\to\infty}a_n=a\geqslant 1$，则 $\frac{a_n}{a_{n+1}}-1=\frac{1}{a_{n+1}}(a_n-a_{n+1})\leqslant\frac{1}{a}(a_n-a_{n+1})$，其中 $a_{n+1}\geqslant a\geqslant 1$．设 $\sum_{n=1}^{\infty}\left(\frac{a_n}{a_{n+1}}-1\right)$ 的前 n 项和为 S_n，则

$$S_n=\sum_{k=1}^{n}\left(\frac{a_k}{a_{k+1}}-1\right)\leqslant\sum_{k=1}^{n}\frac{1}{a}(a_k-a_{k+1})$$
$$=\frac{1}{a}(a_1-a_2+a_2-a_3+\cdots+a_n-a_{n+1})=\frac{1}{a}(a_1-a_{n+1}).$$

因为 $\{a_n\}$ 单调递减且有下界，故 $\lim_{n\to\infty}S_n$ 存在，所以 $\sum_{n=1}^{\infty}\left(\frac{a_n}{a_{n+1}}-1\right)$ 收敛．

例16.31 已知正项数列 $\{a_n\}$ 满足 $\lim_{n\to\infty}\frac{\ln(1+e^n)}{a_n}=1$．

(1)计算 $\lim\limits_{n\to\infty}\dfrac{\dfrac{1}{a_n}+\dfrac{1}{a_{n+1}}}{\dfrac{1}{n}}$；

(2)判别级数 $\sum\limits_{n=1}^{\infty}(-1)^{n-1}\left(\dfrac{1}{a_n}+\dfrac{1}{a_{n+1}}\right)$ 的敛散性.

【解】(1)由于 $\lim\limits_{n\to\infty}\dfrac{\ln(1+\mathrm{e}^n)}{n}=\lim\limits_{n\to\infty}\dfrac{\ln(1+\mathrm{e}^n)}{\ln\mathrm{e}^n}=1$，故 $\lim\limits_{n\to\infty}\dfrac{n}{a_n}=1$，所以

$$\lim_{n\to\infty}\frac{\dfrac{1}{a_n}+\dfrac{1}{a_{n+1}}}{\dfrac{1}{n}}=\lim_{n\to\infty}\left(\frac{n}{a_n}+\frac{n}{a_{n+1}}\right)=2.$$

(2)设 $\sum\limits_{n=1}^{\infty}(-1)^{n-1}\left(\dfrac{1}{a_n}+\dfrac{1}{a_{n+1}}\right)$ 的前 n 项和为 S_n，则

$$\begin{aligned}S_n&=\sum_{k=1}^{n}(-1)^{k-1}\left(\frac{1}{a_k}+\frac{1}{a_{k+1}}\right)\\&=\frac{1}{a_1}+\frac{1}{a_2}-\frac{1}{a_2}-\frac{1}{a_3}+\frac{1}{a_3}+\frac{1}{a_4}+\cdots+(-1)^{n-1}\frac{1}{a_n}+(-1)^{n-1}\frac{1}{a_{n+1}}\\&=\frac{1}{a_1}+(-1)^{n-1}\cdot\frac{1}{a_{n+1}}.\end{aligned}$$

由(1)中的 $\lim\limits_{n\to\infty}\dfrac{n}{a_n}=1$ 可知，$\lim\limits_{n\to\infty}a_n=+\infty$，故 $\lim\limits_{n\to\infty}S_n=\dfrac{1}{a_1}$ 存在，所以级数 $\sum\limits_{n=1}^{\infty}(-1)^{n-1}\left(\dfrac{1}{a_n}+\dfrac{1}{a_{n+1}}\right)$ 收敛.

又由(1)可知，当 $n\to\infty$ 时，$\dfrac{1}{a_n}+\dfrac{1}{a_{n+1}}$ 与 $\dfrac{2}{n}$ 等价，故 $\sum\limits_{n=1}^{\infty}\left(\dfrac{1}{a_n}+\dfrac{1}{a_{n+1}}\right)$ 发散.

综上可知，级数 $\sum\limits_{n=1}^{\infty}(-1)^{n-1}\left(\dfrac{1}{a_n}+\dfrac{1}{a_{n+1}}\right)$ 条件收敛.

(六)见到 $f(a_n,b_n)$

D_{23}(化归经典形式)

①将题设通项与欲判通项结合起来找关系：$\begin{cases}a_nb_n=na_n\cdot\dfrac{b_n}{n},\\a_n=a_n-b_n+b_n,\\\text{若}0<a_n<\dfrac{1}{2},\ \text{则}a_nb_n<\dfrac{1}{2}b_n,\\\text{若}0<a_n<\dfrac{1}{2},\ 0<b_n<1,\ \text{则}a_n^2b_n^2<\dfrac{1}{4}b_n^2<\dfrac{1}{4}b_n,\end{cases}$ 等等.

D_{23}(化归经典形式)

②令 $\dfrac{b_n}{a_n}=c_n$，转化成 $f(c_n)$ 处理.

例16.32 若$\sum_{n=1}^{\infty} na_n$绝对收敛，$\sum_{n=1}^{\infty}\frac{b_n}{n}$条件收敛，判别级数$\sum_{n=1}^{\infty}a_nb_n$的敛散性.

【解】由$\sum_{n=1}^{\infty}\frac{b_n}{n}$条件收敛，有$\lim_{n\to\infty}\frac{b_n}{n}=0$，因此当$n\to\infty$时，有$\left|\frac{b_n}{n}\right|<\frac{1}{2}$，从而有

$$|a_nb_n|=\left|na_n\cdot\frac{b_n}{n}\right|<\frac{1}{2}|na_n|,$$

由于$\sum_{n=1}^{\infty}na_n$绝对收敛，所以$\sum_{n=1}^{\infty}a_nb_n$绝对收敛.

例16.33 若$a_n<b_n$，且$\sum_{n=1}^{\infty}a_n$，$\sum_{n=1}^{\infty}b_n$均收敛，则$\sum_{n=1}^{\infty}a_n$绝对收敛是$\sum_{n=1}^{\infty}b_n$绝对收敛的(　　).

(A)充分必要条件　　(B)充分非必要条件

(C)必要非充分条件　　(D)既非充分也非必要条件

【解】应选(A).

必要性：$a_n=a_n-b_n+b_n$，从而有

$$|a_n|\leqslant|a_n-b_n|+|b_n|=(b_n-a_n)+|b_n|,$$

又$a_n<b_n$，$\sum_{n=1}^{\infty}b_n$绝对收敛，$\sum_{n=1}^{\infty}(b_n-a_n)$收敛，所以$\sum_{n=1}^{\infty}a_n$绝对收敛.

充分性：$b_n=b_n-a_n+a_n$，从而有

$$|b_n|\leqslant|b_n-a_n|+|a_n|=(b_n-a_n)+|a_n|,$$

又$a_n<b_n$，$\sum_{n=1}^{\infty}a_n$绝对收敛，$\sum_{n=1}^{\infty}(b_n-a_n)$收敛，所以$\sum_{n=1}^{\infty}b_n$绝对收敛.

例16.34 设数列$\{a_n\}$，$\{b_n\}$，当$a_n>0$，$b_n>0$且$\frac{a_{n+1}}{a_n}\leqslant\frac{b_{n+1}}{b_n}$时，$\sum_{n=1}^{\infty}b_n$收敛，证明$\sum_{n=1}^{\infty}a_n$收敛.

【证】由题设可知，$\frac{a_{n+1}}{b_{n+1}}\leqslant\frac{a_n}{b_n}\leqslant\cdots\leqslant\frac{a_1}{b_1}$，得到$0<a_n\leqslant\frac{a_1}{b_1}b_n$，又$\sum_{n=1}^{\infty}b_n$收敛，所以$\sum_{n=1}^{\infty}a_n$收敛.

(七)见到$f(a_n,n^p)$

见到$f(a_n,\ n^p)$，考虑$|ab|\leqslant\frac{a^2+b^2}{2}$. （$D_{23}$(化归经典形式)）

例16.35 设$\sum_{n=1}^{\infty}a_n$为收敛的正项级数，常数$p>\frac{1}{2}$，判别级数$\sum_{n=1}^{\infty}\frac{\sqrt{a_n}}{n^p}$的敛散性.

【解】当$n\to\infty$时，

$$\frac{\sqrt{a_n}}{n^p} \leqslant \frac{1}{2}\left(a_n + \frac{1}{n^{2p}}\right),$$

由于$p > \frac{1}{2}$且$\sum_{n=1}^{\infty} a_n$为收敛的正项级数,因此由正项级数的比较判别法知,级数$\sum_{n=1}^{\infty} \frac{\sqrt{a_n}}{n^p}$收敛.

例16.36 设$\sum_{n=1}^{\infty} a_n^2$收敛,判别级数$\sum_{n=1}^{\infty} (-1)^n \frac{a_n}{n}$的敛散性.

【解】 当$n \to \infty$时,

$$\left|(-1)^n \frac{a_n}{n}\right| = \left|\frac{a_n}{n}\right| \leqslant \frac{1}{2}\left(\frac{1}{n^2} + a_n^2\right),$$

由$\sum_{n=1}^{\infty} \frac{1}{n^2}$,$\sum_{n=1}^{\infty} a_n^2$均收敛及正项级数的比较判别法知,级数$\sum_{n=1}^{\infty} (-1)^n \frac{a_n}{n}$绝对收敛.

例16.37 设常数$\alpha > 0$,正项级数$\sum_{n=1}^{\infty} a_n$收敛,判别级数$\sum_{n=1}^{\infty} (-1)^{n-1} \frac{\sqrt{a_{2n-1}}}{\sqrt{n^2+\alpha}}$的敛散性.

【解】 当$n \to \infty$时,

$$\left|(-1)^{n-1} \frac{\sqrt{a_{2n-1}}}{\sqrt{n^2+\alpha}}\right| \leqslant \frac{1}{2}\left(a_{2n-1} + \frac{1}{n^2+\alpha}\right),$$

由$\sum_{n=1}^{\infty} a_n$,$\sum_{n=1}^{\infty} \frac{1}{n^2+\alpha}$均收敛及正项级数的比较判别法知,级数$\sum_{n=1}^{\infty} (-1)^{n-1} \frac{\sqrt{a_{2n-1}}}{\sqrt{n^2+\alpha}}$绝对收敛.

(八)见到$f(a_n, S_n)$

D_{22}(转换等价表述)

①引入"$a_n = S_n - S_{n-1} (n > 1)$"(定义),则

D_{22}(转换等价表述) $f(a_n, S_n) \to g(S_{n-1}, S_n)$.

②有S_n,考虑写$\sum_{k=1}^{n} a_k$,相互抵消,化简.

③$\sum_{n=1}^{\infty} a_n$收敛是S_n有界的充分非必要条件(反例:$\sum_{n=1}^{\infty} (-1)^n$).

④$\sum_{n=1}^{\infty} a_n$收敛是S_n有界且$\lim_{n\to\infty} a_n = 0$的充分非必要条件.

例16.38 设$\{a_n\}$是正项数列,记$S_n = \sum_{k=1}^{n} a_k$,证明$\sum_{n=2}^{\infty} \frac{a_n}{S_n^2}$收敛.

【证】 由题设可知,当$n \geqslant 2$时,

$$\frac{a_n}{S_n^2} = \frac{S_n - S_{n-1}}{S_n^2} < \frac{S_n - S_{n-1}}{S_n \cdot S_{n-1}} = \frac{1}{S_{n-1}} - \frac{1}{S_n}.$$

故 $$\sum_{k=2}^{n}\frac{a_k}{S_k^2}<\frac{1}{S_1}-\frac{1}{S_2}+\frac{1}{S_2}-\frac{1}{S_3}+\cdots+\frac{1}{S_{n-1}}-\frac{1}{S_n}=\frac{1}{S_1}-\frac{1}{S_n}=\frac{1}{a_1}-\frac{1}{S_n}<\frac{1}{a_1},$$

即级数的部分和$\sum\limits_{k=2}^{n}\frac{a_k}{S_k^2}$单调增加且有上界，故其收敛.

(九)见到$f(n)$与$(-1)^{n-1}$纠缠在一起

(1)见到$f(n)$，含$(-1)^{n-1}$，且f(或可化)为基本展开型函数，作泰勒展开，分项讨论敛散性. D_{23}(化归经典形式)

例16.39 设常数$p>0$，判别级数$\sum\limits_{n=2}^{\infty}\ln\left[1+\frac{(-1)^n}{n^p}\right]$的敛散性.

【解】当$n\to\infty$时，

$$\ln\left[1+\frac{(-1)^n}{n^p}\right]=\frac{(-1)^n}{n^p}-\frac{1}{2n^{2p}}+\frac{(-1)^{3n}}{3n^{3p}}+\cdots.$$

($\frac{(-1)^{3n}}{3n^{3p}}+\cdots = o\left(\frac{1}{n^{2p}}\right)$)

对于$\sum\limits_{n=2}^{\infty}\frac{(-1)^n}{n^p}$，有

$$\sum_{n=2}^{\infty}\frac{(-1)^n}{n^p}\begin{cases}\text{绝对收敛}, & p>1,\\ \text{条件收敛}, & 0<p\leqslant 1.\end{cases}$$

对于$\sum\limits_{n=2}^{\infty}\left[\frac{1}{n^{2p}}+o\left(\frac{1}{n^{2p}}\right)\right]$，有$\sum\limits_{n=2}^{\infty}\left[\frac{1}{n^{2p}}+o\left(\frac{1}{n^{2p}}\right)\right]\begin{cases}\text{收敛}, & p>\frac{1}{2},\\ \text{发散}, & p\leqslant\frac{1}{2}.\end{cases}$

故
$$\text{原级数}\begin{cases}\text{绝对收敛}, & p>1,\\ \text{条件收敛}, & \frac{1}{2}<p\leqslant 1,\\ \text{发散}, & 0<p\leqslant\frac{1}{2}.\end{cases}$$

例16.40 判别级数$\sum\limits_{n=2}^{\infty}\frac{(-1)^n}{\sqrt{n+(-1)^n}}$的敛散性.

【解】当$n\to\infty$时，

$$\frac{(-1)^n}{\sqrt{n+(-1)^n}}=\frac{(-1)^n}{n^{\frac{1}{2}}}\cdot\frac{1}{\left[1+\frac{(-1)^n}{n}\right]^{\frac{1}{2}}}=\frac{(-1)^n}{n^{\frac{1}{2}}}\left[1-\frac{1}{2}\frac{(-1)^n}{n}+o\left(\frac{1}{n}\right)\right]$$
$$=\frac{(-1)^n}{n^{\frac{1}{2}}}-\frac{1}{2}\cdot\frac{1}{n^{\frac{3}{2}}}+o\left(\frac{1}{n^{\frac{3}{2}}}\right).$$

对于$\sum\limits_{n=2}^{\infty}(-1)^n\frac{1}{n^{\frac{1}{2}}}$，显然条件收敛；对于$\sum\limits_{n=2}^{\infty}\left[-\frac{1}{2}\cdot\frac{1}{n^{\frac{3}{2}}}+o\left(\frac{1}{n^{\frac{3}{2}}}\right)\right]$，显然绝对收敛，所以$\sum\limits_{n=2}^{\infty}\frac{(-1)^n}{\sqrt{n+(-1)^n}}$条

件收敛.

→ D_{23}(化归经典形式)

(2)创造 $(-1)^n$ 再用莱布尼茨判别法.

例16.41 判别级数 $\sum_{n=1}^{\infty}\sin(\pi\sqrt{n^2+1})$ 的敛散性.

【解】 因为

$$\sin(\pi\sqrt{n^2+1})=\sin\left[(\pi\sqrt{n^2+1}-n\pi)+n\pi\right]=(-1)^n\sin\left(\pi\sqrt{n^2+1}-n\pi\right)=(-1)^n\sin\frac{\pi}{\sqrt{n^2+1}+n},$$

根据莱布尼茨判别法可知级数收敛.

→ D_{22}(转换等价表述)

(3)莱布尼茨判别法失效.

例16.42 判别级数 $\sum_{n=2}^{\infty}\frac{(-1)^n}{\sqrt{n+(-1)^n}}$ 的敛散性.

【解】 由于 $\left\{\frac{(-1)^n}{\sqrt{n+(-1)^n}}\right\}$ 没有单调性,故不能直接应用莱布尼茨判别法.

考虑 $S_{2n}=\frac{1}{\sqrt{3}}-\frac{1}{\sqrt{2}}+\frac{1}{\sqrt{5}}-\frac{1}{\sqrt{4}}+\cdots+\frac{1}{\sqrt{2n+1}}-\frac{1}{\sqrt{2n}}$,则 $\{S_{2n}\}$ 单调递减,且

$$\begin{aligned}S_{2n}&=\frac{1}{\sqrt{3}}-\frac{1}{\sqrt{2}}+\frac{1}{\sqrt{5}}-\frac{1}{\sqrt{4}}+\cdots+\frac{1}{\sqrt{2n+1}}-\frac{1}{\sqrt{2n}}\\&=-\frac{1}{\sqrt{2}}+\left(\frac{1}{\sqrt{3}}-\frac{1}{\sqrt{4}}\right)+\left(\frac{1}{\sqrt{5}}-\frac{1}{\sqrt{6}}\right)+\cdots+\left(\frac{1}{\sqrt{2n-1}}-\frac{1}{\sqrt{2n}}\right)+\frac{1}{\sqrt{2n+1}}>-\frac{1}{\sqrt{2}},\end{aligned}$$

所以 $\lim_{n\to\infty}S_{2n}$ 存在,易知 $\lim_{n\to\infty}S_{2n+1}=\lim_{n\to\infty}S_{2n}$,故 $\lim_{n\to\infty}S_n$ 存在.所以级数 $\sum_{n=2}^{\infty}\frac{(-1)^n}{\sqrt{n+(-1)^n}}$ 收敛.

(4)见到 $\sum\frac{f(n)\pm g(n)}{h(n)}$,考虑拆项为 $\sum\frac{f(n)}{h(n)}\pm\sum\frac{g(n)}{h(n)}$,瓦解敌人,各个击破.

→ D_{23}(化归经典形式)

例16.43 判别级数 $\sum_{n=1}^{\infty}\frac{(-2)^{1-n}\cdot n+2^n}{n\cdot 2^n}$ 的敛散性.

【解】 由于

$$\sum_{n=1}^{\infty}\frac{(-2)^{1-n}\cdot n+2^n}{n\cdot 2^n}=\sum_{n=1}^{\infty}\frac{(-1)^{1-n}\cdot 2^{1-n}\cdot n}{n\cdot 2^n}+\sum_{n=1}^{\infty}\frac{2^n}{n\cdot 2^n}=\sum_{n=1}^{\infty}\frac{(-1)^{n-1}}{2^{2n-1}}+\sum_{n=1}^{\infty}\frac{1}{n},$$

又因为 $\sum_{n=1}^{\infty}\frac{(-1)^{n-1}}{2^{2n-1}}$ 收敛,$\sum_{n=1}^{\infty}\frac{1}{n}$ 发散,所以 $\sum_{n=1}^{\infty}\frac{(-2)^{1-n}\cdot n+2^n}{n\cdot 2^n}$ 发散.

(5)见到 $\sum\frac{h(n)}{f(n)\cdot g(n)}$,考虑拆项为 $\sum f_1(n)\pm\sum f_2(n)$,瓦解敌人,各个击破.

→ D_{23}(化归经典形式)

例16.44 判别级数 $\sum_{n=1}^{\infty}(-1)^{n-1}\cdot\frac{n-1}{n+1}\cdot\frac{1}{\sqrt[10]{n}}$ 的敛散性.

【解】 由于 $\frac{n-1}{n+1}\cdot\frac{1}{\sqrt[10]{n}}=\frac{1}{\sqrt[10]{n}}-\frac{2}{(n+1)\sqrt[10]{n}}$，因此

$$\sum_{n=1}^{\infty}(-1)^{n-1}\cdot\frac{n-1}{n+1}\cdot\frac{1}{\sqrt[10]{n}}=\sum_{n=1}^{\infty}(-1)^{n-1}\frac{1}{\sqrt[10]{n}}-\sum_{n=1}^{\infty}(-1)^{n-1}\frac{2}{(n+1)\sqrt[10]{n}},$$

又 $\sum_{n=1}^{\infty}(-1)^{n-1}\frac{1}{\sqrt[10]{n}}$ 显然条件收敛，$\sum_{n=1}^{\infty}(-1)^{n-1}\frac{2}{(n+1)\sqrt[10]{n}}$ 绝对收敛，所以级数 $\sum_{n=1}^{\infty}(-1)^{n-1}\cdot\frac{n-1}{n+1}\cdot\frac{1}{\sqrt[10]{n}}$ 条件收敛.

(6)绝对值判别法. → D_{22}（转换等价表述）

例16.45 若级数 $\sum_{n=1}^{\infty}|a_n|$ 收敛，证明级数 $\sum_{n=1}^{\infty}a_n$ 收敛.

【证】 由于

$$0\leqslant a_n+|a_n|\leqslant 2|a_n|,\ a_n=(a_n+|a_n|)-|a_n|,$$

又 $\sum_{n=1}^{\infty}|a_n|$ 收敛，故由正项级数的比较判别法知，$\sum_{n=1}^{\infty}(a_n+|a_n|)$ 收敛，所以 $\sum_{n=1}^{\infty}a_n$ 收敛.

例16.46 已知级数 $\sum_{n=1}^{\infty}(-1)^{n-1}u_n$ 条件收敛，$u_n>0$，则级数 $\sum_{n=1}^{\infty}(u_{2n}-2u_{2n-1})$（　　）.

(A) 发散　　(B) 绝对收敛

(C) 条件收敛　　(D) 敛散性无法判断

【解】 应选(A).

由 $\sum_{n=1}^{\infty}(-1)^{n-1}u_n$ 条件收敛，可知 $\sum_{n=1}^{\infty}u_{2n-1}$ 发散，由收敛级数的项任意加括号后所得的新级数仍收敛知，

$\sum_{n=1}^{\infty}(-1)^{n-1}u_n=\sum_{n=1}^{\infty}(u_{2n-1}-u_{2n})$ 收敛，故 $\sum_{n=1}^{\infty}(u_{2n}-2u_{2n-1})=\sum_{n=1}^{\infty}[(u_{2n}-u_{2n-1})-u_{2n-1}]$ 发散.

【注】引入级数 $\sum_{n=1}^{\infty}v_n$，其一般项

$$v_n=\frac{1}{2}(u_n+|u_n|)=\begin{cases}u_n, & u_n>0,\\ 0, & u_n\leqslant 0.\end{cases}$$

可见级数 $\sum_{n=1}^{\infty}v_n$ 是把级数 $\sum_{n=1}^{\infty}u_n$ 中的负项换成0而得到的，也就是级数 $\sum_{n=1}^{\infty}u_n$ 中的全体正项所构成的级数，类似可知，令

$$w_n=\frac{1}{2}(|u_n|-u_n)=\begin{cases}-u_n, & u_n<0,\\ 0, & u_n\geqslant 0\end{cases}=\begin{cases}|u_n|, & u_n<0,\\ 0, & u_n\geqslant 0,\end{cases}$$

则$\sum_{n=1}^{\infty}w_n$为级数$\sum_{n=1}^{\infty}u_n$中全体负项的绝对值所构成的级数．如果级数$\sum_{n=1}^{\infty}u_n$绝对收敛，那么级数$\sum_{n=1}^{\infty}v_n$与$\sum_{n=1}^{\infty}w_n$都收敛；如果级数$\sum_{n=1}^{\infty}u_n$条件收敛（即$\sum_{n=1}^{\infty}u_n$收敛，而$\sum_{n=1}^{\infty}|u_n|$发散），那么级数$\sum_{n=1}^{\infty}v_n$与$\sum_{n=1}^{\infty}w_n$都发散．

特别地，若交错级数$\sum_{n=1}^{\infty}(-1)^{n-1}u_n(u_n>0)$条件收敛，则$\sum_{n=1}^{\infty}u_{2n-1}$（全体正项构成的级数）和$\sum_{n=1}^{\infty}(-u_{2n})$（全体负项构成的级数）都发散，此时自然也有$\sum_{n=1}^{\infty}u_{2n}$发散．

以上分析不仅对本题作了解释，也是往年若干真题的命题依据．

第二部分　求幂级数的和函数

三向解题法

形式化归体系块

求幂级数的和函数
(O(盯住目标))

- **先求收敛域**
  (D₁(常规操作))
- **用先积后导法、先导后积法**
  (D₁(常规操作)+D₂₃(化归经典形式))
  - $\sum(an+b)x^n$先积后导．
  - $\sum\frac{x^n}{an+b}$先导后积．
  - $\sum\frac{cn^2+dn+e}{an+b}x^n\xlongequal{拆}\sum_{(1)}+\sum_{(2)}$
- **用所给微分方程求和函数**
  (D₁(常规操作)+D₂₃(化归经典形式)+D₃(移花接木))
  - 已知方程
- **建立微分方程并求和函数**
  (D₁(常规操作)+D₂₃(化归经典形式)+D₃(移花接木))
  - 自创方程

一、先求收敛域（D_1（常规操作））

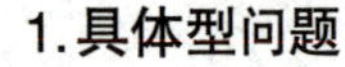

1.具体型问题

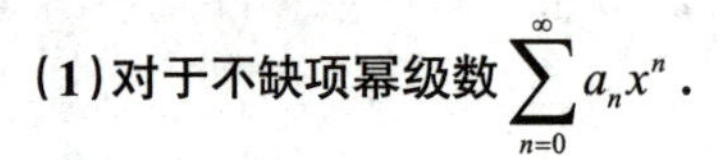

（1）对于不缺项幂级数 $\sum_{n=0}^{\infty} a_n x^n$.

①收敛半径的求法.

若 $\lim_{n\to\infty}\left|\frac{a_{n+1}}{a_n}\right| = \rho$ 或 $\lim_{n\to\infty}\sqrt[n]{|a_n|} = \rho$ ，则 $\sum_{n=0}^{\infty} a_n x^n$ 的收敛半径 R 的表达式为 $R = \begin{cases} \frac{1}{\rho}, & \rho \neq 0,\ \rho \neq +\infty, \\ +\infty, & \rho = 0, \\ 0, & \rho = +\infty. \end{cases}$

②收敛区间与收敛域.

区间 $(-R,\ R)$ 为幂级数 $\sum_{n=0}^{\infty} a_n x^n$ 的收敛区间；单独考查幂级数在 $x = \pm R$ 处的敛散性就可以确定其收敛域为 $(-R, R)$ 或 $[-R, R)$ 或 $(-R, R]$ 或 $[-R, R]$.

（2）对于缺项幂级数或一般函数项级数 $\sum u_n(x)$.

①加绝对值，即写成 $\sum |u_n(x)|$.

②用正项级数的比值（或根值）判别法.

令 $\lim_{n\to\infty}\frac{|u_{n+1}(x)|}{|u_n(x)|}$（或 $\lim_{n\to\infty}\sqrt[n]{|u_n(x)|}$）$<1$ ，求出收敛区间 (a, b) .

③单独讨论当 $x = a,\ x = b$ 时，$\sum u_n(x)$ 的敛散性，从而确定收敛域.

2.抽象型问题

（1）阿贝尔定理.

当幂级数 $\sum_{n=0}^{\infty} a_n x^n$ 在点 $x = x_1 (x_1 \neq 0)$ 处收敛时，对于满足 $|x| < |x_1|$ 的一切 x ，幂级数绝对收敛；当幂级数 $\sum_{n=0}^{\infty} a_n x^n$ 在点 $x = x_2 (x_2 \neq 0)$ 处发散时，对于满足 $|x| > |x_2|$ 的一切 x ，幂级数发散.

（2）结论1.

根据阿贝尔定理，已知 $\sum_{n=0}^{\infty} a_n (x - x_0)^n$ 在某点 $x_1 (x_1 \neq x_0)$ 的敛散性，确定该幂级数的收敛半径可分为以下三种情况.

①若在 x_1 处收敛，则收敛半径 $R \geqslant |x_1 - x_0|$.

②若在 x_1 处发散，则收敛半径 $R \leqslant |x_1 - x_0|$.

③若在 x_1 处条件收敛，则 $R=|x_1-x_0|$. 重要考点

(3)结论2.

已知 $\sum a_n(x-x_1)^n$ 的敛散性，讨论 $\sum b_n(x-x_2)^m$ 的敛散性.

①$(x-x_1)^n$ 与 $(x-x_2)^m$ 的转化一般通过初等变形来完成，包括：a."平移"收敛区间；b.提出或者乘以因式 $(x-x_0)^k$ 等.

②a_n 与 b_n 的转化一般通过微积分变形来完成，包括：a.对级数逐项求导；b.对级数逐项积分等.

③以下三种情况，级数的收敛半径不变，收敛域要具体问题具体分析.

a.对级数提出或者乘以因式 $(x-x_0)^k$，或者作平移等，收敛半径不变.

b.对级数逐项求导，收敛半径不变，收敛域可能缩小.

c.对级数逐项积分，收敛半径不变，收敛域可能扩大.

例16.47 设 $\sum_{n=1}^{\infty}a_n(x+1)^n$ 在点 $x=1$ 处条件收敛，则幂级数 $\sum_{n=1}^{\infty}na_n(x-1)^n$ 在点 $x=2$ 处(　　).

(A)绝对收敛　　(B)条件收敛　　(C)发散　　(D)敛散性不确定

【解】 应选(A).

根据"一、2.(2)③"，由 $\sum_{n=1}^{\infty}a_n(x+1)^n$ 在点 $x=1$ 处条件收敛，知

$$R=|x_1-x_0|=|1-(-1)|=2,$$

且收敛区间为 $(-3,\ 1)$；

根据"一、2.(3)①和③"，将 $(x+1)^n$ 转化为 $(x-1)^n$，也就是把级数的中心点由 -1 转移到 1，即将收敛区间平移到 $(-1,\ 3)$，得 $\sum_{n=1}^{\infty}a_n(x-1)^n$，收敛半径不变；

根据"一、2.(3)"，对 $\sum_{n=1}^{\infty}a_n(x-1)^n$ 逐项求导，得 $\sum_{n=1}^{\infty}na_n(x-1)^{n-1}$，再乘以 $(x-1)$ 得 $\sum_{n=1}^{\infty}na_n(x-1)^n$，收敛半径不变.

故 $\sum_{n=1}^{\infty}na_n(x-1)^n$ 的收敛区间为 $(-1,\ 3)$，因为 $x=2$ 在收敛区间内部，所以在该点处级数绝对收敛，选(A).

D₂₃（化归经典形式）

二、用先积后导法、先导后积法

（D_1（常规操作）$+D_{23}$（化归经典形式））

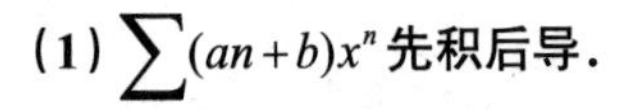

（1）$\sum(an+b)x^n$ 先积后导.

（2）$\sum\frac{x^n}{an+b}$ 先导后积.

（3）$\sum\frac{cn^2+dn+e}{an+b}x^n \xlongequal{\text{拆}} \sum\limits_{(1)}+\sum\limits_{(2)}$.

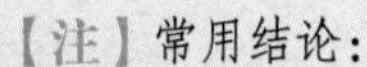

【注】常用结论：

① $\sum\limits_{n=0}^{\infty}x^n=\frac{1}{1-x},(|x|<1)$；

② $\sum\limits_{n=1}^{\infty}nx^{n-1}=\frac{1}{(1-x)^2},(|x|<1)$；

③ $\sum\limits_{n=2}^{\infty}n(n-1)x^{n-2}=\frac{2}{(1-x)^3},(|x|<1)$；

④ $\sum\limits_{n=1}^{\infty}\frac{1}{n}x^n=-\ln(1-x),(-1\leqslant x<1)$；

⑤ $\sum\limits_{n=0}^{\infty}\frac{1}{2n+1}x^{2n+1}=\frac{1}{2}\ln\frac{1+x}{1-x},(|x|<1)$；

⑥ $\sum\limits_{n=0}^{\infty}\frac{(-1)^n}{2n+1}x^{2n+1}=\arctan x,(|x|\leqslant 1)$；

⑦ $\sum\limits_{n=0}^{\infty}\frac{x^n}{n!}=\mathrm{e}^x$；

⑧ $\sum\limits_{n=0}^{\infty}\frac{1}{(2n)!}x^{2n}=\frac{\mathrm{e}^x+\mathrm{e}^{-x}}{2}$；

⑨ $\sum\limits_{n=0}^{\infty}\frac{(-1)^n}{(2n+1)!}x^{2n+1}=\sin x$；

⑩ $\sum\limits_{n=0}^{\infty}\frac{(-1)^n}{(2n)!}x^{2n}=\cos x$.

用好D_{23}（化归经典形式），将题设表达式化归成①－⑩的左边，即可得其和函数 .

例16.48 设 $u_n(x)=\mathrm{e}^{-nx}+\dfrac{x^{n+1}}{n(n+1)}\ (n=1,2,\cdots)$，求级数 $\sum\limits_{n=1}^{\infty}u_n(x)$ 的收敛域及和函数.

【解】 因为 $\lim\limits_{n\to\infty}\dfrac{n(n+1)}{(n+1)(n+2)}=1$，所以幂级数 $\sum\limits_{n=1}^{\infty}\dfrac{x^{n+1}}{n(n+1)}$ 的收敛半径为1.因为 $\sum\limits_{n=1}^{\infty}\dfrac{1}{n(n+1)}$，$\sum\limits_{n=1}^{\infty}\dfrac{(-1)^{n+1}}{n(n+1)}$ 均收敛，所以 $\sum\limits_{n=1}^{\infty}\dfrac{x^{n+1}}{n(n+1)}$ 的收敛域为 $[-1,1]$.又因为级数 $\sum\limits_{n=1}^{\infty}\mathrm{e}^{-nx}$ 的收敛域为 $(0,+\infty)$，所以级数 $\sum\limits_{n=1}^{\infty}u_n(x)$ 的收敛域为 $(0,1]$.

令 $\lim\limits_{n\to\infty}\left|\dfrac{\mathrm{e}^{-(n+1)x}}{\mathrm{e}^{-nx}}\right|=\mathrm{e}^{-x}<1$，则 $x\in(0,+\infty)$

当 $x\in(0,1]$ 时，$\sum\limits_{n=1}^{\infty}\mathrm{e}^{-nx}=\dfrac{\mathrm{e}^{-x}}{1-\mathrm{e}^{-x}}=\dfrac{1}{\mathrm{e}^{x}-1}$.

记 $S(x)=\sum\limits_{n=1}^{\infty}\dfrac{x^{n+1}}{n(n+1)}$，当 $x\in(0,1)$ 时，$S'(x)=\sum\limits_{n=1}^{\infty}\dfrac{x^n}{n}=-\ln(1-x)$，于是

$$
\begin{aligned}
S(x)&=\int_0^x S'(t)\mathrm{d}t+S(0)=-\int_0^x\ln(1-t)\mathrm{d}t=-t\ln(1-t)\Big|_0^x+\int_0^x t\cdot\frac{-1}{1-t}\mathrm{d}t\\
&=-x\ln(1-x)+\int_0^x\frac{1-t-1}{1-t}\mathrm{d}t=-x\ln(1-x)+\int_0^x\left(1-\frac{1}{1-t}\right)\mathrm{d}t\\
&=-x\ln(1-x)+x+\ln(1-x)=(1-x)\ln(1-x)+x,\ x\in(0,1).
\end{aligned}
$$

当 $x=1$ 时，$S(1)=\sum\limits_{n=1}^{\infty}\dfrac{x^{n+1}}{n(n+1)}\Bigg|_{x=1}=\sum\limits_{n=1}^{\infty}\dfrac{1}{n(n+1)}=1$.

综上可知，级数 $\sum\limits_{n=1}^{\infty}u_n(x)$ 的和函数 $T(x)=\begin{cases}\dfrac{1}{\mathrm{e}^x-1}+x+(1-x)\ln(1-x), & x\in(0,1),\\ \dfrac{\mathrm{e}}{\mathrm{e}-1}, & x=1.\end{cases}$

【注】还可以根据和函数 $S(x)$ 的连续性来求 $S(1)$，即

$$
\begin{aligned}
S(1)&=\lim_{x\to1^-}S(x)=\lim_{x\to1^-}\left[(1-x)\ln(1-x)+x\right]\\
&=\lim_{x\to1^-}(1-x)\ln(1-x)+1=\lim_{t\to0^+}t\ln t+1=1.
\end{aligned}
$$

三、用所给微分方程求和函数

(D_1（常规操作）+D_{23}（化归经典形式）+D_3（移花接木）)

步骤:(1)求所给级数满足的微分方程的通解(有时命制为验证级数满足某微分方程,再求其通解,事实上均是给出了微分方程);

（2）一般要根据初始条件定 C_1, C_2，或求 $x = x_0$ 时的数项级数的和(比如 $x = \frac{1}{2}$，1等).

四、建立微分方程并求和函数

(D_1 (常规操作) $+D_{23}$ (化归经典形式) $+D_3$ (移花接木))

步骤:(1)求 y'(或 y', y'')，根据所给 a_n, a_{n+1}, a_{n-1} 的关系式建立微分方程；→ D_3（移花接木）

（2）求微分方程的通解；

（3）将通解展开并合并成 $\sum a_n x^n$ 即可求得 a_n 的表达式.

例16.49 设数列 $\{a_n\}$ 满足 $a_1 = 1, (n+1)a_{n+1} = \left(n + \frac{1}{2}\right)a_n$，证明：当 $|x| < 1$ 时，幂级数 $\sum_{n=1}^{\infty} a_n x^n$ 收敛，并求其和函数.

【解】 由条件可知，$a_n \neq 0$，且 $\lim_{n\to\infty} \frac{|a_{n+1}|}{|a_n|} = \lim_{n\to\infty} \frac{n+\frac{1}{2}}{n+1} = 1$，所以幂级数 $\sum_{n=1}^{\infty} a_n x^n$ 的收敛半径为1，从而当 $|x| < 1$ 时，幂级数 $\sum_{n=1}^{\infty} a_n x^n$ 收敛.

当 $|x| < 1$ 时，设 $S(x) = \sum_{n=1}^{\infty} a_n x^n$，逐项求导得 → D_1（常规操作）

$$S'(x) = \sum_{n=1}^{\infty} n a_n x^{n-1} = 1 + \sum_{n=1}^{\infty} (n+1) a_{n+1} x^n = 1 + \sum_{n=1}^{\infty} n a_n x^n + \frac{1}{2} \sum_{n=1}^{\infty} a_n x^n = 1 + xS'(x) + \frac{1}{2} S(x),$$

所以 → D_3（移花接木）

$$S'(x) - \frac{1}{2(1-x)} S(x) = \frac{1}{1-x}.$$

根据一阶线性微分方程的通解公式得

$$S(x) = e^{\int \frac{dx}{2(1-x)}} \left[C + \int e^{-\int \frac{dx}{2(1-x)}} \cdot \frac{1}{1-x} dx \right] = \frac{C}{\sqrt{1-x}} - 2.$$

由题设知 $S(0) = 0$，得 $C = 2$，所以 $S(x) = 2\left(\frac{1}{\sqrt{1-x}} - 1 \right)$，$|x| < 1$.

第三部分 函数展开成幂级数

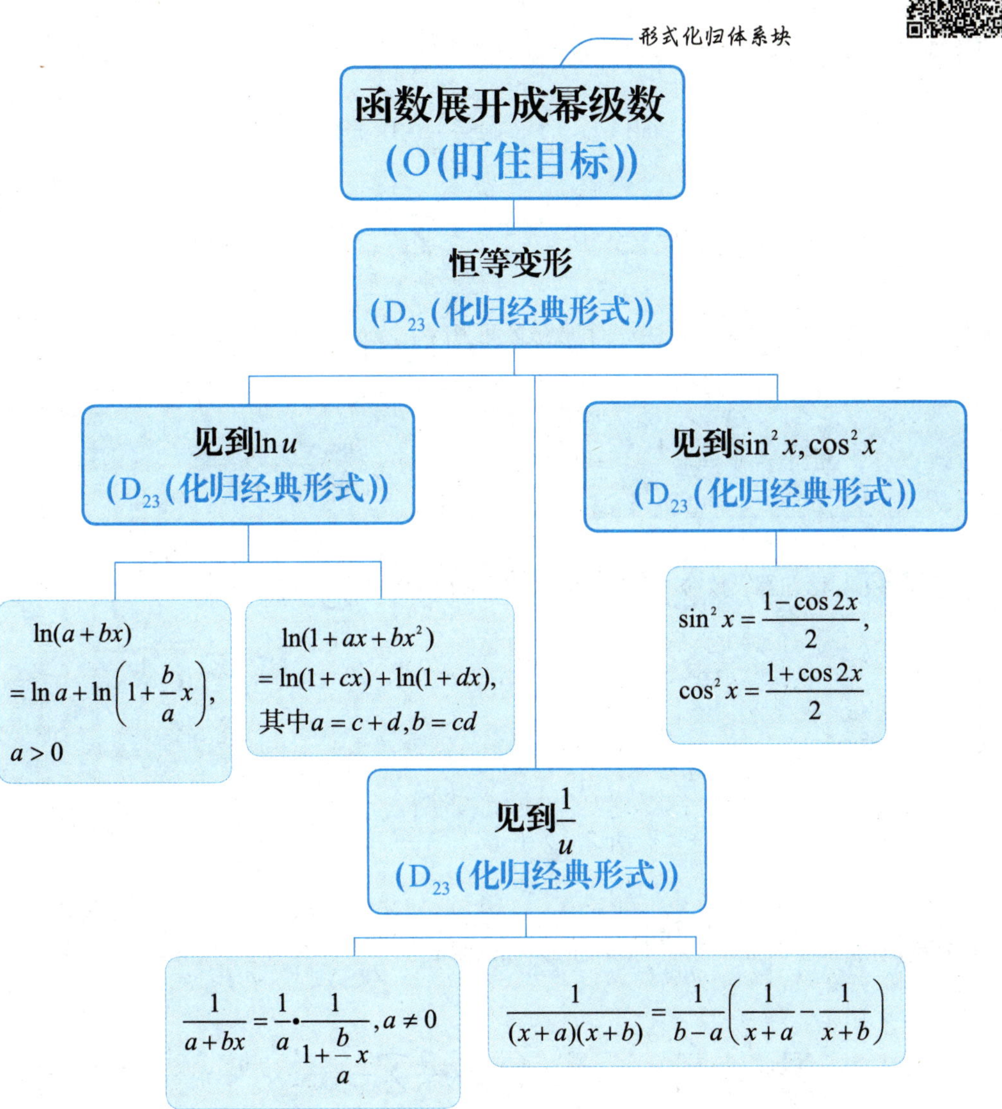

展开成幂级数，从逻辑上讲，就是幂级数求和函数的逆问题.熟悉以下几种变形方式，可快速找到展开的路子.

常用恒等变形公式.

1.见到 $\ln u$ (D_{23} (化归经典形式))

① $\ln(a+bx)$：

$$\ln(a+bx)=\ln a+\ln\left(1+\frac{b}{a}x\right),\ a>0.$$

② $\ln(1+ax+bx^2)$：

$$\ln(1+ax+bx^2)=\ln(1+cx)+\ln(1+dx),$$

其中 $a=c+d$，$b=cd$.

例16.50 将函数 $y=\ln(1-x-2x^2)$ 展开成 x 的幂级数，并指出其收敛区间.

【解】 由 $\ln(1-x-2x^2)=\ln(1+x)+\ln(1-2x)$，且

$$\ln(1+x)=\sum_{n=1}^{\infty}(-1)^{n-1}\frac{x^n}{n}(-1<x\leqslant 1),$$

$$\ln(1-2x)=\sum_{n=1}^{\infty}(-1)^{n-1}\frac{(-2x)^n}{n}=-\sum_{n=1}^{\infty}\frac{2^n x^n}{n}\left(-\frac{1}{2}\leqslant x<\frac{1}{2}\right),$$

于是有 $\ln(1-x-2x^2)=\sum\limits_{n=1}^{\infty}\frac{(-1)^{n-1}-2^n}{n}x^n$，其收敛区间为 $\left[-\frac{1}{2},\frac{1}{2}\right)$.

【注】 $\ln(1+x+x^2)=\ln\frac{1-x^3}{1-x}=\ln(1-x^3)-\ln(1-x)=-\sum\limits_{n=1}^{\infty}\frac{x^{3n}}{n}+\sum\limits_{n=1}^{\infty}\frac{x^n}{n}$，$-1\leqslant x<1$.

例16.51 已知幂级数 $\sum\limits_{n=0}^{\infty}a_n x^n$ 的和函数为 $\ln(2+x)$，则 $\sum\limits_{n=0}^{\infty}na_{2n}=(\quad)$.

(A) $-\frac{1}{6}$　　(B) $-\frac{1}{3}$　　(C) $\frac{1}{6}$　　(D) $\frac{1}{3}$

【解】 应选(A).

$$\ln(2+x)=\ln\left(1+\frac{x}{2}\right)+\ln 2=\ln 2+\sum_{n=1}^{\infty}(-1)^{n-1}\frac{\left(\frac{x}{2}\right)^n}{n}=\ln 2+\sum_{n=1}^{\infty}\frac{(-1)^{n-1}}{n\cdot 2^n}x^n,\ -2<x\leqslant 2.$$

依题意，有 $a_0=\ln 2$，$a_n=\frac{(-1)^{n-1}}{n\cdot 2^n}$，$n=1,2,\cdots$，进而 $a_{2n}=\frac{(-1)^{2n-1}}{2n\cdot 2^{2n}}=-\frac{1}{2n\cdot 4^n}$，$n=1,2,\cdots$，则

$$\sum_{n=0}^{\infty}na_{2n}=\sum_{n=1}^{\infty}na_{2n}=-\sum_{n=1}^{\infty}n\cdot\frac{1}{2n\cdot 4^n}=-\frac{1}{2}\sum_{n=1}^{\infty}\frac{1}{4^n}=-\frac{1}{2}\times\frac{\frac{1}{4}}{1-\frac{1}{4}}=-\frac{1}{6}.$$

2. 见到 $\frac{1}{u}$（D_{23}（化归经典形式））

① $\frac{1}{a+bx}$：

$$\frac{1}{a+bx}=\frac{1}{a}\cdot\frac{1}{1+\frac{b}{a}x},\ a\neq 0.$$

② $\dfrac{1}{(x+a)(x+b)}$：

$$\frac{1}{(x+a)(x+b)}=\frac{1}{b-a}\left(\frac{1}{x+a}-\frac{1}{x+b}\right).$$

例16.52　将函数 $f(x)=\dfrac{1}{x^2-3x+2}$ 展开成 x 的幂级数，并指出其收敛区间.

【解】因

$$\frac{1}{x^2-3x+2}=\frac{1}{1-x}-\frac{1}{2-x}=\frac{1}{1-x}-\frac{1}{2}\cdot\frac{1}{1-\frac{1}{2}x},$$

又

$$\frac{1}{1-x}=\sum_{n=0}^{\infty}x^n(-1<x<1),\ \frac{1}{1-\frac{x}{2}}=\sum_{n=0}^{\infty}\left(\frac{x}{2}\right)^n(-2<x<2),$$

故 $f(x)=\sum\limits_{n=0}^{\infty}\left(1-\dfrac{1}{2^{n+1}}\right)x^n$，其收敛区间为 $(-1,1)$.

3. 见到 $\sin^2x$，$\cos^2x$ (D_{23} (化归经典形式))

$$\sin^2x=\frac{1-\cos 2x}{2},\ \cos^2x=\frac{1+\cos 2x}{2}.$$

例16.53　已知 $\cos^2 x-\dfrac{1}{(1+x)^2}=\sum\limits_{n=0}^{\infty}a_nx^n(-1<x<1)$，求 a_n .

【解】因为

$$\begin{aligned}\cos^2 x&=\frac{1}{2}+\frac{1}{2}\cos 2x\\&=\frac{1}{2}+\frac{1}{2}\sum_{n=0}^{\infty}\frac{(-1)^n(2x)^{2n}}{(2n)!}\\&=\frac{1}{2}+\sum_{n=0}^{\infty}\frac{(-1)^n4^nx^{2n}}{2\cdot(2n)!},x\in(-\infty,+\infty),\end{aligned}$$

$$\begin{aligned}\frac{1}{(1+x)^2}&=\left(-\frac{1}{1+x}\right)'=-\left[\sum_{n=0}^{\infty}(-1)^nx^n\right]'=-\sum_{n=1}^{\infty}(-1)^nnx^{n-1}\\&=-\sum_{n=0}^{\infty}(-1)^{n+1}(n+1)x^n,-1<x<1,\end{aligned}$$

所以

$$\cos^2 x-\frac{1}{(1+x)^2}=\frac{1}{2}+\sum_{n=0}^{\infty}\frac{(-1)^n4^nx^{2n}}{2\cdot(2n)!}+\sum_{n=0}^{\infty}(-1)^{n+1}(n+1)x^n,-1<x<1.$$

由题设知

$$\sum_{n=0}^{\infty}a_nx^n=\frac{1}{2}+\sum_{n=0}^{\infty}\frac{(-1)^n4^nx^{2n}}{2\cdot(2n)!}+\sum_{n=0}^{\infty}(-1)^{n+1}(n+1)x^n,-1<x<1,$$

故
$$\begin{cases} a_0 = 0, \\ a_{2n-1} = 2n, \\ a_{2n} = \dfrac{(-1)^n 4^n}{2\cdot(2n)!} - 2n - 1, \end{cases} \quad 其中 n = 1, 2, \cdots.$$

第四部分　傅里叶级数（仅数学一）

三向解题法

傅里叶级数(仅数学一)
(O(盯住目标))

- 周期为$2l$的傅里叶级数 (D₁(常规操作))
- 狄利克雷收敛定理 (D₁(常规操作))
- 正弦级数和余弦级数 (D₁(常规操作))
- 只在$[0,l]$上有定义的函数的正弦级数和余弦级数展开 (D₁(常规操作)+D₄₄(善于发现对称))

一、周期为$2l$的傅里叶级数（D_1（常规操作））

设函数$f(x)$是周期为$2l$的周期函数，且在$[-l,l]$上可积，则称

$$a_n = \frac{1}{l}\int_{-l}^{l} f(x)\cos\frac{n\pi x}{l}\,dx\,(n = 0, 1, 2, \cdots),$$

$$b_n = \frac{1}{l}\int_{-l}^{l} f(x)\sin\frac{n\pi x}{l}\,dx\,(n = 1, 2, 3, \cdots)$$

为$f(x)$的以$2l$为周期的傅里叶系数.称级数

$$\frac{a_0}{2} + \sum_{n=1}^{\infty}\left(a_n\cos\frac{n\pi x}{l} + b_n\sin\frac{n\pi x}{l}\right)$$

为$f(x)$的以$2l$为周期的傅里叶级数，记作

$$f(x) \sim \frac{a_0}{2} + \sum_{n=1}^{\infty}\left(a_n\cos\frac{n\pi x}{l} + b_n\sin\frac{n\pi x}{l}\right).$$

二、狄利克雷收敛定理(D$_1$(常规操作))

设$f(x)$是以$2l$为周期的可积函数,如果在$[-l,l]$上$f(x)$满足:

①连续或只有有限个第一类间断点;

②至多只有有限个极值点.

则$f(x)$的傅里叶级数在$[-l,l]$上处处收敛.记其和函数为$S(x)$,则

$$S(x)=\begin{cases} f(x), & x\text{为连续点}, \\ \dfrac{f(x-0)+f(x+0)}{2}, & x\text{为间断点}, \\ \dfrac{f(-l+0)+f(l-0)}{2}, & x=\pm l. \end{cases}$$

三、正弦级数和余弦级数(D$_1$(常规操作))

①当$f(x)$为奇函数时,其展开式是正弦级数:

$$f(x)\sim\sum_{n=1}^{\infty}b_n\sin\frac{n\pi x}{l},\ b_n=\frac{2}{l}\int_0^l f(x)\sin\frac{n\pi x}{l}\mathrm{d}x,n=1,2,\cdots.$$

②当$f(x)$为偶函数时,其展开式是余弦级数:

$$f(x)\sim\frac{a_0}{2}+\sum_{n=1}^{\infty}a_n\cos\frac{n\pi x}{l},$$

$$a_0=\frac{2}{l}\int_0^l f(x)\mathrm{d}x,\ a_n=\frac{2}{l}\int_0^l f(x)\cos\frac{n\pi x}{l}\mathrm{d}x,n=1,2,\cdots.$$

四、只在$[0,l]$上有定义的函数的正弦级数和余弦级数展开(D$_1$(常规操作)+D$_{44}$(善于发现对称))

若$f(x)$是定义在$[0,l]$上的函数,首先用周期延拓,使其扩展为定义在$(-\infty,+\infty)$上的周期函数$F(x)$.在得到$F(x)$的傅里叶级数展开式后,再将其自变量限制在$[0,l]$上,就得到$f(x)$在$[0,l]$上的傅里叶级数展开式.《全国硕士研究生招生考试数学考试大纲》中只要求周期奇延拓和周期偶延拓.

(1)周期奇延拓与正弦级数展开.

①周期奇延拓.

设$f(x)$定义在$[0,l]$上,令

$$F(x)=\begin{cases} f(x), & 0<x\leqslant l, \\ -f(-x), & -l<x<0, \\ 0, & x=0, \end{cases}$$

再令 $F(x)$ 为以 $2l$ 为周期的周期函数.

②正弦级数展开.

$$f(x)\sim\sum_{n=1}^{\infty}b_n\sin\frac{n\pi x}{l},x\in[0,l],$$

$$b_n=\frac{2}{l}\int_0^l f(x)\sin\frac{n\pi x}{l}\mathrm{d}x(n=1,2,3,\cdots).$$

(2)周期偶延拓与余弦级数展开.

①周期偶延拓.

设 $f(x)$ 定义在 $[0,l]$ 上,令

$$F(x)=\begin{cases}f(x), & 0\leqslant x\leqslant l,\\ f(-x), & -l<x<0,\end{cases}$$

再令 $F(x)$ 为以 $2l$ 为周期的周期函数.

②余弦级数展开.

$$f(x)\sim\frac{a_0}{2}+\sum_{n=1}^{\infty}a_n\cos\frac{n\pi x}{l},x\in[0,l],$$

$$a_n=\frac{2}{l}\int_0^l f(x)\cos\frac{n\pi x}{l}\mathrm{d}x(n=0,1,2,\cdots).$$

例16.54 设

$$f(x)=\left|x-\frac{1}{2}\right|,\ b_n=2\int_0^1 f(x)\sin n\pi x\mathrm{d}x(n=1,2,\cdots).$$

令 $S(x)=\sum\limits_{n=1}^{\infty}b_n\sin n\pi x$,则 $S\left(-\frac{9}{4}\right)=($　　$)$.

(A) $\frac{3}{4}$　　(B) $\frac{1}{4}$　　(C) $-\frac{1}{4}$　　(D) $-\frac{3}{4}$

【解】 应选(C).

由题意知,$S(x)$ 是 $f(x)$ 的周期为2的正弦级数展开式,根据狄利克雷收敛定理,得

$$S\left(-\frac{9}{4}\right)=S\left(-\frac{1}{4}\right)=-S\left(\frac{1}{4}\right)=-f\left(\frac{1}{4}\right)=-\frac{1}{4}.$$

选(C).

例16.55 已知函数 $f(x)=x+1$,若其傅里叶展开式 $f(x)=\frac{a_0}{2}+\sum\limits_{n=1}^{\infty}a_n\cos nx$,$x\in[0,\pi]$,则 $\lim\limits_{n\to\infty}n^2\sin a_{2n-1}=$________.

【解】 应填 $-\frac{1}{\pi}$.

这是余弦级数，则

$$a_n=\frac{2}{\pi}\int_0^{\pi}(x+1)\cos nx\mathrm{d}x=\frac{2}{\pi}\int_0^{\pi}x\cos nx\mathrm{d}x$$

$$\xlongequal{\text{由P92常用公式的①}}\frac{2}{n^2\pi}\left[(-1)^n-1\right],n=1,2,\cdots.$$

于是 $a_{2n-1}=\dfrac{2}{(2n-1)^2\pi}\left[(-1)^{2n-1}-1\right]=-\dfrac{4}{(2n-1)^2\pi}$，此时

$$\lim_{n\to\infty}n^2\sin a_{2n-1}=\lim_{n\to\infty}n^2\cdot\sin\frac{-4}{(2n-1)^2\pi}=\lim_{n\to\infty}n^2\cdot\frac{-4}{(2n-1)^2\cdot\pi}=-\frac{1}{\pi}.$$

例16.56 证明 $\sum\limits_{n=1}^{\infty}\dfrac{(-1)^{n-1}\cos nx}{n^2}=\dfrac{\pi^2}{12}-\dfrac{x^2}{4}$，$-\pi\leqslant x\leqslant\pi$，并求数项级数 $\sum\limits_{n=1}^{\infty}\dfrac{(-1)^{n-1}}{n^2}$ 的和.

【解】 记 $f(x)=x^2$，$x\in[-\pi,\pi]$，将 $f(x)=x^2$ 在 $[-\pi,\pi]$ 上展开成余弦级数，则 $b_n=0$，且

$$a_0=\frac{2}{\pi}\int_0^{\pi}x^2\mathrm{d}x=\frac{2}{3}\pi^2,$$

$$a_n=\frac{2}{\pi}\int_0^{\pi}x^2\cos nx\mathrm{d}x$$

$$\xlongequal{\text{由P92常用公式的②}}\frac{2}{\pi}\cdot(-1)^n\frac{2\pi}{n^2}=4\cdot\frac{(-1)^n}{n^2}(n=1,2,\cdots),$$

故其傅里叶级数展开式为 $x^2=\dfrac{\pi^2}{3}+4\sum\limits_{n=1}^{\infty}\dfrac{(-1)^n}{n^2}\cos nx$，$-\pi\leqslant x\leqslant\pi$，即

$$\sum_{n=1}^{\infty}\frac{(-1)^{n-1}\cos nx}{n^2}=\frac{\pi^2}{12}-\frac{x^2}{4},$$

令 $x=0$，有 $\sum\limits_{n=1}^{\infty}\dfrac{(-1)^{n-1}}{n^2}=\dfrac{\pi^2}{12}$.

第17讲 多元函数积分学的预备知识（仅数学一）

三向解题法

继续研究多元函数在一点的性质
(O(盯住目标))

- 方向导数
(D$_1$(常规操作)+D$_{22}$(转换等价表述))
- 多元函数的泰勒多项式
(D$_1$(常规操作))
- 空间曲面的切平面与法线
(D$_1$(常规操作))
- 梯度的概念
(D$_{22}$(转换等价表述))
- 空间曲线的切线与法平面
(D$_1$(常规操作))

一、方向导数(D$_1$(常规操作)+D$_{22}$(转换等价表述))

1.概念

设函数$f(x,y)$在点(a,b)及其附近有定义，$\boldsymbol{l}=(\cos\alpha,\cos\beta)$是一单位向量，若极限

以二元为例，三元及以上类似

$$\lim_{t\to0^+}\frac{f(a+t\cos\alpha,b+t\cos\beta)-f(a,b)}{t}$$

存在，则称其值为$f(x,y)$在点(a,b)沿方向$\boldsymbol{l}=(\cos\alpha,\cos\beta)$的方向导数，记作$\left.\dfrac{\partial f}{\partial \boldsymbol{l}}\right|_{(a,b)}$.

例17.1 设函数$f(x,y)=\begin{cases}1, & y=x^2,x\neq0,\\0, & 其他,\end{cases}$ $f(x,y)$在点$(0,0)$处沿任意方向的方向导数记为

$\left.\dfrac{\partial f}{\partial \boldsymbol{l}}\right|_{(0,0)}$，则(　　).

(A) $\left.\dfrac{\partial f}{\partial \boldsymbol{l}}\right|_{(0,0)}$ 存在，$f(x,y)$ 在 $(0,0)$ 处连续

(B) $\left.\dfrac{\partial f}{\partial \boldsymbol{l}}\right|_{(0,0)}$ 存在，$f(x,y)$ 在 $(0,0)$ 处不连续

(C) $\left.\dfrac{\partial f}{\partial \boldsymbol{l}}\right|_{(0,0)}$ 不存在，$f(x,y)$ 在 $(0,0)$ 处不连续

(D) $\left.\dfrac{\partial f}{\partial \boldsymbol{l}}\right|_{(0,0)}$ 不存在，$f(x,y)$ 在 $(0,0)$ 处连续

【解】 应选(B).

$$\lim_{t\to 0^+}\frac{f(t\cos\alpha,t\cos\beta)-f(0,0)}{t}=\lim_{t\to 0^+}\frac{0-0}{t}=0,$$

存在，但 $\lim\limits_{\substack{x\to 0\\ y=x^2}} f(x,y)=1$，$\lim\limits_{\substack{x\to 0\\ y=x}} f(x,y)=0$，故 $f(x,y)$ 在 $(0,0)$ 处不连续，故选(B).

2. 计算 ⟶ D_1（常规操作）

定理：若函数 $f(x,y)$ 在点 (a,b) 可微，则其在点 (a,b) 沿任意方向 $\boldsymbol{l}=(\cos\alpha,\cos\beta)$ 的方向导数都存在，且 $\left.\dfrac{\partial f}{\partial \boldsymbol{l}}\right|_{(a,b)}=\left.\dfrac{\partial f}{\partial x}\right|_{(a,b)}\cos\alpha+\left.\dfrac{\partial f}{\partial y}\right|_{(a,b)}\cos\beta$.

【注】 $\boldsymbol{l}$ 是单位向量.

例 17.2 已知函数 $u(x,y,z)=xy^2z^3$，向量 $\boldsymbol{n}=(2,2,-1)$，则 $\left.\dfrac{\partial u}{\partial \boldsymbol{n}}\right|_{(1,1,1)}=$______.

【解】 应填 1.

由题易知，

$$\frac{\partial u}{\partial x}=y^2z^3,\frac{\partial u}{\partial y}=2xyz^3,\frac{\partial u}{\partial z}=3xy^2z^2,$$

则在 $x=1,y=1,z=1$ 处有

$$\left.\left(\frac{\partial u}{\partial x},\frac{\partial u}{\partial y},\frac{\partial u}{\partial z}\right)\right|_{(1,1,1)}=(1,2,3).$$

对于向量 $\boldsymbol{n}=(2,2,-1)$，单位化可得

$$\boldsymbol{n}_0=\left(\frac{2}{3},\frac{2}{3},-\frac{1}{3}\right),$$

故

$$\left.\frac{\partial u}{\partial \boldsymbol{n}}\right|_{(1,1,1)}=\left.\left(\frac{\partial u}{\partial x},\frac{\partial u}{\partial y},\frac{\partial u}{\partial z}\right)\right|_{(1,1,1)}\cdot \boldsymbol{n}_0=(1,2,3)\cdot\left(\frac{2}{3},\frac{2}{3},-\frac{1}{3}\right)=1\times\frac{2}{3}+2\times\frac{2}{3}+3\times\left(-\frac{1}{3}\right)=1.$$

二、梯度的概念（D_{22}（转换等价表述））

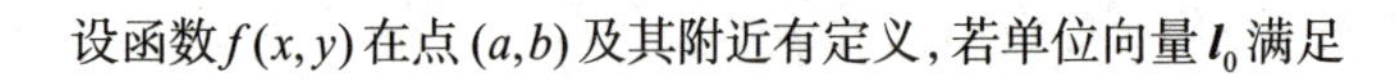

设函数 $f(x,y)$ 在点 (a,b) 及其附近有定义，若单位向量 $\boldsymbol{l}_0$ 满足

$$\left.\frac{\partial f}{\partial \boldsymbol{l}_0}\right|_{(a,b)}=\max_{|\boldsymbol{l}|=1}\left\{\left.\frac{\partial f}{\partial \boldsymbol{l}}\right|_{(a,b)}\right\},$$

则称向量 $\left.\frac{\partial f}{\partial \boldsymbol{l}_0}\right|_{(a,b)}\boldsymbol{l}_0$ 为函数 $f(x,y)$ 在点 (a,b) 的梯度向量，记作 $\mathbf{grad}\, f(a,b)$.

【注】（1）梯度向量的几何意义：方向为取到最大方向导数的方向；长度为方向导数的最大值 .

（2）在可微条件下的梯度为 $\left(\frac{\partial f}{\partial x},\frac{\partial f}{\partial y}\right)$.

例 17.3 设 a，b 为实数，函数 $f(x,y)=ax^2+by^2$ 在点 $(2,1)$ 处沿方向 $\boldsymbol{l}=\boldsymbol{i}+2\boldsymbol{j}$ 的方向导数最大，最大值为 $4\sqrt{5}$，则 $(a,b)=$______.

【解】 应填 $(1,4)$.

函数 $f(x,y)=ax^2+by^2$ 在点 $(2,1)$ 处的梯度为

$$\mathbf{grad}\, f(2,1)=\left.\left(\frac{\partial f}{\partial x},\frac{\partial f}{\partial y}\right)\right|_{(2,1)}=\left.(2ax,2by)\right|_{(2,1)}=(4a,2b).$$

由题设条件知，$\sqrt{(4a)^2+(2b)^2}=4\sqrt{5}$ 且 $\frac{4a}{1}=\frac{2b}{2}=k>0$，解得 $\begin{cases}a=1,\\ b=4,\end{cases}$ 故 $(a,b)=(1,4)$.

三、多元函数的泰勒多项式（D_1（常规操作））

设 $f(x,y)$ 二阶偏导数连续，记 $X_0(x_0,y_0)$, $\Delta X=(\Delta x,\Delta y)=(x-x_0,y-y_0)$，则 $f(x,y)$ 的二次泰勒多项式为

$$f(x_0,y_0)+\left.(f'_x,f'_y)\right|_{X_0}\begin{pmatrix}\Delta x\\ \Delta y\end{pmatrix}+\frac{1}{2!}(\Delta x,\Delta y)\left.\begin{pmatrix}f''_{xx} & f''_{xy}\\ f''_{yx} & f''_{yy}\end{pmatrix}\right|_{X_0}\begin{pmatrix}\Delta x\\ \Delta y\end{pmatrix}.$$

例17.4 设$f(x,y)=\dfrac{\cos x}{\cos y}$在点(0, 0)处的二次泰勒多项式为$a+bx^2+cy^2$，则(　　).

(A) $a=1$，$b=-\dfrac{1}{2}$，$c=\dfrac{1}{2}$　　(B) $a=1$，$b=\dfrac{1}{2}$，$c=-\dfrac{1}{2}$

(C) $a=-1$，$b=-\dfrac{1}{2}$，$c=\dfrac{1}{2}$　　(D) $a=-1$，$b=\dfrac{1}{2}$，$c=-\dfrac{1}{2}$

【解】 应选(A).

由题得
$$f(0,0)=1,\ f'_x(0,0)=0,\ f'_y(0,0)=0,$$
$$f''_{xx}(0,0)=-1,\ f''_{xy}(0,0)=0,\ f''_{yy}(0,0)=1.$$

由
$$f(x,y)=f(0,0)+x\cdot f'_x(0,0)+y\cdot f'_y(0,0)+\frac{1}{2!}[x^2\cdot f''_{xx}(0,0)+2xyf''_{xy}(0,0)+y^2f''_{yy}(0,0)]+o(x^2+y^2),$$

得$\dfrac{\cos x}{\cos y}=1-\dfrac{1}{2}x^2+\dfrac{1}{2}y^2+o(x^2+y^2)$，故$a=1$，$b=-\dfrac{1}{2}$，$c=\dfrac{1}{2}$.

四、空间曲线的切线与法平面（D_1（常规操作））

设曲线L的方程为$\begin{cases}x=x(t),\\ y=y(t),\ t\in[\alpha,\beta]\\ z=z(t),\end{cases}$，点$M_0$对应参数$t=t_0$. 又设曲线$L$光滑，即$x(t),y(t),z(t)$在$[\alpha,\beta]$上一阶偏导数连续，且$[x'(t)]^2+[y'(t)]^2+[z'(t)]^2\neq 0$，则曲线$L$在点$M_0$处的切向量为
$$\boldsymbol{\tau}=(x'(t_0),y'(t_0),z'(t_0)),$$

切线方程为
$$\frac{x-x(t_0)}{x'(t_0)}=\frac{y-y(t_0)}{y'(t_0)}=\frac{z-z(t_0)}{z'(t_0)},$$

法平面方程为　$x'(t_0)[x-x(t_0)]+y'(t_0)[y-y(t_0)]+z'(t_0)[z-z(t_0)]=0$.

【注】(1) 切向量$\boldsymbol{\tau}=(x'(t_0),y'(t_0),z'(t_0))$的方向是由小参数指向大参数.

(2) 当曲线L的方程是$\begin{cases}y=y(x),\\ z=z(x)\end{cases}$时，可写成$\begin{cases}x=x,\\ y=y(x),\\ z=z(x),\end{cases}$在点$(x_0,y(x_0),z(x_0))$处的切向量为$\boldsymbol{\tau}=(1,y'(x_0),z'(x_0))$.（$L$是两个特殊柱面的交线）

（3）$\left.\dfrac{\partial f}{\partial x}\right|_{(a,b)}$ 是曲线 $\begin{cases} z=f(x,y), \\ y=b \end{cases}$ 在点 $(a,b,f(a,b))$ 处的切线关于 x 轴的斜率，即对于 $\begin{cases} x=x, \\ y=b, \\ z=f(x,y), \end{cases}$ 在 $(a,b,f(a,b))$ 处的切线的方向向量为

$$\boldsymbol{\tau}=\left(1,0,\left.\frac{\partial f}{\partial x}\right|_{(a,b)}\right).$$

$\left.\dfrac{\partial f}{\partial y}\right|_{(a,b)}$ 是曲线 $\begin{cases} z=f(x,y), \\ x=a \end{cases}$ 在点 $(a,b,f(a,b))$ 处的切线关于 y 轴的斜率，即对于 $\begin{cases} x=a, \\ y=y, \\ z=f(x,y), \end{cases}$ 在 $(a,b,f(a,b))$ 处的切线的方向向量为

$$\boldsymbol{\tau}=\left(0,1,\left.\frac{\partial f}{\partial y}\right|_{(a,b)}\right).$$

例17.5 求下列曲线在指定点处的切线与法平面.

（1）$x=\cos t+\sin^2 t$，$y=\sin t(1-\cos t)$，$z=\cos t$，$t=\dfrac{\pi}{2}$ 的对应点；

（2）$x=y^2$，$z=x^2$，点 $(1,1,1)$.

【解】（1）$t=\dfrac{\pi}{2}$ 对应点的坐标为 $(1,1,0)$，切线的方向向量为 $\left(x'\left(\dfrac{\pi}{2}\right),y'\left(\dfrac{\pi}{2}\right),z'\left(\dfrac{\pi}{2}\right)\right)=(-1,1,-1)$，所求切线方程为 $\dfrac{x-1}{-1}=\dfrac{y-1}{1}=\dfrac{z}{-1}$，法平面方程为 $-(x-1)+(y-1)-z=0$，即 $x-y+z=0$.

（2）把曲线写成参数方程 $\begin{cases} x=y^2=t^2, \\ y=t, \\ z=x^2=t^4, \end{cases}$ 即此曲线在 $t=1$ 对应点处切线的方向向量为 $(x'(1),y'(1),z'(1))=(2,1,4)$，所求切线方程为 $\dfrac{x-1}{2}=\dfrac{y-1}{1}=\dfrac{z-1}{4}$，法平面方程为 $2(x-1)+(y-1)+4(z-1)=0$，即 $2x+y+4z-7=0$.

五、空间曲面的切平面与法线（D_1（常规操作））

记光滑曲面 Σ 方程为 $F(x,y,z)=0$，且有

$$(F_x')^2+(F_y')^2+(F_z')^2\neq 0,$$

则曲面Σ在点(a,b,c)处的法向量为

$$\boldsymbol{n}=(F_x'(a,b,c),F_y'(a,b,c),F_z'(a,b,c)),$$

切平面方程为

$$F_x'(a,b,c)(x-a)+F_y'(a,b,c)(y-b)+F_z'(a,b,c)(z-c)=0,$$

法线方程为

$$\frac{x-a}{F_x'(a,b,c)}=\frac{y-b}{F_y'(a,b,c)}=\frac{z-c}{F_z'(a,b,c)}.$$

【注】(1)$\boldsymbol{n}=\mathbf{grad}\,F$;

(2)当曲面Σ由显式方程$z=f(x,y)$表示,且$f(x,y)$具有一阶连续偏导数时,法向量为$\boldsymbol{n}=(-f_x',-f_y',1)$,曲面在点$(a,b,f(a,b))$处的切平面方程为

$$-f_x'(a,b)(x-a)-f_y'(a,b)(y-b)+z-f(a,b)=0,$$

即

$$z-f(a,b)=f_x'(a,b)(x-a)+f_y'(a,b)(y-b),$$

法线方程为

$$\frac{x-a}{-f_x'(a,b)}=\frac{y-b}{-f_y'(a,b)}=\frac{z-f(a,b)}{1}.$$

类似地,当曲面方程是$y=y(x,z)$时,法向量是$\boldsymbol{n}=(-y_x',1,-y_z')$;当曲面方程是$x=x(y,z)$时,法向量是$\boldsymbol{n}=(1,-x_y',-x_z')$.

例17.6 曲面$z=x+2y+\ln(1+x^2+y^2)$在点$(0,0,0)$处的切平面方程为________.

【解】应填$x+2y-z=0$.

令$F(x,y,z)=z-x-2y-\ln(1+x^2+y^2)$,有

$$F_x'=-1-\frac{2x}{1+x^2+y^2},F_x'(0,0,0)=-1,$$

$$F_y'=-2-\frac{2y}{1+x^2+y^2},F_y'(0,0,0)=-2,$$

$$F_z'=1,$$

故所求切平面方程为$x+2y-z=0$.

第18讲 多元函数积分学（仅数学一）

第一部分 计算三重积分

三向解题法

计算三重积分
(O(盯住目标))

- 和式极限
(D$_1$(常规操作)+D$_{22}$(转换等价表述))
- 积分保号性的使用
(D$_1$(常规操作)+D$_{22}$(转换等价表述))
- 三重积分的直角坐标系积分法
(D$_1$(常规操作)+D$_{22}$(转换等价表述))
- 三重积分的球面坐标系积分法
(D$_1$(常规操作))
- 重积分的应用
(D$_1$(常规操作)+D$_{22}$(转换等价表述))
- 交换积分次序问题
(D$_1$(常规操作)+D$_{23}$(化归经典形式))
- 对称性的使用
(D$_1$(常规操作)+D$_{44}$(善于发现对称))
- 三重积分的柱面坐标系积分法
(D$_1$(常规操作))

一、和式极限（D$_1$（常规操作）+D$_{22}$（转换等价表述））

$$\iiint\limits_{\Omega} g(x,y,z)\,\mathrm{d}v=\lim_{n\to\infty}\sum_{i=1}^{n}\sum_{j=1}^{n}\sum_{k=1}^{n} g\left(a+\frac{b-a}{n}i,c+\frac{d-c}{n}j,e+\frac{f-e}{n}k\right)\cdot\frac{b-a}{n}\cdot\frac{d-c}{n}\cdot\frac{f-e}{n},$$

式中 $\Omega=\{(x,y,z)\mid a\leqslant x\leqslant b,c\leqslant y\leqslant d,e\leqslant z\leqslant f\}$.

例18.1 $\lim\limits_{n\to\infty}\dfrac{\pi}{2n^5}\sum\limits_{i=1}^{n}\sum\limits_{j=1}^{n}\sum\limits_{k=1}^{n}i^2\sin\dfrac{\pi j}{2n}\cos\dfrac{k}{n}=$ ________.

【解】 应填 $\dfrac{1}{3}\sin 1$.

D₂₂(转换等价表述)

$$\lim_{n\to\infty}\frac{\pi}{2n^5}\sum_{i=1}^{n}\sum_{j=1}^{n}\sum_{k=1}^{n}i^2\sin\frac{\pi j}{2n}\cos\frac{k}{n}=\frac{\pi}{2}\lim_{n\to\infty}\sum_{i=1}^{n}\sum_{j=1}^{n}\sum_{k=1}^{n}\left(\frac{i}{n}\right)^2\sin\frac{\pi j}{2n}\cos\frac{k}{n}\cdot\frac{1}{n}\cdot\frac{1}{n}\cdot\frac{1}{n}$$

$$=\frac{\pi}{2}\int_0^1 x^2\mathrm{d}x\int_0^1\sin\left(\frac{\pi}{2}y\right)\mathrm{d}y\int_0^1\cos z\mathrm{d}z$$

$$=\frac{\pi}{2}\cdot\frac{1}{3}\cdot\frac{2}{\pi}\cdot\sin 1=\frac{1}{3}\sin 1.$$

二、交换积分次序问题

(D_1(常规操作)$+D_{23}$(化归经典形式))

将所给积分次序还原至 $\iiint\limits_{\Omega}f(x,y,z)\mathrm{d}v$,再按需求,选择新的积分次序.

例18.2 设 $D=\left\{(x,y)\middle|1\leqslant x^2+y^2\leqslant 4\right\}$,求极限 $I=\lim\limits_{u\to+\infty}\dfrac{1}{2\pi}\int_0^u\mathrm{d}z\iint\limits_{D}\dfrac{\sin(z\sqrt{x^2+y^2})}{\sqrt{x^2+y^2}}\mathrm{d}x\mathrm{d}y$.

D₂₃(化归经典形式)

【解】 将累次积分 $\int_0^u\mathrm{d}z\iint\limits_{D}\dfrac{\sin(z\sqrt{x^2+y^2})}{\sqrt{x^2+y^2}}\mathrm{d}x\mathrm{d}y$ 交换积分次序,得

$$\int_0^u\mathrm{d}z\iint_{D}\frac{\sin(z\sqrt{x^2+y^2})}{\sqrt{x^2+y^2}}\mathrm{d}x\mathrm{d}y=\iint_{D}\mathrm{d}x\mathrm{d}y\int_0^u\frac{\sin(z\sqrt{x^2+y^2})}{\sqrt{x^2+y^2}}\mathrm{d}z$$

$$=\int_0^{2\pi}\mathrm{d}\theta\int_1^2\mathrm{d}r\int_0^u\frac{\sin(zr)}{r}\cdot r\mathrm{d}z=2\pi\left[\ln 2-\int_1^2\frac{\cos(ur)}{r}\mathrm{d}r\right].$$

令 $ur=t$, 得

$$\int_1^2\frac{\cos(ur)}{r}\mathrm{d}r=\int_u^{2u}\frac{\cos t}{t}\mathrm{d}t .$$

因为 $\lim\limits_{u\to+\infty}\int_u^{2u}\dfrac{\cos t}{t}\mathrm{d}t=0$, 所以 $I=\lim\limits_{u\to+\infty}\dfrac{1}{2\pi}\cdot 2\pi\left[\ln 2-\int_1^2\dfrac{\cos(ur)}{r}\mathrm{d}r\right]=\ln 2$.

三、积分保号性的使用

(D_1 (常规操作) $+D_{22}$ (转换等价表述))

①若连续函数 $f(x,y,z)$ 在 Ω 上非负且不恒为零，则 $\iiint\limits_{\Omega} f(x,y,z)\mathrm{d}v>0$.

②若连续函数 $f(x,y,z)$ 满足：对任意有界闭区域 Ω，均有 $\iiint\limits_{\Omega} f(x,y,z)\mathrm{d}v\equiv 0$，则 $f(x,y,z)=0$，$(x,y,z)\in\Omega$.

例18.3 确定 Ω 的形状，使得三重积分 $I=\iiint\limits_{\Omega}(1-x^2-2y^2-3z^2)\mathrm{d}v$ 取得最大值.

【解】 根据重积分的性质，当

$$1-x^2-2y^2-3z^2\geqslant 0,\ (x,y,z)\in\Omega$$

和

$$1-x^2-2y^2-3z^2<0,\ (x,y,z)\notin\Omega$$

成立时，$I=\iiint\limits_{\Omega}(1-x^2-2y^2-3z^2)\mathrm{d}v$ 取得最大值.

所以，当 $\Omega=\left\{(x,y,z)\middle|x^2+2y^2+3z^2\leqslant 1\right\}$ 时，$I=\iiint\limits_{\Omega}(1-x^2-2y^2-3z^2)\mathrm{d}v$ 取得最大值.

四、对称性的使用(D_1 (常规操作) $+D_{44}$ (善于发现对称))

分析方法与二重积分完全一样.

(1)普通对称性.

①设 Ω 关于 xOz 面对称，则

$$\iiint\limits_{\Omega} f(x,y,z)\mathrm{d}v=\begin{cases}2\iiint\limits_{\Omega_1} f(x,y,z)\mathrm{d}v, & f(x,y,z)=f(x,-y,z), \\ 0, & f(x,y,z)=-f(x,-y,z),\end{cases}$$

← D_{21} (观察研究对象)

← D_{21} (观察研究对象)

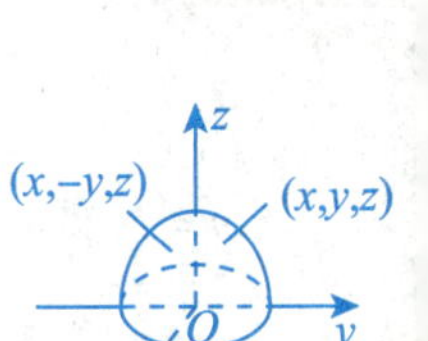

式中 Ω_1 是 Ω 在 xOz 面右边的部分.

关于其他坐标面对称的情况与此类似.

②设 Ω 关于三个坐标面都对称，Ω_1 是 Ω 在第一卦限的部分，则

$$\iiint\limits_{\Omega} f(x,y,z)\mathrm{d}v=\begin{cases}8\iiint\limits_{\Omega_1} f(x,y,z)\mathrm{d}v, & f(x,y,z)=f(-x,-y,-z), \\ 0, & f(x,y,z)=-f(-x,-y,-z).\end{cases}$$

← D_{21} (观察研究对象)

← D_{21} (观察研究对象)

(2)轮换对称性.

在直角坐标系下,若把 x 与 y 对调,Ω不变,则

$$\iiint\limits_{\Omega} f(x,y,z)\mathrm{d}x\mathrm{d}y\mathrm{d}z=\iiint\limits_{\Omega} f(y,x,z)\mathrm{d}x\mathrm{d}y\mathrm{d}z,$$

这就是轮换对称性.其他情况与此类似.

完全对称(也是轮换对称)

如 $\Omega=\left\{(x,y,z)\middle| x^2+y^2+z^2\leqslant R^2\right\}$,则

$$I=\iiint\limits_{\Omega} f(x)\mathrm{d}x\mathrm{d}y\mathrm{d}z=\iiint\limits_{\Omega} f(y)\mathrm{d}x\mathrm{d}y\mathrm{d}z=\iiint\limits_{\Omega} f(z)\mathrm{d}x\mathrm{d}y\mathrm{d}z,$$

完全对称(也是轮换对称)

因此有
$$I=\frac{1}{3}\iiint\limits_{\Omega}\left[f(x)+f(y)+f(z)\right]\mathrm{d}x\mathrm{d}y\mathrm{d}z.$$

若 $f(x)+f(y)+f(z)$ 简单或易于积分,则可达到用轮换对称性的目的.← D_{21}(观察研究对象)

例如,设Ω是由平面 $x+y+z=1$ 与三个坐标平面所围成的空间区域,欲计算 $I=\iiint\limits_{\Omega}(x+2y+3z)\mathrm{d}x\mathrm{d}y\mathrm{d}z$,则立即考虑到

$$\iiint\limits_{\Omega} x\mathrm{d}v=\iiint\limits_{\Omega} y\mathrm{d}v=\iiint\limits_{\Omega} z\mathrm{d}v,$$

于是
$$I=\iiint\limits_{\Omega}(x+2y+3z)\mathrm{d}v=6\iiint\limits_{\Omega} z\mathrm{d}v.$$

再计算 $\iiint\limits_{\Omega} z\mathrm{d}v$.记 Ω: $0\leqslant z\leqslant 1$, $(x, y)\in D(z)$, $D(z)$ 是过 z 轴上 $[0, 1]$ 中任一点 z 作垂直于 z 轴的平面截Ω所得的平面区域(平移到 xOy 平面上,见图),其面积为 $\frac{1}{2}(1-z)^2$,于是由先二后一法(定限截面法),得

$$\iiint\limits_{\Omega} z\mathrm{d}v=\int_0^1 z\mathrm{d}z\iint\limits_{D(z)}\mathrm{d}x\mathrm{d}y=\int_0^1\frac{1}{2}(1-z)^2 z\mathrm{d}z$$

$$=\int_0^1\frac{1}{2}(z-2z^2+z^3)\mathrm{d}z$$

$$=\frac{1}{2}\left(\frac{1}{2}z^2-\frac{2}{3}z^3+\frac{1}{4}z^4\right)\bigg|_0^1=\frac{1}{24},$$

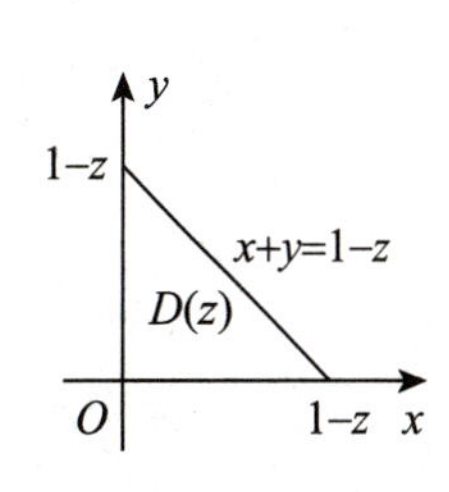

因此 $I=6\times\frac{1}{24}=\frac{1}{4}$,这样计算此积分就容易多了.

再例如,欲计算 $\iiint\limits_{\Omega}(x^2+y^2)\mathrm{d}v$,$\Omega: x^2+y^2+z^2\leqslant 1$,则立即考虑到

$$\iiint\limits_{\Omega} x^2 \mathrm{d}v = \iiint\limits_{\Omega} y^2 \mathrm{d}v = \iiint\limits_{\Omega} z^2 \mathrm{d}v,$$

于是 $$\iiint\limits_{\Omega}(x^2+y^2)\mathrm{d}v = \frac{2}{3}\iiint\limits_{\Omega}(x^2+y^2+z^2)\mathrm{d}v = \frac{2}{3}\int_0^{2\pi}\mathrm{d}\theta\int_0^{\pi}\mathrm{d}\varphi\int_0^1 r^4\sin\varphi \mathrm{d}r = \frac{8\pi}{15}.$$

例18.4 设有界闭区域 Ω 由半球面 $z=\sqrt{a^2-x^2-y^2}\,(a>0)$ 与锥面 $z=\sqrt{x^2+y^2}$ 围成，且 $I=\iiint\limits_{\Omega}(x+y+z)\mathrm{d}v=\frac{\pi}{8}$，则 $a=$________.

【解】 应填1.

因为 Ω 关于 yOz 和 xOz 坐标面均对称，所以 $\iiint\limits_{\Omega} x\mathrm{d}v=0$，$\iiint\limits_{\Omega} y\mathrm{d}v=0$，从而

$$I=\iiint\limits_{\Omega}(x+y+z)\mathrm{d}v=\iiint\limits_{\Omega} z\mathrm{d}v.$$

因为在球坐标系中，积分区域 Ω 可以表示为

$$\begin{cases}0\leqslant\theta\leqslant 2\pi,\\ 0\leqslant\varphi\leqslant\dfrac{\pi}{4},\\ 0\leqslant r\leqslant a,\end{cases}$$

所以 $I=\iiint\limits_{\Omega} z\mathrm{d}v=\int_0^{\frac{\pi}{4}}\mathrm{d}\varphi\int_0^{2\pi}\mathrm{d}\theta\int_0^a r\cos\varphi\cdot r^2\sin\varphi \mathrm{d}r=\frac{\pi}{2}a^4\int_0^{\frac{\pi}{4}}\cos\varphi\sin\varphi \mathrm{d}\varphi=\frac{\pi}{8}a^4=\frac{\pi}{8}$，故 $a=1$.

【注】三重积分 $\iiint\limits_{\Omega} z\mathrm{d}v$ 的值也可以利用柱坐标系或直角坐标系计算，下面是其他几种常用方法.

（1）柱坐标系：$I=\iiint\limits_{\Omega} z\mathrm{d}v=\int_0^{2\pi}\mathrm{d}\theta\int_0^{\frac{\sqrt{2}}{2}a}\mathrm{d}r\int_r^{\sqrt{a^2-r^2}} z\cdot r\mathrm{d}z=\pi\int_0^{\frac{\sqrt{2}}{2}a}(a^2-2r^2)r\mathrm{d}r=\frac{\pi}{8}a^4$.

（2）直角坐标系：

先一后二法，得

$$I=\int_{-\frac{\sqrt{2}}{2}a}^{\frac{\sqrt{2}}{2}a}\mathrm{d}x\int_{-\sqrt{\frac{a^2}{2}-x^2}}^{\sqrt{\frac{a^2}{2}-x^2}}\mathrm{d}y\int_{\sqrt{x^2+y^2}}^{\sqrt{a^2-x^2-y^2}} z\mathrm{d}z=\frac{1}{2}\int_{-\frac{\sqrt{2}}{2}a}^{\frac{\sqrt{2}}{2}a}\mathrm{d}x\int_{-\sqrt{\frac{a^2}{2}-x^2}}^{\sqrt{\frac{a^2}{2}-x^2}}\left[a^2-2(x^2+y^2)\right]\mathrm{d}y=\frac{\pi}{8}a^4.$$

先二后一法，得 $I=\int_0^a\mathrm{d}z\iint\limits_{D_z} z\mathrm{d}x\mathrm{d}y=\int_0^{\frac{\sqrt{2}}{2}a} z\cdot\pi z^2\mathrm{d}z+\int_{\frac{\sqrt{2}}{2}a}^{a} z\cdot\pi(a^2-z^2)\mathrm{d}z=\frac{\pi}{8}a^4$.

五、三重积分的直角坐标系积分法

形式化归体系块

(D_1(常规操作)+D_{22}(转换等价表述))

(1)先一后二法(先 z 后 xy 法,也叫投影穿线法).

①适用场合.

Ω有下曲面 $z=z_1(x,y)$、上曲面 $z=z_2(x,y)$,无侧面或侧面为柱面,如图所示.

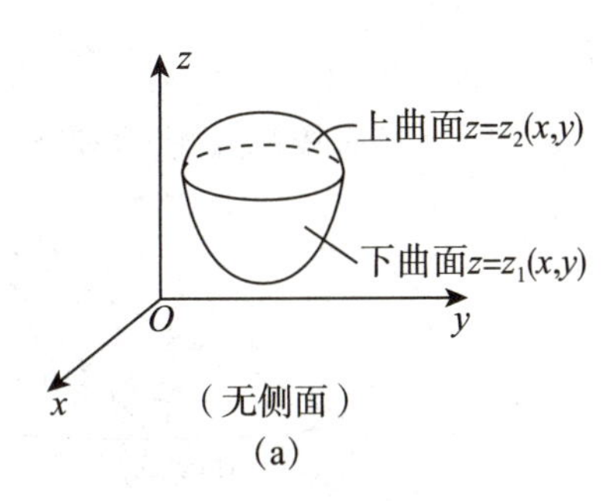

(无侧面)
(a)

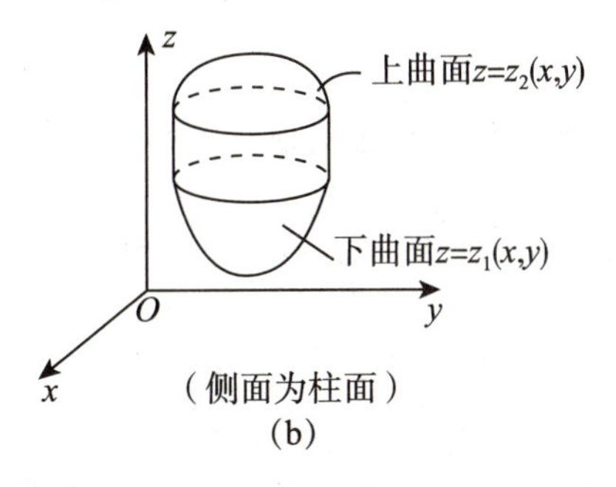

(侧面为柱面)
(b)

②计算方法.

如图所示,有 $\iiint\limits_{\Omega} f(x,y,z)\mathrm{d}v=\iint\limits_{D_{xy}}\mathrm{d}\sigma\int_{z_1(x,y)}^{z_2(x,y)} f(x,y,z)\mathrm{d}z.$

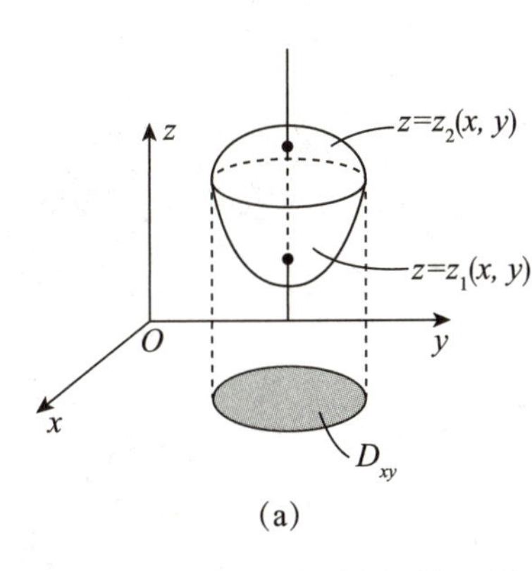

(a)

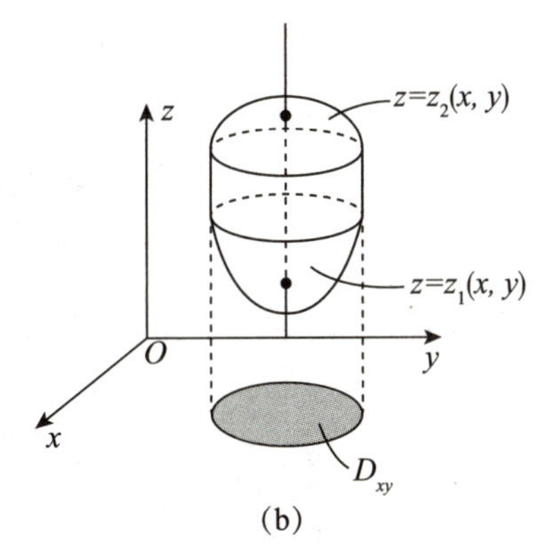

(b)

(2)先二后一法(先 xy 后 z 法,也叫定限截面法).

①适用场合.

Ω是旋转体,其旋转曲面方程为 $\Sigma: z=z(x,y)$,如图所示.

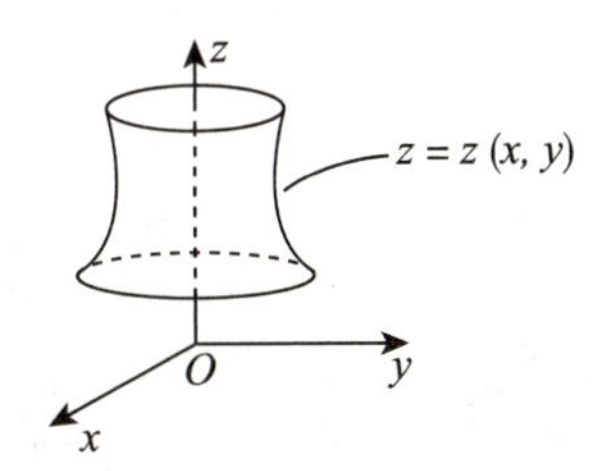

②计算方法.

如图所示，有$\iiint\limits_{\Omega} f(x,y,z)\,\mathrm{d}v=\int_a^b \mathrm{d}z\iint\limits_{D_z} f(x,y,z)\mathrm{d}\sigma$.

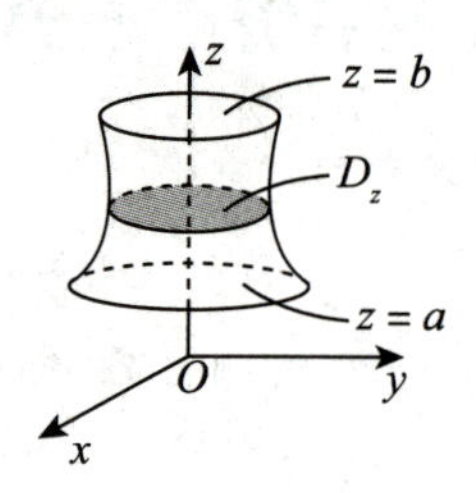

例18.5 设锥面Σ的顶点是$A(0,1,1)$，准线是$\begin{cases}x^2+y^2=1,\\ z=0,\end{cases}$直线$L$过顶点$A$和准线上任一点$M_1(x_1,y_1,0)$，$\Omega$是$\Sigma(0\leqslant z\leqslant 1)$与平面$z=0$所围成的锥体.

(1) 求L和Σ的方程；

(2) 求Ω的形心坐标.

D_{22}（转换等价表述），画图，标出几何量，建立等量关系

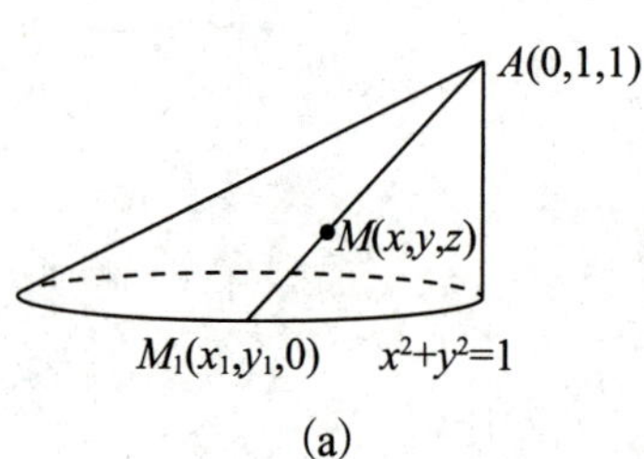

(a)

【解】(1) 如图(a)所示，从顶点A到准线上任一点$M_1(x_1,y_1,0)$作直线段$\overline{AM_1}$，记其上任一点$M(x,y,z)$，由于$\overline{AM}/\!/\overline{AM_1}$，则

$$\frac{x-0}{x_1-0}=\frac{y-1}{y_1-1}=\frac{z-1}{-1}, \qquad ①$$

此即为L的方程. 又由于M_1在准线上，于是有

$$x_1^2+y_1^2=1. \qquad ②$$

由①式得$x_1=\frac{x}{1-z}$，$y_1=\frac{y-z}{1-z}$，代入②式，有

$$\frac{x^2}{(1-z)^2}+\frac{(y-z)^2}{(1-z)^2}=1,$$

即锥面Σ的方程为$x^2+(y-z)^2=(1-z)^2$.

(2) 如图(b)所示，设Ω的形心坐标为$(\bar{x},\bar{y},\bar{z})$，因为$\Omega$关于$yOz$平面对称，所以$\bar{x}=0$.

对于$0\leqslant z\leqslant 1$，记$D_z=\{(x,y)\mid x^2+(y-z)^2\leqslant(1-z)^2\}$. 因为

(b)

$$V=\iiint\limits_{\Omega}\mathrm{d}x\mathrm{d}y\mathrm{d}z=\int_0^1\mathrm{d}z\iint\limits_{D_z}\mathrm{d}x\mathrm{d}y=\int_0^1\pi(1-z)^2\mathrm{d}z=\frac{\pi}{3},$$

$\bar{y}_{D_z}=z$

$$\iiint\limits_{\Omega} y\,\mathrm{d}x\mathrm{d}y\mathrm{d}z=\int_0^1\mathrm{d}z\iint\limits_{D_z} y\,\mathrm{d}x\mathrm{d}y=\int_0^1 \bar{y}_{D_z}S_{D_z}\mathrm{d}z=\int_0^1 z\cdot\pi(1-z)^2\mathrm{d}z=\frac{\pi}{12},$$

$\iint\limits_{D_z} y\,\mathrm{d}\sigma=\bar{y}_{D_z}\cdot S_{D_z}$

$$\iiint_{\Omega} z\mathrm{d}x\mathrm{d}y\mathrm{d}z = \int_0^1 \mathrm{d}z \iint_{D_z} z\mathrm{d}x\mathrm{d}y = \int_0^1 \pi z(1-z)^2 \mathrm{d}z = \frac{\pi}{12},$$

所以

$$\bar{y} = \frac{\iiint_{\Omega} y\mathrm{d}x\mathrm{d}y\mathrm{d}z}{V} = \frac{1}{4},\ \bar{z} = \frac{\iiint_{\Omega} z\mathrm{d}x\mathrm{d}y\mathrm{d}z}{V} = \frac{1}{4}.$$

故 Ω 的形心坐标为 $\left(0,\frac{1}{4},\frac{1}{4}\right)$.

【注】(1) 考生可从第一问中学到求锥面方程的一般方法，在考研题中，命题人给出方程 $x^2+(y-z)^2=(1-z)^2$ 时，很多考生不知所云，这里的第一问回答了此问题.

(2) 若不画图，把 (x,y,z) 与 $(-x,y,z)$ 代入表达式，表达式不变，也可知锥面关于 yOz 平面对称，于是 $\bar{x}=0$.

形式化归体系块

六、三重积分的柱面坐标系积分法（D_1（常规操作））

在直角坐标系的计算中，若 $\iint_{D_{xy}} \mathrm{d}\sigma$ 适用于极坐标系，则令 $\begin{cases} x = r\cos\theta, \\ y = r\sin\theta, \end{cases}$ 便有

$$\iiint_{\Omega} f(x,y,z)\,\mathrm{d}x\mathrm{d}y\mathrm{d}z = \iiint_{\Omega} f(r\cos\theta, r\sin\theta, z) r\mathrm{d}r\mathrm{d}\theta\mathrm{d}z,$$

此种计算方法称为柱面坐标系下三重积分的计算.

例18.6 设有界闭区域 Ω 由曲线 $\begin{cases} y^2 = 2z, \\ x = 0 \end{cases}$ 绕 z 轴旋转而成的曲面与平面 $z=4$ 围成，计算三重积分 $I = \iiint_{\Omega} (x^2+y^2+z)\mathrm{d}v$.

【解】 曲线 $\begin{cases} y^2 = 2z, \\ x = 0 \end{cases}$ 绕 z 轴旋转而成的曲面方程为 $x^2+y^2=2z$.

因为 Ω 可以表示为 $\begin{cases} x^2+y^2 \leqslant 2z, \\ 0 \leqslant z \leqslant 4, \end{cases}$ 所以

$$I = \iiint_{\Omega} (x^2+y^2+z)\mathrm{d}v = \int_0^4 \mathrm{d}z \iint_{x^2+y^2\leqslant 2z} (x^2+y^2+z)\mathrm{d}x\mathrm{d}y$$

$$= \int_0^4 \mathrm{d}z \int_0^{2\pi} \mathrm{d}\theta \int_0^{\sqrt{2z}} (r^2+z)\cdot r\mathrm{d}r$$

$$= 4\pi\int_0^4 z^2 \mathrm{d}z = \frac{256\pi}{3}.$$

形式化归体系块

七、三重积分的球面坐标系积分法（D_1（常规操作））

（1）适用场合.

①被积函数中含$\begin{cases} f(x^2+y^2+z^2), \\ f(x^2+y^2). \end{cases}$

②积分区域为$\begin{cases} \text{球或球的部分}, \\ \text{锥或锥的部分}. \end{cases}$

（2）计算方法.

令

$$\begin{cases} x = r\sin\varphi\cos\theta, \\ y = r\sin\varphi\sin\theta, \\ z = r\cos\varphi, \end{cases}$$

则 $\mathrm{d}v = r^2\sin\varphi \mathrm{d}\theta\mathrm{d}\varphi\mathrm{d}r$，且有：

①过 z 轴的半平面与 xOz 面正向夹角为 θ（取值范围为 $[0,2\pi]$）$\begin{cases} \text{先碰到}\Omega, \text{记}\theta_1, \\ \text{后离开}\Omega, \text{记}\theta_2. \end{cases}$

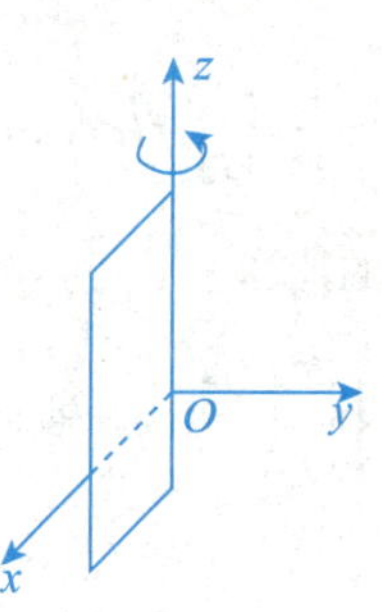

②顶点在原点，以 z 轴为中心轴的圆锥面半顶角为 φ（取值范围为 $[0,\pi]$）$\begin{cases} \text{先碰到}\Omega, \text{记}\varphi_1(\theta), \\ \text{后离开}\Omega, \text{记}\varphi_2(\theta). \end{cases}$

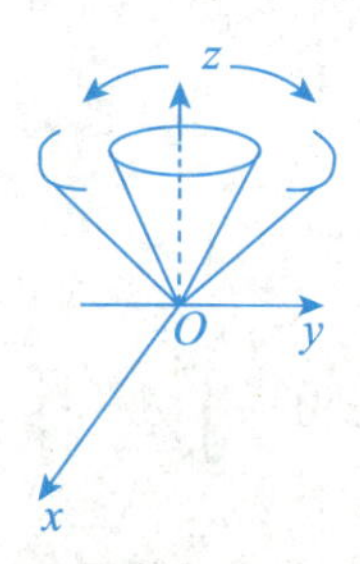

③从原点出发画一条射线为 r（取值范围为 $[0,+\infty)$）$\begin{cases} \text{先碰到}\Omega, \text{记}r_1(\varphi,\theta), \\ \text{后离开}\Omega, \text{记}r_2(\varphi,\theta). \end{cases}$

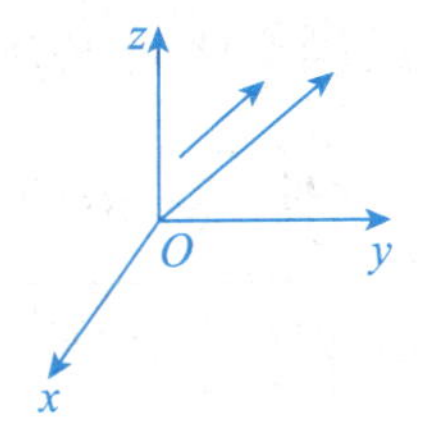

于是

$$\iiint_{\Omega} f(x,y,z)\,\mathrm{d}v=\iiint_{\Omega} f(r\sin\varphi\cos\theta,r\sin\varphi\sin\theta,r\cos\varphi)r^2\sin\varphi\mathrm{d}r\mathrm{d}\varphi\mathrm{d}\theta$$

$$=\int_{\theta_1}^{\theta_2}\mathrm{d}\theta\int_{\varphi_1(\theta)}^{\varphi_2(\theta)}\mathrm{d}\varphi\int_{r_1(\varphi,\theta)}^{r_2(\varphi,\theta)} f(r\sin\varphi\cos\theta,r\sin\varphi\sin\theta,r\cos\varphi)r^2\sin\varphi\mathrm{d}r.$$

例18.7 已知物体占有空间闭区域Ω由$z=\sqrt{x^2+y^2}$与$z=\sqrt{a^2-x^2-y^2}\,(a>0)$围成，在点$(x,y,z)$的密度是$\rho(x,y,z)=\sqrt{x^2+y^2+z^2}$，求该物体的质量.

【解】 Ω在球坐标系下可以表示为$\left\{(r,\varphi,\theta)\,\middle|\,0\leqslant r\leqslant a,0\leqslant\varphi\leqslant\frac{\pi}{4},0\leqslant\theta\leqslant 2\pi\right\}$，所以

$$m=\iiint_{\Omega}\rho(x,y,z)\mathrm{d}x\mathrm{d}y\mathrm{d}z=\iiint_{\Omega}\sqrt{x^2+y^2+z^2}\mathrm{d}x\mathrm{d}y\mathrm{d}z$$

$$=\int_0^{\frac{\pi}{4}}\mathrm{d}\varphi\int_0^{2\pi}\mathrm{d}\theta\int_0^a r\cdot r^2\sin\varphi\mathrm{d}r=\frac{2-\sqrt{2}}{4}\pi a^4.$$

八、重积分的应用（D_1（常规操作）$+D_{22}$（转换等价表述））

(1)求Ω的体积.

$$V=\iint_D f(x,y)\mathrm{d}\sigma.$$

例18.8 求由曲面$z=8-x^2-y^2$与平面$z=2x$围成的有界闭区域Ω的体积.

【解】 曲线$\begin{cases}z=8-x^2-y^2,\\ z=2x\end{cases}$在$xOy$坐标面上的投影曲线为$(x+1)^2+y^2=9$.

令$D=\left\{(x,y)\,\middle|\,(x+1)^2+y^2\leqslant 9\right\}$，则$V=\iint_D\left[(8-x^2-y^2)-2x\right]\mathrm{d}x\mathrm{d}y$.

令$\begin{cases}x+1=r\cos\theta,\\ y=r\sin\theta,\end{cases}$则$V=\int_0^{2\pi}\mathrm{d}\theta\int_0^3(9-r^2)\cdot r\mathrm{d}r=\frac{81\pi}{2}$.

(2)求Ω的重心(质心)或形心.

当空间物体Ω的体密度为$\rho(x,y,z)$时，其重心$(\bar{x},\bar{y},\bar{z})$的计算公式为

$$\bar{x}=\frac{\iiint\limits_{\Omega} x\rho(x,y,z)\mathrm{d}v}{\iiint\limits_{\Omega}\rho(x,y,z)\mathrm{d}v},\ \bar{y}=\frac{\iiint\limits_{\Omega} y\rho(x,y,z)\mathrm{d}v}{\iiint\limits_{\Omega}\rho(x,y,z)\mathrm{d}v},\ \bar{z}=\frac{\iiint\limits_{\Omega} z\rho(x,y,z)\mathrm{d}v}{\iiint\limits_{\Omega}\rho(x,y,z)\mathrm{d}v}.$$

【注】(1) 在考研的范畴内，重心就是质心.

(2) 当体密度$\rho(x,y,z)$为常数时，重心就成了**形心**.

例18.9 设$\Omega=\left\{(x,y,z)\middle|x^2+y^2\leqslant z\leqslant 1\right\}$，则$\Omega$的形心为________.

【解】应填$\left(0,0,\dfrac{2}{3}\right)$.

设Ω的形心为$(\bar{x},\bar{y},\bar{z})$，根据对称性可知$\bar{x}=\bar{y}=0$.

设$D=\left\{(x,y)\middle|x^2+y^2\leqslant 1\right\}$，则

$$\iiint\limits_{\Omega}\mathrm{d}x\mathrm{d}y\mathrm{d}z=\iint\limits_{D}\mathrm{d}x\mathrm{d}y\int_{x^2+y^2}^{1}\mathrm{d}z=\iint\limits_{D}(1-x^2-y^2)\mathrm{d}x\mathrm{d}y=\int_0^{2\pi}\mathrm{d}\theta\int_0^1(1-r^2)r\mathrm{d}r=\frac{\pi}{2},$$

$$\iiint\limits_{\Omega}z\mathrm{d}x\mathrm{d}y\mathrm{d}z=\iint\limits_{D}\mathrm{d}x\mathrm{d}y\int_{x^2+y^2}^{1}z\mathrm{d}z=\frac{1}{2}\iint\limits_{D}\left[1-(x^2+y^2)^2\right]\mathrm{d}x\mathrm{d}y=\frac{1}{2}\int_0^{2\pi}\mathrm{d}\theta\int_0^1(1-r^4)r\mathrm{d}r=\frac{\pi}{3}.$$

所以$\bar{z}=\dfrac{\iiint\limits_{\Omega}z\mathrm{d}x\mathrm{d}y\mathrm{d}z}{\iiint\limits_{\Omega}\mathrm{d}x\mathrm{d}y\mathrm{d}z}=\dfrac{2}{3}$，故$\Omega$的形心为$\left(0,0,\dfrac{2}{3}\right)$.

(3)求引力.

对于空间物体，若体密度为$\rho(x,y,z)$，Ω是物体所占的空间区域，则计算该物体对物体外一点$M_0(x_0,y_0,z_0)$处的质量为m的质点的引力(F_x,F_y,F_z)公式为

$$F_x=Gm\iiint\limits_{\Omega}\frac{\rho(x,y,z)(x-x_0)}{\left[(x-x_0)^2+(y-y_0)^2+(z-z_0)^2\right]^{\frac{3}{2}}}\mathrm{d}v,$$

$$F_y=Gm\iiint\limits_{\Omega}\frac{\rho(x,y,z)(y-y_0)}{\left[(x-x_0)^2+(y-y_0)^2+(z-z_0)^2\right]^{\frac{3}{2}}}\mathrm{d}v,$$

$$F_z=Gm\iiint\limits_{\Omega}\frac{\rho(x,y,z)(z-z_0)}{\left[(x-x_0)^2+(y-y_0)^2+(z-z_0)^2\right]^{\frac{3}{2}}}\mathrm{d}v.$$

【注】由于质量分别为 m 和 M，距离为 r 的两个质点间的引力大小为 $F=G\frac{mM}{r^2}$.根据元素法，$\mathrm{d}M=\rho(x,y,z)\mathrm{d}v$，则

$$\mathrm{d}F=G\frac{\rho(x,y,z)m}{r^2}\mathrm{d}v,$$

其中 $r=\sqrt{(x-x_0)^2+(y-y_0)^2+(z-z_0)^2}$.

又由于 $(x-x_0,y-y_0,z-z_0)$ 的单位方向向量为 $\boldsymbol{n}=\left(\frac{x-x_0}{r},\frac{y-y_0}{r},\frac{z-z_0}{r}\right)$，则 $\mathrm{d}F$ 在 x 轴上的投影为

$$\mathrm{d}F_x=Gm\frac{\rho(x,y,z)(x-x_0)}{r^3}\mathrm{d}v,$$

则引力在 x 轴上的投影为

$$F_x=Gm\iiint\limits_{\Omega}\frac{\rho(x,y,z)(x-x_0)}{r^3}\mathrm{d}v=Gm\iiint\limits_{\Omega}\frac{\rho(x,y,z)(x-x_0)}{[(x-x_0)^2+(y-y_0)^2+(z-z_0)^2]^{\frac{3}{2}}}\mathrm{d}v .$$

F_y 与 F_z 的推导过程类似.

例18.10 已知均匀物体 Ω 由锥面 $z=\sqrt{x^2+y^2}$，柱面 $x^2+y^2=1$ 及平面 $z=h(h>1)$ 围成(见图)，求 Ω 对位于原点处的单位质点的引力.

【解】设所求的引力为 $\boldsymbol{F}=(F_x,F_y,F_z)$.根据对称性，$F_x=F_y=0$.不妨设体密度为1，则

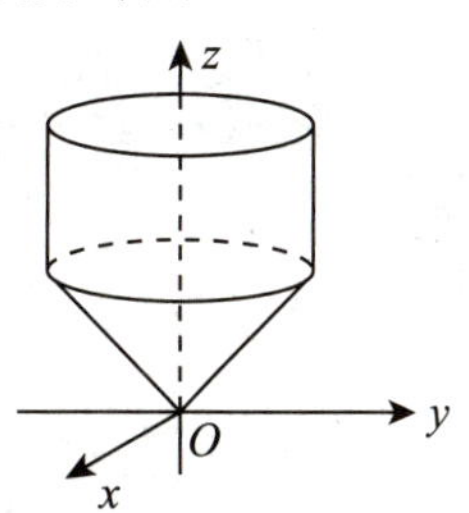

$$F_z=\iiint\limits_{\Omega}\frac{G}{x^2+y^2+z^2}\frac{z}{\sqrt{x^2+y^2+z^2}}\mathrm{d}x\mathrm{d}y\mathrm{d}z$$

$$=\iint\limits_{x^2+y^2\le1}\mathrm{d}x\mathrm{d}y\int_{\sqrt{x^2+y^2}}^{h}\frac{Gz}{(x^2+y^2+z^2)^{\frac{3}{2}}}\mathrm{d}z$$

$$=\int_0^{2\pi}\mathrm{d}\theta\int_0^1\mathrm{d}r\int_r^h\frac{Gz}{(r^2+z^2)^{\frac{3}{2}}}r\mathrm{d}z$$

$$=2\pi G\int_0^1 r\left(-\frac{1}{\sqrt{r^2+z^2}}\right)\Bigg|_{z=r}^{z=h}\mathrm{d}r$$

$$=2\pi G\int_0^1\left(\frac{1}{\sqrt{2}}-\frac{r}{\sqrt{r^2+h^2}}\right)\mathrm{d}r$$

$$=2\pi G\left(\frac{1}{\sqrt{2}}+h-\sqrt{h^2+1}\right).$$

故所求引力 $\boldsymbol{F}=\left(0,0,2\pi G\left(\frac{1}{\sqrt{2}}+h-\sqrt{h^2+1}\right)\right)$.

(4) 求转动惯量.

当平面薄板D的面密度为$\rho(x,y)$时，利用二重积分的定义可得此薄板关于x轴的转动惯量为

$$I_x=\iint\limits_D \rho(x,y)y^2\mathrm{d}x\mathrm{d}y,$$

关于y轴的转动惯量为

$$I_y=\iint\limits_D \rho(x,y)x^2\mathrm{d}x\mathrm{d}y,$$

关于原点O的转动惯量为

$$I_O=\iint\limits_D \rho(x,y)(x^2+y^2)\mathrm{d}x\mathrm{d}y.$$

类似地，当空间物体Ω的体密度为$\rho(x,y,z)$时，其关于x轴、y轴、z轴和原点O的转动惯量分别为

$$I_x=\iiint\limits_\Omega \rho(x,y,z)(y^2+z^2)\mathrm{d}x\mathrm{d}y\mathrm{d}z,$$

$$I_y=\iiint\limits_\Omega \rho(x,y,z)(x^2+z^2)\mathrm{d}x\mathrm{d}y\mathrm{d}z,$$

$$I_z=\iiint\limits_\Omega \rho(x,y,z)(x^2+y^2)\mathrm{d}x\mathrm{d}y\mathrm{d}z,$$

$$I_O=\iiint\limits_\Omega \rho(x,y,z)(x^2+y^2+z^2)\mathrm{d}x\mathrm{d}y\mathrm{d}z.$$

例18.11 设一均匀物体Ω(密度ρ为常量)由锥面$y^2=x^2+z^2$与平面$y=1$围成，求Ω关于z轴的转动惯量.

【解】 关于z轴的转动惯量为

$$\begin{aligned}I_z&=\iiint\limits_\Omega (x^2+y^2)\rho\mathrm{d}v\\&=\rho\left(\int_0^{2\pi}\mathrm{d}\theta\int_0^1 r\mathrm{d}r\int_r^1 r^2\cos^2\theta\mathrm{d}y+\int_0^1\mathrm{d}y\iint\limits_{D_y} y^2\mathrm{d}x\mathrm{d}z\right)\\&=\rho\left[\pi\cdot\int_0^1 r^3(1-r)\mathrm{d}r+\int_0^1 y^2\cdot\pi y^2\mathrm{d}y\right]\\&=\rho\left(\frac{1}{20}\pi+\frac{1}{5}\pi\right)=\frac{1}{4}\pi\rho,\end{aligned}$$

其中$D_y=\left\{(x,z)\middle|x^2+z^2\leqslant y^2\right\}$.

第二部分 计算第一型曲线积分

三向解题法

计算第一型曲线积分
(O(盯住目标))

- **定义**
(D$_1$(常规操作)+D$_{22}$(转换等价表述))
- **代入曲线方程**
(D$_1$(常规操作)+D$_{22}$(转换等价表述))
- **使用几何意义**
(D$_1$(常规操作)+D$_{43}$(数形结合)+D$_{44}$(善于发现对称))
- **使用形心公式**
(D$_1$(常规操作)+D$_{43}$(数形结合))
- **使用对称性质**
(D$_1$(常规操作)+D$_{44}$(善于发现对称))
- **物理应用**
(D$_1$(常规操作)+D$_{22}$(转换等价表述))

一、定义(D$_1$(常规操作)+D$_{22}$(转换等价表述))

第一型曲线积分的被积函数$f(x,y)$(或$f(x,y,z)$)定义在平面曲线L(或空间曲线Γ)上,其物理背景是以$f(x,y)\geqslant 0$(或$f(x,y,z)\geqslant 0$)为线密度的**平面(或空间)物质曲杆的质量**.与前面类似,我们仍然可以用“分割、近似、求和、取极限”的方法与步骤写出第一型曲线积分:

$$\int_L f(x,y)\mathrm{d}s(\text{或}\int_\Gamma f(x,y,z)\mathrm{d}s).$$

【注】定积分和第一型曲线积分的对比:定积分定义在“直线段”上,而第一型曲线积分定义在“曲线段”上,如图(a)和图(b)所示.

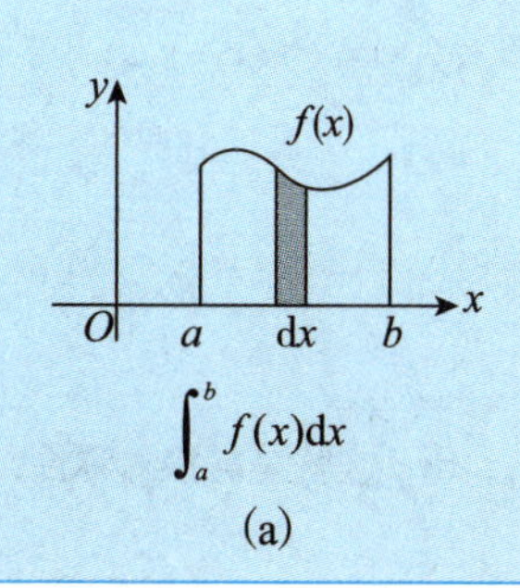

$\int_a^b f(x)\mathrm{d}x$

(a)

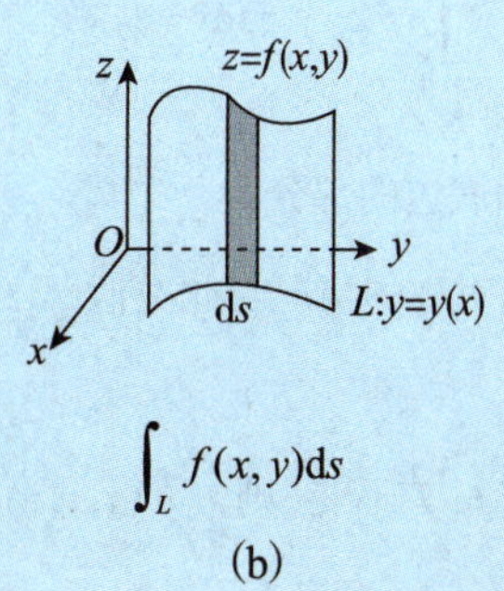

$\int_L f(x,y)\mathrm{d}s$

(b)

二、代入曲线方程（D_1（常规操作）+D_{22}（转换等价表述））

$f(x,y)$ 定义在曲线 $L: y=y(x)$ 上，故一定要将 L 的表达式代入 $f(x,y)$ 中，以化简运算.

三、使用几何意义

（D_1（常规操作）+D_{43}（数形结合）+D_{44}（善于发现对称））

对数字1在某段曲线上的第一型曲线积分就是该段曲线的长度.

四、使用形心公式（D_1（常规操作）+D_{43}（数形结合））

由形心公式 $\bar{x}=\dfrac{\int_L x\mathrm{d}s}{\int_L \mathrm{d}s}$，得 $\int_L x\mathrm{d}s=\bar{x}\int_L \mathrm{d}s$.

五、使用对称性质（D_1（常规操作）+D_{44}（善于发现对称））

（1）普通对称性.

①设 L 关于 y 轴对称，则

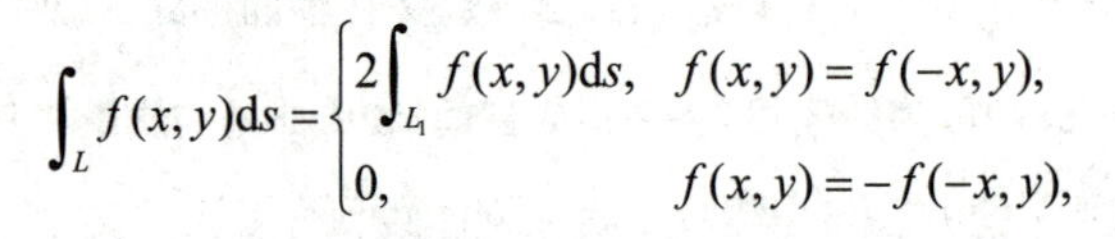

$$\int_L f(x,y)\mathrm{d}s=\begin{cases}2\int_{L_1} f(x,y)\mathrm{d}s, & f(x,y)=f(-x,y),\\ 0, & f(x,y)=-f(-x,y),\end{cases}$$

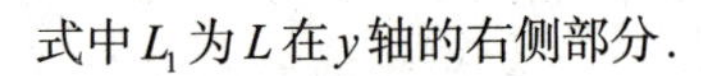

式中 L_1 为 L 在 y 轴的右侧部分.

关于 x 轴对称的情况与此类似.

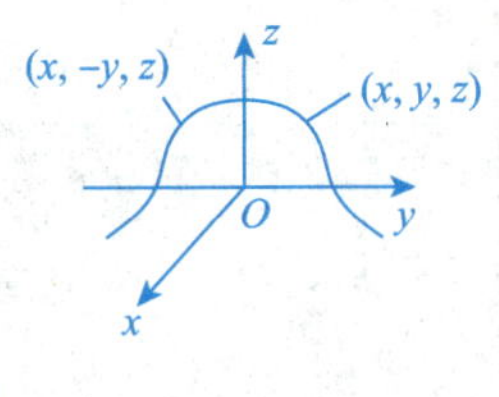

②设 Γ 关于 xOz 面对称，则

$$\int_\Gamma f(x,y,z)\mathrm{d}s=\begin{cases}2\int_{\Gamma_1} f(x,y,z)\mathrm{d}s, & f(x,y,z)=f(x,-y,z),\\ 0, & f(x,y,z)=-f(x,-y,z),\end{cases}$$

式中 Γ_1 是 Γ 在 xOz 面右边的部分.

关于其他坐标面对称的情况与此类似.

（2）轮换对称性.

若把 x 与 y 对调后，Γ 不变，则 $\int_\Gamma f(x,y,z)\mathrm{d}s=\int_\Gamma f(y,x,z)\mathrm{d}s$，这就是**轮换对称性**.

其他情况与此类似,且对平面曲线也有类似的结果.

若曲线L关于直线$y=x$对称,则$\int_L f(x,y)\mathrm{d}s=\int_L f(y,x)\mathrm{d}s$,故

$$\int_L f(x,y)\mathrm{d}s=\frac{1}{2}\int_L[f(x,y)+f(y,x)]\mathrm{d}s.$$ ← D_{21}(观察研究对象)

六、物理应用(D_1(常规操作)$+D_{22}$(转换等价表述))

(1)重心(质心)或形心.

对光滑曲杆L,其线密度为$\rho(x,y,z)$,则其重心$(\overline{x},\overline{y},\overline{z})$的计算公式为

$$\overline{x}=\frac{\int_L x\rho(x,y,z)\mathrm{d}s}{\int_L \rho(x,y,z)\mathrm{d}s},\overline{y}=\frac{\int_L y\rho(x,y,z)\mathrm{d}s}{\int_L \rho(x,y,z)\mathrm{d}s},\overline{z}=\frac{\int_L z\rho(x,y,z)\mathrm{d}s}{\int_L \rho(x,y,z)\mathrm{d}s}.$$

【注】(1)在考研的范畴内,重心就是质心.

(2)当线密度$\rho(x,y,z)$为常数时,重心就成了**形心**.

(2)转动惯量.

对光滑曲杆L,其线密度为$\rho(x,y,z)$,则该曲杆对x轴、y轴、z轴和原点O的转动惯量I_x,I_y,I_z和I_O的计算公式分别为

$$I_x=\int_L(y^2+z^2)\rho(x,y,z)\mathrm{d}s,I_y=\int_L(z^2+x^2)\rho(x,y,z)\mathrm{d}s,$$

$$I_z=\int_L(x^2+y^2)\rho(x,y,z)\mathrm{d}s,I_O=\int_L(x^2+y^2+z^2)\rho(x,y,z)\mathrm{d}s.$$

例18.12 设Γ是空间圆周$\begin{cases}x^2+y^2+z^2=1,\\x+y+z=0,\end{cases}$则$\oint_\Gamma(x^2+y^2)\mathrm{d}s=$________.

【解】 应填$\frac{4}{3}\pi$.

由轮换对称性知$\oint_\Gamma x^2\mathrm{d}s=\oint_\Gamma y^2\mathrm{d}s=\oint_\Gamma z^2\mathrm{d}s$,于是

$$\begin{aligned}\oint_\Gamma(x^2+y^2)\mathrm{d}s&=\oint_\Gamma x^2\mathrm{d}s+\oint_\Gamma y^2\mathrm{d}s\\&=2\oint_\Gamma x^2\mathrm{d}s=\frac{2}{3}\left(\oint_\Gamma x^2\mathrm{d}s+\oint_\Gamma y^2\mathrm{d}s+\oint_\Gamma z^2\mathrm{d}s\right)\\&=\frac{2}{3}\oint_\Gamma(x^2+y^2+z^2)\mathrm{d}s\xlongequal{(*)}\frac{2}{3}\oint_\Gamma 1\mathrm{d}s\\&=\frac{2}{3}\times2\pi\times1=\frac{4}{3}\pi.\end{aligned}$$

【注】(1)(*) 处来自边界方程 $x^2+y^2+z^2=1$, 可直接代入被积函数，从而化简计算.

(2) 第一型曲线积分一般计算量不大，一般不会单独考大题.

第三部分　计算第一型曲面积分

三向解题法

计算第一型曲面积分
(O(盯住目标))

定义
(D_1(常规操作)+D_{22}(转换等价表述))

使用几何意义
(D_1(常规操作)+D_{43}(数形结合))

使用对称性质
(D_1(常规操作)+D_{44}(善于发现对称))

代入曲面方程
(D_1(常规操作)+D_{22}(转换等价表述))

使用形心公式
(D_1(常规操作)+D_{43}(数形结合))

物理应用
(D_1(常规操作)+D_{22}(转换等价表述))

一、定义(D_1(常规操作)+D_{22}(转换等价表述))

第一型曲面积分的被积函数 $f(x,y,z)$ 定义在空间曲面 Σ 上，其物理背景是以 $f(x,y,z)\geqslant 0$ 为面密度的**空间物质曲面的质量**.与前面类似，我们可以用"分割、近似、求和、取极限"的方法与步骤写出第一型曲面积分：

$$\iint_{\Sigma} f(x,y,z)\,\mathrm{d}S .$$

【注】二重积分和第一型曲面积分的对比：二重积分定义在"二维平面"上，而第一型曲面积分则定义在"空间曲面"上，如图(a)和图(b)所示.

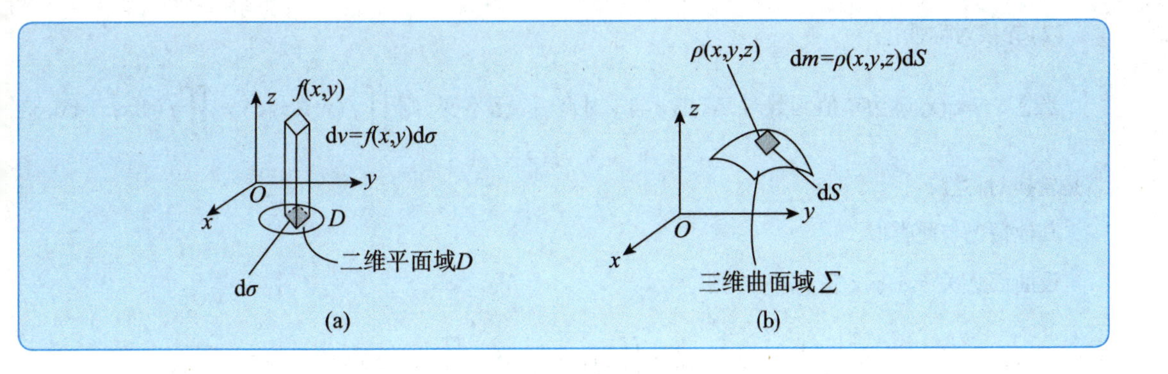

二、代入曲面方程（D_1（常规操作）$+D_{22}$（转换等价表述））

由于$f(x,y,z)$定义在曲面$\Sigma:z=z(x,y)$上，故一定要将$z=z(x,y)$的表达式代入$f(x,y,z)$中，以化简运算.

三、使用几何意义（D_1（常规操作）$+D_{43}$（数形结合））

对数字1在某曲面上的第一型曲面积分就是该曲面的面积.

四、使用形心公式（D_1（常规操作）$+D_{43}$（数形结合））

由形心公式$\bar{x}=\dfrac{\iint\limits_{\Sigma}x\mathrm{d}S}{\iint\limits_{\Sigma}\mathrm{d}S}$，得$\iint\limits_{\Sigma}x\mathrm{d}S=\bar{x}\cdot\iint\limits_{\Sigma}\mathrm{d}S.$

当Σ为规则图形($\bar{x}$已知且面积易求)，有$\iint\limits_{\Sigma}x\mathrm{d}S=\bar{x}\cdot S_{\Sigma}$.

五、使用对称性质（D_1（常规操作）$+D_{44}$（善于发现对称））

(1)普通对称性.

设Σ关于xOz面对称，则

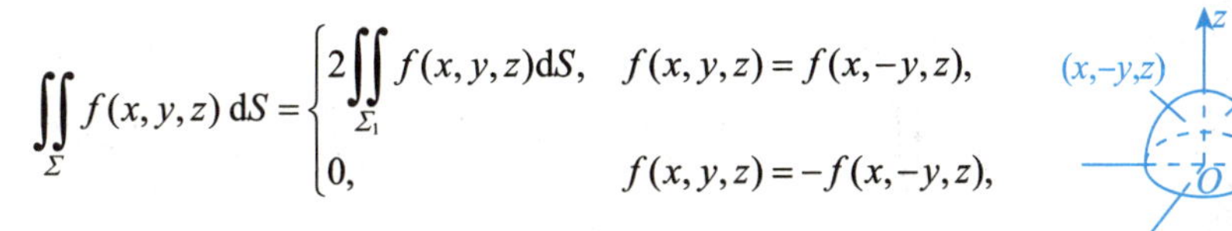

$$\iint\limits_{\Sigma}f(x,y,z)\,\mathrm{d}S=\begin{cases}2\iint\limits_{\Sigma_1}f(x,y,z)\mathrm{d}S, & f(x,y,z)=f(x,-y,z),\\0, & f(x,y,z)=-f(x,-y,z),\end{cases}$$

式中Σ_1是Σ在xOz面右边的部分.

关于其他坐标面对称的情况与此类似.

(2)轮换对称性.

当$\Sigma: z=z(x,y)$为单值函数时，若把x与y对调后，Σ不变，则$\iint\limits_{\Sigma} f(x,y,z)\,\mathrm{d}S=\iint\limits_{\Sigma} f(y,x,z)\,\mathrm{d}S$，这就是轮换对称性.

其他情况与此类似.

设曲面Σ关于x,y,z完全对称，则

$$\iint\limits_{\Sigma} f(x,y,z)\,\mathrm{d}S=\iint\limits_{\Sigma} f(z,x,y)\,\mathrm{d}S=\iint\limits_{\Sigma} f(y,z,x)\,\mathrm{d}S,$$

故

$$\iint\limits_{\Sigma} f(x,y,z)\,\mathrm{d}S=\frac{1}{3}\iint\limits_{\Sigma}\left[f(x,y,z)+f(z,x,y)+f(y,z,x)\right]\mathrm{d}S.$$

完全对称(也是轮换对称)

六、物理应用(D$_1$(常规操作)+D$_{22}$(转换等价表述))

(1)重心(质心)或形心.

对光滑曲面薄片Σ，其面密度为$\rho(x,y,z)$，则其重心$(\bar{x},\bar{y},\bar{z})$的计算公式为

$$\bar{x}=\frac{\iint\limits_{\Sigma} x\rho(x,y,z)\mathrm{d}S}{\iint\limits_{\Sigma}\rho(x,y,z)\mathrm{d}S},\bar{y}=\frac{\iint\limits_{\Sigma} y\rho(x,y,z)\mathrm{d}S}{\iint\limits_{\Sigma}\rho(x,y,z)\mathrm{d}S},\bar{z}=\frac{\iint\limits_{\Sigma} z\rho(x,y,z)\mathrm{d}S}{\iint\limits_{\Sigma}\rho(x,y,z)\mathrm{d}S}.$$

【注】(1)在考研的范畴内，重心就是质心.

(2)当面密度$\rho(x,y,z)$为常数时，重心就成了**形心**.

(2)转动惯量.

对光滑曲面薄片Σ，其面密度为$\rho(x,y,z)$，则该曲面对x轴、y轴、z轴和原点O的转动惯量I_x,I_y,I_z和I_O的计算公式分别为

$$I_x=\iint\limits_{\Sigma}(y^2+z^2)\rho(x,y,z)\mathrm{d}S,\ I_y=\iint\limits_{\Sigma}(z^2+x^2)\rho(x,y,z)\mathrm{d}S,$$

$$I_z=\iint\limits_{\Sigma}(x^2+y^2)\rho(x,y,z)\mathrm{d}S,\ I_O=\iint\limits_{\Sigma}(x^2+y^2+z^2)\rho(x,y,z)\mathrm{d}S.$$

例18.13 设曲面Σ为球面$x^2+y^2+z^2=a^2$，则$I=\oiint\limits_{\Sigma}\left(\frac{x^2}{2}+\frac{y^2}{3}+\frac{z^2}{4}\right)\mathrm{d}S=$________.

【解】 应填$\frac{13}{9}\pi a^4$.

D_{44}(善于发现对称)

根据轮换对称性，得

$$\oiint\limits_{\Sigma}x^2\,\mathrm{d}S=\oiint\limits_{\Sigma}y^2\mathrm{d}S=\oiint\limits_{\Sigma}z^2\mathrm{d}S,$$

所以

创造出Σ的方程

$$I=\frac{13}{12}\oiint\limits_{\Sigma}x^2\mathrm{d}S=\frac{13}{36}\oiint\limits_{\Sigma}(x^2+y^2+z^2)\,\mathrm{d}S$$

$$=\frac{13a^2}{36}\oiint\limits_{\Sigma}\mathrm{d}S=\frac{13a^2}{36}\cdot4\pi a^2=\frac{13}{9}\pi a^4.$$

代入化简　几何意义

例18.14 设曲面Σ为球面$(x-a)^2+(y-b)^2+(z-c)^2=R^2$，计算曲面积分$I=\oiint\limits_{\Sigma}(x+y+z)\mathrm{d}S$.

【解】 因为

平移恒等变形，创造对称性

$$\oiint\limits_{\Sigma}(x+y+z)\mathrm{d}S=\oiint\limits_{\Sigma}[(x-a)+(y-b)+(z-c)]\mathrm{d}S+\oiint\limits_{\Sigma}(a+b+c)\mathrm{d}S,$$

且根据对称性可知等式右边第一个积分值为零，所以

$$I=\oiint\limits_{\Sigma}(a+b+c)\mathrm{d}S=4\pi R^2(a+b+c).$$

几何意义

例18.15 设空间曲面$\Sigma_1:z=\frac{x^3+y^3}{3}$,$\Sigma_2:z=\frac{x^2-y^2}{2}$,$\Sigma_3:z=\frac{x^2y^2}{2}$被柱面$x^2+y^2=1$所截部分的面积分别为$S_1,S_2,S_3$，则(　　).

(A) $S_1>S_2>S_3$　　(B) $S_2>S_1>S_3$

(C) $S_3>S_1>S_2$　　(D) $S_3>S_2>S_1$

【解】 应选(B).

由于

$$S_1=\iint\limits_{\Sigma_1}\mathrm{d}S=\iint\limits_{D}\sqrt{1+(z_x')^2+(z_y')^2}\mathrm{d}x\mathrm{d}y=\iint\limits_{D}\sqrt{1+x^4+y^4}\mathrm{d}x\mathrm{d}y,$$

$$S_2=\iint\limits_{\Sigma_2}\mathrm{d}S=\iint\limits_{D}\sqrt{1+(z_x')^2+(z_y')^2}\mathrm{d}x\mathrm{d}y=\iint\limits_{D}\sqrt{1+x^2+y^2}\mathrm{d}x\mathrm{d}y,$$

$$S_3=\iint_{\Sigma_3}\mathrm{d}S=\iint_D\sqrt{1+(z'_x)^2+(z'_y)^2}\mathrm{d}x\mathrm{d}y=\iint_D\sqrt{1+x^2y^4+x^4y^2}\mathrm{d}x\mathrm{d}y,$$

式中$D=\{(x,y)\mid x^2+y^2\leqslant 1\}$，在$D$内，显然有$x^2+y^2\geqslant x^4+y^4\geqslant x^2y^4+x^4y^2$，故

$$S_2>S_1>S_3.$$

第四部分　计算第二型线面积分

三向解题法

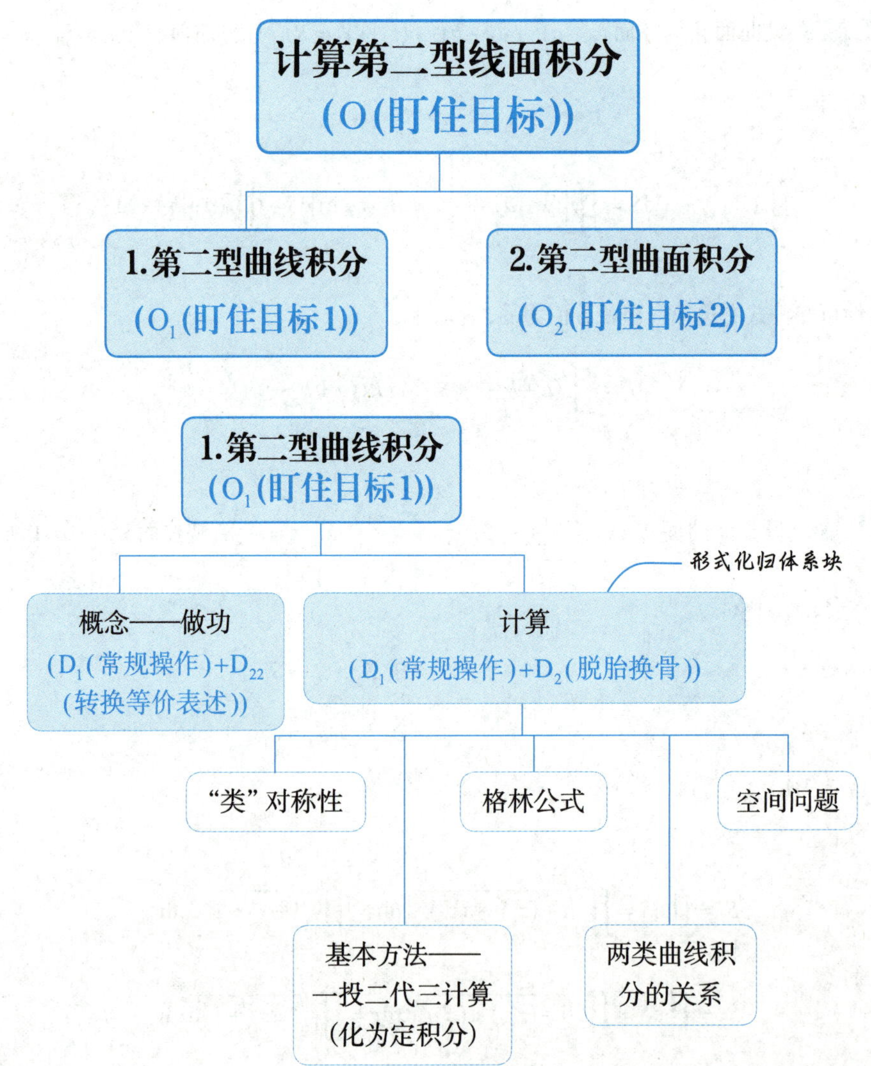

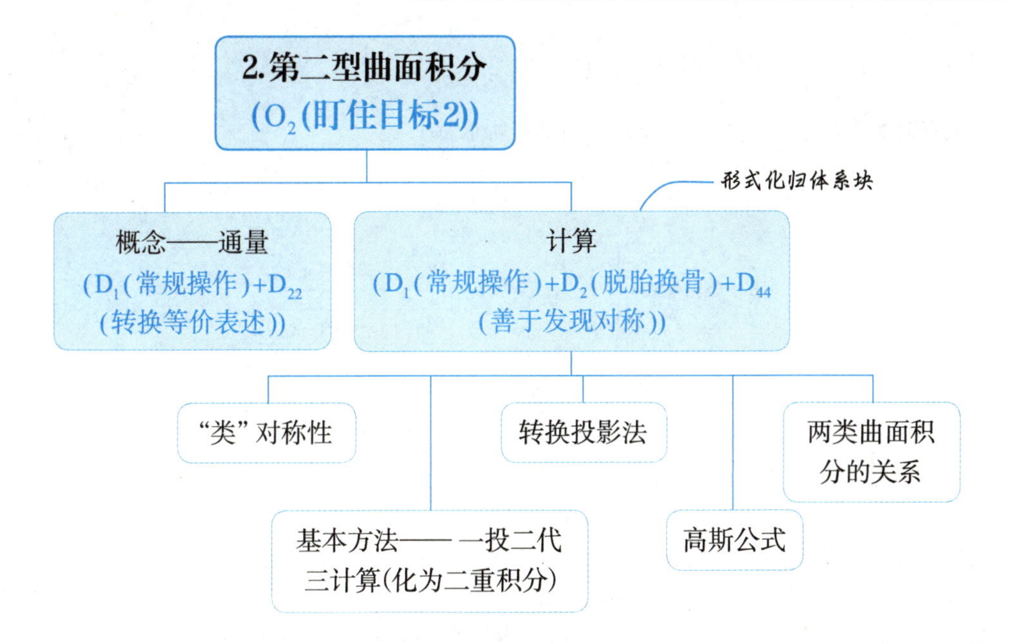

一、第二型曲线积分(O_1(盯住目标1))

1.概念——做功(D_1(常规操作)+D_{22}(转换等价表述))

第二型曲线积分的被积函数 $\boldsymbol{F}(x,y)=P(x,y)\boldsymbol{i}+Q(x,y)\boldsymbol{j}$(或 $\boldsymbol{F}(x,y,z)=P(x,y,z)\boldsymbol{i}+Q(x,y,z)\boldsymbol{j}+R(x,y,z)\boldsymbol{k}$)定义在平面有向曲线$L$(或空间有向曲线$\Gamma$)上,其物理背景是变力$\boldsymbol{F}(x,y)$(或$\boldsymbol{F}(x,y,z)$)在平面曲线$L$(或空间曲线$\Gamma$)上从起点移动到终点所做的总功:

$$\int_L P(x,y)\mathrm{d}x+Q(x,y)\mathrm{d}y\ (\text{或}\int_\Gamma P(x,y,z)\mathrm{d}x+Q(x,y,z)\mathrm{d}y+R(x,y,z)\mathrm{d}z).$$

由此可以看出,前面所学的定积分、二重积分、三重积分、第一型曲线积分和第一型曲面积分有着完全一致的背景,都是一个**数量函数**在**定义区域**上计算几何量(面积、体积等),但是第二型曲线积分与之不同,它是一个**向量函数**沿**有向曲线**的积分(无几何量可言),所以有些性质和计算方法是不一样的,一定要加以对比,理解它们的区别和联系,不要用错或者用混.

$$\begin{cases}\text{平面}:\int_L (P,Q)\cdot(\mathrm{d}x,\mathrm{d}y)=\int_L P\mathrm{d}x+Q\mathrm{d}y,\\ \text{空间}:\int_\Gamma (P,Q,R)\cdot(\mathrm{d}x,\mathrm{d}y,\mathrm{d}z)=\int_\Gamma P\mathrm{d}x+Q\mathrm{d}y+R\mathrm{d}z.\end{cases}$$

2.计算(D_1(常规操作)+D_2(脱胎换骨))

(1)"类"对称性.

设$\int_{L^+}P(x,y)\mathrm{d}x$,$L^+$可分成关于某直线"类"对称的$L_1\cup L_2$,且对称点处$P$的绝对值相等,则

$$\int_{L^+}P(x,y)\mathrm{d}x=\begin{cases}2\int_{L_1}P(x,y)\mathrm{d}x, & \text{对称点处}P(x,y)\mathrm{d}x\text{相同},\\ 0, & \text{对称点处}P(x,y)\mathrm{d}x\text{相反}.\end{cases}$$

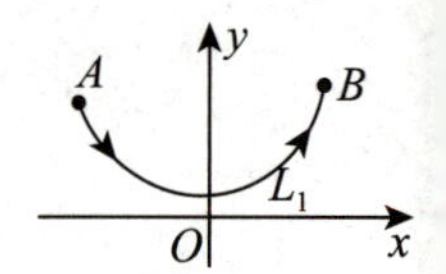

式中 L_1 是 L^+ 在该直线一侧的部分. $\int_{L^+} Q(x,y)\mathrm{d}y$ 类似.

如,设有向曲线 L 关于 y 轴“类”对称,方向如图所示,则

对称点处 $P\mathrm{d}x$　　$P\mathrm{d}x$

$$\int_L P(x,y)\mathrm{d}x=\begin{cases}2\int_{L_1} P(x,y)\mathrm{d}x, & \boxed{P(x,y)=P(-x,y),}\\ 0, & \boxed{P(x,y)=-P(-x,y),}\end{cases}\qquad \boxed{\overrightarrow{\mathrm{d}x\boldsymbol{i}}\quad \overrightarrow{\mathrm{d}x\boldsymbol{i}}}$$

$P\mathrm{d}x$　　$-P\mathrm{d}x$

$Q\mathrm{d}y$　　$Q(-\mathrm{d}y)$

$$\int_L Q(x,y)\,\mathrm{d}y=\begin{cases}0, & \boxed{Q(x,y)=Q(-x,y),}\\ 2\int_{L_1} Q(x,y)\mathrm{d}y, & \boxed{Q(x,y)=-Q(-x,y),}\end{cases}\qquad \boxed{\begin{matrix}\downarrow & \uparrow\\ \mathrm{d}y(-\boldsymbol{j}) & \mathrm{d}y\boldsymbol{j}\end{matrix}}\leftarrow D_{21}\text{(观察研究对象)}$$

$Q\mathrm{d}y$　　$(-Q)(-\mathrm{d}y)$

式中 L_1 是 L 在 y 轴右侧的部分.

例18.16 设 L 为取正向的圆周 $x^2+y^2=1$,则曲线积分 $\oint_L (xy-y)\mathrm{d}x+(x^2-2x)\mathrm{d}y=$________.

【解】 应填 $-\pi$.

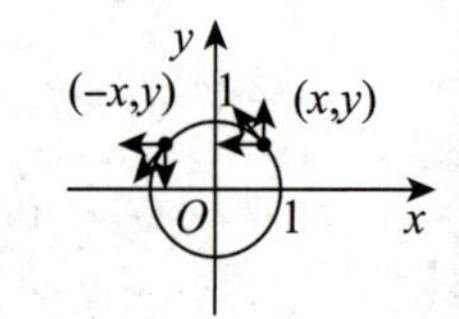

如图所示,对称点处 $xy\mathrm{d}x$ 与 $-xy\mathrm{d}x$ 相反,故 $\oint_L xy\mathrm{d}x=0$. 又 $x^2(-\mathrm{d}y)$ 与 $x^2\mathrm{d}y$ 相反,故 $\oint_L x^2\mathrm{d}y=0$.

所以
$$\text{原式}=\oint_L(-y)\mathrm{d}x-2x\mathrm{d}y\overset{\text{格林公式}}{=\!=\!=}\iint_D(-2+1)\mathrm{d}x\mathrm{d}y=-\iint_D\mathrm{d}x\mathrm{d}y=-\pi.$$

(2)基本方法——一投二代三计算(化为定积分).

如果平面有向曲线 L 由参数方程 $\begin{cases}x=x(t),\\ y=y(t)\end{cases}(t:\alpha\to\beta)$ 给出,其中 $t=\alpha$ 对应着起点 A, $t=\beta$ 对应着终点 B,则可以将平面第二型曲线积分化为定积分:

$$\int_L P(x,y)\mathrm{d}x+Q(x,y)\mathrm{d}y=\int_\alpha^\beta\{P[x(t),y(t)]x'(t)+Q[x(t),y(t)]y'(t)\}\mathrm{d}t,$$

这里的 α,β 谁大谁小无关紧要,关键是分别和起点与终点对应.

例18.17 设有向折线段 L 由线段 AB 和 BC 构成,方向为 $A\left(\frac{\pi}{2},-\frac{\pi}{2}\right)\to B\left(\frac{\pi}{2},\frac{\pi}{2}\right)\to C\left(-\frac{\pi}{2},\frac{\pi}{2}\right)$,计算曲线积分 $I=\int_L\cos^2 y\mathrm{d}x-\sin^2 x\mathrm{d}y$.

【解】 化为定积分计算.

因为线段 AB 的方程为 $x=\frac{\pi}{2}$, A 对应 $y=-\frac{\pi}{2}$, B 对应 $y=\frac{\pi}{2}$;线段 BC 的方程为 $y=\frac{\pi}{2}$, B 对应 $x=\frac{\pi}{2}$, C 对应 $x=-\frac{\pi}{2}$,所以

$$I=\int_L \cos^2 y\mathrm{d}x-\sin^2 x\mathrm{d}y$$

$$=\int_{\overline{AB}} \cos^2 y\mathrm{d}x-\sin^2 x\mathrm{d}y+\int_{\overline{BC}} \cos^2 y\mathrm{d}x-\sin^2 x\mathrm{d}y$$

$$=\int_{-\frac{\pi}{2}}^{\frac{\pi}{2}}\left(-\sin^2\frac{\pi}{2}\right)\mathrm{d}y+\int_{\frac{\pi}{2}}^{-\frac{\pi}{2}}\cos^2\frac{\pi}{2}\mathrm{d}x=-\pi\ .$$

(3)格林公式.

设平面有界闭区域D由分段光滑曲线L围成，$P(x,y)$，$Q(x,y)$在D上具有一阶连续偏导数，L取正向，则

$$\oint_L P(x,y)\mathrm{d}x+Q(x,y)\mathrm{d}y=\iint_D\left(\frac{\partial Q}{\partial x}-\frac{\partial P}{\partial y}\right)\mathrm{d}\sigma .$$

(如图所示，所谓L取正向，是指当一个人沿着L的这个方向前进时，**左手始终在L所围成的D内.**)

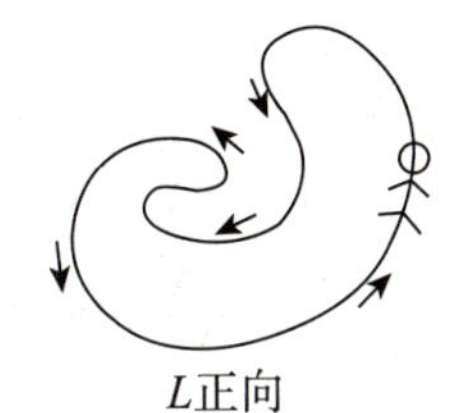

①曲线封闭且无奇点在其内部，直接用格林公式.

若给的是封闭曲线的曲线积分$\oint_L P\mathrm{d}x+Q\mathrm{d}y$，可以验算$P$和$Q$是否满足“在该封闭曲线所包围的区域$D$内，$P$和$Q$具有一阶连续偏导数”.若满足，则可用格林公式

$$\oint_L P\mathrm{d}x+Q\mathrm{d}y=\iint_D\left(\frac{\partial Q}{\partial x}-\frac{\partial P}{\partial y}\right)\mathrm{d}\sigma$$

计算之.这里要求L为D的边界，且正向.

例18.18 设正向闭曲线L的方程为$|x|+|ay|=1\ (a>0)$，若曲线积分$\oint_L\frac{\mathrm{d}x+4x\mathrm{d}y}{|x|+|ay|+2}=\frac{4}{3}$，则$a=$________.

【解】 应填2.

设D是曲线L围成的菱形区域(见图)，则

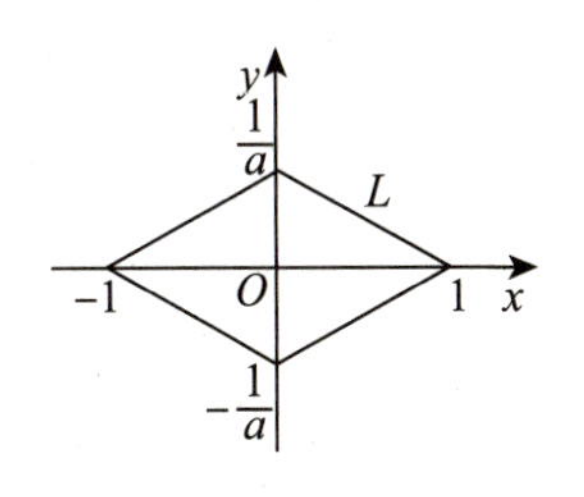

$$I=\oint_L\frac{\mathrm{d}x+4x\mathrm{d}y}{|x|+|ay|+2}=\frac{1}{3}\oint_L \mathrm{d}x+4x\mathrm{d}y=\frac{1}{3}\iint_D 4\mathrm{d}x\mathrm{d}y=\frac{4}{3}\cdot\frac{1}{2a}\cdot 4=\frac{4}{3},$$

故$a=2$.

②曲线封闭但有奇点在其内部，且除奇点外，$\frac{\partial Q}{\partial x}\equiv\frac{\partial P}{\partial y}$，则换路径.(一般令分母等于常数作为路径，路径的起点和终点无须与原路径重合.)

若给的是封闭曲线的曲线积分$\oint_L P\mathrm{d}x+Q\mathrm{d}y$，满足条件：在$D$内除了奇点外，$P$和$Q$具有一阶连续偏导数，并且除奇点外，有$\frac{\partial Q}{\partial x}\equiv\frac{\partial P}{\partial y}$，则可以换一条封闭曲线$L_1$代替$L$，它全在$D$内，并能将奇点包含在$L_1$

的内部.则有公式：

$$\oint_{L} P\mathrm{d}x+Q\mathrm{d}y \overset{(*)}{=} \oint_{L_1} P\mathrm{d}x+Q\mathrm{d}y .$$

这里要求L_1与L的方向相同.如果后者容易计算,即可达到目的.

【注】(*) 处是这样来的：如图所示，若L所围区域D内有奇点q，则用L_1“挖去”它，并记挖去奇点后的阴影区域为D'，于是

$$\begin{aligned}\oint_{L} P\mathrm{d}x+Q\mathrm{d}y &= \oint_{L+L_1^-} P\mathrm{d}x+Q\mathrm{d}y-\oint_{L_1^-} P\mathrm{d}x+Q\mathrm{d}y \\ &= \iint_{D'}\left(\frac{\partial Q}{\partial x}-\frac{\partial P}{\partial y}\right)\mathrm{d}\sigma+\oint_{L_1} P\mathrm{d}x+Q\mathrm{d}y \\ &= \oint_{L_1} P\mathrm{d}x+Q\mathrm{d}y .\end{aligned}$$

例18.19 设$D=\left\{(x,y)\middle|x^2+y^2\leqslant 4\right\}$,$\partial D$为$D$的正向边界,则$\oint_{\partial D}\frac{(x\mathrm{e}^{x^2+4y^2}+y)\mathrm{d}x+(4y\mathrm{e}^{x^2+4y^2}-x)\mathrm{d}y}{x^2+4y^2}=$ ________.

【解】 应填$-\pi$.

经计算有

$$\frac{\partial}{\partial x}\left(\frac{4y\mathrm{e}^{x^2+4y^2}-x}{x^2+4y^2}\right)=\frac{8xy(x^2+4y^2-1)\mathrm{e}^{x^2+4y^2}+x^2-4y^2}{(x^2+4y^2)^2}=\frac{\partial}{\partial y}\left(\frac{x\mathrm{e}^{x^2+4y^2}+y}{x^2+4y^2}\right),$$

但是这里不能用格林公式,因为在D内的点$O(0,0)$处,P, Q均不连续.故在D内作一曲线L: $x^2+4y^2=1$,取逆时针方向,从而

$$\begin{aligned}\oint_{\partial D}\frac{(x\mathrm{e}^{x^2+4y^2}+y)\mathrm{d}x+(4y\mathrm{e}^{x^2+4y^2}-x)\mathrm{d}y}{x^2+4y^2} &= \oint_{L}\frac{(x\mathrm{e}^{x^2+4y^2}+y)\mathrm{d}x+(4y\mathrm{e}^{x^2+4y^2}-x)\mathrm{d}y}{x^2+4y^2} \\ &= \oint_{L}(\mathrm{e}x+y)\mathrm{d}x+(4\mathrm{e}y-x)\mathrm{d}y \\ &= \iint_{x^2+4y^2\leqslant 1}(-2)\mathrm{d}x\mathrm{d}y. \\ &= -\pi .\end{aligned}$$

③非封闭曲线且$\frac{\partial Q}{\partial x}\equiv\frac{\partial P}{\partial y}$,则换路径.(换简单路径,路径的起点和终点需与原路径重合.)

如果不是封闭曲线的曲线积分$\int_{L_1} P\mathrm{d}x+Q\mathrm{d}y$(其中$L_1$:一条从$A$到$B$的路径),可以验算$P$, Q是否满足“在某单连通区域内具有一阶连续偏导数并且$\frac{\partial P}{\partial y}\equiv\frac{\partial Q}{\partial x}$”.若满足,则可在该连通区域内另取一条从$A$到

B 的路径 L_2(例如边与坐标轴平行的折线),使得该积分容易计算以代替原路径而计算之,即 $\int_{L_1} \overset{(*)}{=} \int_{L_2}$.

【注】(∗)处是这样来的:由于 $\frac{\partial P}{\partial y} \equiv \frac{\partial Q}{\partial x}$,则在 D 内(见图)沿任意分段光滑闭曲线 L 都有 $\oint_L P\mathrm{d}x + Q\mathrm{d}y = 0$,故 $\oint_{L_1+L_0} = 0$,$\oint_{L_2+L_0} = 0$,于是 $\int_{L_1} = \int_{L_2}$.

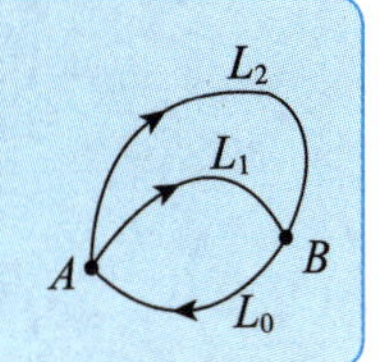

例18.20 设 L 从点 $A\left(-\frac{\pi}{2}, 0\right)$ 沿曲线 $y = \cos x$ 到点 $B\left(\frac{\pi}{2}, 0\right)$,则 $\int_L \frac{(x-y)\mathrm{d}x + (x+y)\mathrm{d}y}{x^2+y^2} =$

________.

【解】应填 $-\pi$.

直接用 $y = \cos x$ 代入计算非常困难.记

$$P = \frac{x-y}{x^2+y^2},\ Q = \frac{x+y}{x^2+y^2},$$

经过计算,可知

$$\frac{\partial P}{\partial y} \equiv \frac{\partial Q}{\partial x} = \frac{y^2-x^2-2xy}{(x^2+y^2)^2},\ (x,y) \neq (0,0),$$

这里将点 $(0,0)$ 去掉,是因为在该点处 P, Q 及其一阶偏导数都不存在,当然谈不上偏导数相等.

由"③"推知,在不包含 $(0,0)$ 的单连通区域内,该曲线积分与路径无关,取一条从 A 到 B 的上半圆弧 L_1(见图),

$$L_1: x = \frac{\pi}{2}\cos t,\ y = \frac{\pi}{2}\sin t,\ t \text{从} \pi \text{到} 0,$$

从而可使原积分中的分母消去,有

$$\begin{aligned}
\text{原式} &= \int_{L_1} \frac{(x-y)\mathrm{d}x + (x+y)\mathrm{d}y}{x^2+y^2} \\
&= \int_{\pi}^{0} \left[(\cos t - \sin t)(-\sin t) + (\cos t + \sin t)\cos t\right]\mathrm{d}t \\
&= \int_{\pi}^{0} \mathrm{d}t = -\pi.
\end{aligned}$$

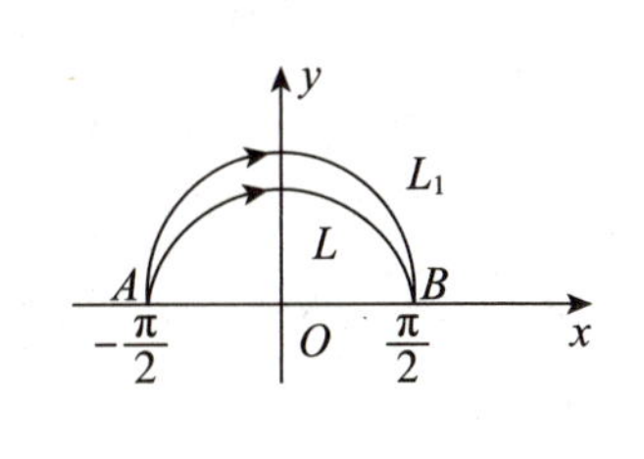

【注】(1)如果 L_1 中参数 t 取为从 $t=-\pi$ 到 $t=0$(或 $t=\pi$ 到 $t=2\pi$),虽然起点、终点仍为 A,B,但实际上取的是下半圆弧,这种 L_1 与 L 围成的区域内含有点 O,不是一个单连通区域,路径无关定理不适用.

(2)还可这样命题:L 为沿摆线 $\begin{cases} x = t - \sin t - \pi, \\ y = 1 - \cos t \end{cases}$ 从 $t=0$ 到 $t=2\pi$ 的弧段,如图所示.由于 $\frac{\partial P}{\partial y} \equiv \frac{\partial Q}{\partial x}$,

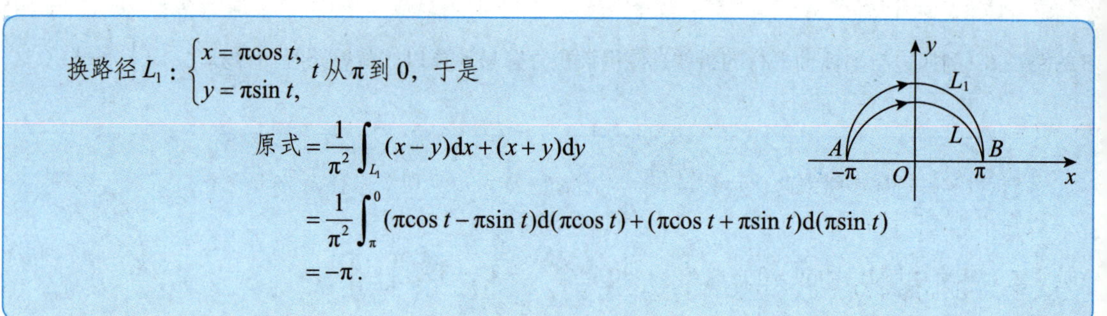

换路径 L_1：$\begin{cases} x=\pi\cos t, \\ y=\pi\sin t, \end{cases}$ t 从 π 到 0，于是

$$\begin{aligned} \text{原式} &= \frac{1}{\pi^2}\int_{L_1}(x-y)\mathrm{d}x+(x+y)\mathrm{d}y \\ &= \frac{1}{\pi^2}\int_{\pi}^{0}(\pi\cos t-\pi\sin t)\mathrm{d}(\pi\cos t)+(\pi\cos t+\pi\sin t)\mathrm{d}(\pi\sin t) \\ &= -\pi. \end{aligned}$$

④非封闭曲线且 $\dfrac{\partial Q}{\partial x}\neq\dfrac{\partial P}{\partial y}$，可补线使其封闭(加线减线).

如果不是封闭曲线的曲线积分，可以考虑补一条线 C_{BA}，使 $L_{AB}+C_{BA}$ 构成一封闭曲线，并且使其包围的区域为一单连通区域 D，在 D 上 $P(x,y)$ 和 $Q(x,y)$ 具有一阶连续偏导数，则有

$$\begin{aligned} \int_{L_{AB}}P\mathrm{d}x+Q\mathrm{d}y &= \int_{L_{AB}}P\mathrm{d}x+Q\mathrm{d}y+\int_{C_{BA}}P\mathrm{d}x+Q\mathrm{d}y-\int_{C_{BA}}P\mathrm{d}x+Q\mathrm{d}y \\ &= \oint_{L}P\mathrm{d}x+Q\mathrm{d}y-\int_{C_{BA}}P\mathrm{d}x+Q\mathrm{d}y \\ &= \pm\iint_{D}\left(\frac{\partial Q}{\partial x}-\frac{\partial P}{\partial y}\right)\mathrm{d}\sigma+\int_{C_{AB}}P\mathrm{d}x+Q\mathrm{d}y, \end{aligned}$$

式中 $L=L_{AB}+C_{BA}$，公式中的“±”号由 L 的方向而定.若 L 为正向则取正号，若 L 为负向则取负号. C_{AB} 为 C_{BA} 的反向弧.如果上式右边的二重积分和 $\int_{C_{AB}}$ 容易计算的话，那么就可利用上述转换方法计算原积分 $\int_{L_{AB}}$.

例18.21 设有向折线段 L 由线段 AB 和 BC 构成，方向为 $A\left(\frac{\pi}{2},-\frac{\pi}{2}\right)\to B\left(\frac{\pi}{2},\frac{\pi}{2}\right)\to C\left(-\frac{\pi}{2},\frac{\pi}{2}\right)$，计算曲线积分 $I=\int_{L}\cos^2 y\mathrm{d}x-\sin^2 x\mathrm{d}y$.

【解】 利用格林公式.

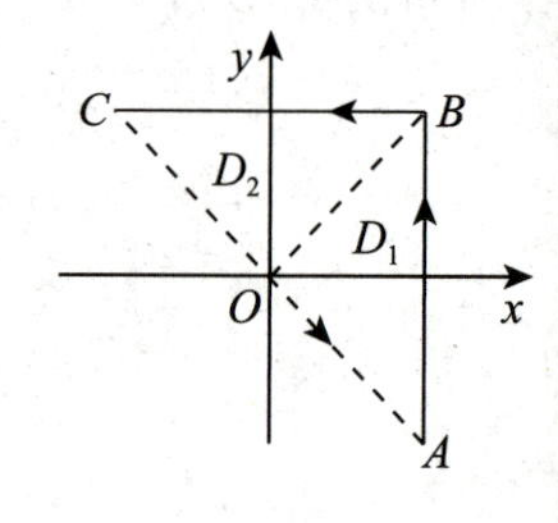

如图所示，取 L_1 为线段 CA，其方程为 $y=-x$，起点 C 对应 $x=-\frac{\pi}{2}$，终点 A 对应 $x=\frac{\pi}{2}$.

因为

$$I=\int_{L}\cos^2 y\mathrm{d}x-\sin^2 x\mathrm{d}y=\oint_{L+L_1}\cos^2 y\mathrm{d}x-\sin^2 x\mathrm{d}y-\int_{L_1}\cos^2 y\mathrm{d}x-\sin^2 x\mathrm{d}y,$$

且

$$\oint_{L+L_1}\cos^2 y\mathrm{d}x-\sin^2 x\mathrm{d}y=\iint_{\triangle ABC}(-2\sin x\cos x+2\sin y\cos y)\,\mathrm{d}x\mathrm{d}y=0,$$

$$\int_{L_1} \cos^2 y\mathrm{d}x - \sin^2 x\mathrm{d}y = \int_{-\frac{\pi}{2}}^{\frac{\pi}{2}} \left[\cos^2(-x) + \sin^2 x\right]\mathrm{d}x = \int_{-\frac{\pi}{2}}^{\frac{\pi}{2}} \mathrm{d}x = \pi,$$

所以 $I = -\pi$.

等价表述体系块

凡是一个命题有若干个等价命题，则是重要命题点，①全面掌握所有等价说法，②用 D_{22}（转换等价表述）

⑤积分与路径无关问题.

设在单连通区域D内，P, Q具有一阶连续偏导数，则下述6个命题等价.

a. $\int_{L_{AB}} P(x,y)\mathrm{d}x + Q(x,y)\mathrm{d}y$ 在D内与路径无关.

b. 沿D内任意分段光滑闭曲线L都有 $\oint_L P\mathrm{d}x + Q\mathrm{d}y = 0$.

c. $P\mathrm{d}x + Q\mathrm{d}y$ 为某二元函数 $u(x,y)$ 的全微分.

d. $P\mathrm{d}x + Q\mathrm{d}y = 0$ 为全微分方程.

e. $P\boldsymbol{i} + Q\boldsymbol{j}$ 为某二元函数 $u(x,y)$ 的梯度.

f. $\frac{\partial P}{\partial y} \equiv \frac{\partial Q}{\partial x}$ 在D内处处成立.

【注】"c，d，e" 中所涉及的 $u(x, y)$ 称为 $P\mathrm{d}x + Q\mathrm{d}y$ 的原函数，若存在一个原函数 $u(x,y)$，则 $u(x,y)+C$ 也是原函数.

一般说来，"f" 是解题的关键点.

若P, Q已知，则采用正向思路：验证 $\frac{\partial P}{\partial y} \equiv \frac{\partial Q}{\partial x}$，即 "f" 成立，则 "a, b, c, d, e" 成立，"a至e" 成立，再求 $\int_L$ 或u.

若P, Q中含有未知函数(或未知参数)，则采用反向思路：已知 "a, b, c, d, e" 其中任一命题成立，则有 "f" 成立，即 $\frac{\partial P}{\partial y} \equiv \frac{\partial Q}{\partial x}$，用此式子求出未知量，再进一步求 $\int_L$ 或u.

接下来，如何求u？

法一 用可变终点 (x,y) 的曲线积分求出 $u(x,y)$：

$$u(x,y) = \int_{(x_0,y_0)}^{(x,y)} P(x,y)\mathrm{d}x + Q(x,y)\mathrm{d}y,$$

式中 (x_0,y_0) 为D内任意取定的一点，(x,y) 为动点，则此式即为要求的一个 $u(x,y)$. 不过在使用此方法前，必须先验证在所述单连通区域内是否满足与路径无关的充要条件 $\frac{\partial Q}{\partial x} \equiv \frac{\partial P}{\partial y}$，不满足时这种 $u(x,y)$ 是不存在的，更谈不上用曲线积分求 $u(x,y)$.

至于这个可变终点 (x,y) 的曲线积分如何计算？一种方法是找一条认为是方便的从点 (x_0,y_0) 到

变点 (x,y) 的全在 D 内的路径计算；另一种方法是按折线 $(x_0,y_0)\to(x,y_0)\to(x,y)$ [见图(a)]或按折线 $(x_0,y_0)\to(x_0,y)\to(x,y)$ [见图(b)]计算.计算公式分别如下：

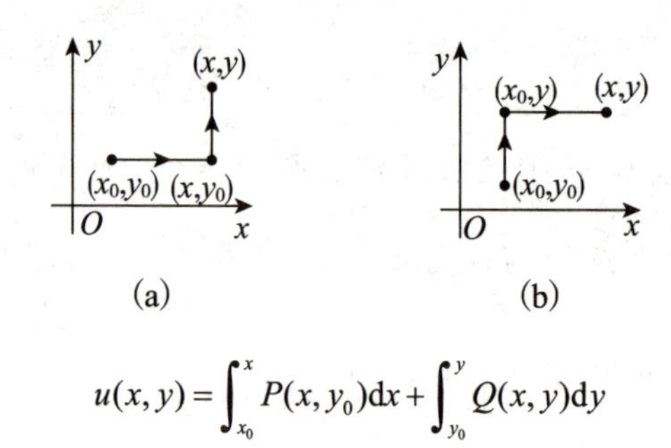

(a)　　　　(b)

$$u(x,y)=\int_{x_0}^{x}P(x,y_0)\mathrm{d}x+\int_{y_0}^{y}Q(x,y)\mathrm{d}y$$

或

$$u(x,y)=\int_{x_0}^{x}P(x,y)\mathrm{d}x+\int_{y_0}^{y}Q(x_0,y)\mathrm{d}y .$$

这里要求折线的路径应在 D 内.

以上公式得出的 $u(x,y)$ 再加任意常数 C 就得到了所有原函数.

法二　用凑微分法写出 $\mathrm{d}[u(x,y)]$（当然这需要一些技巧），在积分与路径无关的条件下，有

$$\int_{L_{AB}}P\mathrm{d}x+Q\mathrm{d}y=\int_{L_{AB}}\mathrm{d}[u(x,y)]=u(x,y)\Big|_{A}^{B}=u(B)-u(A) .$$

例 18.22　已知函数 $f(x)$ 具有一阶连续导数，且 $f(1)=1$.设 L 是绕原点一周的任意正向闭曲线，若 $\oint_L\frac{x\mathrm{d}y-y\mathrm{d}x}{f(x)+y^2}=a$ ，则 $a=$(　　).

$\frac{\partial P}{\partial y}\equiv\frac{\partial Q}{\partial x},\oint_C P\mathrm{d}x+Q\mathrm{d}y=0,$ C为不含原点的封闭曲线

(A)0　　(B)1　　(C) π^2　　(D) 2π

【解】 应选(D).

设 C 是任意一条不包含原点的封闭曲线，由题设可知

$$\oint_C\frac{x\mathrm{d}y-y\mathrm{d}x}{f(x)+y^2}=0 ,$$

所以

$$\frac{\partial}{\partial y}\left[\frac{-y}{f(x)+y^2}\right]=\frac{\partial}{\partial x}\left[\frac{x}{f(x)+y^2}\right],$$

从而

$$2f(x)-xf'(x)=0 ,$$

故

$$\left[\frac{f(x)}{x^2}\right]'=0 ,$$

考虑到 $f(1)=1$，得 $f(x)=x^2$.

取 L 为 $x^2+y^2=1$，正向，则

$$\oint_L \frac{x\mathrm{d}y-y\mathrm{d}x}{f(x)+y^2}=\oint_L \frac{x\mathrm{d}y-y\mathrm{d}x}{x^2+y^2}=\oint_L x\mathrm{d}y-y\mathrm{d}x$$

$$=\iint\limits_{x^2+y^2\leqslant 1}(1+1)\mathrm{d}x\mathrm{d}y=2\pi .$$

(4)两类曲线积分的关系.

$$\int_\Gamma P\mathrm{d}x+Q\mathrm{d}y+R\mathrm{d}z=\int_\Gamma (P\cos\alpha+Q\cos\beta+R\cos\gamma)\mathrm{d}s,$$

其中 Γ 为 $\begin{cases}x=x(t),\\ y=y(t),t:a\to b,\\ z=z(t),\end{cases}$ $\boldsymbol{\tau}=(\cos\alpha,\cos\beta,\cos\gamma)$ 为 Γ 上点 (x,y,z) 处的正向单位切向量，且当起点参数值 a 小于终点参数值 b 时，

$$\boldsymbol{\tau}=\frac{1}{\sqrt{[x'(t)]^2+[y'(t)]^2+[z'(t)]^2}}(x'(t),y'(t),z'(t))\text{；}$$

反之，

$$\boldsymbol{\tau}=-\frac{1}{\sqrt{[x'(t)]^2+[y'(t)]^2+[z'(t)]^2}}(x'(t),y'(t),z'(t)).$$

D_{22}（转换等价表述），要熟练准确计算单位切向量.

例18.23 设 L 是从点 $A(1,-1)$ 沿曲线 $x^2+y^2=-2y(y\geqslant -1)$ 到点 $B(-1,-1)$ 的有向曲线，$f(x)$ 是连续函数，计算

$$I=\int_L x[f(x)+1]\mathrm{d}y-\frac{y^2[f(x)+1]+2yf(x)}{\sqrt{1-x^2}}\mathrm{d}x .$$

【解】 有向曲线 L 的参数方程为 $\begin{cases}x=\cos t,\\ y=-1+\sin t\end{cases}$ (t 从0变到 π)，于是

D_{22}（转换等价表述）

$$\boldsymbol{\tau}=\frac{(x'(t),y'(t))}{\sqrt{[x'(t)]^2+[y'(t)]^2}}=(-\sin t,\cos t)$$

$$=(-1-y,x)=(-\sqrt{1-x^2},x)=(\cos\alpha,\cos\beta),$$

所以

$$I=\int_L x[f(x)+1]\mathrm{d}y-\frac{y^2[f(x)+1]+2yf(x)}{\sqrt{1-x^2}}\mathrm{d}x$$

D₂₃（化归经典形式）

$$=\int_L\left\{-\frac{y^2[f(x)+1]+2yf(x)}{\sqrt{1-x^2}}\cos\alpha+x[f(x)+1]\cos\beta\right\}ds$$

$$=\int_L\left\{-\frac{y^2[f(x)+1]+2yf(x)}{\sqrt{1-x^2}}\cdot(-\sqrt{1-x^2})+x[f(x)+1]\cdot x\right\}ds$$

$$=\int_L[(x^2+y^2+2y)f(x)+x^2+y^2]ds$$

$$=\int_L(x^2+y^2)\,ds=\int_L(-2y)ds$$

$$=2\int_0^{\pi}(1-\sin t)dt=2\pi-4.$$

【注】本题中$f(x)$只是连续函数，未提供可导的条件，故若考虑加线补成封闭区域，然后用格林公式是行不通的．

(5)空间问题.

①**直接计算** $\begin{cases}\text{一投二代三计算，}\\ \text{用斯托克斯(Stokes)公式.}\end{cases}$

a.一投二代三计算.

设Γ:$\begin{cases}x=x(t),\\ y=y(t),t:a\to b\\ z=z(t),\end{cases}$，则有

$$\int_\Gamma Pdx+Qdy+Rdz$$
$$=\int_a^b\{P[x(t),y(t),z(t)]x'(t)+Q[x(t),y(t),z(t)]y'(t)+R[x(t),y(t),z(t)]z'(t)\}\,dt.$$

b.用斯托克斯公式.

设Ω为某空间区域，Σ为Ω内的分片光滑有向曲面片，Γ为逐段光滑的Σ的边界，它的方向与Σ的法向量成右手系，函数$P(x,y,z)$，$Q(x,y,z)$与$R(x,y,z)$在Ω内具有连续的一阶偏导数，则有斯托克斯公式：

$$\oint_\Gamma Pdx+Qdy+Rdz=\iint_\Sigma\begin{vmatrix}dydz & dzdx & dxdy\\ \frac{\partial}{\partial x} & \frac{\partial}{\partial y} & \frac{\partial}{\partial z}\\ P & Q & R\end{vmatrix}\text{（此为第二型曲面积分形式）}$$

$$=\iint_\Sigma\begin{vmatrix}\cos\alpha & \cos\beta & \cos\gamma\\ \frac{\partial}{\partial x} & \frac{\partial}{\partial y} & \frac{\partial}{\partial z}\\ P & Q & R\end{vmatrix}dS\text{（此为第一型曲面积分形式），}$$

其中$\boldsymbol{n}^\circ=(\cos\alpha,\cos\beta,\cos\gamma)$为$\Sigma$的单位外法线向量.

【注】可以证明（这里不证），公式的成立与绷在Γ上的曲面大小、形状无关，如图所示，有$\oint_{\Gamma}=\iint_{\Sigma_1}=\iint_{\Sigma_2}$.

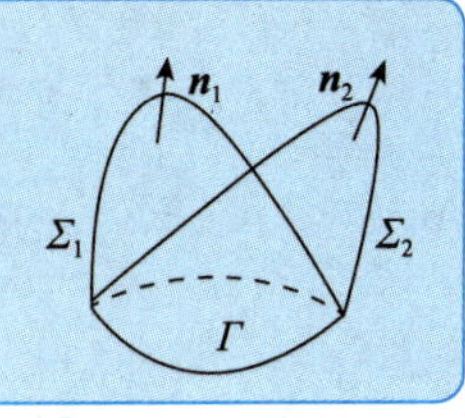

例18.24 设曲线$\Gamma:\begin{cases}y-z=0,\\x^2+y^2+z^2=1,\end{cases}$从$z$轴正向看去，$\Gamma$取逆时针方向，求$\oint_{\Gamma}xyz\mathrm{d}z$.

【解】 **法一** 取曲面Σ为平面$y-z=0$上被Γ所围部分的上侧，该平面的单位法向量为$\boldsymbol{n}_0=\left(0,-\frac{1}{\sqrt{2}},\frac{1}{\sqrt{2}}\right)$，在$\begin{cases}y-z=0,\\x^2+y^2+z^2=1\end{cases}$中消去$z$，则$\Sigma$在$xOy$面上的投影区域为$D:x^2+2y^2\leqslant1$.

根据斯托克斯公式，有

$$I=\oint_{\Gamma}xyz\mathrm{d}z=\iint_{\Sigma}\begin{vmatrix}0 & -\frac{1}{\sqrt{2}} & \frac{1}{\sqrt{2}}\\ \frac{\partial}{\partial x} & \frac{\partial}{\partial y} & \frac{\partial}{\partial z}\\ 0 & 0 & xyz\end{vmatrix}\mathrm{d}S=\iint_{\Sigma}\frac{1}{\sqrt{2}}yz\mathrm{d}S$$

$$=\iint_{D}\frac{y^2}{\sqrt{2}}\sqrt{2}\mathrm{d}x\mathrm{d}y=\iint_{D}y^2\mathrm{d}x\mathrm{d}y.$$

令$\begin{cases}x=r\cos\theta,\\y=\frac{1}{\sqrt{2}}r\sin\theta,\end{cases}$有

$$I=\int_0^{2\pi}\mathrm{d}\theta\int_0^1\left(\frac{1}{\sqrt{2}}r\sin\theta\right)^2\frac{1}{\sqrt{2}}r\mathrm{d}r=\frac{\sqrt{2}}{16}\pi.$$

这里，

$$\mathrm{d}x\mathrm{d}y=\left\|\begin{matrix}\frac{\partial x}{\partial r} & \frac{\partial x}{\partial\theta}\\ \frac{\partial y}{\partial r} & \frac{\partial y}{\partial\theta}\end{matrix}\right\|\mathrm{d}r\mathrm{d}\theta=\left\|\begin{matrix}\cos\theta & -r\sin\theta\\ \frac{1}{\sqrt{2}}\sin\theta & \frac{1}{\sqrt{2}}r\cos\theta\end{matrix}\right\|\mathrm{d}r\mathrm{d}\theta=\frac{1}{\sqrt{2}}r\mathrm{d}r\mathrm{d}\theta.$$

若考生少写了$\frac{1}{\sqrt{2}}$，就会算错.

法二 将$\Gamma:\begin{cases}y-z=0,\\x^2+y^2+z^2=1\end{cases}$化为参数方程$\begin{cases}x=\cos t,\\y=\frac{\sin t}{\sqrt{2}},\\z=\frac{\sin t}{\sqrt{2}},\end{cases}$ $0\leqslant t\leqslant2\pi$，于是

$$\oint_{\Gamma} xyz\mathrm{d}z = \int_0^{2\pi} \frac{1}{2\sqrt{2}}(\sin^2 t - \sin^4 t)\mathrm{d}t = \frac{4}{2\sqrt{2}}\int_0^{\frac{\pi}{2}}(\sin^2 t - \sin^4 t)\mathrm{d}t$$

$$= \frac{4}{2\sqrt{2}}\left(\frac{1}{2}\cdot\frac{\pi}{2} - \frac{3}{4}\cdot\frac{1}{2}\cdot\frac{\pi}{2}\right) = \frac{\sqrt{2}}{16}\pi .$$

【注】综上所述，本题用法二更为简便.

②**换路径再计算.**(若 $\mathbf{rot}\,\boldsymbol{F} = \mathbf{0}$ (无旋场), 可换路径.)

设 $\boldsymbol{F} = P\boldsymbol{i} + Q\boldsymbol{j} + R\boldsymbol{k}$,其中 P, Q, R 具有一阶连续偏导数.若 $\mathbf{rot}\,\boldsymbol{F} = \mathbf{0}$,则可换路径积分.

【注】本部分中“一、2.(3)的②,③”与“一、2.(5)的②”为什么可以换路径？平面上的 $\dfrac{\partial Q}{\partial x} \equiv \dfrac{\partial P}{\partial y}$ 与空间上的 $\mathbf{rot}\,\boldsymbol{F} = \mathbf{0}$ ，均是指所给场无旋，无旋场中积分与路径无关，于是可“换路径”.为什么无旋场积分与路径无关呢？可以这样理解并记忆：在重力场中，你手上拿着一个风车，若只有重力作用，风车是不会旋转的，这就是“无旋”，重力场是无旋场，重力场中做功与路径无关，这样通俗理解就容易记住了.

例18.25 设 Γ 是圆柱螺线 $x = \cos\theta$, $y = \sin\theta$, $z = \theta$, 从点 $A(1,0,0)$ 到点 $B(1,0,2\pi)$, 则 $I = \int_{\Gamma}(x^2 - yz)\mathrm{d}x + (y^2 - zx)\mathrm{d}y + (z^2 - xy)\mathrm{d}z =$ ________.

【解】 应填 $\dfrac{8}{3}\pi^3$.

由于

$$\begin{vmatrix} \boldsymbol{i} & \boldsymbol{j} & \boldsymbol{k} \\ \dfrac{\partial}{\partial x} & \dfrac{\partial}{\partial y} & \dfrac{\partial}{\partial z} \\ x^2 - yz & y^2 - zx & z^2 - xy \end{vmatrix} = \mathbf{0} ,$$

因此全空间内曲线积分与路径无关,将 Γ 换为直线段 $\overline{AB}$: $x = 1$, $y = 0$, z 从0到 2π , 则

$$I = \int_{\overline{AB}} z^2 \mathrm{d}z = \int_0^{2\pi} z^2 \mathrm{d}z = \frac{8}{3}\pi^3 .$$

二、第二型曲面积分 (O_2 (盯住目标2))

1.概念——通量(D_1 (常规操作) $+D_{22}$ (转换等价表述))

第二型曲面积分的被积函数 $\boldsymbol{F}(x,y,z) = P(x,y,z)\boldsymbol{i} + Q(x,y,z)\boldsymbol{j} + R(x,y,z)\boldsymbol{k}$ 定义在光滑的空间有向曲面 Σ 上,其物理背景是向量函数 $\boldsymbol{F}(x,y,z)$ 通过曲面 Σ 的通量:

$$\iint_{\Sigma} P(x,y,z)\mathrm{d}y\mathrm{d}z + Q(x,y,z)\mathrm{d}z\mathrm{d}x + R(x,y,z)\mathrm{d}x\mathrm{d}y .$$

由此可以看出,第二型曲面积分是一个**向量函数**通过某**有向曲面**的通量(无几何量可言),要加强和前面所学积分的横向对比,理解它们的区别和联系,不要用错或者用混了.

$$\iint_{\Sigma}(P,Q,R)\cdot(\mathrm{d}y\mathrm{d}z,\mathrm{d}z\mathrm{d}x,\mathrm{d}x\mathrm{d}y) = \iint_{\Sigma} P\mathrm{d}y\mathrm{d}z + Q\mathrm{d}z\mathrm{d}x + R\mathrm{d}x\mathrm{d}y .$$

2.计算(D_1(常规操作)+D_2(脱胎换骨)+D_{44}(善于发现对称))

(1)“类”对称性.

设 $\iint_{\Sigma^+} R(x,y,z)\mathrm{d}x\mathrm{d}y$,$\Sigma^+$ 可分成关于某平面“类”对称的 $\Sigma_1 \cup \Sigma_2$,且对称点处 R 的绝对值相等,则

$$\iint_{\Sigma^+} R(x,y,z)\mathrm{d}x\mathrm{d}y = \begin{cases} 2\iint_{\Sigma_1} R(x,y,z)\mathrm{d}x\mathrm{d}y, & \text{对称点处 } R\mathrm{d}x\mathrm{d}y \text{相同}, \\ 0, & \text{对称点处} R\mathrm{d}x\mathrm{d}y \text{相反}. \end{cases}$$

$\iint_{\Sigma^+} P(x,y,z)\mathrm{d}y\mathrm{d}z$,$\iint_{\Sigma^+} Q(x,y,z)\mathrm{d}z\mathrm{d}x$ 类似.

例18.26 计算

$$I = \oiint_{\Sigma} |xy|z^2\mathrm{d}x\mathrm{d}y + |x|y^2 z\mathrm{d}y\mathrm{d}z ,$$

式中 Σ 为 $z = x^2 + y^2$ 与 $z = 1$ 所围区域 Ω 的表面,方向向外.

【解】 由题设得,Σ 关于 yOz 面对称,如图所示,且 $|x|y^2 z = |-x|y^2 z$,故

D$_{44}$(善于发现对称)

$$\iint_{\Sigma} |x|y^2 z\mathrm{d}y\mathrm{d}z = 0 ,$$

则

$$I = \iint_{\Sigma} |xy|z^2\mathrm{d}x\mathrm{d}y \overset{\text{高斯}}{\underset{\text{公式}}{=}} \iiint_{\Omega} |xy|\cdot 2z\mathrm{d}v$$

$$= 8\iiint_{\substack{\Omega \\ x,y\geqslant 0}} xyz\mathrm{d}v = 8\iint_{\substack{x^2+y^2\leqslant 1 \\ x,y\geqslant 0}} \mathrm{d}\sigma \int_{x^2+y^2}^{1} xyz\mathrm{d}z$$

$$= 4\iint_{\substack{x^2+y^2\leqslant 1 \\ x,y\geqslant 0}} xy\left[1-(x^2+y^2)^2\right]\mathrm{d}\sigma$$

$$= 4\int_0^{\frac{\pi}{2}}\mathrm{d}\theta\int_0^1 r^2\cos\theta\sin\theta(1-r^4)r\mathrm{d}r = \frac{1}{4} .$$

(2)基本方法——一投二代三计算(化为二重积分).

①拆成三个积分(如果有的话),一个一个做:

$$\iint_{\Sigma} P(x,y,z)\mathrm{d}y\mathrm{d}z + Q(x,y,z)\mathrm{d}z\mathrm{d}x + R(x,y,z)\mathrm{d}x\mathrm{d}y$$

$$= \iint_{\Sigma} P(x,y,z)\mathrm{d}y\mathrm{d}z + \iint_{\Sigma} Q(x,y,z)\mathrm{d}z\mathrm{d}x + \iint_{\Sigma} R(x,y,z)\mathrm{d}x\mathrm{d}y.$$

②分别投影到相应的坐标面上.

例如对于 $\iint_{\Sigma} R(x,y,z)\mathrm{d}x\mathrm{d}y$，将曲面 Σ 投影到 xOy 平面上去.

a.若 Σ 在 xOy 平面上的投影为一条线，即 Σ 垂直于 xOy 平面，则此积分为零.

b.若不是"a"的情形，且 Σ 上存在两点，它们在 xOy 平面上的投影点重合，则应将 Σ 剖分成若干个曲面片，使对于每一曲面片上的点投影到 xOy 平面上的投影点不重合.

c.假设已如此剖分好了，不妨将剖分之后的曲面片仍记为 Σ.此时将 Σ 的方程写成 $z=z(x,y)$ 的形式(只有投影到 xOy 平面上投影点不重合时，Σ 的方程才能写成 $z=z(x,y)$).

③一投二代三计算.

a.一投：确定出 Σ 在 xOy 平面上的投影域 D_{xy}.

b.二代：将 $z=z(x,y)$ 代入 $R(x,y,z)$.

c.三计算：将 $\mathrm{d}x\mathrm{d}y$ 写成 $\pm\mathrm{d}x\mathrm{d}y$.其中"$\pm$"是这样选取的：

当 $\cos\gamma>0$，即 Σ 的法向量与 z 轴交角为锐角，亦即当 Σ 的指定侧为上侧时，取"+"；

当 $\cos\gamma<0$，即 Σ 的法向量与 z 轴交角为钝角，亦即当 Σ 的指定侧为下侧时，取"−".

于是便得

$$\iint_{\Sigma} R(x,y,z)\mathrm{d}x\mathrm{d}y = \pm\iint_{D_{xy}} R\left[x,y,z(x,y)\right]\mathrm{d}x\mathrm{d}y.$$

【注】必须注意，上式等号左边是第二型曲面积分，$\iint_{\Sigma}$ 表明了这件事，其中 $\mathrm{d}x\mathrm{d}y$ 为有向曲面微元在 xOy 平面上的投影分量；等式右边是 xOy 平面上的二重积分，$\iint_{D_{xy}}$ 表明了这件事，其中 $\mathrm{d}x\mathrm{d}y$ 为二重积分的面积微元，R 中的 z 已用 Σ 的方程 $z=z(x,y)$ 代入了，它是 x,y 的函数.两个 $\mathrm{d}x\mathrm{d}y$ 虽然写法一样，但其意义不一样.

对于其他两个第二型曲面积分的计算类似，请考生参照"②，③"两条自行写出.

④计算已转化成的二重积分.

例18.27 设直线 L 过点 $A(-1,0,1)$ 与 $B(0,0,0)$，L 绕 z 轴旋转一周得曲面 Σ_0，计算 $I=$

$\oiint\limits_{\Sigma}\frac{e^z}{\sqrt{x^2+y^2}}dxdy$，式中$\Sigma$是由$\Sigma_0$，$z=1$，$z=2$所围有界闭区域的边界曲面，取外侧.

【解】 直线L的两点式方程为

$$\frac{x+1}{1}=\frac{y}{0}=\frac{z-1}{-1},$$

可得其参数方程为

$$\begin{cases}x=-1+t,\\y=0,\\z=1-t,\end{cases}$$

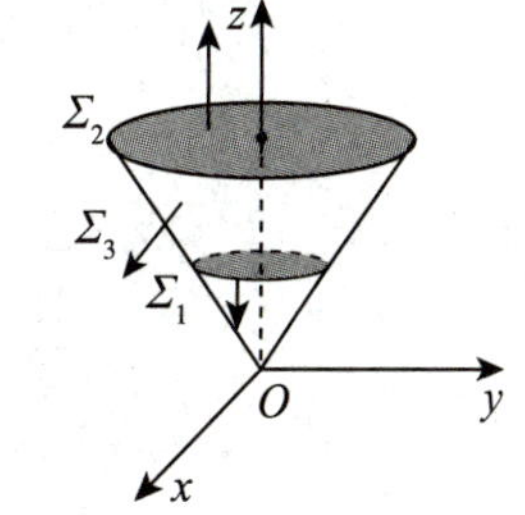

D22（转换等价表述）

即$\begin{cases}x=-z,\\y=0.\end{cases}$故$\Sigma_0$的方程为$x^2+y^2=z^2+0=z^2$.

如图所示，记$\Sigma=\Sigma_1+\Sigma_2+\Sigma_3$，其中$\Sigma_1:z=1$，$x^2+y^2\leqslant1$；$\Sigma_2:z=2$，$x^2+y^2\leqslant4$；$\Sigma_3:z=\sqrt{x^2+y^2}$，$1\leqslant z\leqslant2$，则

D23（化归经典形式）

$$I=\oiint\limits_{\Sigma}\frac{e^z}{\sqrt{x^2+y^2}}dxdy=\iint\limits_{\Sigma_1}\frac{e^z}{\sqrt{x^2+y^2}}dxdy+\iint\limits_{\Sigma_2}\frac{e^z}{\sqrt{x^2+y^2}}dxdy+\iint\limits_{\Sigma_3}\frac{e^z}{\sqrt{x^2+y^2}}dxdy,$$

$$\iint\limits_{\Sigma_1}\frac{e^z}{\sqrt{x^2+y^2}}dxdy=-\iint\limits_{D_1}\frac{e^1}{\sqrt{x^2+y^2}}dxdy=-e\int_0^{2\pi}d\theta\int_0^1\frac{1}{r}\cdot rdr=-2\pi e,$$

$$\iint\limits_{\Sigma_2}\frac{e^z}{\sqrt{x^2+y^2}}dxdy=\iint\limits_{D_2}\frac{e^2}{\sqrt{x^2+y^2}}dxdy=e^2\int_0^{2\pi}d\theta\int_0^2\frac{1}{r}\cdot rdr=4\pi e^2,$$

$$\iint\limits_{\Sigma_3}\frac{e^z}{\sqrt{x^2+y^2}}dxdy=-\iint\limits_{D_3}\frac{e^{\sqrt{x^2+y^2}}}{\sqrt{x^2+y^2}}dxdy=-\int_0^{2\pi}d\theta\int_1^2\frac{e^r}{r}\cdot rdr=-2\pi\left(e^2-e\right),$$

式中$D_1=\left\{(x,y)\middle|x^2+y^2\leqslant1\right\}$，$D_2=\left\{(x,y)\middle|x^2+y^2\leqslant4\right\}$，$D_3=\left\{(x,y)\middle|1\leqslant x^2+y^2\leqslant4\right\}$.故

$$I=-2\pi e+4\pi e^2-2\pi\left(e^2-e\right)=2\pi e^2.$$

(3)转换投影法.

①转换投影法中有向曲面正向单位法向量的求法.

D22（转换等价表述），要熟练准确做好单位法向量的计算.

设$\Sigma:z=z(x,y)$，其中z有一阶连续偏导数，则

$$\boldsymbol{n}=\text{“}\pm\text{”}\frac{1}{\sqrt{1+\left(\frac{\partial z}{\partial x}\right)^2+\left(\frac{\partial z}{\partial y}\right)^2}}\left(-\frac{\partial z}{\partial x},-\frac{\partial z}{\partial y},1\right),$$

当上侧为正时，取“+”；下侧为正时，取“-”.(上正下负)

【注】同理，设$\Sigma: y=y(x,z)$，其中y有一阶连续偏导数，则

$$\boldsymbol{n}=\text{“}\pm\text{”}\frac{1}{\sqrt{1+\left(\frac{\partial y}{\partial x}\right)^2+\left(\frac{\partial y}{\partial z}\right)^2}}\left(-\frac{\partial y}{\partial x},1,-\frac{\partial y}{\partial z}\right),$$

当右侧为正时，取“+”；左侧为正时，取“−”.（右正左负）

设$\Sigma: x=x(y,z)$，其中x有一阶连续偏导数，则

$$\boldsymbol{n}=\text{“}\pm\text{”}\frac{1}{\sqrt{1+\left(\frac{\partial x}{\partial y}\right)^2+\left(\frac{\partial x}{\partial z}\right)^2}}\left(1,-\frac{\partial x}{\partial y},-\frac{\partial x}{\partial z}\right),$$

当前侧为正时，取“+”；后侧为正时，取“−”.（前正后负）

例18.28 已知曲面$\Sigma: z=\sqrt{x^2+y^2}$，下侧为正，求其正向单位法向量.

【解】因为$\frac{\partial z}{\partial x}=\frac{x}{\sqrt{x^2+y^2}}$，$\frac{\partial z}{\partial y}=\frac{y}{\sqrt{x^2+y^2}}$，且下侧为正，所以其正向单位法向量为

$$\boldsymbol{n}=-\frac{1}{\sqrt{1+\left(\frac{\partial z}{\partial x}\right)^2+\left(\frac{\partial z}{\partial y}\right)^2}}\left(-\frac{\partial z}{\partial x},-\frac{\partial z}{\partial y},1\right)=\frac{\sqrt{2}}{2}\left(\frac{x}{\sqrt{x^2+y^2}},\frac{y}{\sqrt{x^2+y^2}},-1\right).$$

例18.29 若柱面$\Sigma: x^2+y^2=1$的外侧为正，求其后半柱面正向单位法向量.

【解】后半柱面，后侧为正，$x=-\sqrt{1-y^2}$，$\boldsymbol{n}=-\sqrt{1-y^2}\left(1,-\frac{y}{\sqrt{1-y^2}},0\right)$.

②转换投影定理.

设曲面$\Sigma: z=z(x,y)$，z有一阶连续偏导数，且$P(x,y,z),Q(x,y,z),R(x,y,z)$在$\Sigma$上连续，则

$$\iint_{\Sigma}P(x,y,z)\mathrm{d}y\mathrm{d}z+Q(x,y,z)\mathrm{d}z\mathrm{d}x+R(x,y,z)\mathrm{d}x\mathrm{d}y=\text{“}\pm\text{”}\iint_{D}\left(-P\frac{\partial z}{\partial x}-Q\frac{\partial z}{\partial y}+R\right)\mathrm{d}x\mathrm{d}y,$$

式中$P=P[x,y,z(x,y)]$，$Q=Q[x,y,z(x,y)]$，$R=R[x,y,z(x,y)]$.

【注】**证** 因为

$$\boldsymbol{n}=\text{“}\pm\text{”}\frac{1}{\sqrt{1+\left(\frac{\partial z}{\partial x}\right)^2+\left(\frac{\partial z}{\partial y}\right)^2}}\left(-\frac{\partial z}{\partial x},-\frac{\partial z}{\partial y},1\right),$$

$$\mathrm{d}S=\sqrt{1+\left(\frac{\partial z}{\partial x}\right)^2+\left(\frac{\partial z}{\partial y}\right)^2}\,\mathrm{d}x\mathrm{d}y,$$

并记$\boldsymbol{F}=(P,Q,R)$，$\mathrm{d}\boldsymbol{S}=(\mathrm{d}y\mathrm{d}z,\mathrm{d}z\mathrm{d}x,\mathrm{d}x\mathrm{d}y)$，则

$$\iint_{\Sigma} P\mathrm{d}y\mathrm{d}z+Q\mathrm{d}z\mathrm{d}x+R\mathrm{d}x\mathrm{d}y=\iint_{\Sigma}\boldsymbol{F}(x,y,z)\boldsymbol{\cdot}\mathrm{d}\boldsymbol{S}=\iint_{\Sigma}[\boldsymbol{F}(x,y,z)\boldsymbol{\cdot}\boldsymbol{n}]\,\mathrm{d}S$$

$$=\iint_{\Sigma}(P,Q,R)\boldsymbol{\cdot}\text{“}\pm\text{”}\frac{1}{\sqrt{1+\left(\frac{\partial z}{\partial x}\right)^2+\left(\frac{\partial z}{\partial y}\right)^2}}\left(-\frac{\partial z}{\partial x},-\frac{\partial z}{\partial y},1\right)\mathrm{d}S$$

$$=\text{“}\pm\text{”}\iint_{D}\left(-P\frac{\partial z}{\partial x}-Q\frac{\partial z}{\partial y}+R\right)\mathrm{d}x\mathrm{d}y,$$

式中“±”的选取显然就是前述①的情形.

例18.30 设锥面Σ的顶点为原点，准线为曲线$\Gamma:\begin{cases}z=y^2,\\x=1\end{cases}(|y|\leqslant 1)$.

(1)求Σ的方程；

(2)计算$I=\iint_{\Sigma}y\mathrm{d}y\mathrm{d}z+x\mathrm{d}z\mathrm{d}x+z\mathrm{d}x\mathrm{d}y$，$\Sigma$取上侧.

D_{43}(数形结合)

【解】(1)设$P(x,y,z)$为Σ上任一点，其对应于准线上的点为$P_0(1,y_0,z_0)$. $OP\,/\!/\,OP_0$，得$\frac{1}{x}=\frac{y_0}{y}=\frac{z_0}{z}$，

且$z_0=y_0^2$，则$\frac{1}{x}=\frac{y_0}{y}=\frac{y_0^2}{z}$，故$\begin{cases}y_0=\frac{y}{x},\\y_0^2=\frac{z}{x},\end{cases}$得$\frac{y^2}{x^2}=\frac{z}{x}$，则

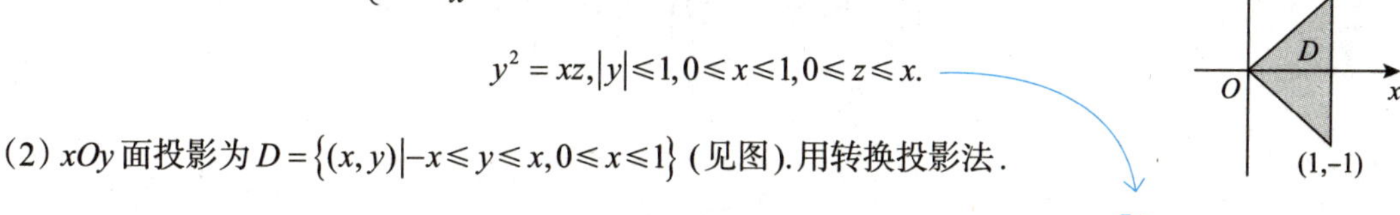

$$y^2=xz,|y|\leqslant 1,0\leqslant x\leqslant 1,0\leqslant z\leqslant x.$$

(2) xOy面投影为$D=\{(x,y)|-x\leqslant y\leqslant x,0\leqslant x\leqslant 1\}$(见图).用转换投影法.

$$\frac{\partial z}{\partial x}=-\frac{y^2}{x^2},\frac{\partial z}{\partial y}=\frac{2y}{x},$$

则

$$I=\iint_{\Sigma}\left[z+x\left(-\frac{2y}{x}\right)+y\left(\frac{y^2}{x^2}\right)\right]\mathrm{d}x\mathrm{d}y$$

$$=\iint_{\Sigma}\left(z-2y+\frac{y^3}{x^2}\right)\mathrm{d}x\mathrm{d}y=\iint_{D}\left(\frac{y^2}{x}-2y+\frac{y^3}{x^2}\right)\mathrm{d}x\mathrm{d}y$$

$$=\iint_{D}\frac{y^2}{x}\mathrm{d}\sigma=\int_0^1\mathrm{d}x\int_{-x}^{x}\frac{y^2}{x}\mathrm{d}y=\int_0^1\frac{2}{3}x^2\mathrm{d}x=\frac{2}{9}.$$

(4)高斯公式.

设空间有界闭区域Ω由有向分片光滑闭曲面Σ围成，$P(x,y,z)$，$Q(x,y,z)$，$R(x,y,z)$在Ω上具有一阶连续偏导数，其中Σ取外侧，则有公式

$$\oiint_{\Sigma} P\mathrm{d}y\mathrm{d}z + Q\mathrm{d}z\mathrm{d}x + R\mathrm{d}x\mathrm{d}y = \iiint_{\Omega}\left(\frac{\partial P}{\partial x}+\frac{\partial Q}{\partial y}+\frac{\partial R}{\partial z}\right)\mathrm{d}v.$$

①封闭曲面且内部无奇点，直接用高斯公式.

例18.31 设Σ是曲面$|x-y+z|+|y-z+x|+|z-x+y|=1$的外侧，计算曲面积分

$$I=\oiint_{\Sigma}(x-y+z)\mathrm{d}y\mathrm{d}z+(y-z+x)\mathrm{d}z\mathrm{d}x+(z-x+y)\mathrm{d}x\mathrm{d}y .$$

【解】 设$\Omega=\{(x,y,z)\,|\,|x-y+z|+|y-z+x|+|z-x+y|\leqslant 1\}$.

根据高斯公式，得

$$I=\iiint_{\Omega}3\mathrm{d}x\mathrm{d}y\mathrm{d}z .$$

令$\begin{cases}x-y+z=u,\\ y-z+x=v,\\ z-x+y=w,\end{cases}$ 则

$$\frac{\partial(x,y,z)}{\partial(u,v,w)}=\frac{1}{\dfrac{\partial(u,v,w)}{\partial(x,y,z)}}=\frac{1}{\begin{vmatrix}1&-1&1\\1&1&-1\\-1&1&1\end{vmatrix}}=\frac{1}{4},$$

所以

$$I=\iiint_{\Omega}3\mathrm{d}x\mathrm{d}y\mathrm{d}z=\iiint_{|u|+|v|+|w|\leqslant 1}3\left|\frac{\partial(x,y,z)}{\partial(u,v,w)}\right|\mathrm{d}u\mathrm{d}v\mathrm{d}w$$

$$=\frac{3}{4}\iiint_{|u|+|v|+|w|\leqslant 1}\mathrm{d}u\mathrm{d}v\mathrm{d}w=\frac{3}{4}\times\frac{4}{3}=1 .$$

【注】$|u|+|v|+|w|\leqslant 1$为八面体，体积为$\frac{4}{3}$.

过程中所用到的三重积分的换元法，具体原理如下.

$$\iiint_{\Omega_{xyz}}f(x,y,z)\,\mathrm{d}x\mathrm{d}y\mathrm{d}z \xlongequal[z=z(u,v,w)]{\substack{x=x(u,v,w)\\ y=y(u,v,w)}} \iiint_{\Omega_{uvw}}f[x(u,v,w),y(u,v,w),z(u,v,w)]\left|\frac{\partial(x,y,z)}{\partial(u,v,w)}\right|\mathrm{d}u\mathrm{d}v\mathrm{d}w .$$

① $f(x,y,z)\to f[x(u,v,w),y(u,v,w),z(u,v,w)]$.

② $\iiint_{\Omega_{xyz}}\to\iiint_{\Omega_{uvw}}$.

③ $\mathrm{d}x\mathrm{d}y\mathrm{d}z\to\left|\frac{\partial(x,y,z)}{\partial(u,v,w)}\right|\mathrm{d}u\mathrm{d}v\mathrm{d}w$.

其中

a. $\begin{cases} x=x(u,v,w), \\ y=y(u,v,w), \\ z=z(u,v,w) \end{cases}$ 是空间 (x,y,z) 到空间 (u,v,w) 的一一映射；

b. $x=x(u,v,w), y=y(u,v,w), z=z(u,v,w)$ 有一阶连续偏导数，且

$$\frac{\partial(x,y,z)}{\partial(u,v,w)}=\begin{vmatrix} \frac{\partial x}{\partial u} & \frac{\partial x}{\partial v} & \frac{\partial x}{\partial w} \\ \frac{\partial y}{\partial u} & \frac{\partial y}{\partial v} & \frac{\partial y}{\partial w} \\ \frac{\partial z}{\partial u} & \frac{\partial z}{\partial v} & \frac{\partial z}{\partial w} \end{vmatrix} \neq 0 .$$

②封闭曲面、有奇点在其内部，且除奇点外 $\operatorname{div} \boldsymbol{F}=0$，可换个面积分.(边界无须与原曲面重合)

【注】为什么可以换个面积分？$\operatorname{div} \boldsymbol{F}=0$ 是指所给场无源，于是通过任何封闭曲面（且无奇点在其内部）的通量为 0. 如图所示，由于 $\oiint\limits_{\Sigma+\Sigma_1^-}=0$，于是 $\oiint\limits_{\Sigma}=-\oiint\limits_{\Sigma_1^-}=\oiint\limits_{\Sigma_1}$（$\Sigma$与$\Sigma_1$同向）.

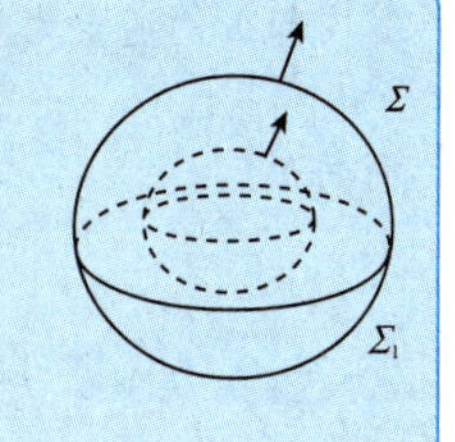

有时虽然所给的曲面是一张封闭曲面，法向量指的也是外侧，但“在Σ所包围的有界闭区域Ω的内部有奇点，但除奇点外P, Q, R具有连续的一阶偏导数，且满足$\frac{\partial P}{\partial x}+\frac{\partial Q}{\partial y}+\frac{\partial R}{\partial z} \equiv 0$”. 此时，可以作一封闭曲面$\Sigma_1 \subset \Omega$，将上述使偏导数不连续的点都包含在$\Sigma_1$的内部，$\Sigma_1$的法向量指向它所包围的有界区域的外侧，则有公式

$$\oiint\limits_{\Sigma} P \mathrm{d}y \mathrm{d}z+Q \mathrm{d}z \mathrm{d}x+R \mathrm{d}x \mathrm{d}y=\oiint\limits_{\Sigma_1} P \mathrm{d}y \mathrm{d}z+Q \mathrm{d}z \mathrm{d}x+R \mathrm{d}x \mathrm{d}y .$$

如果后一积分比前一积分容易计算，就达到化难为易的目的了.

例18.32 设Σ是椭球面$\frac{x^2}{a^2}+\frac{y^2}{b^2}+\frac{z^2}{c^2}=1$，法向量指向外侧，则$\oiint\limits_{\Sigma} \frac{x \mathrm{d}y \mathrm{d}z+y \mathrm{d}z \mathrm{d}x+z \mathrm{d}x \mathrm{d}y}{(x^2+y^2+z^2)^{3/2}}=$______.

【解】应填4π.

当$(x,y,z) \neq(0,0,0)$时，经计算有

$$\frac{\partial P}{\partial x}+\frac{\partial Q}{\partial y}+\frac{\partial R}{\partial z} \equiv 0 .$$

但是这里不能用高斯公式，因为在Σ内部的点$O(0,0,0)$处，P,Q,R都不连续．故在Σ内部作一球面

$$\Sigma_1: x^2+y^2+z^2=r^2(r>0),$$

它的法向量指向球面外侧，于是有

$$\oiint_{\Sigma}\frac{x\mathrm{d}y\mathrm{d}z+y\mathrm{d}z\mathrm{d}x+z\mathrm{d}x\mathrm{d}y}{(x^2+y^2+z^2)^{3/2}}=\oiint_{\Sigma_1}\frac{x\mathrm{d}y\mathrm{d}z+y\mathrm{d}z\mathrm{d}x+z\mathrm{d}x\mathrm{d}y}{(x^2+y^2+z^2)^{3/2}}$$

$$=\frac{1}{r^3}\oiint_{\Sigma_1}x\mathrm{d}y\mathrm{d}z+y\mathrm{d}z\mathrm{d}x+z\mathrm{d}x\mathrm{d}y\overset{(*)}{=\!=}\frac{1}{r^3}\iiint_{\Omega_1}3\mathrm{d}v=\frac{1}{r^3}\cdot3\cdot\frac{4}{3}\pi r^3=4\pi,$$

式中(*)处来自高斯公式，Ω_1为Σ_1所包围的闭球域．

③非封闭曲面，且 $\operatorname{div}\boldsymbol{F}=0$，可换个面积分．(边界需与原曲面重合)

【注】为什么可以换个面积分？$\operatorname{div}\boldsymbol{F}=0$是指所给场无源，于是通过任何封闭曲面（且无奇点在其内部）的通量为0，如图所示．由于$\oiint_{\Sigma_1+\Sigma_2}=0$，于是$\iint_{\Sigma_1}=-\iint_{\Sigma_2}=\iint_{\Sigma_2^-}$（$\Sigma_1$与$\Sigma_2^-$同向）．

例18.33 设Σ为锥面$z=\sqrt{x^2+y^2}\,(0\leqslant z\leqslant H)$的下侧，则$\iint_{\Sigma}\mathrm{d}y\mathrm{d}z+2\mathrm{d}z\mathrm{d}x+3\mathrm{d}x\mathrm{d}y=$________.

【解】应填$-3\pi H^2$．

由于$\frac{\partial P}{\partial x}+\frac{\partial Q}{\partial y}+\frac{\partial R}{\partial z}=0$，故所给场为无源场，换面为$\Sigma_1: z=H(x^2+y^2\leqslant H^2)$的下侧(见图)．

$$\text{原式}=\iint_{\Sigma_1}3\,\mathrm{d}x\mathrm{d}y=-3\iint_{x^2+y^2\leqslant H^2}\mathrm{d}x\mathrm{d}y=-3\pi H^2.$$

④非封闭曲面，且 $\operatorname{div}\boldsymbol{F}\neq0$，补面使其封闭(加面减面)．

若Σ不是封闭曲面，但是如果补上一张曲面Σ_1并配以相应的方向，使得$\Sigma\cup\Sigma_1$成为封闭曲面，其法向量指向外侧，并且P,Q,R在$\Sigma\cup\Sigma_1$所包围的有界闭区域Ω上连续且有连续的一阶偏导数，则

$$\iint_{\Sigma}P\mathrm{d}y\mathrm{d}z+Q\mathrm{d}z\mathrm{d}x+R\mathrm{d}x\mathrm{d}y=\iint_{\Sigma}+\iint_{\Sigma_1}-\iint_{\Sigma_1}$$

$$=\iiint_{\Omega}\left(\frac{\partial P}{\partial x}+\frac{\partial Q}{\partial y}+\frac{\partial R}{\partial z}\right)\mathrm{d}v-\iint_{\Sigma_1}P\mathrm{d}y\mathrm{d}z+Q\mathrm{d}z\mathrm{d}x+R\mathrm{d}x\mathrm{d}y.$$

如果$\iint_{\Sigma_1}$容易计算的话，就达到化难为易的目的了．

例18.34 设Σ为曲面$z=x^2+y^2(z\leqslant 1)$的上侧，计算曲面积分

$$I=\iint_{\Sigma}(x-1)^3\mathrm{d}y\mathrm{d}z+(y-1)^3\mathrm{d}z\mathrm{d}x+(z-1)\mathrm{d}x\mathrm{d}y .$$

D_{23}（化归经典形式）

【解】 设Σ_1为$\begin{cases}x^2+y^2\leqslant 1,\\ z=1\end{cases}$的下侧，$\Sigma_1$与$\Sigma$所围成的空间区域记为$\Omega$.根据高斯公式，得

$$\oiint_{\Sigma+\Sigma_1}(x-1)^3\mathrm{d}y\mathrm{d}z+(y-1)^3\mathrm{d}z\mathrm{d}x+(z-1)\mathrm{d}x\mathrm{d}y$$

$$=-\iiint_{\Omega}\left[3(x-1)^2+3(y-1)^2+1\right]\mathrm{d}x\mathrm{d}y\mathrm{d}z .$$

由于

$$\iint_{\Sigma_1}(x-1)^3\mathrm{d}y\mathrm{d}z+(y-1)^3\mathrm{d}z\mathrm{d}x+(z-1)\mathrm{d}x\mathrm{d}y=0 ,$$

D_{44}（善于发现对称）

$$\iiint_{\Omega}x\mathrm{d}x\mathrm{d}y\mathrm{d}z=\iiint_{\Omega}y\mathrm{d}x\mathrm{d}y\mathrm{d}z=0 ,$$

因此

$$I=-\iiint_{\Omega}(3x^2+3y^2+7)\mathrm{d}x\mathrm{d}y\mathrm{d}z=-\int_0^{2\pi}\mathrm{d}\theta\int_0^1\mathrm{d}r\int_{r^2}^1(3r^2+7)r\mathrm{d}z$$

$$=-2\pi\int_0^1 r(1-r^2)(3r^2+7)\mathrm{d}r=-4\pi .$$

⑤由 div $\boldsymbol{F}=0$，建方程求$f(x)$.

给出一个第二型曲面积分，积分表达式中含有一个连续可微的待定函数$f(x)$，并且已知对于单连通区域G内任意封闭曲面，此曲面积分为0，求$f(x)$.这可由高斯公式推知在G内$\frac{\partial P}{\partial x}+\frac{\partial Q}{\partial y}+\frac{\partial R}{\partial z}\equiv 0$.由此得到关于$f(x)$的一个微分方程，从而解出$f(x)$.

D_{22}（转换等价表述）

例18.35 设对于$x>0$半空间内任意的光滑有向闭曲面Σ，都有

$$\oiint_{\Sigma}xf(x)\mathrm{d}y\mathrm{d}z-xyf(x)\mathrm{d}z\mathrm{d}x-\mathrm{e}^{2x}z\mathrm{d}x\mathrm{d}y=0,$$

其中函数$f(x)$在$(0,+\infty)$内具有连续的一阶导数，且$\lim\limits_{x\to 0^+}f(x)=1$，求$f(x)$.

【解】 由题设条件和高斯公式，有

$$0=\oiint_{\Sigma}xf(x)\mathrm{d}y\mathrm{d}z-xyf(x)\mathrm{d}z\mathrm{d}x-\mathrm{e}^{2x}z\mathrm{d}x\mathrm{d}y$$

$$=\pm\iiint_{\Omega}\left[xf'(x)+f(x)-xf(x)-\mathrm{e}^{2x}\right]\mathrm{d}v,$$

D_{22}（转换等价表述）

其中Ω为Σ所围的区域，Σ的法向量向外时，取“+”，Σ的法向量向内时，取“−”.由Σ的任意性，知

$$xf'(x)+f(x)-xf(x)-\mathrm{e}^{2x}=0,\ x>0,$$

即

$$f'(x)+\left(\frac{1}{x}-1\right)f(x)=\frac{1}{x}\mathrm{e}^{2x},\ x>0.$$

由一阶线性微分方程的通解公式，有

$$f(x)=\mathrm{e}^{\int\left(1-\frac{1}{x}\right)\mathrm{d}x}\left[\int\frac{1}{x}\mathrm{e}^{2x}\cdot\mathrm{e}^{\int\left(\frac{1}{x}-1\right)\mathrm{d}x}\mathrm{d}x+C\right]=\frac{\mathrm{e}^{x}}{x}(\mathrm{e}^{x}+C).$$

由于 $\lim\limits_{x\to0^+}f(x)=\lim\limits_{x\to0^+}\frac{\mathrm{e}^{2x}+C\mathrm{e}^{x}}{x}=1$，故必有 $\lim\limits_{x\to0^+}(\mathrm{e}^{2x}+C\mathrm{e}^{x})=0$，从而 $C=-1$．于是

$$f(x)=\frac{\mathrm{e}^{x}}{x}(\mathrm{e}^{x}-1)(x>0).$$

（5）两类曲面积分的关系．

$$\iint\limits_{\Sigma}P\mathrm{d}y\mathrm{d}z+Q\mathrm{d}z\mathrm{d}x+R\mathrm{d}x\mathrm{d}y=\iint\limits_{\Sigma}(P\cos\alpha+Q\cos\beta+R\cos\gamma)\mathrm{d}S,$$

其中 $(\cos\alpha,\cos\beta,\cos\gamma)$ 为 Σ 在点 (x,y,z) 处与 Σ 同侧的单位法向量．

例18.36 设 Σ 为曲面 $z=\sqrt{x^2+y^2}\,(1\leqslant x^2+y^2\leqslant4)$ 的下侧，$f(x)$ 是连续函数，计算

$$I=\iint\limits_{\Sigma}[xf(xy)+2x-y]\mathrm{d}y\mathrm{d}z+[yf(xy)+2y+x]\mathrm{d}z\mathrm{d}x+[zf(xy)+z]\mathrm{d}x\mathrm{d}y.$$

【解】由例18.28知，

$$\boldsymbol{n}=\frac{\sqrt{2}}{2}\left(\frac{x}{\sqrt{x^2+y^2}},\frac{y}{\sqrt{x^2+y^2}},-1\right),$$

于是 $I=\frac{\sqrt{2}}{2}\iint\limits_{\Sigma}\sqrt{x^2+y^2}\mathrm{d}S$．

记 Σ 在 xOy 面上的投影区域 $D=\left\{(x,y)\middle|1\leqslant x^2+y^2\leqslant4\right\}$，因为

$$\sqrt{\left(\frac{\partial z}{\partial x}\right)^2+\left(\frac{\partial z}{\partial y}\right)^2+1}=\sqrt{\left(\frac{x}{\sqrt{x^2+y^2}}\right)^2+\left(\frac{y}{\sqrt{x^2+y^2}}\right)^2+1}=\sqrt{2},$$

所以

$$I=\iint\limits_{D}\sqrt{x^2+y^2}\mathrm{d}x\mathrm{d}y=\int_0^{2\pi}\mathrm{d}\theta\int_1^2r^2\mathrm{d}r=\frac{14\pi}{3}.$$

附　录　数学题中的变形举例

数学考题的解题过程，本质上就是建立一座连接条件与结论的桥梁，搭建这座桥梁的每一步都是一个转化.无论这种转化所体现的是“等量关系”“等价关系”，还是“不等量放缩”“充分关系”“必要关系”，均可在形式上统称为变形，在三向解题法的P，D中.变形的处理，贯穿始终，请考生务必高度重视，且在多次研读本部分内容后做到实践，总结，再实践，再总结，形成自己强大的数学题变形转化的能力，使变形如行云流水，必有所成.

1.等式变形与等价变形

用“=”连接数学中的量A与量B，称为等式，于是A与B的相互转化，为**等式变形**.

用“$\Leftrightarrow$”连接命题A与命题B，称为等价，于是A与B的相互转化，为**等价变形**.

(1)定义法.

定义法是说，用A定义B，则$B\Leftrightarrow A$，给出B，回归定义A，这是最基本的方法.

如$\lim\limits_{x\to 0}f(x)=0$，用定义：任给$\varepsilon>0$，当$x\to 0$时，恒有$|f(x)|<\varepsilon$，按题意取$\varepsilon$，如例1.12.

再如，导数定义是常考题：

①给出$f(x)$在$x=x_0$处连续，且$\lim\limits_{x\to x_0}\dfrac{f(x)}{x-x_0}=a$，则$\lim\limits_{x\to x_0}f(x)=0=f(x_0)$，于是

$$f'(x_0)=\lim_{x\to x_0}\frac{f(x)-f(x_0)}{x-x_0}=a.$$

②给出$f(x)$在$x=x_0$的某邻域内一阶可导，且$\lim\limits_{x\to x_0}\dfrac{f(x)}{(x-x_0)^2}=a$，则$\lim\limits_{x\to x_0}f(x)=0=f(x_0)$，于是

$$f'(x_0)=\lim_{x\to x_0}\frac{f(x)-f(x_0)}{x-x_0}=\lim_{x\to x_0}\frac{f(x)}{(x-x_0)^2}(x-x_0)=a\cdot 0=0.$$

③给出可导函数$f(x)$在$x=x_0$处的切线方程为$y=g(x)$，则$f(x_0)=g(x_0)$，$f'(x_0)=g'(x_0)$.

进一步，若$f''(x)>0$，且令$F(x)=f(x)-g(x)$，则有

$$F'(x_0)=f'(x_0)-g'(x_0)=0,\ F''(x_0)=f''(x_0)>0,$$

所以$x=x_0$为$F(x)$的极小值点.

④给出可导函数$f(x)$与$g(x)$在$x=x_0$处相切，则$f(x_0)=g(x_0)$，$f'(x_0)=g'(x_0)$.

进一步，若$f''(x)>0$，$g''(x)<0$，且令$F(x)=f(x)-g(x)$，则有$F'(x_0)=f'(x_0)-g'(x_0)=0$，$F''(x_0)=f''(x_0)-g''(x_0)>0$，所以$x=x_0$为$F(x)$的极小值点.

（2）公式法.

数学公式是用数学思想与方法已经得出的解决问题的简便数学表达.一方面，要注意公式的特征(也就是说，这个数学表达式的独特性在哪里？此独特性就指向解题思考的方向)；另一方面，要注意公式的成立条件(也就是说，这个数学表达式在什么条件下使用？对成立条件的思考，可加强对解题方向的把握).

如：
$$f(x)=f(0)+f'(0)x+\frac{f''(0)}{2}x^2+\cdots,$$

泰勒展开式的独特性就在于它用函数在$x=0$处的各阶导数值来近似表示$x=0$附近的值，形式上联系了“$f(x)$”与“$f^{(n)}(x)$，$n\geqslant 2$”.独特性的成立条件是“n阶可导，$n\geqslant 2$”，更可确认用泰勒公式.

（3）换元法.

引入新元，代换掉旧元，使问题在形式或表述上简单化、规范化和常规化，从而解决问题，如常用的复杂部分代换，即令复杂部分等于t.

（4）相消法.

加减相消法、乘除相消法和错位相消法是相消法的三种情况.

①加减相消法.

a.裂项为$a_{n+1}-a_n$；b.创造$a_{n+1}-a_n=f(n)$，然后得$a_{n+1}=a_{n+1}-a_n+a_n-a_{n-1}+\cdots+a_2-a_1+a_1$，本质上是通分的逆运算，形式上作同形分解.

如
$$\frac{1}{n(n+k)}=\frac{1}{k}\left(\frac{1}{n}-\frac{1}{n+k}\right),\ \frac{1}{(2n+1)(2n-1)}=\frac{1}{2}\left(\frac{1}{2n-1}-\frac{1}{2n+1}\right),$$

$$\frac{1}{n(n+1)(n+2)}=\frac{1}{2}\left[\frac{1}{n(n+1)}-\frac{1}{(n+1)(n+2)}\right],\ \frac{e^{-n}(e-1)}{(1-e^{-n})(e-e^{-n})}=\frac{e^n(e-1)}{(e^n-1)(e^{n+1}-1)}=\frac{1}{e^n-1}-\frac{1}{e^{n+1}-1},\ \cdots\cdots$$

在思想上，还可与共轭法和对数运算性质结合在一起思考.

如$\dfrac{1}{\sqrt{n+1}+\sqrt{n}}=\sqrt{n+1}-\sqrt{n}$；$\ln\left(1+\dfrac{1}{n}\right)=\ln(n+1)-\ln n$.

关键就是有同形分解的意识和办法.

如$\dfrac{2^{-n}}{(1-2^{-n})(2-2^{-n})}=\dfrac{2^n}{(2^n-1)(2^{n+1}-1)}=\dfrac{1}{2^n-1}-\dfrac{1}{2^{n+1}-1}$.

又如$\dfrac{a_{n+1}}{n}=\dfrac{a_n}{(n+1)(na_n+1)}$，$a_1=\dfrac{1}{2}$，则$(n+1)a_{n+1}=\dfrac{na_n}{na_n+1}\Rightarrow\dfrac{1}{(n+1)a_{n+1}}=1+\dfrac{1}{na_n}\Rightarrow\dfrac{1}{(n+1)a_{n+1}}-\dfrac{1}{na_n}=1$，故

$$\frac{1}{na_n}=\frac{1}{na_n}-\frac{1}{(n-1)a_{n-1}}+\frac{1}{(n-1)a_{n-1}}-\frac{1}{(n-2)a_{n-2}}+\cdots+\left(\frac{1}{2a_2}-\frac{1}{a_1}\right)+\frac{1}{a_1}=(n-1)+2=n+1\Rightarrow a_n=\frac{1}{n(n+1)}.$$

②乘除相消法.

创造$\frac{a_n}{a_{n-1}}=f(n)$，然后得$a_n=\frac{a_n}{a_{n-1}}\cdot\frac{a_{n-1}}{a_{n-2}}\cdot\cdots\cdot\frac{a_2}{a_1}\cdot a_1$.

如$a_n=(n-1)a_{n-1}+\cdots+3a_3+2a_2+a_1$，$a_1=1$，$n\geqslant 2$，则$a_{n+1}-a_n=na_n$，$\frac{a_{n+1}}{a_n}=n+1$.

故$a_n=\frac{a_n}{a_{n-1}}\cdot\frac{a_{n-1}}{a_{n-2}}\cdot\cdots\cdot\frac{a_3}{a_2}\cdot a_2=n(n-1)\cdot\cdots\cdot 3\cdot a_2$，且$a_2=a_1=1$，得$a_n=\frac{n!}{2}$.

③错位相消法.

$$S_n=a+aq+aq^2+\cdots+aq^{n-1}, \quad ①$$

$$qS_n=aq+aq^2+\cdots+aq^n, \quad ②$$

由①－②，得$(1-q)S_n=a-aq^n$，于是$S_n=\frac{a(1-q^n)}{1-q}$，$q\neq 1$.

(5)倒置法.

将题给表达式取倒数，改变表达式结构，常用于分母复杂，分子单一的情形，即将“Δ”→“∇”.

例 已知数列$\{a_n\}$满足$a_{n+1}=\frac{a_n}{a_n+2}$，且$a_1=1$，求$a_n$的表达式.

【解】 由题设可知，$\frac{1}{a_{n+1}}=1+\frac{2}{a_n}$，因此有$\frac{1}{a_{n+1}}+1=2\left(\frac{1}{a_n}+1\right)$，又$a_1=1$，则$\frac{1}{a_1}+1=2$，故$\frac{1}{a_n}+1=2^n$，所以$a_n=\frac{1}{2^n-1}$.

(6)平方开方法.

将题给表达式配成a^2或a^2+b^2的形式，其表达式一般有如下特征.

①倒数之和，即若$a=\frac{1}{b}$，则有$a^2+b^2=(a+b)^2-2=(a-b)^2+2$，如

$$x^2+\frac{1}{x^2}=\left(x+\frac{1}{x}\right)^2-2=\left(x-\frac{1}{x}\right)^2+2,\ \mathrm{e}^{2x}+\mathrm{e}^{-2x}=(\mathrm{e}^x+\mathrm{e}^{-x})^2-2=(\mathrm{e}^x-\mathrm{e}^{-x})^2+2.$$

②$a^2+b^2+c^2,\ a+b+c,\ ab+bc+ac$，$(a+b)^2+(b+c)^2+(c+a)^2$的关系.

$$a^2+b^2+c^2=(a+b+c)^2-2(ab+bc+ac), \quad (*)$$

$$a^2+b^2+c^2+ab+bc+ac=\frac{1}{2}[(a+b)^2+(b+c)^2+(a+c)^2]. \quad (**)$$

(*)，(**)式可将上述表达式联系起来，遇到相关表达式时，可用(*)，(**)式试着作等式变形与转化.

③三角函数的倍角公式.

$$1+\sin 2\theta=(\sin\theta+\cos\theta)^2.$$

【注】这里可有启发：若 $x^2+y^2=1(x>0,\ y>0)$，令 $\begin{cases}x=\cos\theta,\\ y=\sin\theta,\end{cases}\theta\in\left(0,\dfrac{\pi}{2}\right)$，则可化简一些式子，如 $z=\dfrac{1}{y^2}+\dfrac{x}{y}+1=\dfrac{1}{\sin^2\theta}+\cot\theta+1=\csc^2\theta+\cot\theta+1=\left(\cot\theta+\dfrac{1}{2}\right)^2+\dfrac{7}{4}\geqslant\dfrac{7}{4}$.

$\csc^2\theta \to 1+\cot^2\theta$

④平方后可简化.

若 $a^2+b^2=A$，$ab=B$，则 $|a+b|=\sqrt{(a+b)^2}=\sqrt{A+2B}$.

如 $$\sqrt{1+\sqrt{a_n}}+\sqrt{1-\sqrt{a_n}}=\sqrt{2+2\sqrt{1-a_n}}，\sqrt{2+\sqrt{3}}+\sqrt{2-\sqrt{3}}=\sqrt{4+2\times1}=\sqrt{6}.$$

又如 $$y=\sqrt{x+1}+\sqrt{2-x}\Rightarrow y^2=3+2\sqrt{(2-x)(x+1)},$$

这样一变形，方便讨论最值.

(7)特殊值法.

令 $x=x_0$，使欲求表达式与条件表达式产生联系.

如 $f(x)=ax^3+bx^2+cx+d$，则

$$a+b+c+d=f(1),\ a-b+c-d=-f(-1),\ 3a+2b+c=f'(1),$$

所以 $$a+c=\frac{1}{2}[f(1)-f(-1)],\ b+d=\frac{1}{2}[f(1)+f(-1)].$$

(8)因式分解法.

$$a^2+ab+b^2=\frac{a^3-b^3}{a-b},\ a^2-ab+b^2=\frac{a^3+b^3}{a+b}.$$

当 n 为正整数时，$a^{n-1}+a^{n-2}b+\cdots+ab^{n-2}+b^{n-1}=\dfrac{a^n-b^n}{a-b}$.

当 n 为正奇数时，$a^{n-1}-a^{n-2}b+\cdots-ab^{n-2}+b^{n-1}=\dfrac{a^n+b^n}{a+b}$.

(9)三角公式法.

① $$a\sin x+b\cos x=\sqrt{a^2+b^2}\left(\sin x\cdot\frac{a}{\sqrt{a^2+b^2}}+\cos x\cdot\frac{b}{\sqrt{a^2+b^2}}\right)$$
$$=\sqrt{a^2+b^2}(\sin x\cos\varphi+\cos x\sin\varphi)=\sqrt{a^2+b^2}\sin(x+\varphi),$$

其中 φ 为向量 $(a,\ b)$ 的方向角.

② $\tan\left(\dfrac{\pi}{4}-\alpha\right)=\dfrac{1-\tan\alpha}{1+\tan\alpha}$.

(10)共轭法.

A 与 B 互为共轭式，可理解为 A，B 具有函数形式上的相似性，且其代数运算结果简单，当题中出现 A 时，可考虑 B，并与 A 作运算.

①由于 $\sqrt{a}-\sqrt{b}=\dfrac{a-b}{\sqrt{a}+\sqrt{b}}$，故见到 $\sqrt{a}-\sqrt{b}$，可考虑其共轭式 $\sqrt{a}+\sqrt{b}$.

当然，更为广泛地，$a+b$ 与 $a-b$ 亦互为共轭式.

②由于 $\sin^2 x+\cos^2 x=1$ 或 $2\sin x\cos x=\sin 2x$，则 $\sin x$ 与 $\cos x$ 互为共轭式.

显然，以上内容还未包括以下常用的等式变形：

① $a=a+b-b$（加项减项）. ② $a=\dfrac{a}{b}\cdot b$（除项乘项）.

③ $1=a\cdot\dfrac{1}{a}=\sin^2 x+\cos^2 x=a^0$（1 的转化）（如 $1=\mathrm{e}^0$）. ④ $x^4+1=x^2\left(x^2+\dfrac{1}{x^2}\right)$（创造 $a+\dfrac{1}{a}$）.

⑤ $a^b=c^d \Rightarrow b\ln a=d\ln c$（取对数法）. ⑥ $\int_a^b f(x)\mathrm{d}x=\int_a^c f(x)\mathrm{d}x+\int_c^b f(x)\mathrm{d}x$.

2.不等式变形

用不等号连接数学中的量 A 与量 B，称为不等式，于是 A 与 B 的相互转化形成了放大与缩小，即为不等式变形.

（1）抽象型基本不等关系.

① $0\leqslant a+|a|\leqslant 2|a|$.

② $|a|=|a-b+b|\leqslant|a-b|+|b|$.

③ $|a-b|=|a-c+c-b|\leqslant|a-c|+|c-b|$.

④ $\dfrac{2}{\dfrac{1}{a}+\dfrac{1}{b}}\leqslant\sqrt{ab}\leqslant\dfrac{a+b}{2}\leqslant\sqrt{\dfrac{a^2+b^2}{2}}\ (a,\ b>0)$.

⑤ $|ab|\leqslant\dfrac{a^2+b^2}{2}$.

⑥ $\dfrac{a+b+c}{3}\geqslant\sqrt[3]{abc}(a,b,c>0)$. 如：$a>0$，$\dfrac{2a^3+1}{3a^2}=\dfrac{1}{3}\left(a+a+\dfrac{1}{a^2}\right)\geqslant\sqrt[3]{a\cdot a\cdot\dfrac{1}{a^2}}=1$.

⑦ $a+\dfrac{1}{a}\geqslant 2(a>0)$. 如：$a>1$，$\dfrac{(a-1)^2+1}{a-1}=a-1+\dfrac{1}{a-1}\geqslant 2\sqrt{(a-1)\cdot\dfrac{1}{a-1}}=2$.

⑧ $\dfrac{(b-a)^2}{2}\leqslant(x-a)^2+(b-x)^2\leqslant(b-a)^2$，$x\in[a,\ b]$.

⑨ $\left|\int_a^b f(x)\mathrm{d}x\right|\leqslant\int_a^b|f(x)|\mathrm{d}x(a<b)$.

⑩ $\left|\int_a^b f(x)\mathrm{d}x\right|=\left|\int_a^c f(x)\mathrm{d}x+\int_c^b f(x)\mathrm{d}x\right|\leqslant\int_a^c|f(x)|\mathrm{d}x+\int_c^b|f(x)|\mathrm{d}x$.

⑪ $(a_1b_1+a_2b_2)^2\leqslant(a_1^2+a_2^2)(b_1^2+b_2^2)$（柯西不等式）.

【注】设 $\boldsymbol{\alpha}=(a_1,\ a_2)$，$\boldsymbol{\beta}=(b_1,\ b_2)$，则 $\boldsymbol{\alpha}\cdot\boldsymbol{\beta}=\|\boldsymbol{\alpha}\|\|\boldsymbol{\beta}\|\cos\theta$，即 $a_1b_1+a_2b_2=\sqrt{a_1^2+a_2^2}\cdot\sqrt{b_1^2+b_2^2}\cdot\cos\theta$．显然，$\cos\theta\leqslant 1$，故有 $(a_1b_1+a_2b_2)^2\leqslant(a_1^2+a_2^2)\cdot(b_1^2+b_2^2)$．$\cos\theta$ 是刻画 $\boldsymbol{\alpha}$，$\boldsymbol{\beta}$ 位置关系的量，$\boldsymbol{\alpha}$，$\boldsymbol{\beta}$ 越趋向于“正交”位置关系，$a_1b_1+a_2b_2$ 越小．此不等式在积分学中的表达为

$$\left[\int_a^b f(x)g(x)\mathrm{d}x\right]^2\leqslant\int_a^b f^2(x)\mathrm{d}x\cdot\int_a^b g^2(x)\mathrm{d}x\ .$$

(2)抽象型条件不等关系.

这里的不等关系，是要在相关变量满足一定条件下才能成立的，故称**条件不等关系**.

①$0<a<1\Rightarrow a>a^2$，$\dfrac{a^2}{2}<a-\dfrac{a^2}{2}<a$.

②若 $ab=A$，则 $a+b\geqslant 2\sqrt{A}\ (a,\ b>0)$.　以“ab”为起点，“$a+b$”为目标放缩

③若 $a+b=A$，则 $ab\leqslant\dfrac{1}{4}A^2\ (a,\ b>0)$.　以“$a+b$”为起点，“ab”为目标放缩

如：$x_0+(1-x_0)=1$，$x_0\in(0,\ 1)$，则 $x_0(1-x_0)\leqslant\dfrac{1}{4}$，$\dfrac{1}{x_0(1-x_0)}\geqslant 4$.

④$a_n>0$，a_n 单调减少 $\Rightarrow a_{n+1}\leqslant\sqrt{a_na_{n+1}}$.

⑤$a>1\Rightarrow\dfrac{a}{1+a}>\dfrac{1}{2}$.

⑥$0<a<1\Rightarrow\dfrac{a}{2}<\dfrac{a}{1+a}<a$.

⑦$0<a<\dfrac{1}{2}\Rightarrow a<\dfrac{a}{1-a}<2a$.

⑧$0<a<1\Rightarrow\dfrac{a}{1-a}>a$.

⑨$0<a<1\Rightarrow 1-\sqrt{1-a}=\dfrac{a}{1+\sqrt{1-a}}<a$.

⑩$0<a<2\Rightarrow\sqrt{a(2-a)}\leqslant\dfrac{a+2-a}{2}=1$.

(3)初等函数不等关系.

①$\mathrm{e}^x\geqslant x+1\Rightarrow\mathrm{e}^{\square}\geqslant\square+1$，如：$\mathrm{e}^{x-1}\geqslant x$.

②$\mathrm{e}^x\geqslant\mathrm{e}x$.

③$1-\dfrac{1}{x}\leqslant\ln x\leqslant x-1$.

④当 $0<x<1$ 时，$\dfrac{x}{x+1}\leqslant\ln\left(1+\dfrac{1}{x}\right)\leqslant\dfrac{1}{x}$.

如：$\ln(1+n)\leqslant n$；$\ln n<n$；$\dfrac{1}{\ln\sqrt{n}}=\dfrac{1}{\frac{1}{2}\ln n}=\dfrac{2}{\ln n}>\dfrac{2}{n}$.

事实上，根据泰勒展开式，当$x>0$时，$\ln(1+x)=x-\dfrac{1}{2}x^2+\dfrac{1}{3}x^3-\cdots$.

又有
$$\ln(1+x)-x=-\frac{1}{2}x^2+\frac{1}{3}x^3-\cdots>-\frac{1}{2}x^2,\ x-\ln(1+x)=\frac{1}{2}x^2-\frac{1}{3}x^3+\cdots<\frac{1}{2}x^2,$$

故
$$\frac{1}{n^2}-\ln\frac{n^2+1}{n^2}=\frac{1}{n^2}-\ln\left(1+\frac{1}{n^2}\right)<\frac{1}{2n^4}.$$

⑤ $e^x-\ln x>2$.

⑥ $n!<n^n$，$\ln n!<\ln n^n=n\ln n$，$n>1$.

⑦ $\sin x<x<\tan x$，$x\in\left(0,\dfrac{\pi}{2}\right)$.

⑧ $\dfrac{2}{\pi}<\dfrac{\sin x}{x}<1,\ x\in\left(0,\dfrac{\pi}{2}\right)$.

⑨ $1<\dfrac{\tan x}{x}<\dfrac{4}{\pi},\ x\in\left(0,\dfrac{\pi}{4}\right)$.

⑩ $\left(1+\dfrac{1}{x}\right)^x<e,\ x>0$.

⑪ $x\ln x\geqslant-\dfrac{1}{e},\ x>0$.

⑫ $|\cos x|=\left|\sin\left(\dfrac{\pi}{2}-x\right)\right|\leqslant\left|x-\dfrac{\pi}{2}\right|$.

(4)函数性态中的不等关系.

①极限保号性中的不等关系.

若$\lim\limits_{n\to\infty}x_n=a\neq0$，则$|x_n|>\dfrac{|a|}{2}$.若$\lim\limits_{x\to\bullet}f(x)=a\neq0$，则$|f(x)|>\dfrac{|a|}{2}$.当$a=0$时，$|x_n|<\dfrac{1}{2},|f(x)|<\dfrac{1}{2}$.

②函数单调性中的不等关系.

a.若$f(x)$单调递增，则当$x>x_0$时，$f(x)\geqslant f(x_0)$.

b.若$f(x)$单调递增，则$(x-x_0)[f(x)-f(x_0)]\geqslant0$.

如：$f(x)$在$[a,\ b]$上单调递增$\Rightarrow\begin{cases}\left[f(x)-f\left(\dfrac{a+b}{2}\right)\right]\left(x-\dfrac{a+b}{2}\right)\geqslant0,\\ \forall c\in[a,\ b],[f(x)-f(c)](x-c)\geqslant0.\end{cases}$

c. a，$b>0$，$a=\ln(a+e^b)\Rightarrow a>\ln e^b=b$（$\ln x$单调）.

d. $0<a$，$b<\dfrac{\pi}{2}$，$\cos a-a=\cos b\Rightarrow\cos a-\cos b=a>0$（$\cos x$单调）$\Rightarrow b>a$.

e.若$f(x)$单调递增，$x>0$，则$\dfrac{xf(x)-\int_0^x f(t)\mathrm{d}t}{x^2}=\dfrac{xf(x)-f(\xi)x}{x^2}=\dfrac{f(x)-f(\xi)}{x}>0$，$\xi\in(0,\ x)$.

f.若$f(x)$单调递减，则$\sum\limits_{k=1}^{n-1}f(k+1)\leqslant\sum\limits_{k=1}^{n-1}\int_k^{k+1}f(x)\mathrm{d}x\leqslant\sum\limits_{k=1}^{n-1}\int_k^{k+1}f(k)\mathrm{d}x=\sum\limits_{k=1}^{n-1}f(k)$.

如：$\sum\limits_{k=1}^{n-1}\dfrac{1}{k+1}\leqslant\sum\limits_{k=1}^{n-1}\int_k^{k+1}\dfrac{1}{x}\mathrm{d}x\leqslant\sum\limits_{k=1}^{n-1}\int_k^{k+1}\dfrac{1}{k}\mathrm{d}x=\sum\limits_{k=1}^{n-1}\dfrac{1}{k}$，即$\dfrac{1}{2}+\cdots+\dfrac{1}{n}\leqslant\int_1^n\dfrac{1}{x}\mathrm{d}x\leqslant1+\dfrac{1}{2}+\cdots+\dfrac{1}{n-1}$，也即$\dfrac{1}{2}+\cdots+\dfrac{1}{n}\leqslant\ln n\leqslant1+\dfrac{1}{2}+\cdots+\dfrac{1}{n-1}$，从而$\ln2>\dfrac{1}{2},\ln3>\dfrac{1}{2}+\dfrac{1}{3}>\dfrac{2}{3},\cdots,\ln n>\dfrac{1}{2}+\cdots+\dfrac{1}{n}>\dfrac{n-1}{n}$.

故$\ln2\cdot\ln3\cdot\cdots\cdot\ln n>\dfrac{1}{2}\cdot\dfrac{2}{3}\cdot\cdots\cdot\dfrac{n-1}{n}=\dfrac{1}{n}$.

③曲线凹凸性中的不等关系.

$$f''(x)>0\Rightarrow f(x)\leqslant f(a)+\frac{f(b)-f(a)}{b-a}(x-a),\ a\leqslant x\leqslant b.$$

④积分不等关系.

$$0<a_n=\int_0^{\frac{\pi}{4}}\tan^n x\mathrm{d}x=\int_0^1\frac{t^n}{1+t^2}\mathrm{d}t<\int_0^1 t^n\,\mathrm{d}t=\frac{1}{n+1}\Rightarrow0<a_n<\frac{1}{n+1}<\frac{1}{n}.$$

(5)消去法中的不等关系.

①因$\dfrac{1}{(2n-1)^2}>\dfrac{1}{(2n-1)(2n+1)}=\dfrac{1}{2}\left(\dfrac{1}{2n-1}-\dfrac{1}{2n+1}\right)$，故

$$\begin{aligned}1+\frac{1}{3^2}+\frac{1}{5^2}+\cdots+\frac{1}{(2n-1)^2}&>1+\frac{1}{2}\left(\frac{1}{3}-\frac{1}{5}+\frac{1}{5}-\frac{1}{7}+\cdots+\frac{1}{2n-1}-\frac{1}{2n+1}\right)\\&=1+\frac{1}{2}\left(\frac{1}{3}-\frac{1}{2n+1}\right)=\frac{7}{6}-\frac{1}{2(2n+1)}.\end{aligned}$$

② $$S_n=\sum_{k=1}^n a_k,\ a_n>0\Rightarrow\frac{a_n}{S_n^2}=\frac{S_n-S_{n-1}}{S_n^2}<\frac{S_n-S_{n-1}}{S_n\cdot S_{n-1}}=\frac{1}{S_{n-1}}-\frac{1}{S_n},$$

故 $$\sum_{k=2}^n\frac{a_k}{S_k^2}<\frac{1}{S_1}-\frac{1}{S_2}+\frac{1}{S_2}-\frac{1}{S_3}+\cdots+\frac{1}{S_{n-1}}-\frac{1}{S_n}=\frac{1}{a_1}-\frac{1}{S_n}.$$

本部分内容至此结束，但本书作者希望考生将本部分内容反复练习、思考，自行扩充，甚至反复抄写，达到能背诵的程度，你自会发现能力不知不觉上来了.事实上，本书所讲到的“隐含条件体系块”“等价表述体系块”与“形式化归体系块”，都与变形紧密相关，变形能力的提升，既要在科学的方向，也要有足够量的反复实践，若解题者数学变形可如行云流水，则可达“用数学思考数学”的状态，这便是真正学会了.